高职高专“十三五”规划教材

计算机办公应用

Win 7 + Office 2010

徐 阳 张天珍 杜文静 主编

化学工业出版社

·北京·

本书根据教育部最新制定的《高职高专教育计算机公共基础课程教学基本要求》，针对《高等学校非计算机专业等级考试（一级）大纲》编写而成。全书系统介绍了计算机基础知识（计算机概述、计算机中信息的表示、多媒体计算机等），计算机系统的基本组成与工作原理、计算机 Win 7 系统操作与管理，Microsoft Office 2010 系列（Word、Excel、PowerPoint）的基础知识与操作，计算机网络安全及常用工具软件等。本书共分为 7 个模块，按项目任务进行描述讲解，每个模块后附有适量的计算机等级考试模拟理论知识题，并配有参考答案。

本书是计算机知识学习的入门教材，教材编写深入浅出，通俗易懂，实用性强，是适合高职学生学习的计算机基础教材。本书可供高职高专非计算机各专业作为普及计算机知识的通识课程教材使用，还可供对计算机感兴趣的社会各界人士阅读参考。

图书在版编目（CIP）数据

计算机办公应用 Win 7+Office 2010 / 徐阳，张天珍，杜文静主编. 一北京：化学工业出版社，2019.9（2021.1 重印）

高职高专“十三五”规划教材

ISBN 978-7-122-34565-3

Ⅰ.①计… Ⅱ. ①徐… ②张… ③杜… Ⅲ. ①Windows 操作系统-高等职业教育-教材②办公自动化-应用软件-高等职业教育-教材 Ⅳ. ①TP316.7②TP317.1

中国版本图书馆 CIP 数据核字（2019）第 101738 号

责任编辑：满悦芝　　　　文字编辑：王　琪
责任校对：王鹏飞　　　　装帧设计：关　飞

出版发行：化学工业出版社（北京市东城区青年湖南街 13 号　邮政编码 100011）
印　　装：三河市双峰印刷装订有限公司
787mm×1092mm　1/16　印张 17¼　字数 424 千字　　2021 年 1 月北京第 1 版第 4 次印刷

购书咨询：010-64518888　　　　售后服务：010-64518899
网　　址：http://www.cip.com.cn
凡购买本书，如有缺损质量问题，本社销售中心负责调换。

定　　价：45.00 元

前　言

随着计算机技术的飞速发展，计算机在经济与社会发展中的地位日益重要。高等职业教育担负着培养高素质劳动者和技能型人才的任务，使学生掌握计算机基础知识，具备基本操作能力，不仅可以提高学生应用计算机解决工作与生活中实际问题的能力，还可以为学生职业生涯发展和终身学习奠定基础。

本教材以 Windows 7 操作系统为平台，根据高等教育计算机公共基础课程教学的基本要求，并结合全国计算机等级考试一级计算机基础及 MS Office 应用大纲，按照项目教学模式设计。内容包括计算机基础知识、Windows 7 操作系统、计算机网络基础及应用、常用办公软件 Office 2010、常用工具软件及信息安全。本教材编写特点如下。

① 教材从强调实用性和操作性出发，采用模块划分、任务驱动的方式将内容整合编写，有利于学生知识的掌握和技能的提高。

② 教材内容既充分考虑了全国计算机等级考试的要求，涵盖了考试知识点，使学生学完本教材后可以达到考试要求，又考虑实际应用需要将知识作了拓展，在教材中增加了探索性知识及操作的提示、小技巧等，使学生自由探究学习，以适应不同层次学生的不同需求。

③ 教材中配有大量的实际操作实例，将知识融入其中，可操作性强，生动简洁。

④ 教材每个模块后配有总结和习题，使学生能够进一步从总体上把握全章节知识，并且巩固所学的知识点。

⑤ 教材内容兼顾了计算机软硬件的最新发展，使学生了解信息技术的发展趋势。

教材模块一、二由张天珍编写，模块三、四由徐阳编写，模块五、六由杜文静编写，模块七由直敏编写，李静参与收集编写素材与整理，高天哲、杨希参与教材的校核。教材编写过程中得到了计算机专业其他教师和学院相关部门领导的大力支持和帮助，在此表示感谢。

限于笔者水平有限，书中难免有不当之处，敬请指正。

编　者

2019 年 4 月

目 录

模块一　计算机基础知识

计算机是20世纪最先进的科学技术发明之一，对人类的生产活动和社会活动产生了极其重要的影响，并以强大的生命力飞速发展。它的应用领域从最初的军事科研应用扩展到社会的各个领域，已形成了规模巨大的计算机产业，带动了全球范围的技术进步，由此引发了深刻的社会变革，计算机已遍及一般学校、企事业单位，进入寻常百姓家，成为信息社会中必不可少的工具。人们在掌握计算机技术的同时，也能够培养较强的计算思维能力，获取解决问题的方法。

任务一　了解计算机

【任务描述】

计算机的发展分为几个阶段？计算机有哪些特点？其应用领域范畴有哪些？

【技能目标】

了解计算机的发展、分类及其特点和应用领域；通过了解计算机的发展、分类及其特点和应用领域，掌握计算机应用过程中的历史沿革。

【知识结构】

一、计算机的发展和分类

计算机（computer）俗称电脑，是一种用于高速计算的电子计算机器，既可以进行数值计算，又可以进行逻辑计算，还具有存储记忆功能；是能够按照程序运行，自动、高速处理海量数据的现代化智能电子设备；由硬件系统和软件系统所组成，没有安装任何软件的计算机称为裸机。计算机可分为超级计算机、工业控制计算机、网络计算机、个人计算机、嵌入式计算机五类，较先进的计算机有生物计算机、光子计算机、量子计算机等。

（一）计算机的发展

20世纪初，电子技术得到了迅猛的发展，这为第一台电子计算机的诞生奠定了基础。1943年，正值第二次世界大战，由于军事上弹道问题计算的需要，美国军械部与宾夕法尼亚大学合作，研制电子计算机。世界上第一台电子计算机ENIAC（Electronic Numerical Integrator And Calculator）于1946年2月15日在美国宾夕法尼亚大学研制成功，是莫克利（John Archly）教授和他的学生埃克特（Jerker）博士研制的。

ENIAC以电子管为主要元件，共使用了18000多个电子管，10000多个电容器，7000个电阻，1500多个继电器，耗电150千瓦，重量达30吨，占地面积约140平方米，用十进制计算，它的加法速度为每秒 5000 次，乘法为每秒 300 次，虽然其运算速度远远比不上现在的计算机，但是，它却使科学家们从繁重的计算中解脱出来，有更多的时间进行理论性研究。所以，ENIAC 的问世奠定了电子计算机的发展基础，开辟了信息时代，把人类社会推向了第三次产业革命的新纪元，宣告了计算机时代的到来。

计算机是 20 世纪人类最伟大的发明之一。自从第一台计算机（ENIAC）问世以来，电子计算机的发展阶段通常以构成计算机的电子器件来划分，至今已经经历了电子管、晶体管、集成电路及大规模和超大规模集成电路四个发展时代，如表 1-1 所示。

表 1-1　计算机发展的四个阶段

代次	起止年份	所用电子器件	数据处理方式	运算速度	应用领域
第一代	1946—1957 年	电子管	汇编语言、代码程序	几千～几万次/秒	军事及科学研究
第二代	1958—1964 年	晶体管	高级程序设计语言	几万～几十万次/秒	数据处理、自动控制
第三代	1965—1970 年	集成电路	结构化、模块化程序设计、实时处理	几十万～几百万次/秒	科学计算、数据处理、事务管理、工业控制
第四代	1970—至今	大规模和超大规模集成电路	分时、实时数据处理、计算机网络	几百万～上亿条指令/秒	工业、生活等各方面

到目前为止，各种类型的计算机都遵循美国数学家冯·诺依曼提出的存储程序的基本原理进行工作。随着计算机应用领域的不断扩大，冯·诺依曼型的工作方式逐渐显露出局限性，所以科学家提出了制造非冯·诺依曼式计算机。正在开发研制的第五代智能计算机，将具有自动识别自然语言、图形、图像的能力，具有理解和推理的能力，具有知识获取、知识更新的能力，可望突破当前计算机的结构方式。

（二）计算机的分类

在时间轴上，“分代”代表了计算机纵向的发展，而“分类”说明计算机横向的发展。计算机按功能可分为专用计算机和通用计算机，前者是针对某一特定领域而专门设计的计算机，而后者是面向应用领域和算法的计算机。目前采用国际上沿用的分类方法，即根据美国电气和电子工程师协会（IEEE）于 1989 年 11 月提出的标准来划分的，把计算机划分为巨型机、小巨型机、大型机、小型机、微型机和工作站六类。

1. 巨型机

巨型机是计算机中价格最贵、功能最强的计算机，主要应用在尖端科学领域，如战略武器的设计、空间技术、石油勘探、中长期天气预报等。它实际上是一个巨大的计算机系统，如我国研制的银河系列机均属此类。

2. 小巨型机

小巨型机是小型超级电脑，如我国的曙光、美国 Convex 公司的 C 系列、Alliant 的 FX 系列。

3. 大型机

大型计算机硬件配置高档，内存可达 1GB 以上，运算速度高达 30 亿次每秒，但价格高昂。大型机主要用于金融、证券等大中型企业数据处理或用作网络服务器。

4. 小型机

小型机也是处理能力较强的系统，面向中小企业的应用。小型机具有结构简单、成本较低、不需要长期培训就可以维护和使用的特点，如美国 DEC 公司的 PDP 系列计算机、VAX 系列计算机。

5. 微型机

微型机简称微机，又叫个人计算机（简称 PC 机），它通用好、软件丰富、价格较低，主要在办公室和家庭中使用，是目前发展最快、应用最广泛的一种计算机。现在微型计算机已经进入了千家万户，成为人们工作、生活的重要工具。随着微型计算机的不断发展，其又被分为台式机和便携机（又称为笔记本电脑）。

6. 工作站

工作站是介于个人计算机和小型机之间的一种高档微机，是一种主要面向专业应用领域，具备强大的数据运算与图形、图像处理能力的高性能计算机。工作站通常配有多个中央处理器、大容量内存储器和高速外存储器，配备高分辨率的大屏幕显示器等高档外部设备。工作站主要应用于工程设计、动画制作、科学研究、软件开发、金融管理、信息和模拟仿真等专业领域，如 HP、SUN 公司生产的工作站。

二、计算机的特点及应用领域

（一）计算机的特点

计算机的主要特点有以下几个方面。

① 运算速度快：运算速度是标志计算机性能的一个重要指标。当今计算机系统的运算速度已达到每秒万亿次，微型计算机也能达到每秒亿次以上，随着新技术的开发，计算机的工作速度还在迅速提高。

② 存储容量大：计算机具有极强的数据存储能力，特别是通过外存储器，其存储容量可达到无限大。计算机的存储性是计算机区别于其他计算工具的重要特征。

③ 计算精确度高：一般计算机可以有十几位甚至几十位（二进制）有效数字，计算机精度可由千分之几到百万分之几，是其他计算工具望尘莫及的。

④ 很强的逻辑判断能力：在相应程序的控制下，计算机具有判断“是”与“否”，并根据判断作出相应处理的能力。所以计算机不仅能解决数值计算问题，而且能解决非数值计算问题，比如天气预报图像识别等。

⑤ 可靠性高，通用性强：计算机采用了大规模和超大规模集成电路，具有非常高的可靠性。计算机不仅应用于数据计算，还广泛应用于数据处理、工业控制、辅助设计、辅助制造和办公自动化等，具有很强的通用性。

⑥ 自动化程度高：计算机内部的操作运算是根据人们预先编制的程序自动控制执行的，整个过程无需人工干预。

（二）计算机的应用领域

计算机是 20 世纪人类科学发展史上最伟大的成就之一。其应用已深入到了社会的每一个领域。计算机的应用概括起来，主要有以下几个方面。

1. 科学计算

也称数值运算，是计算机应用最早也是最基本的领域之一，主要是指用计算机来解决科学研究和工程技术中提出的复杂数学问题。它与理论研究、科学实验一起称为当代科学研究的三种主要方法。主要应用在航天工程、气象、地震、核能技术、石油勘探和密码解译等涉及复杂数值计算的领域。

2. 信息管理

也称数据及事务处理，是指非数值形式的数据处理，泛指以计算机技术为基础，对大量数据进行加工处理，形成有用的信息。被广泛应用于办公自动化、事务处理、情报检索、企业管理和知识系统等领域。信息管理是计算机应用最广泛的领域。

3. 自动控制

又称实时控制、过程控制，指用计算机及时采集检测数据，按最佳值迅速地对控制对象进行自动控制或自动调节。目前已在冶金、石油、化工、纺织、水电、机械和航天等部门得到广泛应用。

4. 计算机辅助系统

指通过人机对话，使计算机辅助人们进行设计、加工、计划和学习等工作。如计算机辅助设计（CAD）、计算机辅助制造（CAM）、计算机辅助教育（CBE）、计算机辅助教学（CAI）、计算机辅助教学管理（CMI）。另外还有计算机辅助测试（CAT）和计算机集成制造系统（CIMS）等。

5. 计算机网络与通信

利用通信技术，将不同地理位置的计算机互联，可以实现世界范围内的信息资源共享，并能交互式地交流信息。目前，利用通信卫星和光导纤维构成的计算机网络已把全球上的大多数国家联系在一起，从根本上改变了人类感知世界、与人交流的方法，把人们从被动地接受知识变为主动地查询所关心的事件。

6. 人工智能

人工智能（AI，Artificial Intelligence）是指利用计算机来模拟人的某些智能活动，如判断、推理、证明、识别、感知、理解、设计、思考、规划、学习和问题求解等思维活动。人工智能是计算机当前和今后相当长的一段时间的重要研究领域。

此外，计算机的应用领域也遍及娱乐、文化教育、产品艺术造型设计和电子商务等方面。计算机的应用在中国越来越普遍，改革开放以后，中国计算机用户的数量不断攀升，应用水平不断提高，特别是互联网、通信、多媒体等领域的应用取得了不错的成绩。1996—2009 年，计算机用户数量从原来的 630 万台增长至 6710 万台，联网计算机台数由原来的 2.9 万台上升至 5940 万台。互联网用户已经达到 3.16 亿，无线互联网有 6.7 亿移动用户，其中手机上网用户达 1.17 亿，为全球第一位。

★ 探索

1. 哪些生产工作方式是计算机的应用?
2. 你所使用的台式电脑或笔记本电脑属于第几代计算机?
3. 你的生活学习中使用计算机做些什么?
4. 在你的心目中未来的计算机是什么样的？能新增哪些领域上的应用?

任务二　计算机系统的组成

【任务描述】

计算机系统的构成、硬件系统的组成是什么？软件系统如何分类？

【技能目标】

掌握计算机系统的构成，软、硬件系统的组成以及软件的分类；通过了解计算机系统的构成，能清晰理解计算机的工作原理，计算机硬件设备的基本功能、计算机软件的划分。

【知识结构】

一个完整的计算机系统是由硬件系统和软件系统两部分组成的。硬件系统是构成计算机的物理实体，是能够收集、加工、处理数据及数据输出的设备和部件的总和。软件系统是指为运行、管理计算机所编制的各种程序和数据及有关资料的总和。

一、计算机硬件系统的组成

计算机硬件是指计算机系统中由电子、机械和光电元件等组成的各种计算机部件和计算机设备。这些部件和设备依据计算机系统结构的要求构成一个有机整体，称为计算机硬件系统。计算机系统组成如图 1-1 所示。

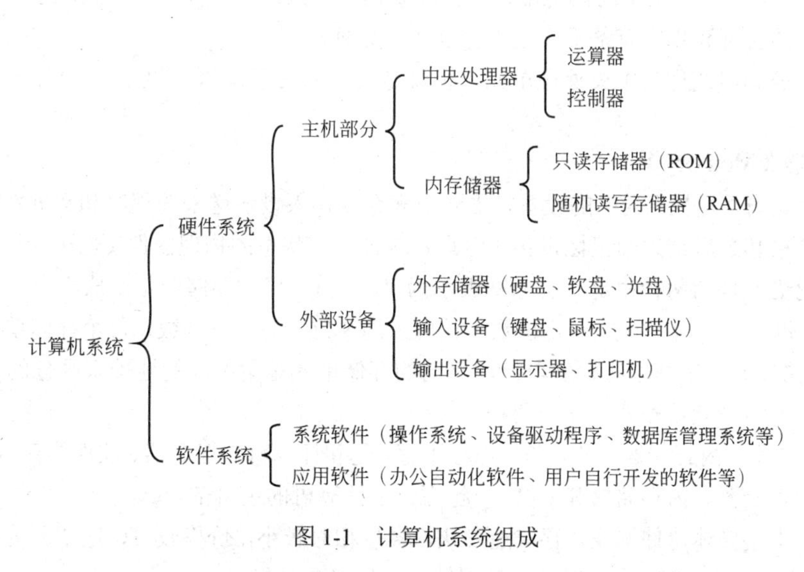

图 1-1　计算机系统组成

任何一台计算机的硬件系统都是由五大部分组成的，分别为运算器、控制器、存储器、输入设备和输出设备。

1. 运算器（Arithmetic Logical Unit，ALU）

运算器是计算机的核心部件，主要负责对信息的加工处理。运算器不断地从存储器中得到要加工的数据，对其进行算术运算和逻辑运算，并将最后的结果送回存储器中，整个过程在控制器的指挥下有条不紊地进行。

20 世纪 30 年代中期，匈牙利科学家冯 · 诺依曼大胆地提出，抛弃十进制，采用二进制作为数字计算机的数制基础。同时，他还说预先编制计算程序，然后由计算机来按照人们事前制定的计算顺序来执行数值计算工作。冯·诺依曼计算机是使用冯 · 诺依曼体系机构的电子数字计算机。1945 年 6 月，冯 · 诺依曼提出了在数字计算机内部的存储器中存放程序的概念（Stored Program Concept），这是所有现代电子计算机的模板，被称为“冯 · 诺依曼结构”，按这一结构建造的电脑称为存储程序计算机（Stored Program Computer），又称为通用计算机。冯 · 诺依曼计算机主要由运算器、控制器、存储器和输入、输出设备组成，如图 1-2 所示，它的特点是：程序以二进制代码的形式存放在存储器中；所有的指令都是由操作码和地址码组成；指令在其存储过程中按照顺序执行；以运算器和控制器作为计算机结构的中心等。冯 · 诺依曼计算机广泛应用于数据的处理和控制方面，但是存在一定的局限性。

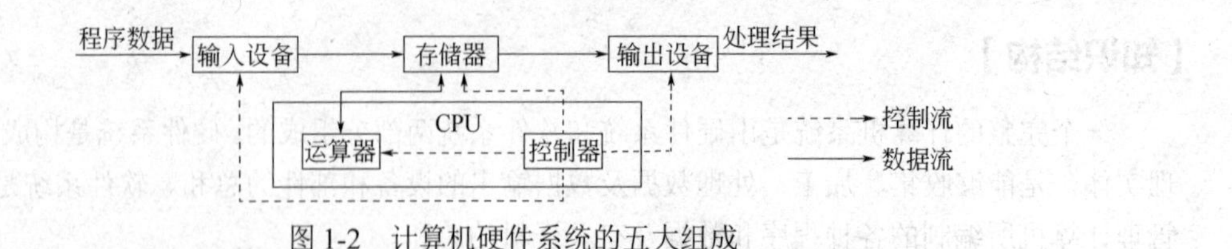

图 1-2　计算机硬件系统的五大组成

运算器除了进行信息加工外，还有一些寄存器可以暂时存放运算的中间结果，节省了从存储器中传递数据的时间，加快了运算速度。

2. 控制器（Controller）

控制器是整个计算机系统的控制中心，是计算机的指挥中枢。控制器从内存储器中顺序取出指令、确定指令类型，并负责向其他部件发出控制信号，保证各部件协调一致地工作，使计算机按照预先规定的目标和步骤有条不紊地进行操作及处理。

运算器和控制器统称为中央处理单元，也就是人们通常所说的 CPU，这是计算机系统的核心部件。

3. 存储器（Memory）

存储器是具有“记忆”功能的设备，主要用来存放输入设备送来的程序和数据，以及运算器送来的中间结果和最后结果的记忆设备。由具有两种稳定状态的物理器件（也称为记忆元件）来存储信息。记忆元件的两种稳定状态分别表示为“0”和“1”。存储器是由成千上万个“存储单元”构成的，每个存储单元存放一定位数（微机上为 8 位）的二进制数，每个存储单元都有唯一的地址。“存储单元”是基本的存储单位，不同的存储单元是用不同的地址来区分的。

存储器分为内存储器和外存储器两种。

（1）内存储器　内存储器简称内存，也称主存，是和计算机的运算器、控件器直接相连，CPU 可直接访问的存储器。内存储器和 CPU 一起构成了计算机的主机部分。

内存一般由半导体器件构成，存取速度快，容量相对较小，价格较贵，通常分为只读存储器（ROM）和随机存储器（RAM）以及高速缓冲存储器（Cache）。

① 只读存储器（ROM）　ROM 中的数据或程序一般是在将 ROM 装入计算机前事先写好，数据只能够读出，不可改写或写入新的数据，断电后数据依然存在，能够长期保存。

ROM 的容量较小，一般存放系统的基本输入输出系统（BIOS）等。

② 随机存储器（RAM）　RAM 既可以写入数据，也可以读出数据，只是断电后数据就消失。RAM 的容量要比 ROM 大得多，微机中的内存一般指 RAM。

RAM 也分为两类：一是 DRAM（动态 RAM）；二是 SRAM（静态 RAM）。由于 SRAM 的读写速度远快于 DRAM，所以 SRAM 常作为计算机中的高速缓存，而 DRAM 用作普通内存和显示内存。

③ 高速缓冲存储器（Cache）　随着 CPU 主频的不断提高，CPU 对 RAM 的存取速度加快了，而 RAM 的响应速度相对较低，造成了 CPU 等待，降低了处理速度，浪费了 CPU 的能力。为协调二者之间的速度差，在内存和 CPU 之间设置一个与 CPU 速度接近的、高速的、容量相对较小的存储器，把正在执行的指令地址附近的一部分指令或数据从内存调入这个存储器，供 CPU 在一段时间内使用。这个介于内存和 CPU 之间的高速小容量存储器称作高速缓冲存储器（Cache），简称缓存。

相比 ROM 和 RAM，高速缓冲存储器（Cache）读取速度最快。

（2）外存储器　外存储器也称为辅助存储器，简称外存，由于内存的容量有限，ROM 中的信息难以更改，而RAM中的信息断电后会丢失，因此，外存是非常重要的存储设备，外存是主机的外部设备。

外存不能直接与CPU进行数据传递，存放在外存中的数据必须调入内存中才能进行数据处理，CPU 中的数据也必须通过内存才能送入外存。外存存取的速度较内存慢得多，用来存储大量的暂不参加运算或处理的数据或程序，一旦需要，可成批地与内存交换信息。

外存分为磁介质型存储器和光介质型存储器两种，磁介质型常指硬盘和软盘，光介质型则指光盘。

4. 输入设备（Input Device）

输入设备是指向计算机输入各种数据、程序及各种信息的设备。它由输入装置和输入接口两部分组成。主要功能是把原始数据和程序转换为计算机能够识别的二进制代码，通过输入接口输入到计算机的存储器中，供CPU调用和处理。

常用的输入设备：鼠标、键盘、扫描仪、数码摄像机、条形码阅读器、A/D转换器等。

5. 输出设备（Output Device）

输出设备和输入设备正好相反，输出设备是从计算机输出各种结果和数据的设备。它由输出装置和输出接口两部分组成。

常见的输出设备：显示器、打印机、音响，还有绘图仪以及各种数模转换器等。

二、计算机软件系统的组成

软件是计算机系统重要的组成部分，是计算机的灵魂。通常把没有安装任何软件的计算机称为裸机，不能做任何有意义的工作。一般根据软件的用途将其分为系统软件和应用软件。

（一）系统软件

系统软件是指管理、控制、维护计算机的软硬件资源以及开发应用的软件。它包括操作系统、语言处理程序、数据库管理系统、系统支持和服务程序等方面的软件。

1. 操作系统

操作系统（Operating System，OS）是用户使用计算机的界面，是计算机软件的一组核心程序，它能对计算机系统中的软硬件资源进行有效的管理和控制，合理地组织计算机的工作流程，为用户提供一个使用计算机的工作环境，起到用户和计算机之间的接口作用。

操作系统通常是最靠近硬件的一层系统软件，它把只安装硬件设备的机器——裸机，改造成为一台功能完善的虚拟机，使得计算机系统的使用和管理更加方便，计算机资源的利用率更高。

常见的操作系统有DOS、OS/2、Windows、Linux、Unix、Netware等操作系统。目前，被广泛使用的操作系统是Windows操作系统。

Windows操作系统是微软公司为PC机开发的一种窗口操作系统，它为用户提供了最友好的界面，通过鼠标的操作就可以指挥计算机工作。目前Windows的最新操作系统是Windows 10（简称Win 10）。

2. 语言处理程序

计算机和人交流信息所使用的语言称为计算机语言或程序设计语言，是用于开发和编写用户软件的基本工具。程序设计语言一般分为机器语言、汇编语言和高级语言。

（1）机器语言　机器语言是最底层的语言，是用二进制代码表示的计算机能直接识别和执行的一种机器指令的集合。这种机器语言是属于硬件的，不同的计算机硬件，其机器语言是不同的。它具有灵活、直接执行和速度快等特点。但是机器语言编写难度比较大，容易出错，而且程序的直观性比较差，不容易移植。

（2）汇编语言　汇编语言是面向机器的程序设计语言。在汇编语言中，用助记符代替操作码，用地址符号或标记代替地址码。这样用符号代替机器语言的二进制码，就把机器语言变成了汇编语言。汇编语言和机器语言是一一对应的。由于汇编语言采用了助记符，它比机器语言直观，并且容易理解和记忆。用汇编语言编写的程序要依靠计算机的翻译程序（汇编程序）翻译成机器语言后方可执行。汇编语言和机器语言都是面向机器的语言，一般称之为低级语言。

（3）高级语言　高级语言起始于 20 世纪 50 年代中期，它与人们日常熟悉的自然语言和数学语言更相近，可读性强，编程方便。高级语言的显著特点是独立于具体的计算机硬件，通用性和可移植性好。

目前广泛应用的高级语言有十几种，常用的有 C、C＋＋、Visual Basic、Delphi、Java 等，几乎每一种高级语言都有其最适用的领域。必须指出，用任何一种高级语言编写的程序都要通过编译程序翻译成机器语言程序后才能被计算机所识别和执行。

（二）应用软件

应用软件是为解决计算机各类应用问题而编写的软件，它是在硬件和系统软件的支持下，面向具体问题和具体用户的软件。随着计算机应用领域的不断拓展和计算机应用的广泛普及，各种各样的应用软件与日俱增，如办公类软件 Microsoft Office、WPS Office、谷歌在线办公系统；图形处理软件 Photoshop、Illustrate；三维动画软件 3D Max、Maya 等；即时通信软件 QQ、MSN、UC 和 Skype 等以及各种管理软件等。

应用软件依据应用范围可分为应用软件包和用户程序两种。

1. 应用软件包

应用软件包是为了实现某种特殊功能或特殊计算，而精心设计、开发的结构严密的独立系统，是一套满足许多同类应用的用户所需要的软件。一般来讲，各种行业都有适合自己使用的应用软件包。目前常用的软件包有文字处理软件、表处理软件、会计电算化软件、绘图软件、运筹学软件包等。

2. 用户程序

用户程序是用户为了解决特定的具体问题而开发的软件。充分利用计算机系统的种种现成软件，同时在应用软件包的支持下可以更加方便、有效地研制用户专用程序，如各种工资管理系统、人事档案管理系统和财务管理系统等。

★ 探索

学习了这么多计算机的知识，同学们一定想了解计算机是如何工作的，它的工作原理如何。“存储程序”工作原理如下。

1. 指令

指令是指示计算机执行某种操作的命令，它由一串二进制数码组成，这串二进制数码包括操作码和地址码两部分。一台计算机有许多指令，作用也各不相同。所有指令的集合称为计算机指令系统。

2. “存储程序”工作原理

计算机能够自动完成运算或处理过程的基础是“存储程序”工作原理。“存储程序”工作原理是美籍匈牙利科学家冯・诺依曼（Von Neumann）提出来的，故称为冯・诺依曼原理，其基本思想是存储程序与程序控制。

存储程序是指人们必须事先把计算机的执行步骤序列（即程序）及运行中所需的数据，通过一定方式输入并存储在计算机的存储器中；程序控制是指计算机运行时能自动地逐一取出程序中的一条条指令，加以分析并执行规定的操作。

到目前为止，尽管计算机发展到了第四代，但其基本工作原理仍然没有改变。根据存储程序和程序控制的概念，在计算机运行过程中，实际上有数据流跟控制信号两种信息在流动。

3. 计算机的工作过程

计算机的工作过程可以归结为以下几步。

① 取指令。即按照指令计数器中的地址，从内存储器中取出指令，并送到指令寄存器中。

② 分析指令。即对指令寄存器中存放的指令进行分析，确定执行什么操作，并由地址码确定操作数的地址。

③ 执行指令。即根据分析的结果，由控制器发出完成该操作所需要的一系列控制信息，去完成该指令所要求的操作。

④ 上述步骤完成后，指令计数器加1，为执行下一条指令作好准备。

任务三　计算机的常用设备与维护

【任务描述】

计算机的常用设备有哪些？计算机的使用与维护怎样是正确的？键盘的按键都有哪些功能？

【技能目标】

了解计算机的设备种类及其功能，掌握计算机的正确操作方法以及键盘、鼠标的操作技巧。通过计算机常用设备的学习，进一步掌握组装与购买微型计算机的本领，充分掌握鼠标与键盘的操作技能。

【知识结构】

微型计算机是计算机发展到第四代的产物，是计算机发展史中最伟大的里程碑。微型计算机具有体积小、价格便宜、灵活方便等特点，广泛应用于社会生活学习的各个领域，是目前普及最广、使用最多的计算机。

要想顺利买一台性能好的微型计算机（俗称电脑、台式机），应该掌握判断电脑性能好坏的主要指标，以及了解电脑的常用硬件设备等。

一、微型计算机的性能标准

判断一台微型计算机的性能好坏，应该从以下性能指标考虑。

1. 字长

字长是指计算机的运算部件能同时处理的二进制数据的位数。字长标志着计算机处理信息的精度。字长越长，精度越高，速度也越快，但价格也越高。当前普通微机字长有16位、32位、64位、128位，目前高端微机的字长是64位。

2. 主频

即时钟频率，是指计算机CPU在单位时间内发出的脉冲数，它在很大程度上决定了计算机的运算速度，主频的单位是兆赫兹（MHz）或吉赫（GHz）。时钟频率越高，表示电脑的性能越好。Pentium Ⅲ主频在500MHz以上，Pentium 4主频可达1.0GHz以上。

3. 运算速度

运算速度是指单位时间内执行的计算机指令数。单位是次每秒或百万次每秒（MIPS）。微型机的运算速度已达200～300MIPS。

4. 内存容量

内存容量是指内存储器中能存储信息的总字节数。一般来说，内存容量越大，计算机的处理速度越快。随着更高性能的操作系统的推出，计算机的内存容量会继续增加。内存容量越大，电脑的性能越好。

5. CPU内核数

CPU内核数指CPU内执行指令的运算器和控制器的数量。所谓多核心处理器简单地说就是在一块CPU基板上集成两个或两个以上的处理器核心，并通过并行总线将各处理器核心连接起来。多核心处理技术的推出，大大地提高了CPU的多任务处理性能，并已成为市场的主流。

6. 外部设备的配置

主机所配置的外部设备的多少与好坏，也是衡量计算机综合性能的重要指标。

7. 软件的配置

合理安装与使用丰富的软件可以充分地发挥计算机的作用和效率，方便用户的使用。

8. 其他性能指标

机器的兼容性（包括数据和文件的兼容、程序兼容、系统兼容和设备兼容），系统的可靠性（平均无故障工作时间，MTBF），系统的可维护性（平均修复时间，MTTR）等，另外，性能价格比也是一项综合性的评价计算机性能的指标。

二、微型计算机的常用设备

一般微机的常用硬件设备组成有 CPU、主板、内存、硬盘、显示器、显卡、光盘驱动器、键盘、鼠标、扫描仪、打印机、音箱与声卡等。家庭常用计算机如图1-3所示。

图1-3　家庭常用计算机

目前个人计算机硬件系统的配置大多是采用积木式的结构，在基本的配置基础上，可以根据用户的需要进行扩充。宏观上讲，计算机可以分为主机箱、显示器、键盘、鼠标、音箱等几部分。

（一）CPU

CPU 即中央处理单元，也称微处理器，是计算机的核心，计算机完成的每一件工作，都是在它的指挥和干预下完成的。CPU 由运算器和控制器组成。运算器主要完成各种算术运算和逻辑运算。控制器不具有运算功能，它是微机运行的指挥中心。它按照程序指令的要求，有序地向各个部件发出控制信号，使微机有条不紊地运行。通常，在 CPU 中还包含若干个寄存器，它们可直接参与运算并存放中间结果。

CPU 品质的高低直接决定了一个计算机系统的档次。衡量 CPU 品质的一个重要标志是主频。CPU 外观如图 1-4 所示。

图 1-4　CPU 外观

（二）主板

主板在主机箱内，是一块带有各种插口的大型印刷电路板，有时又称为母板或系统板。主板外观如图 1-5 所示。主机板主要由 CPU 插座、内存插槽、总线扩展槽、电源转换器件、芯片组、外设接口等组成。在主板上可以安装 CPU、内存、声卡、网卡、显卡、硬盘、软驱和光驱等硬件和设备。主板的作用是通过系统总线插槽和各种外设接口等将微机中的各部件紧密地联系在一起。

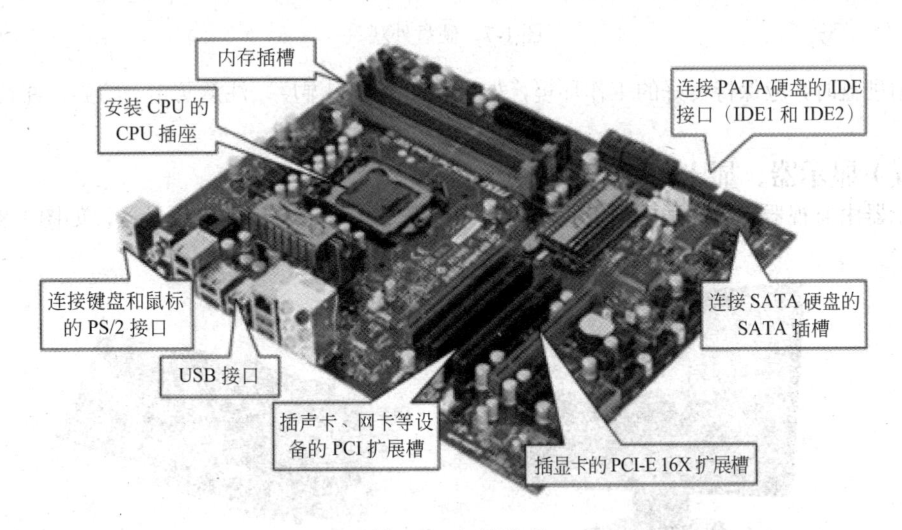

图 1-5　主板外观

（三）内存

存储器是计算机的记忆部件，主要功能是存放程序和数据。存储器又分为内存（主存）和外存（辅存）。内存多由半导体存储器组成，它的存取速度比较快，随着计算机档次的提高，内存可以逐步扩充。内存按其工作方式可以分为随机存储器和只读存储器。内存条如图 1-6 所示。

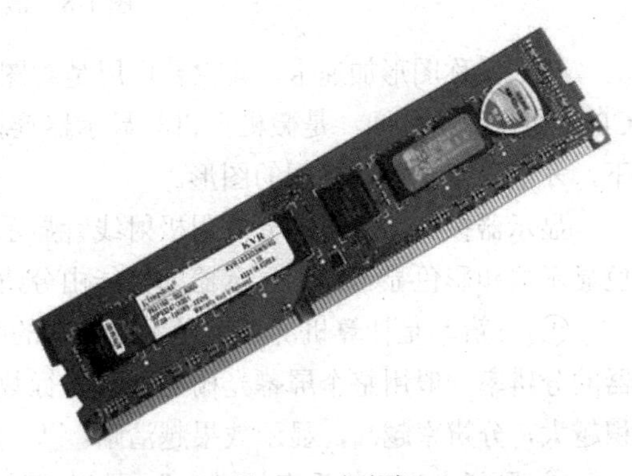

图 1-6　内存条

（四）硬盘

在微机的配置中，内存只作为临时存储设备，而大量的数据、程序都是存在外存上的。外存器主要包括硬盘驱动器和光盘驱动器。

硬盘驱动器简称硬盘，是微机中最重要的外部存储设备。硬盘由若干片涂有磁性材料的合金圆盘片组成，一般固定在计算机的主机箱内。台式机微机主要使用3.5英寸硬盘。与软盘相比，硬盘的容量要大得多，存取信息的速度也快得多。目前生产的硬盘一般有160GB、320GB、1TB等。硬盘外观如图1-7所示。

图1-7　硬盘外观

使用硬盘时，应保持良好的工作环境，如适宜的温度和湿度，注意防尘、防震，并且不要随意拆卸。

（五）显示器、显卡

显示器由监视器和显示适配卡（也称为显卡）组成，是最常用的输出设备，如图1-8所示。

图1-8　液晶显示器和显卡

显卡又称图形加速卡，其主要作用是对图形函数进行加速，控制计算机图形输出，它工作在CPU 和显示器之间，是微机主机与显示器连接的桥梁，显示器只有在显卡及其驱动程序的支持下，才能显示出色彩艳丽的图形。

显示器按其结构可以分成阴极射线管显示器和液晶显示器两种；按其显示效果，可以分成单色显示器和彩色显示器；显示器的性能由分辨率、刷新率、显示内存及颜色的位数来决定的。

① 分辨率是计算机屏幕上显示的像素的个数。显示器的分辨率分成高、中、低三种。显示器的分辨率一般用整个屏幕光栅的列数与行数的乘积来表示。例如1024×767、800×600等。乘积越大，分辨率越高，显示效果越清晰。不同分辨率的显示器要求配置不同性能的显示适配卡。

② 刷新率也叫“垂直扫描率”，是指每秒钟刷新显示器画面的次数，单位是赫兹。刷新率越

高，显示器上图像的闪烁感就越小，图像看起来就越平稳。一般刷新率在 75 赫兹（Hz）以上，人的视觉看上去才会舒服。

③ 显示内存，即显示卡专用内存。它负责存储显示芯片需要处理的各种数据。显存容量的大小、性能的高低，直接影响着电脑的显示效果。

④ 显示器能显示多少种颜色，主要由表示颜色的位数来决定。颜色的位数越多，现实的色彩越逼真。16 位基本看不到色彩的过渡边缘，24 位以上就被称为真彩色。

目前微机中的显示器以 21 英寸彩色液晶显示器为主流配置。

（六）光盘驱动器

光盘驱动器是一种利用激光技术来读写信息的存储设备。其特点是容量大，抗干扰性强，存储的信息不易丢失。它除了可以读取音乐和数据之外，还可以读取声音、图像和文本文件等交互格式的多种信息，即多媒体信息。因此，光驱是多媒体计算机的基本配置。光盘驱动器可分为普通光驱（CD-ROM）、DVD 光驱、DVD 刻录机、BD-ROM（蓝光）、HD-ROM 和 COMBO 驱动器，微机光驱外观如图 1-9 所示。

图 1-9　微机光驱外观

（七）键盘、鼠标、扫描仪

键盘、鼠标和扫描仪都是常用的输入设备，功能是将原始信息转化为计算机能接受的二进制数，以便计算机能够进行处理，如图 1-10 所示。

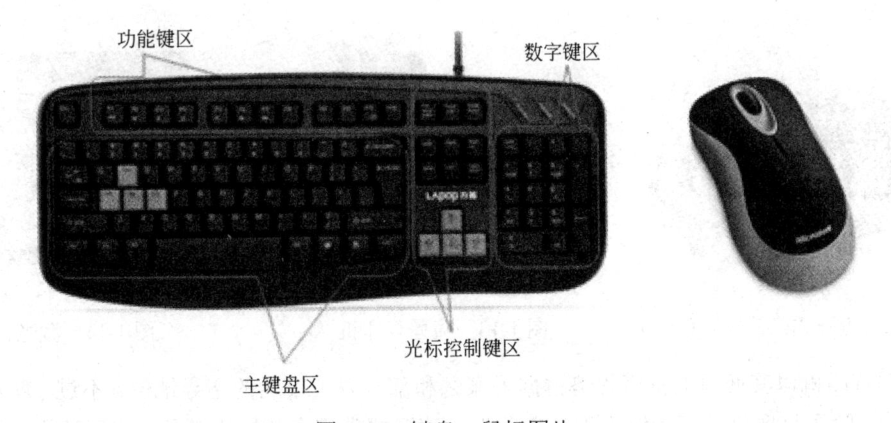

图 1-10　键盘、鼠标图片

1. 键盘

键盘是微机中最常用的输入设备，常见的键盘有 101 式键盘和 104 式键盘两种。每个键盘分为主键盘区、数字键区、功能键区和光标控制键区四个区域，由一根软电缆与主机相连。

2. 鼠标

鼠标也是一种输入设备。其主要用于程序的操作、菜单的选择、制图等。鼠标可以方便、准确地移动光标进行定位，是 Windows 系统界面中必不可少的一个输入设备。使用鼠标的明显优点就是简单、直观、移动速度快。

鼠标根据其使用原理可以分为：机械鼠标、光电鼠标和光电机械鼠标。按键数可以分为：两键鼠标、三键鼠标和多键鼠标。

图 1-11　扫描仪

目前使用最多的是光电鼠标。光电鼠标具有精度高、寿命长等优点。此外还有无线鼠标和轨迹球鼠标等。

3. 扫描仪

扫描仪是计算机输入图片和文字使用的设备，如图 1-11 所示。它可以把各种图片资料转换成计算机图像数据，并传给计算机，再由计算机进行图像处理、编辑、存储、打印输出或传送给其他设备。按色彩来划分，扫描仪可以分成单色扫描仪或彩色扫描仪两种；按操作方式来分，可分为手持式扫描仪和台式扫描仪。扫描仪的主要技术指标有分辨率、灰度层次、扫描速度等。

（八）打印机

打印机属于常见的计算机输出设备之一。它可以将信息输出到纸张上，便于阅读或长期保存。按打印原理不同，打印机可分为针式打印机（点阵式打印机），如图 1-12 所示；喷墨打印机，如图 1-13 所示；激光打印机，如图 1-14 所示。目前被广泛应用的是激光打印机。

打印机与计算机的连接很简单。它通过一根数据线与电脑主机的 USB 接口连接，并且通过一根电源线连接电源插座。

在喷墨、激光和针式三类打印机中，针式打印机已逐渐退居到少数专用领域，激光打印机以打印时噪声小、速度快、可以打印高质量的文字和图形，目前被广泛应用。特别是黑白激光打印机更多地被用在办公领域，激光打印机也属于非击打式打印机，其主要部件是感光鼓，感光鼓中装有碳粉。打印时，感光鼓接受激光束，产生电子，以吸引碳粉，再印到打印纸上。

图 1-12　点阵式（针式）打印机

图 1-13　喷墨打印机

图 1-14　激光打印机

喷墨打印机以其低廉的价格优势占据了家庭和部分办公市场的主导地位，不过，就彩色打印效果而言，喷墨打印机并不能够实现让专业人士感到非常满意的输出效果，即便是价格较高的彩色激光打印机也还不能够达到亮丽的真彩色输出效果，目前能够实现这一目的的暂时还只有热转换打印机。

（九）音箱与声卡

音箱是多媒体计算机不可缺少的部件，如图 1-15 所示。通过声卡与音箱的连接，可以播放出声音。一对音质优良的音箱，能够保证输出优美动听的声音。

图 1-15　音箱

音箱连接在声卡的音频输出接口上。

声卡提供了录制、编辑和回放数字音频，以及进行 MIDI 音乐合成的功能，无论是微机游戏，播放音乐 CD、VCD、DVD,还是在 Windows 系统下发出各种声音，都需要声卡的支持。声卡插入到微机主机板的总线扩展插槽上。

三、键盘及鼠标的相关操作

（一）键盘操作及基本指法

1. 认识键盘

（1）子键盘分区　主键盘区、编辑键区（光标控制区）、辅助键区（数字键区）、功能键区。

（2）键盘常用键及其功能

① 主键盘区（基本键区）。该区是键盘的主要部分，包括字符键和专用控制键。

字符键的位置与一般打字机的位置相同，字符键包括“0～9”10 个数字键，26 个英文字母键和一些常用的标点符号键。

控制键主要包括“Shift”（上档切换键）、“Tab”（制表键）、“Backspace”（退格键）、“Enter”（回车键）等。这些控制键一般要与字符键配合使用。

a. 上档切换键“Shift”(主键盘区下方左右各有一个，两个键作用相同)，当不是处于大写锁定状态时，当要输入双字符键上的上档字符时，按下该键输入。

b. 控制键“Ctrl”(主键盘区下方左右各有一个，两个键作用相同)，这个键总是与其他键同时使用，以实现各种功能，这些功能是被操作系统或其他应用软件定义的。比如“Ctrl＋X”“Ctrl＋C”“Ctrl＋V”分别为剪切、复制和粘贴（注意：“＋”的意思是按着“Ctrl”键不放，然后按另一个键，然后同时放开两个键)。

c. 转换键“Alt”(主键盘区下方左右各有一个，两个键作用相同)，这个键也总是与其他键同时使用，一般是快捷选取某个菜单或某个按钮或选项，比如当前窗体中有文件菜单的话，那一般按“Alt+F”就是打开文件菜单的快捷键。

d. 大写锁定键“CapsLock”，这个键可将字母输入设置为大写状态。当处于大写锁定状态时，按住“Shift”键再按字母会变成临时输入一个小写。当设置为大写状态时，键盘右上角的“Caps Lock”指示灯会亮的，灯灭表示当前是小写状态。

e. 回车键“Enter”，表示确认所要执行的命令。在编辑文档时，表示一个输入行的结束。

f. 退格键“Backspace”(打字键区右上角的一个键，一般标有“←”或“←Backspace”)，用这个键可以删除当前光标位置的左边一个字符，并将光标左移一个位置。

g. 制表键“Tab”，每按一次，光标向右跳过若干字符的位置，默认为4个字符位置。

② 功能键区。对于标准键盘，功能键是“F1～F12”和“Esc”共13个键，“F1～F12”各个功能键的具体功能，由不同软件定义。“Esc”键称为释放键或取消键，在不同应用软件中有不同的含义。

③ 编辑键区。编辑键区包括以下按键。

a. 光标移动键：包括“←”“→”“↑”“↓”四个键。在全屏编辑中，每按一次，光标按箭头方向移动一个字符或一行。

b. “Insert”键：为“插入”与“改写”状态转换键，按一次该键，进入“改写”状态，所键入的字符将替换光标后面位置的字符。再按一次该键，则返回“插入”状态，此时键入的字符将插入当前光标所在位置。系统开机时，默认状态是“插入”状态。

c. “Delete”键：删除键，按下该键，删除当前光标所在位置后面的字符。当同时按下“Ctrl＋Alt＋Del”三个键时，表示计算机热启动。

d. “Home”键和“End”键：又称光标快速移动键。在编辑Word文档时，按下“Home”键，将光标移动到行首；按下“End”键，将光标移动到行尾；按下“Ctrl＋Home”组合键，将光标移动到整个文档的开头位置；按下“Ctrl＋End”组合键，将光标移动到文档的末尾。

e. “PageUp”“PageDown”键：页面光标移动键，“PageUp”向前翻一页，“PageDown”向后翻一页。

④ 数字小键盘区。当输入大量的数字时，数字小键盘的作用十分明显，尤其对于财会人员非常有用。数字小键盘上的双字符键具有数字键和光标控制的双重功能。开机后系统默认状态是由BIOS设置的。按下数字锁定键“NumLock”，则右上角的“NumLock”灯点亮，即可锁定上档数字键，然后输入数字。

⑤ 面板指示灯。键盘的右上角设置了3个指示灯，分别是：“NumLock”（数字锁定）、“CapsLock”（字母锁定）和“ScrollLock”（屏幕锁定）。当按下键盘的相应键时，各自的灯点亮，便于用户操作。

2. 键盘操作

（1）正确的坐姿

① 身体坐直，手腕要平直，打字的全部动作都在五个手指上，上身其他部位不得接触工作台或键盘。座椅高度适度。

② 手指要保持弯曲，手要形成勺状，两食指总保持在左手“F”、右手“J”处。

③ 击键时以手指尖垂直向键位使用冲击力，力量要在瞬间爆发出来，并立即反弹回去。

④ 敲击键盘要有节奏，击上排键时手指伸出，击下排键时手指缩回，击完后手指立即回至原始标准位置。

⑤ 击键的力度要适中，过轻则无法保证速度，过重则容易疲劳。

⑥ 各个手指分工明确，各守岗位，决不能越到别的区域去敲键。

（2）键盘操作指法

① 手指定位。将左手小指、无名指、中指、食指依次放在“A”“S”“D”“F”四个基准键上；右手食指、中指、无名指、小指依次放在“J”“K”“L”“；”四个基准键上。左、右手大拇指轻放于空格键上。如图1-16所示。

注意：“F”键与“J”键各有一个小凸出的标识，称为定位键。

② 指法分工。在键盘操作中，各手指负责的键位都有相应的规定。只有严格按照指法分工进行训练，才能逐步提高打字速度，实现盲打。

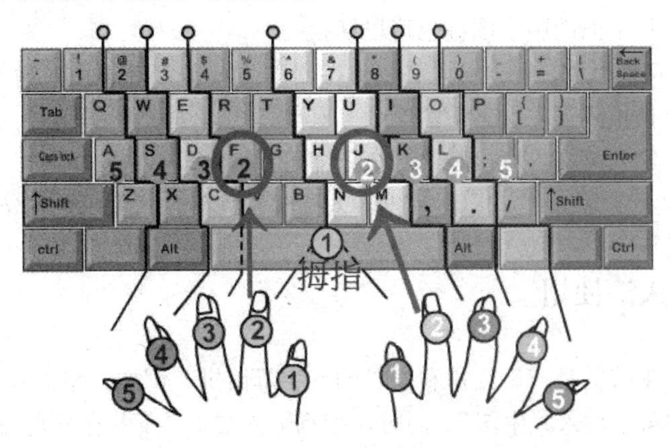

图 1-16　手指基本键位置

（二）鼠标操作

计算机的基本操作是通过鼠标进行的，鼠标是操作计算机最常用的输入设备之一，因此，学习计算机的基本操作，要熟练掌握鼠标的基本操作（以二键式鼠标为例）。

二键式鼠标有左、右两键，左按键又叫作主按键，大多数的鼠标操作是通过主按键的单击或双击完成的。右按键又叫作辅按键，主要用于一些专用的快捷操作。

当移动鼠标时，屏幕上会有一个小的图形在跟前移动，这个小的图形称为鼠标指针，简称指针。鼠标的基本操作包括指向、单击、双击、拖动和右击。

① 指向：指移动鼠标，将鼠标指针移到操作对象上。

② 单击：指快速按下并释放鼠标左键。单击一般用于选定一个操作对象。

③ 双击：指连续两次快速按下并释放鼠标左键。双击一般用于打开窗口，启动应用程序。

④ 拖动：指按下鼠标左键，移动鼠标到指定位置，再释放按键的操作。拖动一般用于选择多个操作对象，复制或移动对象等。

⑤ 右击：指快速按下并释放鼠标右键。右击一般用于打开一个与操作相关的快捷菜单。

四、中文输入法

目前汉字编码方案已有数百种，在计算机上使用较多的也有十几种。在众多的汉字编码输入中，我们只要了解几个常用的输入法，熟练掌握其中的一种即可。此任务中将重点介绍搜狗拼音输入法。

搜狗拼音输入法是搜狗（www.sogou.com）推出的一款基于搜索引擎技术的、特别适合大众使用的、新一代的输入法产品。

（一）输入法选择与切换

1. 输入法选择

将鼠标移到要输入的地方，点一下，使系统进入到输入状态，然后按“Ctrl+Shift”键切换输入法，按到搜狗拼音输入法出来即可。当系统仅有一个输入法或者搜狗输入法为默认的输入法时，按下“Ctrl +空格”即可切换出搜狗输入法。

由于大多数人只用一个输入法，为了方便、高效起见，可以把自己不用的输入法删除掉，只保留一个自己最常用的输入法即可。用户可以通过系统的“语言文字栏”右键的“设置”选项把自己不用的输入法删除掉（这里的删除并不是卸载，以后可以还通过“添加”选项添上）。

2. 输入法切换

输入法默认是按下“Shift”键就切换到英文输入状态，再按一下“Shift”键就会返回中文状态。用鼠标点击状态栏上面的中字图标也可以切换。

除了“Shift”键切换以外，搜狗输入法也支持回车输入英文和V模式输入英文，在输入较短的英文时使用能省去切换到英文状态下的麻烦。具体使用方法如下。

回车输入英文：输入英文，直接敲“回车”即可。

V 模式输入英文：先输入“V”，然后再输入要输入的英文，可以包含@、+、*、/、一等符号，然后敲空格即可。

（二）搜狗输入法使用

1. 简拼输入

搜狗输入法现在支持的是声母简拼和声母的首字母简拼。例如，想输入“中国”，只要输入“zg”或者“zhg”都可以输入“中国”。同时，搜狗输入法支持简拼全拼的混合输入，例如，输入“srf”“sruf”“shrfa”都是可以得到“输入法”的。

注意：这里的声母的首字母简拼的作用和模糊音中的“z、s、c”相同。但是，这属于两回事，即使没有选择设置里的模糊音，同样可以用“zly”输入“张靓颖”。有效的用声母的首字母简拼可以提高输入效率，减少误打，例如，输入“指示精神”这几个字，如果输入传统的声母简拼，只能输入“zhshjsh”，需要输入的多而且多个“h”容易造成误打，而输入声母的首字母简拼，“zsjs”能很快得到用户想要的词。

2. 翻页选字

搜狗拼音输入法默认的翻页键是“逗号（,）、句号（。）”，即输入拼音后，按句号（。）进行向下翻页选字，相当于“PageDown”键，找到所选的字后，按其相对应的数字键即可输入。我们推荐用这两个键翻页，因为用“逗号”“句号”时手不用移开键盘主操作区，效率最高，也不容易出错。

输入法默认的翻页键还有“减号（一）、等号（=）”，“左右方括号（[]）”，可以通过“设置属性”→“按键”→“翻页键”来进行设定。

3. 使用自定义短语

自定义短语是通过特定字符串来输入自定义好的文本，可以通过输入框上拼音串上的“添加短语”，或者候选项中的短语项的“编辑短语”/“编辑短语”来进行短语的添加、编辑和删除，如图 1-17 所示。

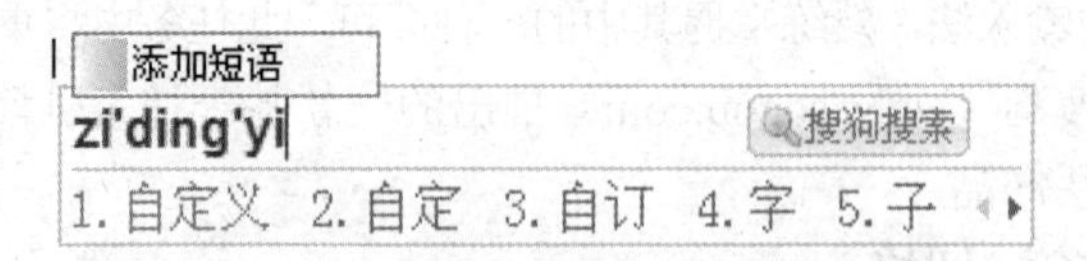

图 1-17 添加短语功能示意图

设置自己常用的自定义短语可以提高输入效率，例如使用“yx,1=wangshi@sogou.com”，输入了“yx”，然后按下“空格”就输入了“wangshi@sogou.com”。使用“sfz,1=130123456789”，输入了“sfz”，然后按下“空格”就可以输入“130123456789”。

自定义短语在设置选项的“高级”选项卡中，默认开启。点击“自定义短语设置”即可。

4. 快速输入人名——人名智能组词模式

输入要输入的人名的拼音，如果搜狗输入法识别人名可能性很大，会在候选中有带“n”标记的候选出现，这就是人名智能组词给出的其中一个人名，并且输入框有“按逗号进入人名组词模式”的提示，如果提供的人名选项不是想要的，那么此时可以按逗号进入人名组词模式，选择想要的人名，如图 1-18 所示。

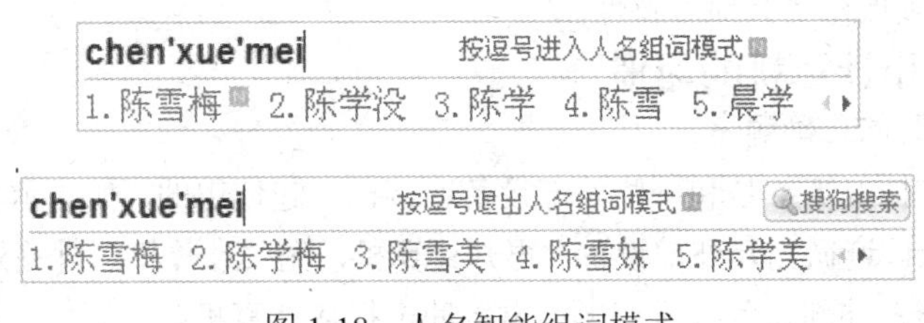

图 1-18　人名智能组词模式

搜狗拼音输入法的人名智能组词模式，并非搜集整个中国的人名库，而是用过智能分析，计算出合适的人名得出结果，可组出的人名逾十亿，正可谓“十亿中国人名，一次拼写成功”！

5. 生僻字的输入——拆分输入

在进行汉字输入时如遇到过类似于靐、嫑、犇这样一些字，这些字看似简单但是又很复杂，知道组成这个文字的部分，却不知道这个字的读音，只能通过笔画输入，可是笔画输入又较为烦琐，所以搜狗输入法提供便捷的拆分输入，化繁为简，生僻的汉字可轻易输出：直接输入生僻字的组成部分的拼音即可！如图 1-19 所示。

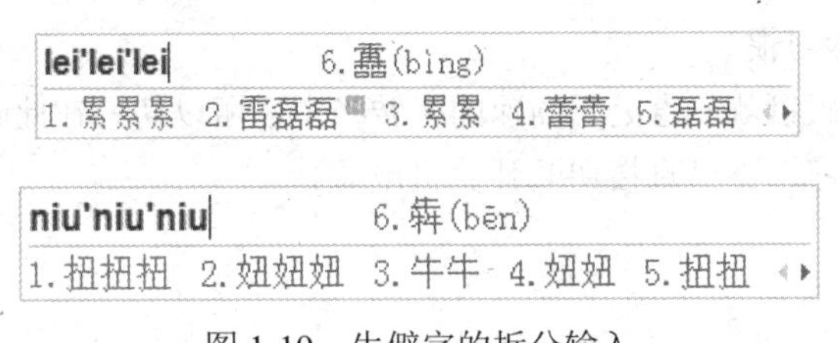

图 1-19　生僻字的拆分输入

6. 插入日期

“插入当前日期时间”的功能可以方便地输入当前的系统日期、时间、星期，并且还可以用插入函数自己构造动态的时间。例如在回信的模板中使用。此功能是用输入法内置的时间函数通过“自定义短语”功能来实现的。由于输入法的“自定义短语”默认不会覆盖用户已有的配置文件，所以要想使用下面的功能，需要恢复“自定义短语”的默认配置（就是说：如果输入了“rq”而没有输出系统日期，请打开“选项卡”→“高级”→“自定义短语设置”→“恢复默认配置”即可）。注意：恢复默认配置将丢失自己已有的配置，请自行保存手动编辑。输入法内置的插入项如下。

① 输入“rq”（日期的首字母），输出系统日期“2006 年 12 月 28 日”；

② 输入“sj”（时间的首字母），输出系统时间“2006 年 12 月 28 日 19:19:04”；

③ 输入“xq”（星期的首字母），输出系统星期“2006 年 12 月 28 日星期四”。

“自定义短语”中的内置时间函数的格式请见“自定义短语”默认配置中的说明。

五、计算机的维护

（一）计算机的工作环境

为了能够安全地操作计算机，计算机的工作环境需要满足以下要求。

① 计算机应安放于坚固的水平表面上；

② 计算机的外部环境温度在 10～30℃为宜，避免过冷、过热、过潮及阳光直射；

③ 要保持环境清洁，防止灰尘和污垢，并且不能让液体靠近计算机；

④ 严禁任何物体挡住显示器的通风口；

⑤ 供电系统必须保持“共地”特性。

（二）正确使用计算机的习惯

1. 开机、关机时的正确顺序

由于计算机通常情况下都是和一些外部设备连接在一起使用的，如显示器、打印机等，所以在开关计算机时，应该遵循先开外部设备，再开计算机，先关计算机，再关外部设备，以避免在计算机开机状态下开关外部设备时所产生的电流冲击损坏计算机。

2. 计算机带电工作时的正确使用习惯

① 在 PC 机运行过程中，不要频繁地开关电源。PC 机关闭后，必须等待 1～2 分钟后再开机。因为，频繁变化的电压和电流会影响主机板电路的性能，造成故障隐患。同样，在 PC 机操作过程中，不能随意搬动计算机，以免损坏计算机。

② 操作中如出现死机现象，一般应采用系统热启动和系统复位的方式，最好不要采用关闭电源的方式重新启动系统。在迫不得已时，也必须在关闭电源后至少 1 分钟方能重新开启计算机。

③ 计算机带电工作时，最好要避免移动计算机或打开机箱盖。严禁在计算机带电工作时进行元件的拔插。

3. 使用磁盘的正确习惯

在计算机开机后，磁盘就一直处于高速的运转当中，所以切忌在此时震动磁盘。在关机时，应该使用正常的关机程序，不可直接切断计算机电源。

★ 探索

1. 根据掌握的知识进行市场调查，设计一个购买一台性价比高的台式机的配置表。
2. 自己在微机上安装一个摄像头，使用带麦克风的耳机，试试在网上与同学视频聊天。
3. 试一试将数码相机或数码摄像机中的照片传输到计算机中。

任务四　多媒体计算机

【任务描述】

怎样理解多媒体技术与多媒体计算机？

【技能目标】

了解多媒体关键技术、多媒体计算机的构成要素。

【知识结构】

早期的计算机只能处理文字，然而现实生活中，信息的载体除了文字外，还有声音、图形、图像等。为了使计算机具有更强的处理能力，20 世纪 90 年代，人们研究出了能处理多媒体信息的计算机，称为“多媒体计算机”。多媒体技术是 21 世纪信息技术研究的热点问题之一。媒体是信息标识和传输的载体，计算机领域的媒体可分为感觉媒体、表示媒体、表现媒体、存储媒体、传输媒体。多媒体计算机（multimedia computer）是能够对声音、图像、视频等多媒体信息进行综合处理的计算机。多媒体计算机一般指多媒体个人计算机（MPC）。

多媒体是指计算机领域中的感觉媒体，主要包括文字、声音、图形、图像、视频、动画等。多媒体系统强调三大特征：集成性、交互性和数字化。一般来说，多媒体个人计算机（MPC）的基本硬件结构可以归纳为以下七部分。

① 至少一个功能强大、速度快的中央处理器（CPU）；

② 可管理、控制各种接口与设备的配置；

③ 具有一定容量（尽可能大）的存储空间；

④ 高分辨率显示接口与设备；

⑤ 可处理音响的接口与设备；

⑥ 可处理图像的接口设备；

⑦ 可存放大量数据的配置等。

一、多媒体信息中的媒体元素

多媒体信息中的媒体元素是指多媒体应用中可显示给用户的媒体组成，目前主要包含文本、图形、图像、视频、音频、动画和超文本等。

（一）文本

文本是指各种文字，包括各种字体、尺寸、格式及颜色的文字。它是计算机文字处理的基础，也是多媒体应用程序的基础。文本的多样化主要是通过文字的属性，如格式、字体、对齐方式、大小、颜色以及它们的各种组合而表现出来的。

（二）图形和图像

图形是指从点、线、面到三维空间的黑白或彩色几何图形，也称矢量图。它主要由直线和弧等线条实体组成，直线和弧线比较容易用数学的方法来表示。静止图像不是图形那样有明显规律的线条，因此在计算机中难以用矢量来表示。基本上只能用点阵来表示，其元素代表空间的一个点，被称为像素（pixel），这种图像也称为位图。

1. 分辨率

分辨率的高低影响图像的质量，分辨率包括以下三个方面的内容。

（1）屏幕分辨率　是指计算机显示屏显示图像的最大显示区，以水平像素和垂直像素表示，普通PC计算机VGA模式的全屏幕显示共有640像素/行×480行=307200像素。

（2）图像分辨率　是指数字化图像的大小，以水平像素和垂直像素表示。图像分辨率和屏幕分辨率是两个截然不同的概念。例如，在640×480分辨率的屏幕上显示320×240像素的图像，“320×240”即为图像分辨率。

（3）像素分辨率　指像素的高宽比。一般为1∶1。在像素分辨率不同的机器间传输图像时会产生畸变。

2. 图像灰度

图像灰度是指每个图像的最大颜色数。屏幕上每个像素都用一个或多个二进制位描述其颜色信息。如单色图像的灰度为1位二进制码，表示亮与暗。每个像素用4个二进制位编码，表示支持16色；8个二进制位编码，表示支持256色。若采用24个二进制位编码表示一个彩色像素，则可以得到的颜色数为28×28×28=1677万种，称为百万种颜色的“真彩色”图像。

3. 图像文件大小

图像文件的大小用字节数来表示，其描述方法为“（水平像素×垂直像素×灰度位数）/ s”。

例如，一幅能在分辨率为 800×600 的显示屏上做全屏显示真彩色的图像，其所占用的存储空间为：

（800 像素 / 行×600 行×24 位 / 像素）÷8 位/字节＝10400008≈1.37MB

4. 图像文件类型

图像数字化后，可以用不同类型的文件保存在外部存储器上，最常用的图像文件类型有以下几种。

（1）BMP　位图文件的格式，是图像文件的原始格式，存储量极大。

（2）JPG　应用 JPEG 压缩标准压缩后的图像格式。

（3）GIF　适用于在网上传输的图像格式，应用比较普遍。

（4）TIF　作为工业标准的图像格式。

（5）WMF　是 Microsoft Windows 中常用的一种图像文件格式，它具有文件矮小、图案造型化的特点。整个图形常由各个独立组成部分拼接而成，但其图形往往较粗糙，并且只能在 Microsoft Office 中调用编辑。

此外，还有 PCX、PCT、TGA、PSD 等许多图像文件格式。

（三）视频

视频图像是一种活动影像，它与电影和电视的原理是一样的，都是利用人眼的视觉暂留现象，将足够的画面连续播放，只要能达到每秒 20 帧以上，人的眼睛就察觉不出画面之间的不连续性。

视频的每一帧，实际上就是一帧静态图像，所以图像存储容量极大，必须经过压缩来解决这个问题。视频图像压缩普遍采用 MPEG 标准，它使基于视频的每幅图像之间的变化都不大。MPEG 在对每幅静态图像进行 JPEG 压缩后，还采用移动补偿算法去掉时间方向上的冗余信息，使其达到较好的压缩效果。通常，VCD 中使用的是 MPEG-1 压缩标准，其分辨率与电视接近。DVD 中采用的是 MPEG-2 压缩标准，其分辨率达到高清晰度。视频影像文件的格式在 PC 中主要有以下三种。

（1）AVI　是 Windows 中使用的动态图像格式，数据量较大。

（2）MPG　利用 MPEG 压缩标准所确定的文件格式，数据量较小。

（3）ASF　比较适合在网上进行连续播放的视频文件格式。

（四）音频

音频包括音乐、语音和各种音响效果，能起到烘托气氛、增加活力的作用。声音通常用一种模拟的连续波形表示，可以用两个参数来描述：振幅和频率。振幅的大小表示声音的强弱，频率的大小反映了音调的高低。

由于声音是模拟量，需要经过采样将模拟信号数字化后才能放到计算机中对其进行相应处理。对声音进行数字化就是在捕捉声音时，要以固定的时间间隔对波形进行离散采样。这种采样将产生波形的振幅值，利用这些值可以重新还原原始波形。

声音的数字化过程需要考虑三个参数：采样频率、量化精度和声道数。

（1）采样频率　等于声音波形被等分的份数。份数越多，频率越高，声音质量越好。一般要求采样频率不低于 40kHz，最常用的标准采样频率是 44.1kHz。

（2）量化精度　即每次采样的信息量，精度越高，采样的质量越好。声音采样时通常用模 / 数转换器（A / D）将每个波形垂直等分。若用 8 位 A / D 转换器，可将波形等分为 256 份。若用16位，可将波形分为65536份。显然，所用A/D转换器的位数直接影响着采样质量。

（3）声道数　是声音通道的个数，即声音产生的波形数，有单声道和多声道之分。声音的声道越多，声音的效果越好。

常用的声音文件也有多种格式。

① WAV：波形音频文件，是PC机常用的声音文件，占用很大的存储空间。

② MID：数字音频文件，是MIDI（音乐设备数字接口）协会设计的音乐文件标准。MIDI标准的文件中存放的是符号化音乐。

③ CD-DA：光盘数字音频文件，它无需硬盘存储声音文件，声音直接通过光盘由光驱处理后发出。音源质量较好。

④ MP3：压缩存储音频文件，是根据MPEG-1视频压缩标准中对立体声伴音进行第三层压缩的方法所得到的声音文件，在日常生活和网上应用都非常普遍。

（五）动画

动画也是一种活动影像，最典型的是卡通片。动画一般是指人工创作出来的连续图形所组成的动态影像，而视频则是生活中所发生的事件的真实记录。

动画可以是逐幅绘制出来的，也可以是实时计算出来的，可分为二维动画和三维动画两类。

（六）超文本

超文本是一种非线性的信息组织与表达方式，类似于人类思维中的联想，通常是通过超链接来实现的。

二、多媒体技术的应用

多媒体技术融计算机、声音、文本、图像、动画、视频和通信等多种功能于一体，借助日益普及的高速信息网，可实现计算机的全球联网和信息资源共享，因此被广泛应用在咨询服务、图书、教育、通信、军事、金融、医疗等诸多行业，并正潜移默化地改变着人们的生活面貌。多媒体的应用包括应用技术领域和应用市场领域两个方面。

（一）应用技术领域

1. 电子出版技术

在图书行业中，图书尤其是百科全书等工具书的内容开始存储在计算机的磁盘上，相关工作人员在与之相连的计算机终端上进行输入、修改、排版并输出印刷；在杂志和报纸行业中，除了记者和编辑利用计算机和网络进行图文处理和传递之外，摄影师在微机上处理相片，美术师利用图形软件创作艺术作品和广告，设计师则用精密的生产系统整理出完美的版面。无疑，计算机系统和照相排版技术的应用缩短了出版业生产过程，并大幅度地降低了生产成本。

2. 多媒体数据库技术

多媒体数据库是多媒体技术与数据库技术相结合产生的一种新型的数据库。数据库中的信息不仅涉及各种数字、字符等格式化的表达形式，而且还包括多媒体的非格式化的表达形式，数据管理要涉及各种复杂图像的处理。

3. 多媒体通信技术

多媒体通信是指在一次呼叫过程中能同时提供多种信息（即声音、图像、图形、数据和文本等）的新型通信方式。它是通信技术和计算机技术相结合的产物。与电话、电报、传真、计算机通信等传统的单一媒体通信方式相比，多媒体通信技术不仅能使相隔万里的用户声像图文并茂地交流信息，而且将分布在不同地点的多媒体信息作为一个完整的信息同步呈现在用户面前。另外，用户对通信全过程具有完备的交互控制能力。

4. 多媒体网络技术

多媒体网络技术是由通信技术、计算机技术与多媒体技术相融合形成的，集计算机的交互性、多媒体的集成性及网络的分布性于一体，向人们提供了信息的综合服务。

5. 虚拟现实

虚拟现实，也称虚拟实境或灵境，是一种可以创建和体验虚拟世界的计算机系统。它利用计算机技术生成一个逼真的，具有视、听、触等多种感知的虚拟环境。它是让用户通过使用各种交互设备，同虚拟环境中的实体相互作用，产生身临其境感觉的交互式视景仿真和信息交流平台，是一种先进的数字化人机接口技术，在室内设计、房产开发、工业仿真、军事模拟和游戏等很多领域都有广泛的应用。

（二）应用市场领域

1. 娱乐与家庭

越来越丰富的多媒体娱乐功能，使得人们日益远离当初简单的娱乐时代。计算机和电视的客厅争夺战正在上演。Intel 处理器告别奔腾时代，迈向更高速的酷睿新世纪，与 AMD 共同笑傲“双核时代”。没有人可以预言谁将成为下一代娱乐霸主，但可以确定的是，各种多媒体技术的争锋将极大地推动技术的发展。

2. 教育与培训

20 世纪 90 年代以来，随着现代科技的高速发展，多媒体技术已逐步进入校园，渗透到教育教学之中。一种新型的基于现代多媒体技术理论框架的教学模式已经逐步形成，并对旧的教学理论模式产生强烈的冲击。它改善了传统教学中一支粉笔、一张嘴的单一讲授形式。变静为动、变抽象为具体的多媒体技术使教学内容直观、形象，又具有趣味性。

3. 办公与协作

多媒体办公环境是在传统办公环境的基础上产生的，同时又采用先进的多媒体系统对其进行改进。

多媒体会议系统是一种实时的分布式多媒体软件应用的实例。它可以点对点的通信，也可以点对多点的通信。它是利用计算机系统提供的良好的交互功能和管理功能，对数字化的视频、音频及文本、图形、图像、数据等多媒体信息进行实时传输，让不同地方的人与人之间实现“面对面”交流的虚拟会议环境。它集计算机的交互性、通信的分布性以及电视的真实性为一体，具有明显的优越性，是一种快速高效、日益增长、广泛应用的新通信业务。

4. 电子商务

电子商务是在 Internet 开放的网络环境下，基于浏览器 / 服务器应用方式，实现消费者网上购物、商户之间网上交易和在线电子支付的一种新型的商业运营模式。电子商务为企业提供虚拟的全球性贸易环境，大大提高了商务活动的水平和服务质量。

总的来看，多媒体技术正向两个方面发展：一是网络化发展趋势。多媒体技术与宽带网络通信等技术相互结合，进入科研设计、企业管理、办公自动化、远程教育、远程医疗、检索咨询、文化娱乐、自动测控等领域。二是多媒体终端的部件化、智能化和嵌入化，提高计算机系统本身的多媒体性能，开发智能化家电。

★ 探索

1. 从自己身边找出多媒体计算机应用的例子。

2. 猜想多媒体技术今后会向哪些方向发展。

任务五　信息的表示与存储

【任务描述】

计算机中信息的存储及表示方法、计算机中存储单位都有哪些？进制有哪些？

【技能目标】

掌握计算机的存储单位及进制间的相互转换，通过学习掌握计算机运算、存储的基本工作原理、进制关系及运算等。

【知识结构】

一、了解计算机内数据的单位

（一）计算机中的数据单位表示

数据是指能够输入计算机并被计算机处理的数字、字母和符号的集合。在计算机内部，数据都是以二进制的形式存储和运算的。在计算机内部常用的数据单位一般有位、字节和字。

1. 位（bit，简写为 b）

二进制数据中的位（bit）是 binary digit 的缩写，音译为比特，是计算机存储数据的最小单位。一个二进制代码（0 或 1）称为一位。

2. 字节（Byte，简写为 B）

字节是计算机数据处理的最基本单位。一个字节用 8 位二进制代码表示。

3. 字（word）

一条指令或一个数据信息称为一个字（word），它由若干个字节组成。字是计算机信息交换、处理、存储的基本单元。

4. 字长（word size）

字长是 CPU 能够直接处理的二进制的数据位数，它直接关系到计算机的精度、功能和速度。字长越长，处理能力就越强。计算机型号不同，其字长是不同的，常用的字长有 8 位、16 位、32 位和 64 位。

5. 数据的换算关系

不同数据单位之间有以下换算关系：

1Byte=8bits，1kB=1024B，1MB=1024kB，1GB=1024MB，1TB=1024GB

（二）计算机内的常用数制

在日常生活中，最常使用的是十进制数，而计算机在进行数的计算和处理时，内部使用的是二进制计数制，有时为了理解和书写方便也用到八进制或十六进制，但它们最终都要转化为二进制后才能在计算机内部存储和加工。

1. 十进制（Decimal，用“D”表示）

其主要特点如下。

① 有十个不同的数码（或称数字符号）：0、1、2、3、4、5、6、7、8、9；

② 基数为“10”，所以这种计数制称为十进制；

③ 相邻两位之间“逢十进一”。

把某种进位制所使用数码的个数称为该进位计数制的“基数”，数制中某一位上的“1”所表示的数值大小，称为该位的位权。如十进制数个位上的位权是10^0，十位上的位权是10^1。

例：用一个按位权展开的多项式之和来表示十进制数678.39[表示为$(678.39)_{10}$或$(678.39)_D$]。

$(678.39)_D=6\times10^2+7\times10^1+8\times10^0+3\times10^{-1}+9\times10^{-2}$

2. 二进制（Binary，用“B”表示）

其主要特点如下。

① 有两个不同的数码，即“0”和“1”；

② 基数为“2”，所以这种计数制称为二进制；

③ 按“逢二进一”的规则计数。如对十进制数来说，1+1＝2；而对二进制数，则$1+1=(10)_2$，这里逢二进一，结果为$(10)_2$或者$(10)_B$。

3. 八进制（Octal，用“O”表示）

其主要特点如下。

① 有8个不同的数码：0、1、2、3、4、5、6、7；

② 基数是8，所以称为八进制；

③ 按“逢八进一”的规则计数。

4. 十六进制（Hex，用“H”表示）

其主要特点如下。

① 有十六个不同的数码：0、1、2、…、9、A、B、C、D、E、F；

② 基数为16，所以这种计数制称为十六进制；

③ 按“逢十六进一”的规则计数。

二、不同进制之间的转换

（一）二进制数、八进制数、十六进制数转换成十进制数

对于任何一个二进制、八进制或十六进制转化为十进制，均采用按权展开式形式展开，再按十进制进行求和运算即可。

【例1-1】将二进制数1011.01转换成十进制数。

$(1011.01)_2=1\times2^3+0\times2^2+1\times2^1+1\times2^0+0\times2^{-1}+1\times2^{-2}=(11.75)_{10}$

即二进制数1011.01转化为十进制为11.25。

【例1-2】将八进制数678转换成十进制数。

$(678)_8=6\times8^2+7\times8^1+8\times8^0=(448)_{10}$

【例1-3】将十六进制数4FD.8转换成十进制数。

$(4FD.8)_H=4\times16^2+F\times16^1+D\times16^0+8\times16^{-1}=(1277.5)_{10}$

（二）十制转化为二进制、八进制或十六进制

将十进制转化为二进制、八进制、十六进制的方法如下。

① 整数部分：采用除基数取余法（规则：先取出的余数为低位，后取出的余数为高位）。

② 小数部分：采用乘基数取整法（规则：先取出的整数为高位，后取出的整数为低位）。

【例1-4】将十进制数236.125转化为二进制。

步骤1：先转化整数部分

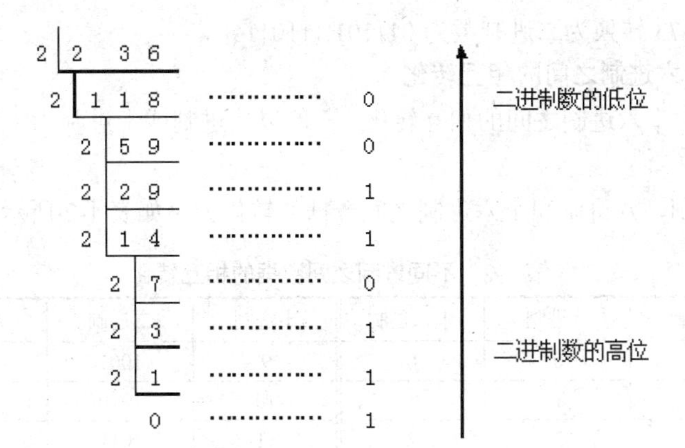

步骤 2：再转化小数部分

0.125×2 = 0.250　　　整数……0→ a^{-1}

0.25×2 = 0.5　　　　整数……0→ a^{-2}

0.5×2 = 1　　　　　整数……1→ a^{-3}

由上得出，$(0.125)_D = (0.001)_B$。

将整数和小数部分组合，得出：$(236.125)_{10} = (11101100.001)_2$

（三）二进制与八进制、十六进制之间的相互转化

1. 二进制转化为八进制、十六进制

方法：以小数点为中心，分别向左或向右每三位或四位分成一组，不足三位或四位的则以“0”补足，然后将每个分组用一位对应的八进制或十六进制数代替即可。

【例 1-5】将二进制数 11001011101 转化为十六进制数。

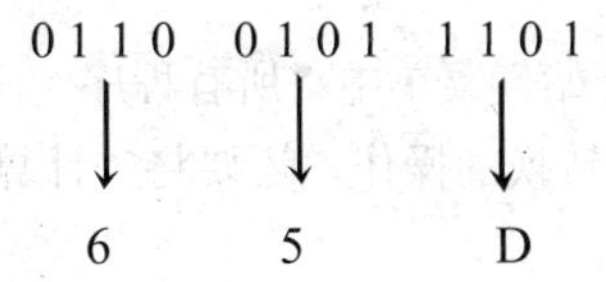

即二进制数 11001011101 转化为十六进制数为 65D。

【例 1-6】将二进制数 1010011.10 转换成八进制数。

001　010　011.100

1　　2　　3　　4

即二进制数 1010011.10 转化为八进制数为 123.4。

2. 八进制、十六进制转化为二进制

方法：将八进制、十六进制转换成二进制数，只要将每一位八进制或十六进制转换成相应的 3 位或四位二进制数，依次连接起来即可。

【例 1-7】将十六进制数 F6.38 转换为二进制数。

F　6．　3　8

11110110．00111000

即十六进制数 F6.38 转换为二进制数为 11110110.00111000。

【例 1-8】将八进制数 35.73 转换为二进制数。

3　5．　7　3

011101．111011

即八进制数 35.73 转换为二进制数为 011101.111011。

3. 八进制和十六进制之间的相互转化

方法：八进制和十六进制之间的相互转化，一般以二进制或十进制为中间桥梁，然后再进行相互转化。

十进制、二进制、八进制和十六进制之间数据的转化关系如表 1-2 所示。

表 1-2　不同进制之间数据的相互转化

十进制	二进制	八进制	十六进制	十进制	二进制	八进制	十六进制
0	0	0	0	9	1001	11	9
1	1	1	1	10	1010	12	A
2	10	2	2	11	1011	13	B
3	11	3	3	12	1100	14	C
4	100	4	4	13	1101	15	D
5	101	5	5	14	1110	16	E
6	110	6	6	15	1111	17	F
7	111	7	7	16	10000	20	10
8	1000	10	8	17	10001	21	11

提示：快速地进行各进制间的转换，可通过 Windows 7 中自带的“计算器”工具方便地进行。具体操作详见模块 2 中介绍。

（四）进制转换工具

在进制转换中除通过上述的转换计算方法外还可以通过 Windows 操作系统所自带的计算器工具或是手机下载安装的转换计算器来进行二进制、八进制、十进制或十六进制之间的相互转换。

1. 计算器

Windows 系统的计算器通过“开始”菜单中“所有程序”→“附件”下“计算器”命令，如图 1-20 所示。在计算器中实现进制转换的操作，还要将“计算器”对话框下的“查看”菜单切换至“程序员”模式。

2. 手机软件

通过手机软件安装进制转换计算器，如图 1-21 所示，通过计算器可以实现进制间的相互转换计算。

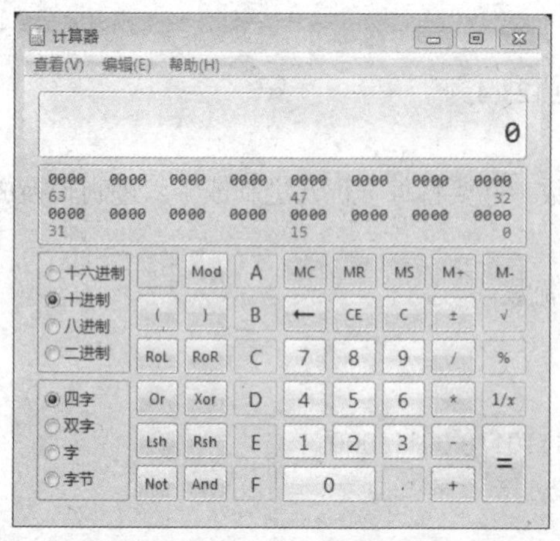

图 1-20　Windows 系统计算器

图 1-21　手机软件安装的进制转换计算器

三、认识计算机中的信息编码

由于计算机只能识别二进制代码，但是在日常的处理过程中，很大的一部分信息都是字符信息，所以需要对字符进行编码，建立字符与“1”和“0”的对应关系，以便计算机能识别、存储和处理。

（一）字符编码

目前采用的字符编码主要是 ASCII 码，它是 American Standard Code for Information Interchange 的缩写（美国标准信息交换代码），已被国际标准化组织 ISO 采纳，作为国际通用的信息交换标准代码，见表 1-3。ASCII 码是一种西文机内码，有 7 位 ASCII 码和 8 位 ASCII 码两种，7 位 ASCII 码称为标准 ASCII 码，8 位 ASCII 码称为扩展 ASCII 码。7 位标准 ASCII 码用一个字节（8 位）表示一个字符，并规定其最高位为 0，实际只用到 7 位，因此可表示 128 个不同字符。同一个字母的 ASCII 码值小写字母比大写字母大 32（20H）。

表 1-3　ASCII 码表

ASCII 值	键盘	ASCII 值	键盘	ASCII 值	键盘	ASCII 值	键盘
0	NUT	32	(space)	64	@	96	、
1	SOH	33	!	65	A	97	a
2	STX	34	”	66	B	98	b
3	ETX	35	#	67	C	99	c
4	EOT	36	$	68	D	100	d
5	ENQ	37	%	69	E	101	e
6	ACK	38	&	70	F	102	f
7	BEL	39	'	71	G	103	g
8	BS	40	(	72	H	104	h
9	HT	41	)	73	I	105	i
10	LF	42	*	74	J	106	j
11	VT	43	+	75	K	107	k
12	FF	44	,	76	L	108	l
13	CR	45	-	77	M	109	m
14	SO	46	.	78	N	110	n
15	SI	47	/	79	O	111	o
16	DLE	48	0	80	P	112	p
17	DCI	49	1	81	Q	113	q
18	DC2	50	2	82	R	114	r
19	DC3	51	3	83	X	115	s
20	DC4	52	4	84	T	116	t
21	NAK	53	5	85	U	117	u
22	SYN	54	6	86	V	118	v
23	TB	55	7	87	W	119	w
24	CAN	56	8	88	X	120	x
25	EM	57	9	89	Y	121	y
26	SUB	58	:	90	Z	122	z
27	ESC	59	;	91	[	123	{
28	FS	60	<	92	\	124	|
29	GS	61	=	93	]	125	}
30	RS	62	>	94	^	126	~
31	US	63	?	95	—	127	DEL

（二）汉字编码

所谓汉字编码，就是采用一种科学可行的办法，为每个汉字编一个唯一的代码，以便计算机辨认、识别。

1. 汉字交换码

由于汉字数量极多，一般用连续的两个字节（16 个二进制位）来表示一个汉字。1980 年，我国颁布了第一个汉字编码字符集标准，即《信息交换用汉字编码字符集基本集》（GB 2312—1980），该标准编码简称国标码，是我国大陆地区及新加坡等海外华语区通用的汉字交换码。GB 2312—1980 收录了 6763 个汉字，以及 682 个符号，共 7445 个字符，奠定了中文信息处理的基础。

2. 汉字机内码

国标码（GB 2312）不能直接在计算机中使用，因为它没有考虑与基本的信息交换代码（ASCII 码）的冲突。比如，“大”的国标码是“3473H”，与字符组合“4S”的 ASCII 码相同，“嘉”的汉字编码为“3C4EH”，与码值为“3CH”和“4EH”的两个 ASCII 字符“<”和“N”混淆。为了能区分汉字与 ASCII 码，在计算机内部表示汉字时把交换码（国标码）两个字节最高位改为“1”，称为“机内码”。

这样，当某字节的最高位是“1”时，必须和下一个最高位同样为“1”的字节合起来，代表一个汉字，而某字节的最高位是“0”时，就代表一个 ASCII 码字符，以和 ASCII 码区别，这样最多能表示 $2^7 \times 2^7$ 个汉字。

3. 汉字输入码

英文的输入码与机内码是一致的，而汉字输入码是指通过键盘输入的各种汉字输入法的编码，也称为汉字外部码（外码）。

目前我国的汉字输入码编码方案已有上千种，但是在计算机上常用的只有几种。根据编码规则，这些汉字输入码可分为流水码、音码、形码和音形结合码四种。智能 ABC、微软拼音、搜狗拼音和谷歌拼音等汉字输入法为音码，五笔字型为形码。音码重码多、单字输入速度慢，但容易掌握；形码重码较少，单字输入速度较快，但是学习和掌握较困难。目前以智能 ABC、微软拼音、紫光拼音输入法和搜狗输入法等音码输入法为主流汉字输入方法。

4. 汉字字形码

所谓汉字字形码实际上就是用来将汉字显示到屏幕上或打印到纸上所需要的图形数据。

汉字字形码记录汉字的外形，是汉字的输出形式。记录汉字字形通常有两种方法：点阵法和矢量法，分别对应两种字形编码：点阵码和矢量码。所有的不同字体、字号的汉字字形构成汉字库。

点阵码是一种用点阵表示汉字字形的编码，它把汉字按字形排列成点阵，点阵越多，打印出的字体越好看，但汉字占用的存储空间也越大。一个 16×16 点阵的汉字要占用 32 个字节，一个 32×32 点阵的汉字则要占用 128 字节，而且点阵码缩放困难且容易失真。

★ 探索

一、汉字机内码与国标码的关系

汉字机内码高位字节=国标区位码高位字节+80H

汉字机内码低位字节=国标区位码低位字节+80H

二、计算机中数据的表示方法

在计算机中，只有“0”和“1”两个数字，一般规定用“0”表示正数，用“1”表示负数。计算机中数据的表示有三种：原码、反码和补码。

1. 原码

一个二进制数同时包含符号和数值两部分，用最高位表示符号，用其余位表示数值，这种表示带符号数的方法为原码表示法。

2. 反码

反码是另一种有符号数的方法。对于正数，其反码与原码相同；对于负数，在求反码的时候，除了符号位外，其余各位按位取反，即“1”都换成“0”，“0”都换成“1”。

3. 补码

补码是表示带符号数的最直接方法。对于正数，其补码与原码相同；对于负数，则其补码为反码加1。

三、二进制的运算规则

1. 算术运算规则

加法规则：$0+0=0$； $0+1=1$；

$1+0=1$； $1+1=10$（向高位进位）

减法规则：$0-0=0$； $10-1=1$（向高位借位）；

$1-0=1$； $1-1=0$

乘法规则：$0\times0=0$； $0\times1=0$；

$1\times0=0$； $1\times1=1$

除法规则：$0/1=0$； $1/1=1$

2. 逻辑运算规则

与运算（AND）： $0\wedge0=0$； $0\wedge1=0$；

$1\wedge0=0$； $1\wedge1=1$

或运算（OR）： $0\vee0=0$； $0\vee1=1$；

$1\vee0=1$； $1\vee1=1$

异或运算（XOR）： $0\oplus0=0$； $0\oplus1=1$；

$1\oplus0=1$； $1\oplus1=0$

非运算（NOT）： $\overline{1}=0$； $\overline{0}=1$

四、BCD码

BCD码也是一种常用的信息编码。人们习惯用十进制来计数，而计算机中则采用二进制，因此，为了方便，对十进制的0~9这十个数字进行二进制编码，把这种编码称为BCD码或8421编码。BCD码就是用4位二进制数码表示0~9的十进制数，如表1-4所示。

表1-4 十进制数和BCD码对照表

十进制	BCD码	十进制	BCD码	十进制	BCD码	十进制	BCD码
0	0000	3	0011	6	0110	9	1001
1	0001	4	0100	7	0111		
2	0010	5	0101	8	1000		

注意：BCD码在书写时，每个代码之间一定要留有空隙，以避免BCD码与纯二进制码混淆。

总结

本章主要介绍了计算机的基本概念、计算机系统的组成及基本工作原理、计算机中信息的表示、微型计算机的硬件组成及技术指标、计算机的正确使用和维护以及多媒体的基本知识等。

通过本章的学习，学生要了解计算机的发展过程、特点、分类及应用范围；了解数据在计算机中的表示形式，理解字符编码；掌握计算机系统的基本组成和了解其工作原理，掌握硬件系统的组成及各部件的主要功能，了解软件和多媒体的相关概念；掌握微型计算机的硬件组成及主要技术指标。使学生能够对计算机基础知识有个全面的了解和大致的掌握，对计算机有个充分的认识，能正确使用计算机，为后续学习打下基础。

习　题

1. 汉字的区位码由一汉字的区号和位号组成。其区号和位号的范围各为________。

   A. 区号 1~95 位号 1~95　　B. 区号 1~94 位号 1~94

   C. 区号 0~94 位号 0~94　　D. 区号 0~95 位号 0~95

2. 在微机中，西文字符所采用的编码是________。

   A. EBCDIC码　B. ASCII码　C. 国标码　D. BCD码

3. 组成计算机指令的两部分是________。

   A. 数据和字符　　B. 操作码和地址码

   C. 运算符和运算数　　D. 运算符和运算结果

4. 一个完整的计算机系统的组成部分的确切提法应该是________。

   A. 计算机主机、键盘、显示器和软件　B. 计算机硬件和应用软件

   C. 计算机硬件和系统软件　　D. 计算机硬件和软件

5. 20GB的硬盘表示容量约为________。

   A. 20亿个字节　　B. 20亿个二进制位

   C. 200亿个字节　　D. 200亿个二进制位

6. 运算器的完整功能是进行________。

   A. 逻辑运算　　B. 算术运算和逻辑运算

   C. 算术运算　　D. 逻辑运算和微积分运算

7. 构成CPU的主要部件是________。

   A. 内存和控制器　　B. 内存和运算器

   C. 控制器和运算器　　D. 内存、控制器和运算器

8. 能直接与CPU交换信息的存储器是________。

   A. 硬盘存储器　　B. CD-ROM

   C. 内存储器　　D. U盘存储器

9. 下列各组软件中，全部属于应用软件的是________。

   A. 音频播放系统、语言编译系统、数据库管理系统

   B. 文字处理程序、军事指挥程序、Unix

   C. 导弹飞行系统、军事信息系统、航天信息系统

D. Word 2010、PhotoShop、Windows 7

10. 下列选项中，既可作为输入设备又可作为输出设备的是________。

A. 扫描仪　　B. 绘图仪　　C. 鼠标器　　D. 磁盘驱动器

11. 在标准 ASCII 编码表中，数字码、小写英文字母和大写英文字母的前后次序是________。

A. 数字、小写英文字母、大写英文字母

B. 小写英文字母、大写英文字母、数字

C. 数字、大写英文字母、小写英文字母

D. 大写英文字母、小写英文字母、数字

12. 下列的英文缩写和中文名字的对照中，正确的是________。

A. CAD——计算机辅助设计　　B. CAM——计算机辅助教育

C. CIMS——计算机集成管理系统　　D. CAI——计算机辅助制造

13. 下列不能用作存储容量单位的是________。

A. Byte　　B. GB　　C. MIPS　　D. kB

14. 十进制数 60 转换成无符号二进制整数是________。

A. 0111100　　B. 0111010　　C. 0111000　　D. 0110110

15. 下列叙述中，正确的是________。

A. 字长为 16 位表示这台计算机最大能计算一个 16 位的十进制数

B. 字长为 16 位表示这台计算机的 CPU 一次能处理 16 位二进制数

C. 运算器只能进行算术运算

D. SRAM 的集成度高于 DRAM

16. 下列叙述中，正确的是________。

A. 高级语言编写的程序可移植性差

B. 机器语言就是汇编语言，无非是名称不同而已

C. 指令是由一串二进制数 0、1 组成的

D. 用机器语言编写的程序可读性好

17. 下列设备中，可以作为微机输入设备的是________。

A. 打印机　　B. 显示器　　C. 鼠标　　D. 绘图仪

18. 在标准 ASCII 码表中，已知英文字母 A 的十进制码值是 65，英文字母 a 的十进制码值是________。

A. 95　　B. 96　　C. 97　　D. 91

19. 计算机主要技术指标通常是指________。

A. 所配备的系统软件的版本

B. CPU 的时钟频率、运算速度、字长和存储容量

C. 扫描仪的分辨率、打印机的配置

D. 硬盘容量的大小

20. "32 位微机"中的 32 位指的是________。

A. 微机型号　　B. 内存容量　　C. 存储单位　　D. 机器字长

模块二　计算机操作系统——Windows 7

Windows 7是Microsoft（微软）公司于2009年10月推出的图形化操作系统，它采用了Windows NT 6.1内核技术，不仅继承了以前版本的诸多特性，还带来了更加人性化和智能化的界面和功能，在个性化设计、网络应用、多媒体应用等方面加强了许多特性，应用比较广泛，是在学习计算机应用软件之前必须要掌握的常用操作系统。

任务一　操作系统基本知识

【任务描述】

操作系统的定义及操作系统的功能是什么？常用的操作系统是什么？

【技能目标】

掌握 Windows 操作系统的特点以及网络操作系统的应用范围，通过学习掌握操作系统的基本概念、功能、分类及典型操作系统的功能范围。

【知识结构】

一、操作系统的概念及功能

操作系统（Operating System，OS）实际上是一组程序，用于管理计算机硬件、软件资源，合理地组织计算机的工作流程，协调计算机系统各部分之间、系统与用户之间、用户与用户之间的关系。从用户的角度来看，当计算机安装了操作系统以后，用户不再直接操作计算机硬件，而是利用操作系统所提供的各种命令及菜单命令来操作和使用计算机。

操作系统主要有以下功能。

1. 处理器管理

处理器管理功能是实施调度策略，给出适当的调度算法，具体进行CPU的分配。

2. 存储器管理

存储器管理的主要任务包括存储分配、存储保护和存储扩充。

3. 输入、输出设备管理

输入、输出设备管理是操作系统中用户与外围设备的接口，是最庞杂、琐碎的部分。

4. 文件管理

操作系统统一管理文件存储空间（即外存），实施存储空间的分配与回收。即在用户创建新文件时为其分配空闲区，而在用户删除或修改某个文件时，回收和调整存储区。

5. 作业管理

把用户要求计算机系统处理的一个问题称为一个“作业”，比如一个程序、一组数据等。作业实际上是用户与操作系统之间的交流渠道，通过它用户可以把自己的程序和数据交给系统，可以表达自己的执行计划。作业管理提供“作业控制语言”和与系统对话的“命令语言”，可以控制作业执行的请求系统服务。

二、操作系统的分类

目前的操作系统种类繁多，很难用单一标准统一分类。根据应用领域来划分，可分为桌面操作系统、服务器操作系统、主机操作系统、嵌入式操作系统；根据所支持的用户数目，可分为单用户（MSDOS、OS/2）、多用户系统（Unix、MVS、Windows）；根据硬件结构，可分为网络操作系统（Netware、Windows NT、OS/2Warp）、分布式系统（Amoeba）、多媒体系统（Amiga）、手机操作系统 [Android（安卓）、IOS（苹果）、Windows Phone（微软）、Windows Mobile（微软）等]；根据提供给用户的工作环境，可分为单/多用户操作系统、多道批处理操作系统、分时操作系统、网络操作系统、实时操作系统和分布式操作系统等。

1. 单用户操作系统

单用户操作系统（Personal Computer-Operating System，PC-OS）的主要特征是：一次只能有一个用户作业在运行，用户占用全部硬件、软件资源。这种操作系统功能简单，管理方便。大多数微机的操作系统都属于这种操作系统。主要代表有 DOS 及 Windows 9x 等。

2. 多用户操作系统

在一套计算机系统上同时有多个用户使用，这些用户共享计算机系统的硬、软件资源。该操作系统的主要特点如下：

① 实现网络通信。

② 资源共享和保护。

③ 提供网络服务和网络接口等。

3. 多道批处理操作系统

批处理（Batch Processing）操作系统的工作方式是：用户将作业交给系统操作员，系统操作员将许多用户的作业组成一批作业，之后输入到计算机中，在系统中形成一个自动转接的连续的作业流，然后启动操作系统，系统自动、依次执行每个作业。最后由操作员将作业结果交给用户。

批处理操作系统的特点是：多道和成批处理。

4. 分时操作系统

分时（Time Sharing）操作系统的工作方式是：一台主机连接了若干个终端，每个终端有一个用户在使用。用户交互式地向系统提出命令请求，系统接受每个用户的命令，采用时间片轮转方式处理服务请求，并通过交互方式在终端上向用户显示结果。用户根据上步结果发出下道命令。分时操作系统将 CPU 的时间划分成若干个片段，称为时间片。操作系统以时间片为单位，轮流为每个终端用户服务。每个用户轮流使用一个时间片而使每个用户并不感到有别的用户存在。比较典型的分时操作系统如 Unix、Linux、Windows NT 等。

分时系统具有多路性、交互性、“独占”性和及时性的特征。

5. 网络操作系统

网络操作系统是基于计算机网络的，是在各种计算机操作系统上按网络体系结构协议标准开发的软件，包括网络管理、通信、安全、资源共享和各种网络应用。其目标是相互通信及资源共享。在其支持下，网络中的各台计算机能互相通信和共享资源。流行的网络操作系统产品有：微软公司的 Windows 2000 Server 等。

网络操作系统的主要特点是与网络的硬件相结合来完成网络的通信任务。

6. 实时操作系统

实时操作系统（Real Time Operating System，RTOS）是指使计算机能及时响应外部事件的请求在实时操作系统规定的严格时间内完成对该事件的处理，并控制所有实时设备和实时任务协调一致地工作的操作系统。实时操作系统追求的目标是：对外部请求在严格时间范围内作出反应，有高可靠性和完整性。

实时操作系统的主要特点是资源的分配和调度首先要考虑实时性然后才是效率。此外，实时操作系统应有较强的容错能力。

7. 分布式操作系统

分布式操作系统是为分布计算系统配置的操作系统。大量的计算机通过网络被联结在一起，可以获得极高的运算能力及广泛的数据共享。这种系统被称作分布式系统（Distributed System）。它在资源管理、通信控制和操作系统的结构等方面都与其他操作系统有较大的区别。由于分布计算机系统的资源分布于系统的不同计算机上，操作系统对用户的资源需求不能像一般的操作系统那样等待有资源时直接分配的简单做法，而是要在系统的各台计算机上搜索，找到所需资源后才可进行分配。对于有些资源，如具有多个副本的文件，还必须考虑一致性。分布操作系统的通信功能类似于网络操作系统。由于分布计算机系统不像网络分布得很广，同时分布操作系统还要支持并行处理，因此它提供的通信机制和网络操作系统提供的有所不同，它要求通信速度高。分布操作系统的结构也不同于其他操作系统，它分布于系统的各台计算机上，能并行地处理用户的各种需求，有较强的容错能力。

三、几种典型的操作系统

（一）Windows 操作系统

Microsoft Windows 是微软公司制作和研发的一套桌面操作系统，它问世于 1985 年，起初仅仅是 MS-DOS 模拟环境，后续的系统版本由于微软不断地更新升级，不但易用，也慢慢地成为家家户户人们最喜爱的操作系统。

Windows 采用了图形化模式 GUI，比起从前的 DOS 需要键入指令使用的方式更为人性化。随着电脑硬件和软件的不断升级，微软的 Windows 也在不断升级，从架构的 16 位、32 位再到 64 位，系统版本从最初的 Windows 1.0 到大家熟知的 Windows 95、Windows 2000、Windows XP、Windows Vista、Windows 7，Windows 8.1 和 Server 服务器企业级操作系统及手机 Windows Phone 操作系统，不断持续更新，微软一直在致力于 Windows 操作系统的开发和完善。

（二）Unix 操作系统

1970 年，在美国电报电话公司（AT& T）的贝尔（Bell）实验室里研制出了一种新的计算机操作系统，这就是 Unix。Unix 是一种分时操作系统，主要用在大型机、超级小型机、RISC 计算机和高档微型机上。它将 TCP/IP 协议运行于 Unix 操作系统上，使之成为 Unix 操作系统的核心，从而构成了 Unix 网络操作系统。Unix 系统服务器可以与 Windows 及 DOS 工作站通过 TCP/IP 协议连接成网络。Unix 服务器具有支持网络文件系统服务、提供数据库应用等优点。

（三）Linux 操作系统

Linux 是一种类似 Unix 操作系统的自由软件，它是由芬兰赫尔辛基大学的一名学生发明的。这名叫 Linus 的学生使用 Minix（一套功能简单、易学的 Unix 操作系统）时，发现 Minix 的功能还很不完善，于是他自己写了一个保护模式下的操作系统，这就是 Linux 的原型。1991 年 8 月，Linux 在 Internet 上公布了他开发的 Linux 的源代码。在中国，随着 Internet 的普及应用，免费而性能优异的 Linux 操作系统必将发挥越来越大的作用。

★ 探索

在计算机操作系统的发展过程中，出现过许多不同的操作系统，其中常见的有：DOS、Mac OS、Windows、Linux、Unix、OS/2 等。查阅资料了解除教材中介绍的几种操作系统外，常见的操作系统还有哪些，都有什么特点。

任务二　Windows 7 工作环境

【任务描述】

Windows 7 操作系统的桌面是什么？Windows 7 操作系统桌面由哪些部分构成？

【技能目标】

掌握 Windows 7 操作系统桌面设置、屏幕分辨率的调整、屏幕保护程序的设置以及添加/删除字体。通过学习了解 Windows 7 操作系统对计算机硬件的基本要求，系统桌面显示的基本设置，以及控制面板中的常用操作。

【知识结构】

计算机中只有安装了操作系统（如 Windows 7 操作系统）后才可以正常使用计算机，安装操作系统后如何正确操作计算机？

一、认识 Windows 7

（一）Windows 7 简介

Windows 7 是由微软公司（Microsoft）开发的操作系统，核心版本号为 Windows NT 6.1。Windows 7 可供家庭及商业工作环境、笔记本电脑、平板电脑、多媒体中心等使用。2009 年 7 月 14 日 Windows 7RTM（Build 7600.16385）正式上线，2009 年 10 月 22 日微软于美国正式发布 Windows 7，2009 年 10 月 23 日微软于中国正式发布 Windows 7。Windows 7 主流支持服务过期时间为 2015 年 1 月 13 日，扩展支持服务过期时间为 2020 年 1 月 14 日。Windows 7 延续了 Vista 的 Aero1.0 风格，并且更胜一筹。

Windows 7 操作系统目前分为 32 位与 64 位两个类型，其区别如下。

1. 要求配置不同

64 位操作系统只能安装在 64 位 CPU 电脑上，同时需要安装 64 位常用软件以发挥 64 位系统的最佳性能。32 位操作系统则可以安装在 32 位 CPU 或 64 位 CPU 电脑上，32 位操作系统安装在 64 位 CPU 电脑上，64 位硬件效能就会大打折扣。

2. 设计初衷不同

64 位操作系统的设计初衷是满足机械设计和分析、三维动画、视频编辑和创作，以及科学计算和高性能计算应用程序等领域中需要大量内存和浮点性能的客户需求。32 位操作系统是为普通用户设计的。

3. 软件普及不同

目前 32 位常用软件和游戏居多，而 64 位常用软件和游戏少得多，64 位系统同 32 位常用软件和游戏不兼容。

4. 运算速度不同

电脑 CPU 运算使用的是二进位制，0 和 1，一个 0 或一个 1 叫一位，8 个位组成一个字节，2 个字节组成一个标准汉字，处理的位数越高，表明其运算速度越快。通常我们说的 64 位、32 位是指处理器（CPU）一次能够并行处理的数据位数。操作系统制作者为了与硬件相适应，分别制作出 32 位系统和 64 位系统。从理论上讲，64 位处理器使用 64 位系统要比起使用 32 位系统运算速度要快一倍。

5. 寻址能力不同

64 位处理器的优势还体现在系统对内存的控制上。由于地址使用的是特殊的整数，因此一个 ALU（算术逻辑运算器）和寄存器可以处理更大的整数，也就是更大的地址。64 系统支持多达 128GB 的内存和多达 16TB 的虚拟内存，而 32 位操作系统最大只可支持 4G 内存，实际上只能使用到 3.5GB 以下。

6. 软硬件兼容

64 位操作系统，必须靠 64 位主机硬件的支撑和 64 位常用软件的协助，才能将 64 位的优势发挥到极致，但目前用 64 位系统的电脑，比同样的 32 位系统的电脑快不了那么多，原因是主机中的其他硬件并不能满足 64 位系统要求，还有与之配套的软件滞后，这样拖了它的后腿，提速不是那么理想，待逐渐配套后，其速度就刮目相看了。正因如此，尽管电脑硬件是 64 位的，没有什么特殊要求的用户，一般还是使用 32 位系统，而不使用 64 位系统。

（二）安装 Windows 7 需要的基本环境

1. 最低配置

① CPU：时钟频率 1GHz 及以上 32 位或 64 位处理器。

② 内存：512MB 以上（经过实测什么都不开最低占 400MB 以上，经过优化占 200MB 以上，但建议是 1GB 以上内存），基于 32 位（64 位 2GB 内存）。

③ 硬盘：16 GB 以上可用空间。

2. 推荐配置

① CPU：时钟频率 2GHz 及以上的多核 32 位或 64 位处理器。

② 内存：2GB 及以上。

③ 硬盘：20GB 以上可用空间。

（三）Windows 7 系统的安装

操作系统的安装一般有光盘安装、硬盘安装和 U 盘安装三种。安装盘也分安装版和还原版（最常见的就是 Ghost），还原版就相当于把别人安好的操作系统拿来给自己的 C 盘覆盖。现在比较流行的系统安装是使用 U 盘安装。

1. Ghost 系统

Ghost版系统是指通过赛门铁克公司出品的Ghost在装好的操作系统中进行镜像克隆的版本，通常用于操作系统的备份，在系统不能正常启动的时候用来进行恢复。

因为Ghost版系统方便以及节约时间，故广泛复制Ghost文件进行其他电脑上的操作系统安装（实际上就是将镜像还原）。因为安装时间短，所以深受装机商们的喜爱。但这种安装方式可能会造成系统不稳定。因为每台机器的硬件都不太一样，而按常规操作系统安装方法，系统会检测硬件，然后按照本机的硬件安装一些基础的硬件驱动，如果在遇到某个硬件工作不太稳定的时候就会终止安装程序，稳定性方面做得会比直接Ghost好。所以安装操作系统应尽量按常规方式安装，这样可以获得比较稳定的性能。

2. Windows 7 的 Ghost 安装

U盘启动工具有很多种，下面以“电脑店”U盘装系统工具为例。电脑店U盘装系统专用工具，也是常称为的U盘启动制作工具的功能升级版，是能更方便电脑技术人员装机、维护电脑使用的超强工具。此作品100%成功制作U盘启动，集成工具更全面，完全可以应对电脑技术人员常见的电脑故障维护工作。

① 从电脑店U盘工具官方网站 u.diannaodian.com 下载电脑店U盘启动盘制作工具V6.2。运行程序之前请尽量关闭杀毒软件和安全类软件（本软件涉及对可移动磁盘的读写操作，部分杀毒软件的误报会导致程序出错!）。下载完成之后，点击进入电脑店U盘启动制作工具界面，如图2-1所示。

图2-1 电脑店U盘启动制作工具界面

② 点击“开始制作”按钮，程序会提示是否继续，确认所选U盘无重要数据后开始制作，提示窗口如图2-2所示。制作完成后会提示“测试U盘启动”对话框，如图2-3所示，选择“是(Y)”按钮后，弹出模拟启动界面，如图2-4所示。

图 2-2　电脑店 U 盘启动制作工具中“开始制作”提示窗口

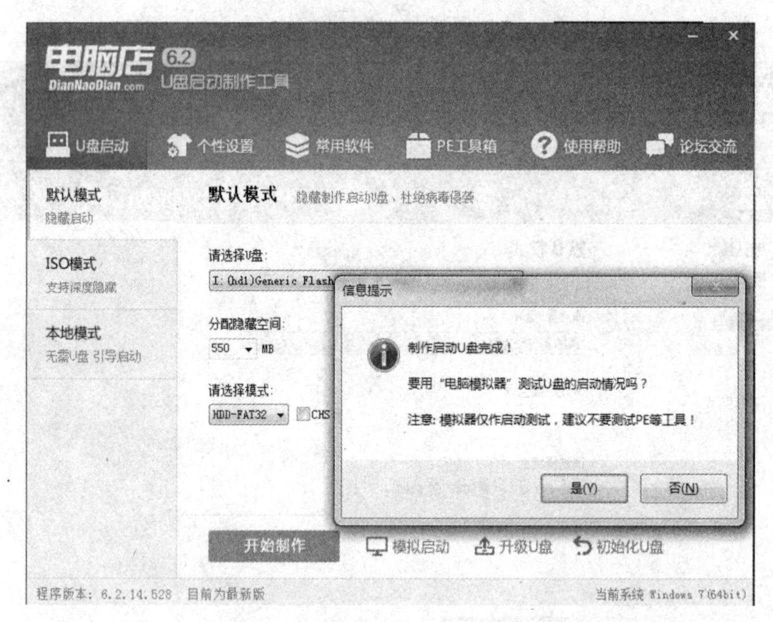

图 2-3 “测试 U 盘启动”对话框

③ 根据需要，可点击“个性化设置”按钮，进行 U 盘启动界面编辑。点击进入电脑店 U 盘装系统-个性化设置和升级安装（V6.2 智能装机版）。

④ U 盘装系统启动盘制作好后，U 盘目录窗口如图 2-5 所示。

⑤ 下面我们就可以将从网站上下载的 Windows 7 系统 Ghost 文件和相应的软件按照 U 盘目录进行放置。

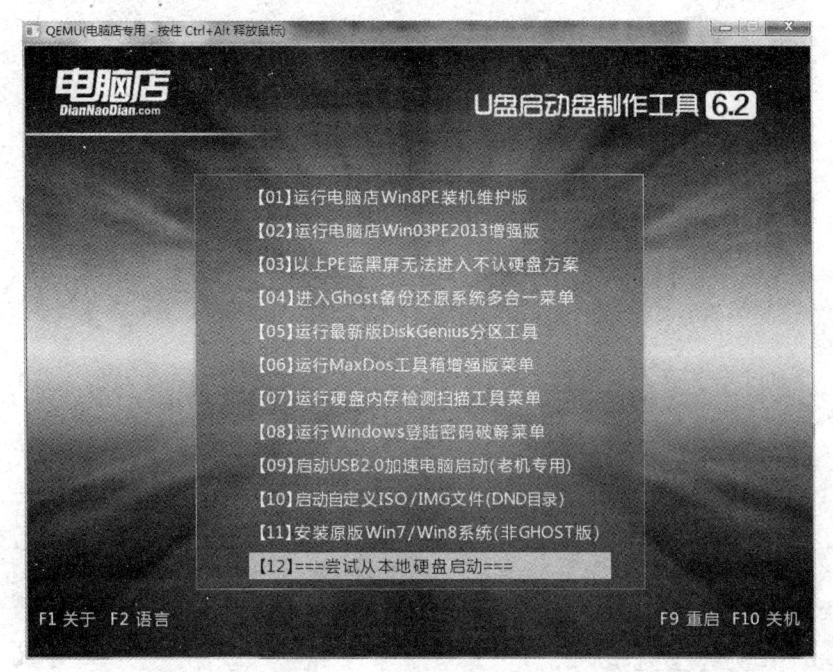

图 2-4 模拟启动界面

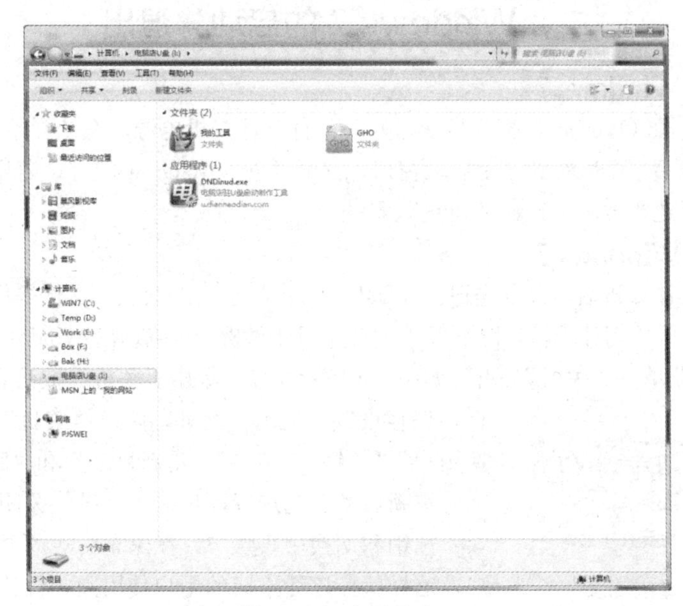

图 2-5 U 盘目录窗口

⑥ 当要进行系统安装或恢复系统时，可以通过 BIOS 设置 U 盘启动或是在计算机启动时按“F9”键，选择从 U 盘启动，从选项中选择进入 PE 启动，进入系统后，如图 2-6 所示。

⑦ 在 PE 系统中选择“还原分区”选项以及还原的分区，例如 C 磁盘或其他磁盘，点击“确定”按钮，等待还原过程后及驱动、软件安装过程后，即完成 Windows 7 系统的安装，计算机自动启动进入 Windows 7 操作系统。

图 2-6　Windows PE 系统界面

二、Windows 7 的启动与退出

（一）启动 Windows 7

接通计算机电源（Power），打开显示器开关；打开计算机电源，系统开始自检并正常引导。当 Windows 7 启动后，可以看到一个启动窗口，就可以进入 Windows 7 了。若用户设置了登录密码，单击用户名后还需要输入密码才可进入系统。

（二）退出 Windows 7

在正常使用完计算机后，需要先退出 Windows 7，将重要的数据、文件等保存好，并且关闭已经启动的软件，再关闭计算机，切不可非正常关闭计算机。正确退出 Windows 7 关闭计算机应单击“开始”菜单→“关机”，出现如图 2-7 所示窗口。单击“关机”按钮后，系统将停止运行，保存设置并退出。此外，除了“关机”按钮外还有“切换用户”“注销”“锁定”“重新启动”和“睡眠”选项。

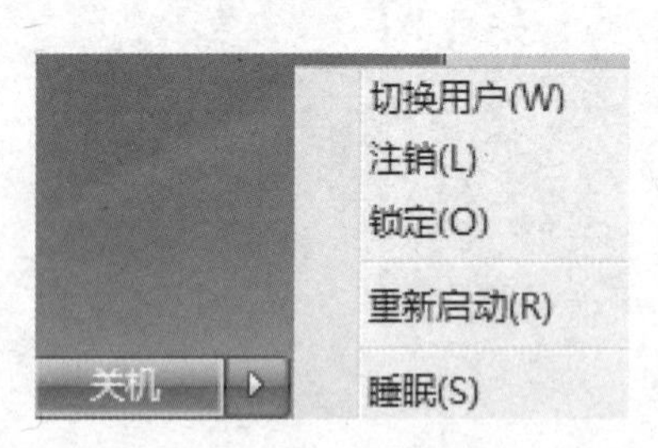

图 2-7　关闭计算机窗口

重新启动：当选择此项后，系统将关闭并重新启动。

注销和切换用户账户：在 Windows 7 中可以建立多个用户，这样就可以让不同的用户使用同一台计算机了。

当用户发生变化的时候，可以通过 Windows 7 的注销用户功能，使当前用户退出，进入另一个用户。具体的操作步骤是：单击“开始”→“关机”→“注销”菜单。单击“注销”按钮，随后系统会回到登录界面，此时再单击要进入的用户账户就可以了。

用户切换和用户注销之间的区别在于，当进行注销的时候，系统会将当前用户运行的所有程序关闭掉，然后才可以让其他用户登录。而在进行用户切换的时候，系统不会关闭当前用户的程序，只是让它暂停，并返回到登录窗口。接着就可以选择使用另外的用户进行登录，在另外的用户使用完计算机后，再次切换回原来的用户时就可以发现先前运行的程序还可以运行。

提示：在临时离开计算机时，如不希望其他人使用自己的计算机，可以按“+L”键将计算机进行锁定。

三、Windows 7 桌面

“桌面”是指用户登录到系统后看到的整个屏幕界面，它是用户与计算机之间进行交流的窗口。启动 Windows 7 后，就进入其操作界面，Windows 7 操作系统的桌面由背景（墙纸）和图标两大部分组成。Windows 7 系统桌面如图 2-8 所示。当计算机屏幕上打开多个应用程序时，可以通过“显示桌面”命令或“+D”的组合键返回系统桌面。

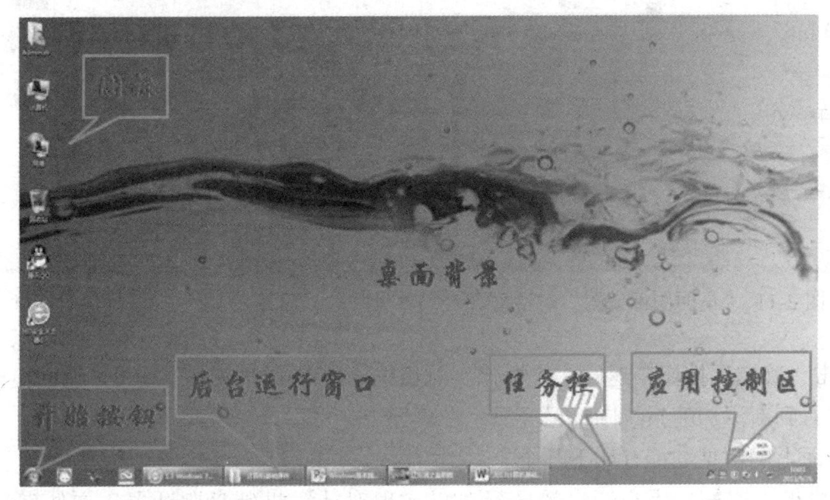

图 2-8 Windows 7 系统桌面

（一）添加桌面的图标

在桌面上，主要包括三大块内容：由图形和文字组成的桌面图标、位于桌面下方一排的任务栏和任务栏左方的“开始”按钮。在桌面上可放置各种图标。图标由两部分组成：图标图案和图标标题。桌面上的图标可以通过以下操作将这些图标添加到桌面上。

① 在桌面空白处单击鼠标右键，弹出快捷菜单。

② 从弹出的快捷菜单中选择“个性化”命令，如图 2-9 所示。

③ 打开“个性化”窗口，单击“更改桌面图标”按钮，如图 2-10 所示。

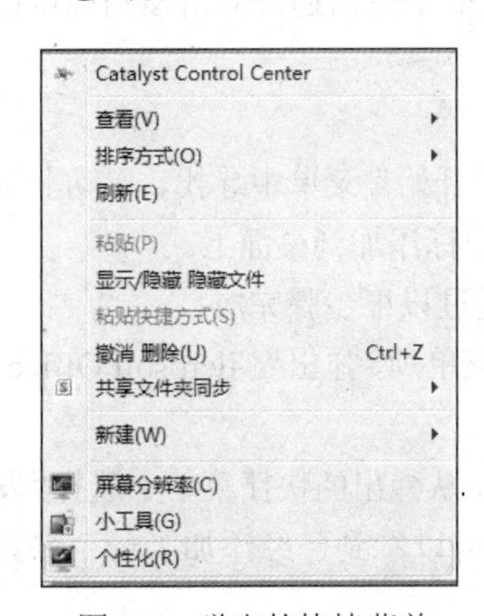

图 2-9 弹出的快捷菜单

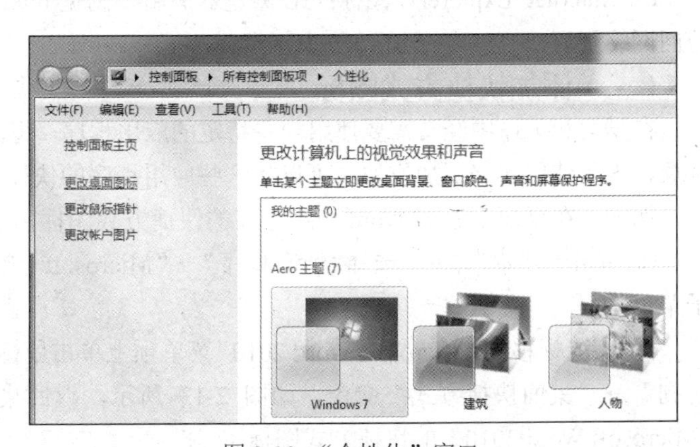

图 2-10 “个性化”窗口

④ 打开“桌面图标设置”对话框，在“桌面图标”选项组中勾选图标选项所对应的复选框，即选中的复选框所对应的图标将显示在桌面上，如图 2-11 所示。如果想更改某个图标的图片，可单击“更改图标”按钮，在弹出的“更改图标”对话框中选择喜欢的图标即可，如图 2-12 所示。

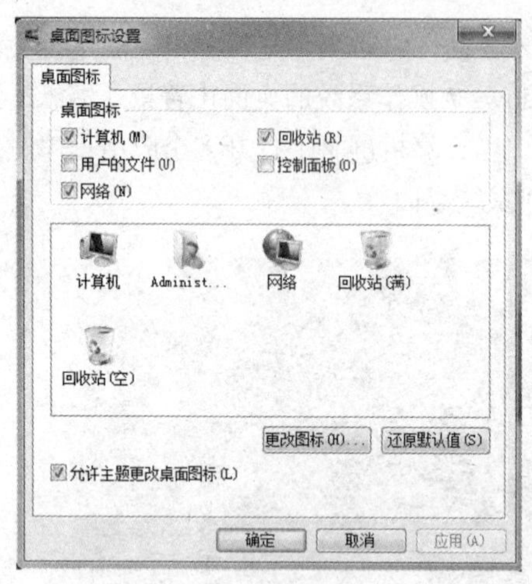

图 2-11 “桌面图标设置”对话框

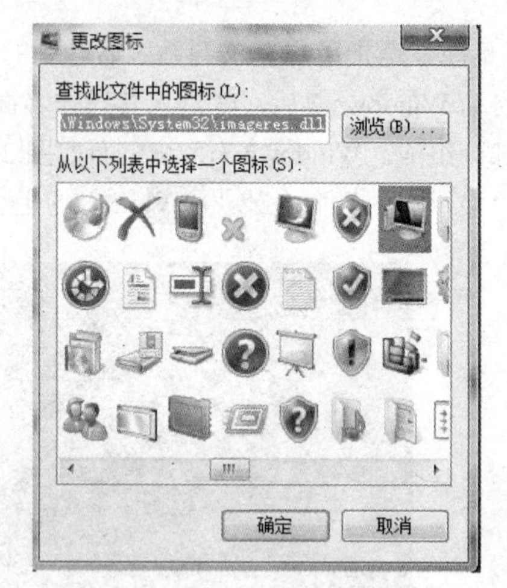

图 2-12 “更改图标”对话框

⑤ 单击“确定”按钮，返回“个性化”对话框，再单击“确定”按钮，返回桌面。设置完成后，可以看到新添加的系统图标已经显示在桌面上。

一般桌面上的常见图标有如下几个。

a.“计算机”图标：用户通过该图标可以实现对计算机硬盘驱动器、文件夹和文件的管理，在其中用户可以访问连接到计算机的硬盘驱动器、照相机、扫描仪和其他硬件以及有关信息。

b.“网络”图标：该项中提供了网络上其他计算机上文件夹和文件访问以及有关信息，在双击展开的窗口中用户可以进行查看工作组中的计算机、查看网络位置以及添加网络位置等工作。

c.“回收站”图标：在回收站中暂时存放着用户已经删除的文件或文件夹等一些信息，当用户还没有清空回收站时，可以从中还原删除的文件或文件夹。

d.“Internet Explorer”图标：IE 浏览器，用于浏览 Internet 上的信息，通过双击该图标可以访问网络资源。

（二）添加快捷方式图标

在学习和工作中经常需要使用一些特定的应用程序，每次在“开始”菜单中寻找、启动非常麻烦，为了使用起来更加方便，可以将这些应用程序的快捷方式图标添加到桌面上。

例如，在桌面上添加 Word 应用程序的快捷方式图标，可以通过以下步骤完成。

① 单击“开始”菜单，选择“所有程序”→“Microsoft Office”菜单项，弹出“Microsoft Office”子菜单。

② 将光标移到“Microsoft Word 2010”菜单项上单击鼠标右键，从弹出的快捷菜单中选择“发送到”→“桌面快捷方式”命令，如图 2-13 所示。返回桌面后可以看到已经添加了一个名为“Microsoft Word 2010”的快捷方式图标。

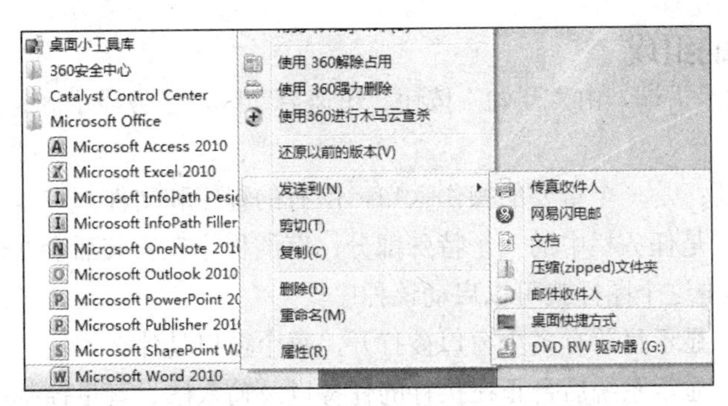

图 2-13　桌面快捷方式图标的设置

（三）重新排列桌面图标

桌面上的图标可以按用户要求进行排列和调整。当需要对桌面上图标进行位置调整时，可在桌面上空白处右击，在弹出的快捷菜单中选择“排列图标”命令，在子菜单项中包含了多种排列方式。具体操作如下：

① 在桌面空白处单击鼠标右键，弹出快捷菜单。

② 从弹出的快捷菜单中选择“排序方式”菜单项，弹出“排序方式”子菜单。

③ 在“排序方式”子菜单中列出了“名称”“大小”“项目类型”“修改日期”四种排列方式，如图 2-14 所示。如果这里选择了“名称”菜单项，即以名称为标准排列桌面图标。

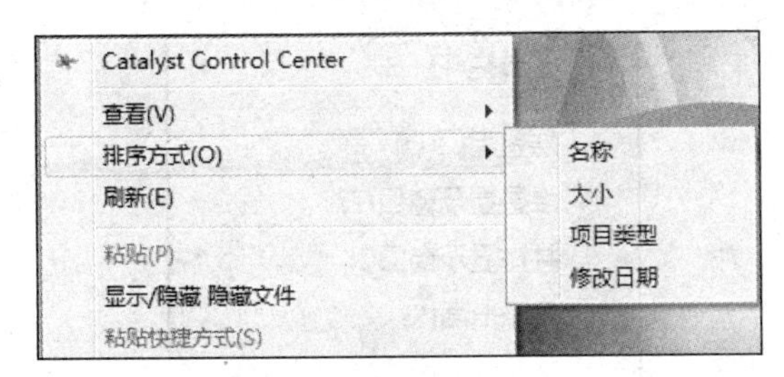

图 2-14　排列桌面图标

图 2-15　桌面小工具库

（四）桌面小工具

Windows 桌面小工具在 Windows Vista 或 Windows 7 都可以使用，而 Windows XP 不可以使用。它是 Windows 一款新增的功能。Windows 桌面小工具一些可以让电脑用户查看时间、天气，一些可以了解电脑的情况（如 CPU 仪表盘），一些可以作为摆设（如招财猫）。某些小工具是联网时才能使用的（如天气等），某些是不用联网就能使用的（如时钟等）。

刚刚安装 Windows Vista 或 Windows 7 时，桌面上会有三个默认小工具：时钟、幻灯片放映和源标题。如果想要在桌面上添加小工具，可以在小工具库（Windows Vista 可以直接在小工具栏的顶端点击“+”号进入，Windows 7 要在右键菜单进入）中双击想添加的小工具，被双击的小工具会显示在桌面上，如图 2-15 所示。

如果想更改小工具，可以把鼠标拖到小工具上，然后点击像扳手那样的图标，就能进入设置页面。可以根据需要来设置小工具，按“确定”保存。

四、自定义任务栏

在 Windows 7 中，任务栏是切换窗口、输入法和快速启动程序的重要区域，因此掌握任务栏的组成和管理是非常有必要的。

（一）任务栏的组成

任务栏在桌面的最下端，由“开始”按钮、快速启动区、任务显示区、应用控制区和状态控制区五部分组成。

① “开始”按钮：是一个重要的操作入口，所有的程序和文件都可以从这里打开。

② 快速启动区：是任务栏中的一个特殊部分，有的程序在安装后会在快速启动区域建立一个图标，用户只要单击这个图标就可以启动该程序。

③ 任务显示区：显示目前有多少窗口被打开，每个窗口是什么。

④ 应用控制区：显示系统后台正在执行的任务以及输入法、音量控制等。

⑤ 状态控制区：用于显示网络连接状态、当前日期时间等信息。

（二）属性设置

在任务栏的空白处单击鼠标右键，在弹出的快捷菜单中选择“属性”，即可打开“任务栏和「开始」菜单属性”对话框。如图 2-16 所示，在“任务栏”选项卡中，用户可以通过对复选框的选择来设置任务栏的外观。

① 锁定任务栏。当锁定后，任务栏不能被随意移动或改变大小。

② 自动隐藏任务栏。当用户不对任务栏进行操作时，它将自动消失，当用户需要使用时，可以把鼠标放在任务栏位置，它会自动出现。

③ 设置任务栏在屏幕上的显示位置，可以选择底部、顶部、左侧、右侧。

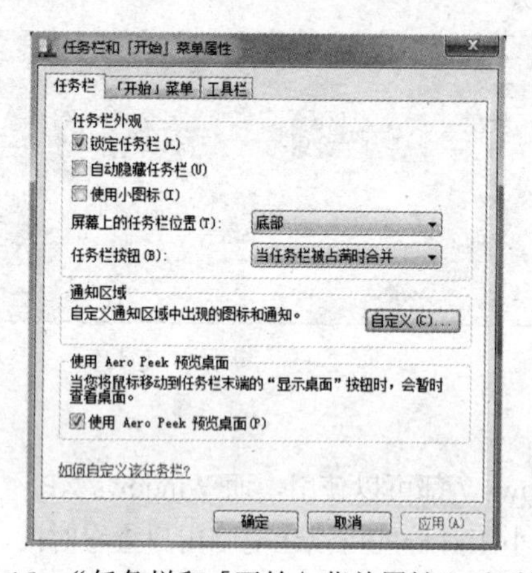

图 2-16 “任务栏和「开始」菜单属性”对话框

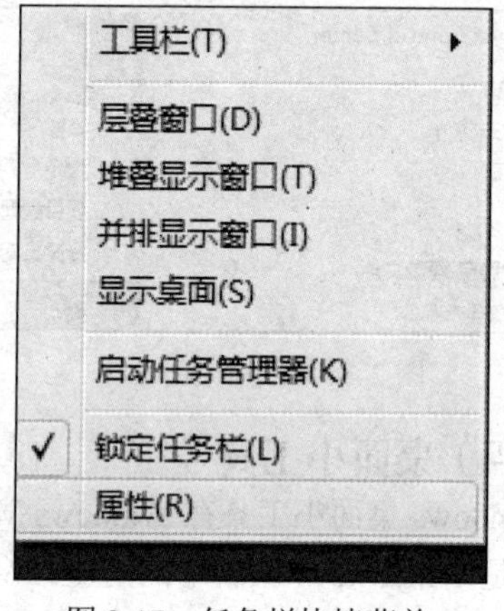

图 2-17 任务栏快捷菜单

（三）任务栏的移动

当任务栏的位置影响了用户的操作时，可以将任务栏拖动到桌面的任意边缘位置。具体操作步骤如下：

① 在任务栏快捷菜单中将“锁定任务栏（L）”前的“ √ ”去掉，如图 2-17 所示。

② 将鼠标放置任务栏的空白位置，按住鼠标进行拖动，到所需要边缘时再放手，这样任务栏就会改变位置。

（四）改变任务栏大小

将鼠标放在任务栏的上边缘，当出现双箭头指示时，按住鼠标左键拖动到合适位置，即可改变大小。当任务栏中所打开的窗口较多时，可以使用此方法。

同时，任务栏中的各组成部分所占比例也是可以调节的，当任务栏处于非锁定状态时，各区域的分界处将出现两竖排凹陷的小点，把鼠标移到上面，出现双向箭头后，按住鼠标左键拖动即可改变各区域的大小。

（五）添加工具栏

Windows 7 为用户定义了以下几个工具栏，即“地址”工具栏、“链接”工具栏、“语言栏”工具栏、“桌面”工具栏。用户可以根据需要添加或新建工具栏。操作步骤如下：

① 在任务栏空白处右击，在弹出的快捷菜单中指向“工具栏”，可以看到在其子菜单列出的常用工具栏。如图 2-17 所示。

② 当需要显示某工具栏时，就用鼠标移至此工具栏并单击，此时，该工具栏前显示“ √ ”标志即可，当不需要某个工具栏时，重复操作一次即可。

五、“开始”菜单

单击桌面左下角的“ ”按钮，即可弹出如图 2-18 所示的“开始”菜单。

1. “开始”菜单的组成

（1）“固定程序”列表　刚安装完 Windows 7 系统后，“固定程序”列表中只有 Internet 和所有程序两个程序。随着系统的不断使用，这里也会增加新的程序。

（2）“常用程序”列表　该列表列出了用户最常用的 7 个应用程序图标。如果不想让某个程序图标出现在该列表中，可以将鼠标指针移动到想要删除的程序名称上，单击鼠标右键，从弹出的快捷菜单中选择“从列表中删除”命令，即可将该程序图标从列表中删除。

（3）“所有程序”菜单　在“所有程序”子菜单中可以查找并运行系统已安装的所有程序。

（4）“启动”菜单　列出了用户使用 Windows 7 系统时经常需要访问的项目，例如通过“我的电脑”访问某个文件夹，还提供了管理和使用 Windows 7 系统的工具和命令，极大地方便了用户的操作。

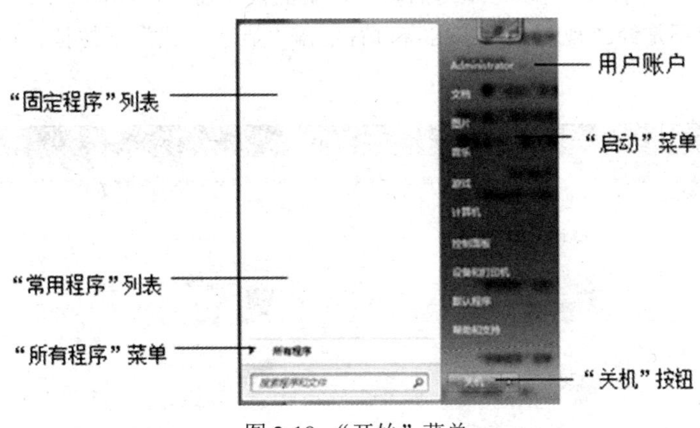

图 2-18　“开始”菜单

（5）“关机”按钮　前面介绍了，不再阐述。

2. “开始”菜单的设置

右击任务栏空白处，点击属性。打开“任务栏和开始菜单属性”对话框，在弹出窗口中选中“开始”菜单，单击“自定义”，弹出如图 2-19 所示的“自定义「开始」菜单”对话框，即可开始对“开始”菜单进行设置。

可选择程序显示图标的大小，还可以设置“开始”菜单中显示程序的数目，可以设置“开始”菜单项目即“开始”菜单中显示的程序，也可以选择是否列出“最近打开的项目”。

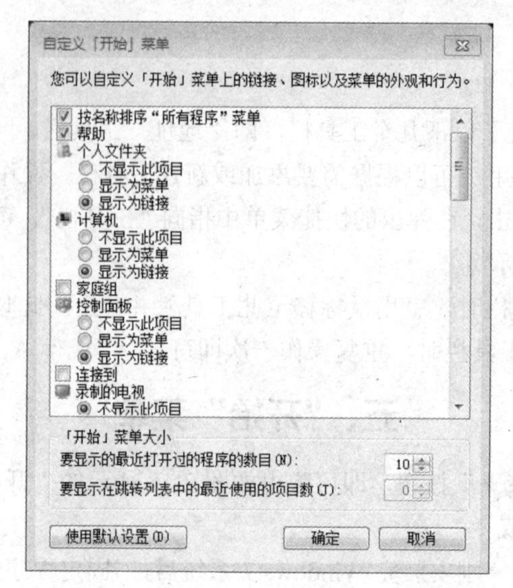

图 2-19 "自定义「开始」菜单"对话框

六、Windows 7 的系统设置

（一）控制面板简介

在 Windows 7 中，控制面板集硬件设置、添加/删除程序、用户设置等功能于一体，是控制计算机配置的一个重要窗口，也是进行 Windows 7 个性设置的场所。例如，"声音、语音和音频设备"就将调整系统声音、更改声音方案和更改扬声器设置等功能综合起来，使用户在一个"地点"即可完成众多的功能。

单击"开始"→"控制面板"，即可启动"控制面板"窗口，如图 2-20 所示（如果显示的"控制面板"窗口不是经典视图，可单击窗口右上角"显示方式"下拉按钮切换到"类别"视图选项）。

图 2-20 "控制面板"窗口

（二）显示属性设置

如图 2-20 所示，单击"控制面板"中的"外观和个性化"按钮，或者在桌面空白处单击鼠标右键，从弹出的快捷菜单中选择"个性化"命令。弹出"外观和个性化"设置窗口，如图 2-21 所示，它可以进行主题设置、更改桌面背景、设置屏幕保护程序、调整屏幕分辨率等设置。

1. 主题设置

更改主题是用来设置桌面的整体外观，包括背景、声音及屏幕保护程序的设置，如图 2-21 所示。

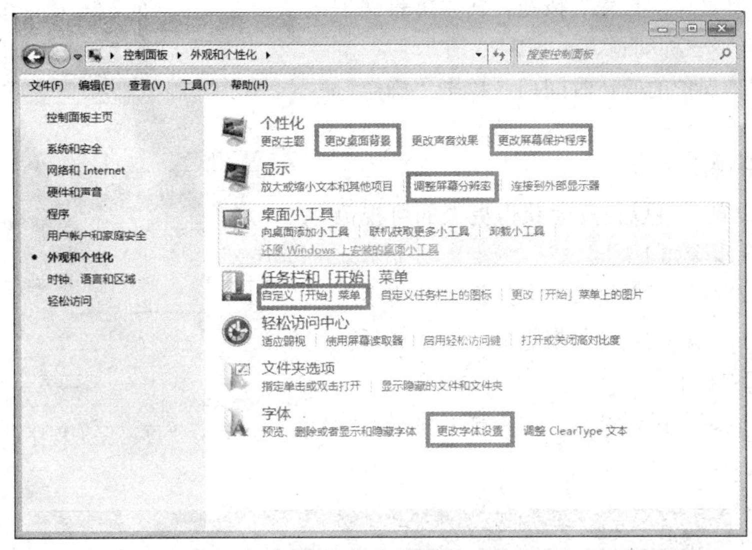

图 2-21 “外观和个性化”设置窗口

2. 桌面背景设置

在计算机磁盘上选中需要的图片，单击鼠标右键，在弹出的快捷菜单中选择“设置为桌面背景”，则可在上方的预览窗口中预览显示效果，如图 2-22 所示。

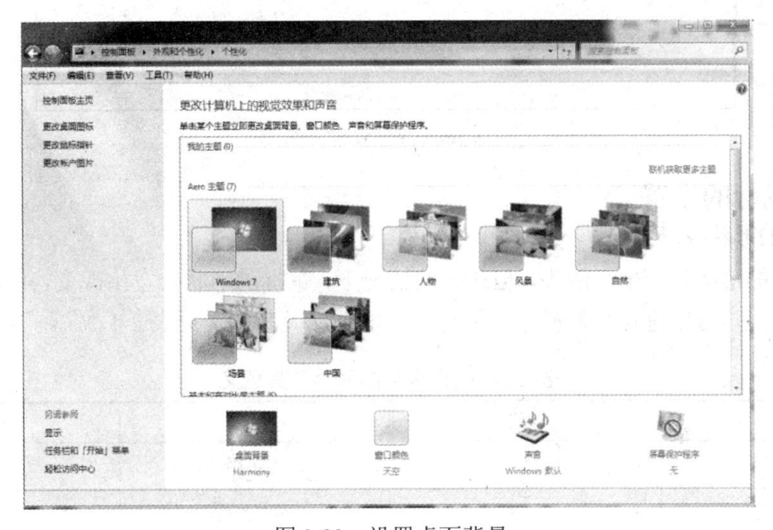

图 2-22 设置桌面背景

3. 设置屏幕保护程序

屏幕保护程序是一个动画，最初的设计目的是由于老式的显示器如果长时间显示一个图案，就会导致屏幕上有印痕。所以当电脑在一定时间无人操作的时候，就会自动播放一段动画，从而保护显示器。但是现在屏幕保护程序已经没有当初设计的意义了，而是变成了一种屏幕的装饰功能，在 Windows 7 中进行屏幕保护程序的设置，其操作步骤如下：

① 打开“控制面板”中“外观和个性化”命令。

② 单击“屏幕保护程序”按钮，在“屏幕保护程序列表”中选择一种动画。如图 2-23 所示。

③ 设置屏幕保护的等待时间后，单击“确定”按钮保存设置。

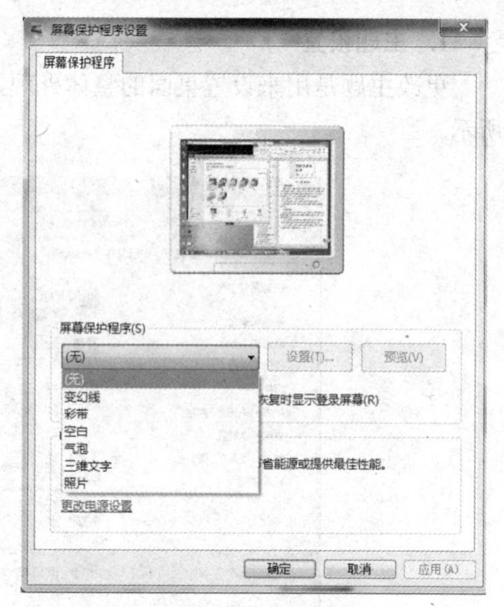

图 2-23 “屏幕保护程序设置”对话框

4. 设置分辨率

分辨率的设置，可以使桌面获得更大的可视范围。其具体设置步骤如下：

① 在“屏幕分辨率”窗口中，选择“分辨率”下拉列表调整分辨率大小，通常根据显示器选择分辨率像素。如图 2-24 所示。

② 单击“确定”保存设置，即可完成显示器分辨率的设置。

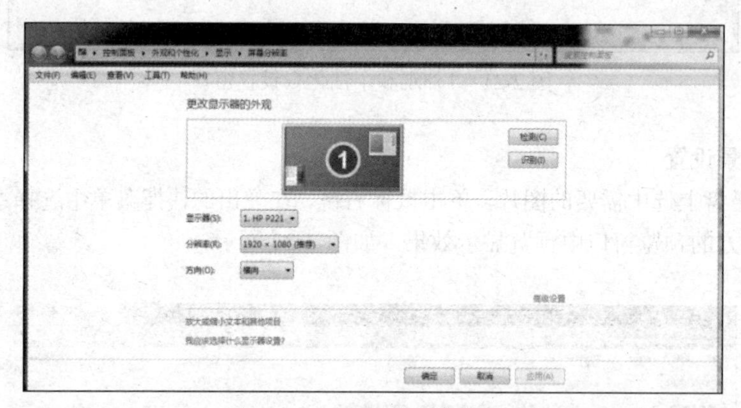

图 2-24 设置屏幕分辨率

（三）鼠标的设置

1. 鼠标的形状及其意义

通常鼠标的形状是一个小箭头，但在一些情况下，鼠标的形状会发生改变，以提示系统正处于某种状态或用户可以进行某种操作。鼠标常见的形状及其意义见表 2-1。

表 2-1 鼠标常见的形状及其意义

意义	形状	意义	形状
正常选择	↖	不可用	⊘
帮助选择	↖?	垂直调整	↕
后台运行	↖⌛	水平调整	↔
忙	⌛	对角线调整 1	↘
精确定位	+	对角线调整 2	↗
选择文字	I	移动	✥

2. 鼠标的个性化设置

Windows 7操作系统提供了对鼠标属性进行设置的功能，用户可以根据需要对鼠标进行设置。设置方法如下：

从“控制面板”窗口中单击“鼠标”按钮，弹出“鼠标属性”对话框，如图2-25所示。

可以使用各个标签来设置自己想要的鼠标效果。例如，可以在“鼠标键”标签中设置左右手习惯和鼠标的双击速度，并在测试区进行测试；可以在“指针”标签中设置各种鼠标状态的显示；可以在“指针选项”标签中设置鼠标指针的移动速度和轨迹等。设置完成后，单击“确定”按钮，即可完成设置。

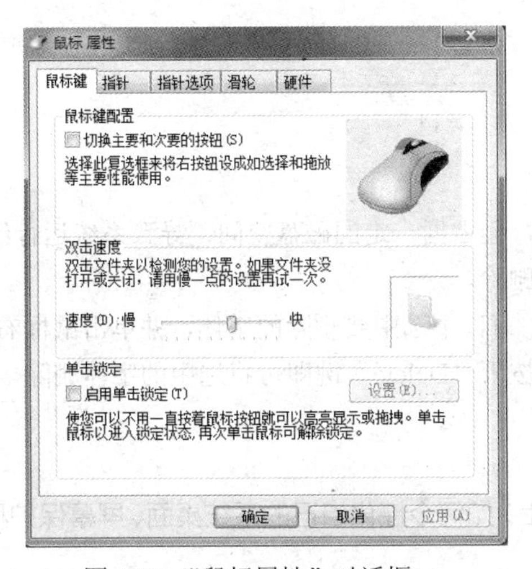

图2-25 “鼠标属性”对话框

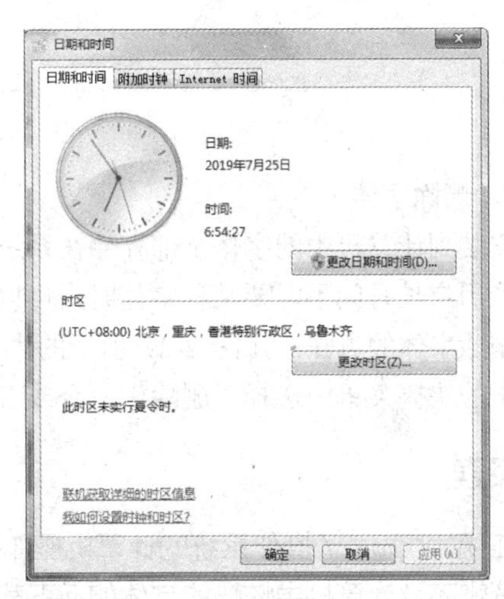

图2-26 “日期和时间设置”对话框

（四）日期、时间和时区设置

选择控制面板窗口中的“设置日期和时间”命令，或者直接双击任务栏最右边的时间显示，会弹出一个“日期和时间”设置的对话框，如图2-26所示，对话框中有“更改日期和时间”“更改时区”等功能。

调整和设置系统的年、月、日、时、分、秒都可以在“时间和日期”选项卡中进行。通过鼠标即可调整显示的日期及时间。单击“确定”按钮即可确认修改。

“更改时区”选项卡用来改变当前时区，“Internet 时间”是当计算机联网时，可通过更新来设置系统的时间与网络的时间同步。

（五）设置字体

在Windows 7中自带了很多字体，但这些并不能一定满足用户的需要。用户可以根据实际需要来安装字体，字体文件可以从网络上下载，然后安装到计算机中。

1. 安装字体

Windows 7操作系统提供了一个集中的位置来管理安装到计算机中的字体，用户可以通过它十分方便地安装、删除和管理字体。

安装新字体的具体操作步骤如下：

① 在“控制面板”窗口中，双击“字体”图标，弹出的“字体”窗口中显示了已经安装到计算机中的所有字体。如图2-27所示。

② 将新字体文件复制粘贴到“字体”窗口中。

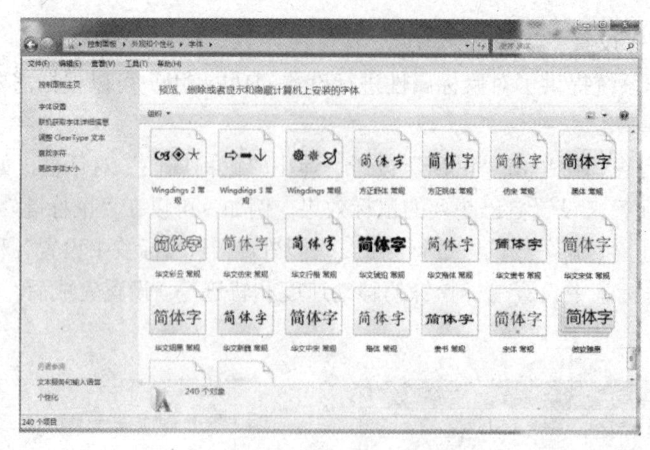

图 2-27 “字体”窗口

2. 删除字体

安装到计算机中的字体全部存储在系统盘中，会占据一定的磁盘空间，导致系统运行缓慢。因此当用户长时间不需要某种字体时，可以将其删除。

删除字体的方法：在图 2-27 所示的“字体”窗口中选中要删除的字体，并单击鼠标右键，从弹出的快捷菜单中选择“删除”命令或者直接按下“Delete”键即可将选中的字体删除。

★ 探索

在 Windows 7 操作系统的计算机操作平台上，如何个性化自己的系统桌面、屏幕保护程序、屏幕分辨率及计算机中炫酷的字体如何下载？

任务三　Windows 7 基本操作

【任务描述】

Windows 7 窗口与对话框的区别是什么？窗口由哪几部分构成？计算机中的文件如何管理？

【技能目标】

1．掌握窗口和对话框的功能按钮及下拉菜单与快捷菜单的操作。

2．熟练使用文件夹对计算机内文件进行管理。

3．通过学习掌握 Windows 操作系统的基本操作与文件管理。

【知识结构】

一、Windows7 的基本操作

（一）图标操作

图示（Icon），亦作图标，广义上指所有有指示作用的标志，在中文中一般指电脑屏幕的桌面上用来指示用户运行各种操作的图像，作为字符显示的重要辅助。图标的大小多数都是一个正方形的像素矩阵，从 16×16 到 256×256 等不同大小。亦有一些系统可以使用矢量的图标，甚或一些大至 512×512 的图像矩阵。

将鼠标指针指向一个位于桌面上的图标并单击鼠标，则可以使该图标被加亮（图标呈现白底），表示选定该图标，可使用键盘或鼠标对被选定的图标进行操作了。

将鼠标指针指向一个位于桌面上的图标并双击鼠标，则可启动并执行该图标所代表的应用程序或打开一个文件夹窗口。

将鼠标指针指向一个位于桌面上的图标并单击鼠标右键，则会弹出一个快捷菜单，当移动鼠标指针至菜单中的某个选项并单击，则可对该图标本身进行相应的操作。

（二）窗口操作

Windows 7 是基于图形界面的操作系统，因此大部分操作都是通过窗口来完成的。当 Windows 7 运行一个应用程序时，会在屏幕上显示一个方框，称之为窗口。窗口是 Windows 7 最基本的操作对象，窗口的操作也是最基本的操作。窗口具有通用性，大多数的窗口的基本元素都是相同的。

1. 窗口的组成

Windows 7 中有许多窗口，其中大部分都包括了相同的组件。下面首先了解一下窗口的基本组成。以打开“计算机”窗口为例，如图 2-28 所示。

在窗口的左上角，是醒目的“前进”与“后退”按钮，这更像之前在浏览器中的设置，而在其旁边的向下箭头则分别给出浏览的历史记录或可能的前进方向；在其右边的路径框则不仅给出当前目录的位置，其中的各项均可点击，帮助用户直接定位到相应层次；而在窗口的右上角，则是功能强大的搜索框，在这里可以输入任何想要查询的搜索项。

在其他的工具面板则可视作新形式的菜单，其标准配置包括“组织”等诸多选项，其中“组织”项用来进行相应的设置与操作，其他选项根据文件夹具体位置不同，在工具面板中还会出现其他的相应工具项，如浏览回收站时，会出现“清空回收站”“还原项目”的选项；而在浏览图片目录时，则会出现“放映幻灯片”的选项；浏览音乐或视频文件目录时，相应的播放按钮则会出现。其中在文件管理操作中设置显示/隐藏具有隐藏属性的文件夹或文件，显示/隐藏文件的扩展名在“组织”菜单中的“文件夹和搜索选项”中设置。

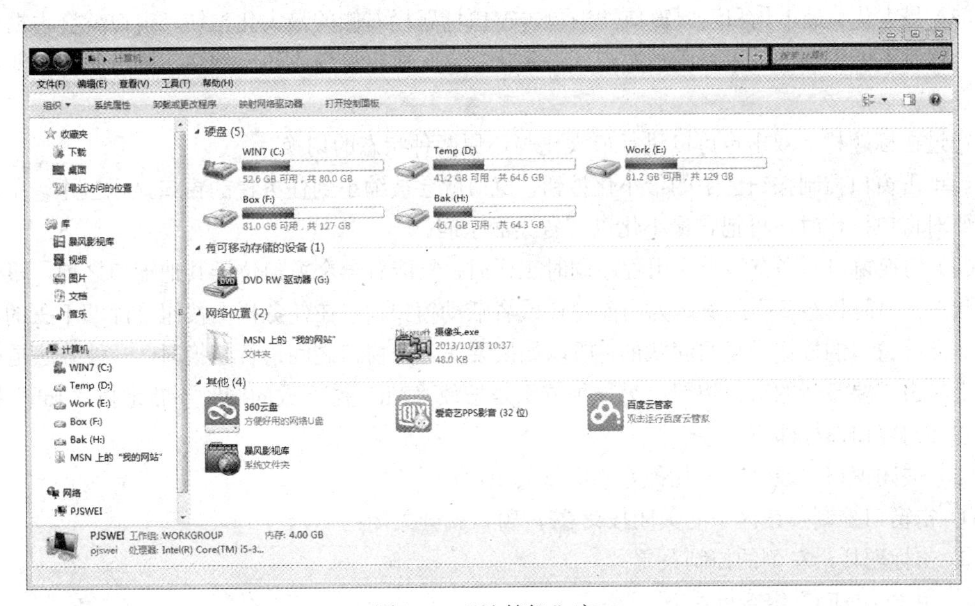

图 2-28 “计算机”窗口

① 地址栏：表示当前应用程序所在的具体位置和路径。

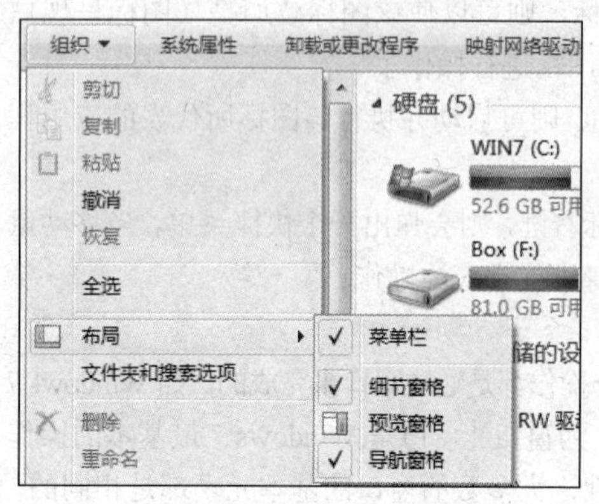

图 2-29　窗口布局子菜单

② 状态栏：在窗口的最下方，标明了当前有关操作对象的一些基本情况。

③ 工作区域：它在窗口中所占的比例最大，显示了应用程序界面或文件中的全部内容。

通过“组织”菜单中“布局”命令还可以设置Windows 7系统下窗口的其他构成元素，例如，菜单栏、细节窗格、导航窗格、预览窗格，如图2-29所示。

2. 窗口的操作

Windows 7的窗口操作包括窗口的移动，改变大小，最大化、最小化和还原，切换，以及关闭等。

（1）移动窗口　将鼠标移动到窗口标题栏，然后按下鼠标左键移动鼠标，当移动到合适的位置时放开鼠标，窗口就会出现在这个位置了。如果需要精确地移动窗口，可以在标题栏上右击，在打开的快捷菜单中选择“移动”命令，当屏幕上出四个方向箭头“✥”标志时，再通过键盘上的方向键来移动，到合适的位置后用鼠标单击或者按“Enter”键确认。

（2）改变窗口大小　窗口可以根据用户需要随意改变大小将其调整至合适的尺寸。当用户只需要改变窗口的宽度时，可将鼠标移到窗口的垂直边框上，当鼠标指针变成双向的箭头时，可以任意拖动。如果只需要改变窗口的高度，可将鼠标移到窗口的水平边框上，当鼠标指针变成双向的箭头时进行拖动。当需要对窗口进行等比缩放时，可以将鼠标移至边框的任意角上进行拖动。

也可以通过键盘和鼠标的配合来完成，在标题栏上右击，在打开的快捷菜单中选择“大小”命令，当屏幕上出现四个方向箭头“✥”标志时，再通过键盘上的方向键来移动，到合适的位置后用鼠标单击或者按“Enter”键确认。

（3）最大化、最小化和还原窗口　当单击窗口标题栏右侧的最大化按钮，窗口就会占据整个屏幕，这时不能再移动或者是缩放窗口。最大化后，此按钮将变成还原按钮，单击此按钮即可将窗口还原。

通过在标题栏上双击也可以进行最大化与还原两种状态的切换。

当单击窗口控制按钮区中的最小化按钮，窗口就会被缩小到任务栏的窗口显示区中。在暂时不需要对窗口操作时，可把它最小化以节省桌面空间。

（4）切换窗口　当有多个应用程序同时工作时，只能有一个窗口位于其他窗口之前，即处于激活状态。当前状态下称此窗口为当前窗口或者活动窗口，它在任务栏上按钮是深凹下去的，而其他非活动窗口的按钮是呈凸起状的，所以如果要在各个窗口之间进行切换时，一种方法是在任务栏上单击想要激活的窗口按钮；另一种方法是按住“Alt”键不放的同时不断地按“Tab”键，选中想要的窗口图标即可。

（5）关闭窗口　通过以下几种方式可以关闭窗口。

① 击窗口控制按钮区中的关闭按钮☒，窗口就会关闭；

② 击标题栏最左侧的控制菜单；

③ 用“Alt+F4”组合键。

如果用户打开的窗口是应用程序，可以在文件菜单中选择“退出”命令，同样也能关闭窗口。

如果所要关闭的窗口处于最小化状态，可以在任务栏上右击该窗口的按钮，然后在弹出的快捷菜单中选择“关闭窗口”命令。

用户在关闭窗口之前要保存所创建的文档或者所作的修改，如果忘记保存而执行了“关闭”命令后，会弹出一个对话框，询问是否要保存所作的修改，选择“是”，保存并关闭，选择“否”，不保存关闭，选择“取消”则不关闭窗口，继续使用。

3. 窗口的排列

当用户打开了多个窗口，而且需要全部处于显示状态时，这就涉及排列的问题。在Windows 7中为用户提供了三种排列的方案。右击任务栏空白区，弹出一个快捷菜单，如图2-30所示。

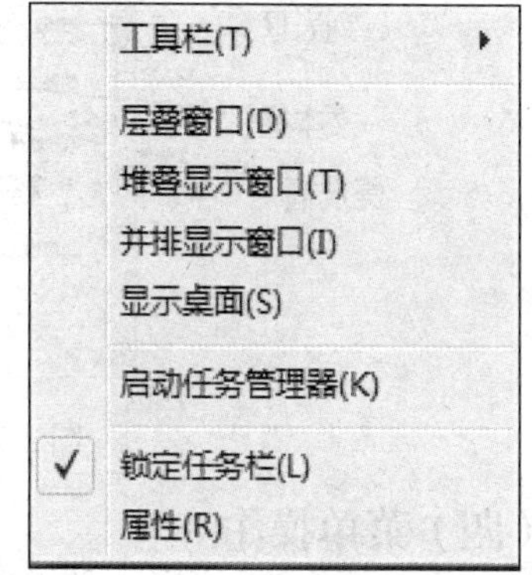

图2-30　任务栏快捷菜单

（1）层叠窗口　把窗口按先后顺序依次排列在桌面上，其中每个窗口标题栏和左侧边缘是可见的，用户可以任意切换各窗口之间的顺序。

（2）堆叠显示窗口　各窗口并排显示，在保证每个窗口大小相当的情况下，使得窗口尽可能往水平方向伸展。

（3）并排显示窗口　在排列的过程中，在保证每个窗口都显示的情况下，使窗口尽可能往垂直方向伸展。在选择了某项排列方式后，在任务栏快捷菜单中会出现相应的撤消该选项的命令。例如，用户执行了“层叠窗口”命令后，任务栏的快捷菜单会增加一项“撤消并排显示”命令，当用户执行此命令后，窗口恢复原状。

（三）对话框操作

对话框是窗口的一种特殊形式，其大小不像普通窗口那样可以调整，一般是固定的，主要是进行人机之间的信息对话，提供一些可供用户进行设置的参数。它和一般窗口的最大区别是：窗口一般都包含菜单，而对话框没有。对话框最突出的特点是包含各种控件，通过它们可以完成特定的任务或命令，通常对话框有许多种形式，复杂程度也不同。图2-31所示为对话框的组成要素。

① 命令按钮：命令按钮用于对交互信息的选择、确认、取消等操作目的。

② 列表框：若交互信息有多个可供选择的项目时，常将这些项目内容置于列表框内。单击列表框右侧的“▼”按钮，会出现垂直滚动条，用户可以方便地查看置于列表框内的全部项目内容，并可使用单击予以选定。

③ 文本框：文本框是专门用于实现文字、数字信息交互的矩形框。单击文本框后会在该框内出现代表光标并有规则闪烁的一条竖线。

④ 复选框：选择框是供用户对多个信息状态进行复选操作的一种安排。进行选择操作时只要单击所需要的选择框即可。被选定的选择框会出现一个“√”。对已选定的选择框单击则表示取消对状态的选定，此时“√”符号也会自然消失。

⑤ 单选按钮：选择按钮（此对话框中没有）是供用户对互斥类交互信息状态（如男、女等）进行选择操作的一种专用按钮。通常两个以上的选项按钮聚合为一组，进行选择操作时只能选择其中的一个。被选定的选择按钮圆内会呈现出一个黑点。

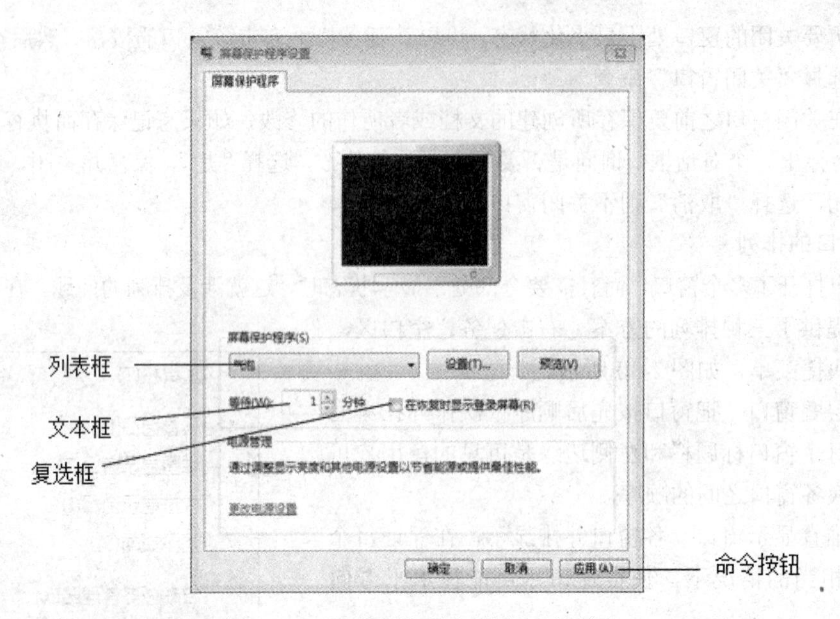

图 2-31 “屏幕保护程序设置”对话框

（四）菜单操作

菜单是一张命令列表，它是应用程序与用户交互的主要表现形式，一般情况下，应用程序窗口都有自己的菜单，通常位于窗口标题栏的下方和工具栏的上方，包含了若干相关的命令操作。在 Windows 7 中，按照打开方式的不同可分为开始菜单、控制菜单、窗口菜单和快捷菜单四种形式。虽然各种菜单风格不同，但其功能和构成却是类似的。如图 2-32 所示，以典型的下拉式菜单为例认识菜单的构成及功能。

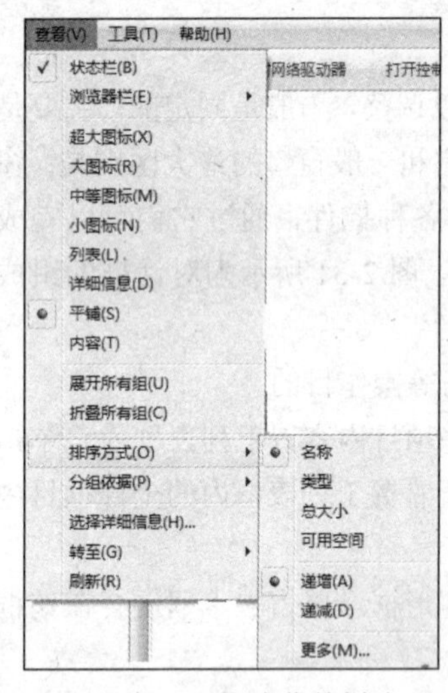

图 2-32 下拉式菜单样式

1. 菜单的标记

菜单中会出现一些特殊的符号标记，每一个都代表特定的含义。

① 灰色的菜单选项代表此项暂时不可用。

② 菜单的命令选项后面带有“...”表示选择此项时，会弹出一个对话框。

③ 菜单的命令选项前带有“●”表示该项已经选用。

④ 菜单的命令选项前带有“√”也是表示该选项已经选择过，与“●”不同的是，它可以同时选择多个命令。

⑤ 菜单的选项后标有“▸”表示该选项存在下一级的级联菜单。

⑥ 菜单的选项后面有组合键表示不通过打开菜单而直接按组合键，也可以执行该命令。

⑦ 菜单的选项后面有字母加括号“()”表示该字母是热键，通过“Alt”键+此字母即可执行该命令。

⑧ 向下的双箭头“≚”表示折叠的菜单，点击它便可将菜单里的内容完全展开。

2. 菜单的打开和关闭

将鼠标指针移到菜单栏中的某个菜单选项，单击或按“Alt+相应的字母热键”即可打开菜单。

在菜单以外的任何区域单击鼠标左键或按“Esc”键，便可以关闭该菜单。

（五）获得帮助

当用户在学习和使用 Windows 7 的过程中遇到困难，而手边既没有合适的参考书籍，身旁又没有专家时，正确使用系统提供的帮助功能，将有效地解决所遇到的许多实际问题。Windows 7 操作系统的在线帮助功能是按照主题方式编排的。用户可通过与其交互操作查出所需要的问题解答。

在 Windows 7 中提供了十分丰富的帮助信息，一般有如下几个方式。

1. 帮助和支持中心

全面地提供了各种工具和信息的资源，使用“搜索”“索引”或者“目录”，可以广泛访问各种联机帮助系统。通过它，可以向联机 Microsoft 技术支持人员寻求帮助。

2. 联机帮助

Windows 7 为操作系统中的所有功能提供了广泛的帮助。从“帮助和支持”主页上，可以浏览帮助主题。单击导航栏上的“选项”下的“浏览帮助”，可以查看目录或索引。在“搜索”框中键入一个或多个词汇，可以查找所需的信息。

3. 远程桌面连接

使用“远程协助”，可以让别人远程指导用户解决计算机问题。只需使用 Windows 实时客户端邀请联机联系人，或者使用电子邮件向别人发出邀请。在得到用户的授权后，就可以查看屏幕，甚至可以取得用户计算机的控制权。所有会话都经过加密，并且可以用密码进行保护。甚至可以在解决问题的过程中联机聊天。

二、Windows 7 系统的文件管理

计算机中所有的程序、数据等都是以文件的形式存放在计算机中的。在 Windows 7 操作系统中，“计算机”“管理”具有强大的文件管理功能，可以实现对系统资源的管理。

（一）文件管理的基本概念

1. 文件

文件是计算机中一个非常重要的概念，它是操作系统用来存储和管理信息的基本单位。在文件中可以保存各种信息，它是具有名字的一组相关信息的集合。编制的程序、编辑的文档以及用计算机处理图像、声音信息等，都要以文件的形式存放在磁盘中。

每个文件都必须有一个确定的名字，这样才能做到对文件按名存取的操作。通常文件名称由文件名和扩展名两部分组成，而文件名称（包括扩展名）可由最多达 225 个字符组成。

2. 文件的类型

计算机中所有的信息都是以文件的形式进行存储的，如程序、文档、图像、声音信息等。由于不同类型的信息有不同的存储格式与要求，相应地就会有多种不同的文件类型，这些不同的文件类型一般通过扩展名来标明。表 2-2 列出了常见文件的扩展名及其含义。

表 2-2 常见文件扩展名及其含义

扩展名	含义	扩展名	含义
.com	系统命令文件	.txt	文本文件
.sys	系统文件	.rtf	带格式的文本文件
.obj	目标文件	.doc	03 版之前 Word 文档

续表

扩展名	含义	扩展名	含义
.bas	BASIC 源程序	.xls	03 版之前 Excel 文档
.c	C 语言源程序	.ppt	03 版之前 PowerPoint 文档
.html	网页文件	.docx	07 版之后 Word 文档
.bak	备份文件	.xlsx	07 版之后 Excel 文档
.exe	可执行文件	.pptx	07 版之后 PowerPoint 文档
.swf	Flash 动画发布文件	.bmp	静态图像文件
.zip	ZIP 格式的压缩文件	.jpg	静态图像文件
.rar	RAR 格式的压缩文件	.gif	压缩位图文件
.cpp	C++语言源程序	.mp3	音频文件
.java	Java 语言源程序	.wma	音频文件

3. 文件属性

文件属性是用于反映该文件的一些特征的信息。常见的文件属性一般分为以下三类。

（1）时间属性

① 文件的创建时间：该属性记录了文件被创建的时间。

② 文件的修改时间：文件可能经常被修改，文件修改时间属性会记录下文件最近一次被修改的时间。

③ 文件的访问时间：文件会经常被访问，文件访问时间属性则记录了文件最近一次被访问的时间。

（2）空间属性

① 文件的位置：文件所在位置，一般包含盘符、文件夹。

② 文件的大小：文件实际大小。

③ 文件所占磁盘空间：文件实际所占有磁盘空间。由于文件存储是以磁盘簇为单位，因此文件的实际大小与文件所占磁盘空间，在很多情况下是不同的。

（3）操作属性

① 文件的只读属性：为防止文件被意外修改，可以将文件设为只读属性，只读属性的文件可以被弹出，但除非将文件另存为新的文件，否则不能将修改的内容保存下来。

② 文件的隐藏属性：对重要文件可以将其设为隐藏属性，一般情况下隐藏属性的文件是不显示的，这样可以防止文件误删除、被破坏等。

③ 文件的系统属性：操作系统文件或操作系统所需要的文件具有系统属性。具有系统属性的文件一般存放在磁盘的固定位置。

④ 文件的存档属性：当建立一个新文件或修改旧的文件时，系统会把存档属性赋予这个文件，当备份程序备份文件时，会取消存档属性，这时，如果又修改了这个文件，则它又获得了存档属性。所以备份文件程序可以通过文件的存档属性，识别出来该文件是否备份过或作过修改。

提示：在学习文件管理中，比较难以理解的就是文件的扩展名的理解与操作。操作当中对于“文件夹选项”的设置是十分重要的。对于如何显示具有隐藏属性的文件以及显示/隐藏文件的扩展名，具体操作界面如图 2-33 所示，在“文件夹选项”对话框中选择“查看”选项卡。

打开“文件夹选项”对话框的方法有以下三种：

① 在计算机管理窗口中的“工具”菜单下选择“文件夹选项（O）...”命令，如图 2-34 所示；

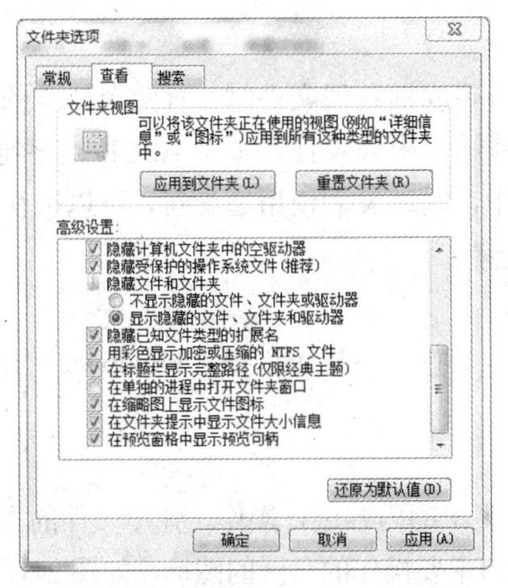

图 2-33 “文件夹选项”对话框

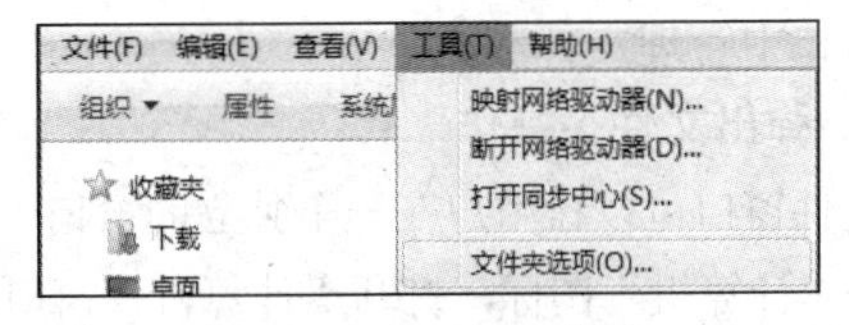

图 2-34 “工具”菜单

② 在“外观和个性化”窗口中选择“文件夹选项”命令，如图 2-35 所示；

③ 在计算机管理窗口中的“组织”菜单下选择“文件夹和搜索选项”命令，如图 2-36 所示。

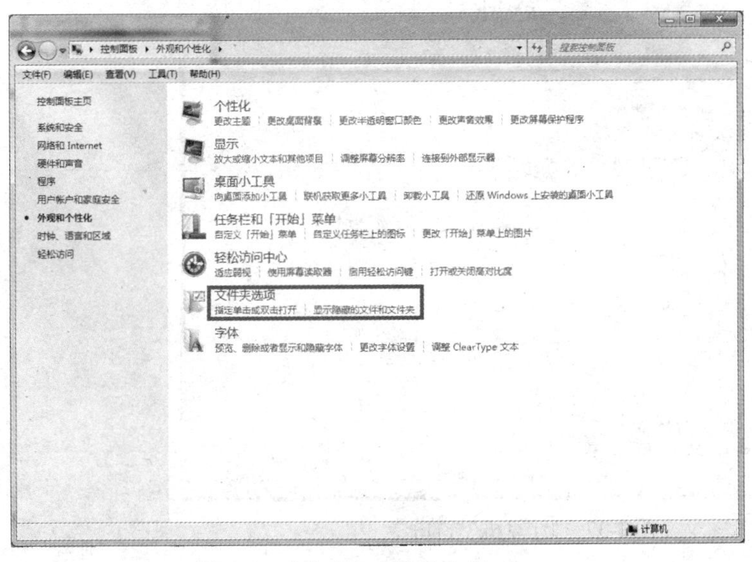

图 2-35 “外观和个性化”窗口

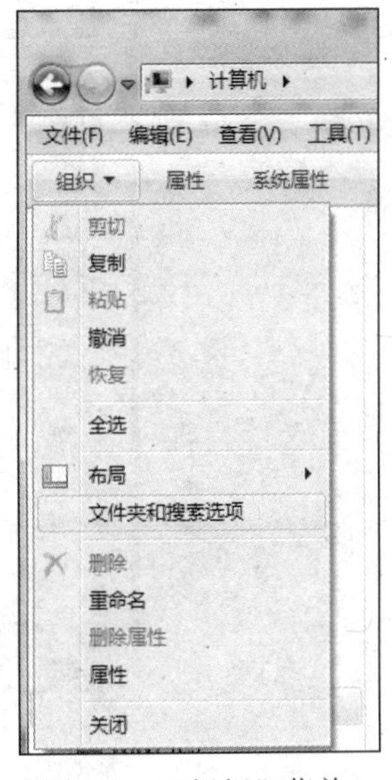

图 2-36 “组织”菜单

4. 文件目录/文件夹

为了便于对文件的管理，Windows 操作系统采用类似图书馆管理图书的方法，即按照一定的层次目录结构，对文件进行管理，称为树形目录结构。

所谓的树形目录结构，就像一颗倒挂的树，树根在顶层，称为根目录，根目录下可有若干个（第一级）子目录或文件，在子目录下还可以有若干个子目录或文件，一直可以嵌套若干级。

在 Windows 7 中，这些子目录称为文件夹，文件夹用于存放文件和子文件夹。可以根据需要，把文件分成不同的组并存放在不同的文件夹中。实际上，在 Windows 7 的文件夹中，不仅能存放文件和子文件夹，还可以存放其他内容，如某一程序的快捷方式等。

在对文件夹中的文件进行操作时，作为系统应该知道这个文件的位置，即它在哪个磁盘的哪个文件夹中。对文件位置的描述称为路径，如“F:\root\美国\美国文化.doc”就指示了“美国文化.doc”文件的位置在 F 盘的“root”文件夹下的“美国”子文件夹中。

5. 文件通配符

在文件操作中，有时需要一次处理多个文件，当需要成批处理文件时，有两个特殊的符号非常有用，它们就是文件通配符“*”和“？”。“*”在文件操作中代表任意多个ASCII码字符。“？”在文件操作中代表任意一个字符。在文件搜索等操作中，通过灵活使用通配符，可以很快匹配出含有某些特征的多个文件。

（二）文件和文件夹的管理

在Windows 7中，既可以在文件窗口中操作文件和文件夹，也可以在“Windows 7资源管理器”窗口中管理文件和文件夹。

1. 弹出文件夹操作

文件窗口可以让用户在一个独立的窗口中，对文件夹中的内容进行操作。弹出文件的方法通常是双击“计算机”图标，打开“计算机”窗口，双击窗口中要操作的盘区的图标，如图2-37所示。

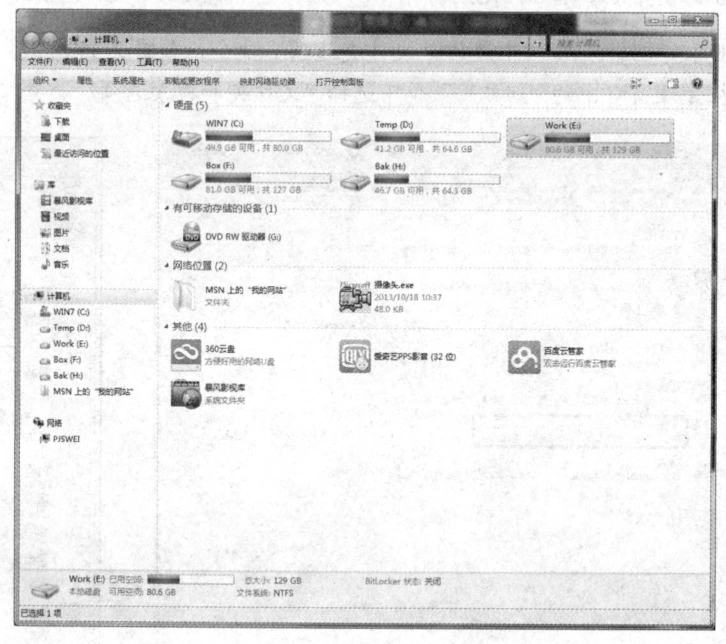

图2-37 “计算机”窗口

打开对应盘中的文件夹窗口如图2-38所示，显示的是E盘的文件夹窗口，在该窗口中列出了E盘下的所有文件或者文件夹图标。如果需要对某一文件夹下的内容进行操作，则需要再双击该文件夹并打开相应的文件夹窗口。如果需要，还可以依次弹出其下的各级子文件夹。

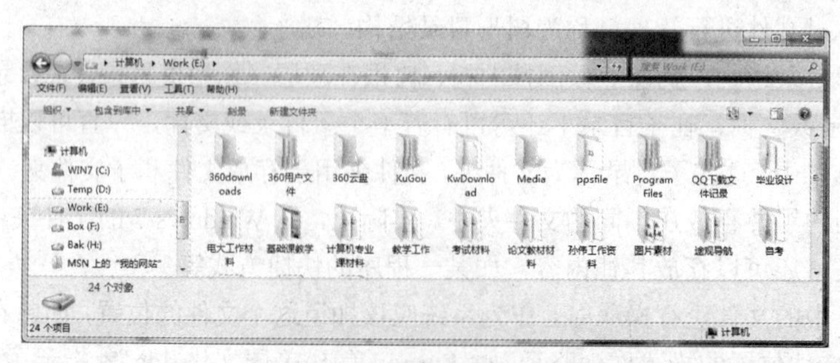

图2-38 E盘中的文件夹窗口

除了管理文件外，还可以用它查看控制面板和打印机的内容，并浏览 Internet 的主页。

2. 文件和文件夹的显示

在文件夹窗口中，Windows 7 提供了多种方式来显示文件或文件夹的内容。此外，还可以通过设置来排序显示文件或文件夹的内容。

（1）文件夹内容的显示方式

① 平铺：这种方式以较大的图标平铺在窗口中，比较醒目。

② 图标：这种方式以较小的图标显示，可以在不扩大窗口的情况下看到更多的文件和文件夹，图标以水平方式顺序排列。

③ 列表：这种方式是 Windows 7 的默认显示方式，与图标方式类似，只是文件图标是垂直排列的。

④ 详细信息：除显示文件和文件夹名称外，还显示文件的大小、类型、建立或编辑的日期和时间等信息。

⑤ 内容：对于文件，该种方式可以缩略地显示文件信息及图像文件的预览效果及信息。

上述几种显示方式可以在“计算机”窗口中点击“更改您的视图”按钮，单击选择相应命令来设置，如图 2-39 所示。

说明：平铺、图标、列表、详细信息和内容（有时还有幻灯片）几条命令是任选其一的，即当选择某一种显示方式，以前的显示方式自动取消。

（2）文件夹内容的排列方式　可以按照文件的名称、类型、大小和修改日期，对文件进行排列显示，以方便对文件的管理。

① 按名称排列：文件夹的内容将按照文件和文件夹名称的英文字母排列。

② 按类型排列：文件夹的内容将按照文件的扩展名将同类型的文件放在一起显示。

③ 按大小排列：根据各文件的字节大小进行排列。

④ 按修改日期排列：根据建立或修改文件或文件夹的时间进行排列。

排列方式的选择是通过单击右键，选择相应命令来设置的，如图 2-40 所示。同样，四种排列方式也是四选一的。当选择某一排列方式后，以前的排列方式自动取消。如果当前文件夹窗口处在详细信息的显示方式中，也可以直接单击表头对文件夹的内容排列。

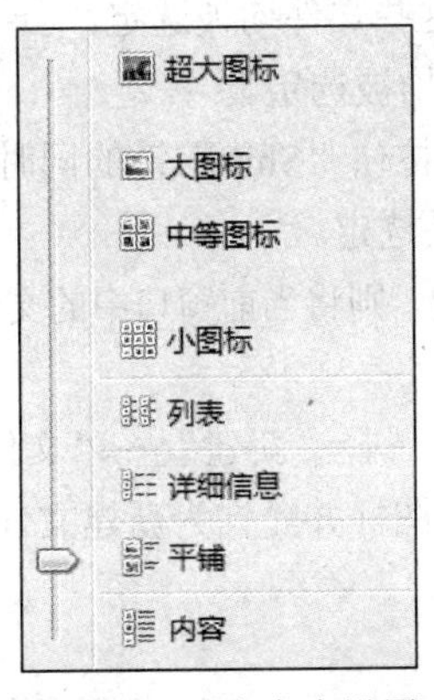

图 2-39　更多命令设置

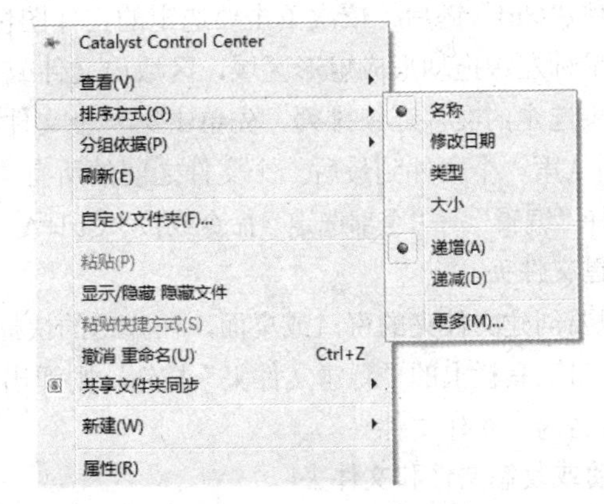

图 2-40　排列方式的设置

3. 设置文件夹窗口中的显示内容

（1）显示所有文件　在文件夹窗口下看到的可能并不是全部的内容，有些内容当前可能没有显示出来，这是因为 Windows 7 在默认情况下，会将某些文件（如隐藏文件）隐藏起来不显示。

为了能够显示所有文件，可进行设置。具体操作步骤如下。

① 选择“组织”→“文件夹和搜索选项”命令，弹出“文件夹选项”对话框。

② 选择“查看”选项卡。

③ 在关于“隐藏文件和文件夹”的两个单选按钮中选中“显示隐藏的文件、文件夹和驱动器”单选按钮，如图 2-33 所示。

说明：上述设置是对整个系统而言的，即如果在任何一个文件夹窗口中进行了上述设置后，在其他所有文件夹窗口下都能看到所有文件。

（2）显示文件的扩展名　通常情况下，在文件夹窗口中看到的大部分文件只显示了文件名的信息，而其扩展名并没有显示。这是因为默认情况下，Windows 7 对于已在注册表中登记的文件，只显示文件名，而不显示扩展名。也就是说，Windows 7 是通过文件的图标来区分不同类型的文件的，只有那些未被登记的文件才能在文件夹窗口中显示其扩展名。

如果想看到所有文件的扩展名，可以选择“组织”→“文件夹和搜索选项”命令，弹出“文件夹选项”对话框，然后在“查看”选项卡中取消“隐藏已知文件类型的扩展名”复选框中选中。

说明：该项设置也是对整个系统而言的，而不是仅仅对当前文件夹窗口。

三、文件和文件夹的操作

文件和文件夹操作包括文件和文件夹的弹出、复制、移动和删除等，是日常工作中最经常进行的操作。

1. 选定文件和文件夹

在 Windows 中进行操作，通常都遵循这样一个原则，先选定对象，再对选定的对象进行操作。因此，进行文件和文件夹操作之前，首先要选定操作的对象。下面介绍选定对象的操作。

（1）选定单个文件对象的操作

① 单击文件或文件夹图标，则选定被单击的对象。

② 依次输入要选定文件的前几个字母，此时，具有这一特征的某个文件被选定，继续按“↓”键直至找到欲选定的文件。

（2）同时选定多个文件对象的操作

① 按住“Ctrl”键后，依次单击要选定的文件图标，则这些文件均被选定。

② 用鼠标左键拖动形成矩形区域，区域内文件或文件夹均被选定。

③ 如果选定的文件连续排列，先单击第一个文件，然后按住“Shift”键的同时单击最后一个文件，则从第一个文件到最后一个文件之间的所有文件均被选定。

④ 选择“编辑”→“全部选定”命令或按“Ctrl+A”组合键，则将当前窗口中的文件全部选定。

2. 创建文件夹

右击想要创建文件夹的窗口或桌面，在弹出的快捷菜单中选择“新建”→“文件夹”命令，或是单击窗口工具栏上的“新建文件夹”按钮，则弹出文件夹图标并允许为新建文件夹命名（系统默认文件名为“新建文件夹”）。

3. 移动或复制文件和文件夹

有多种方法可以完成移动和复制文件和文件夹的操作：鼠标右键或左键的拖动以及利用 Windows 的剪贴板。

（1）鼠标右键操作　首先选定要移动或复制的文件夹或文件，然后用鼠标右键拖动至目的地，释放按键后，会弹出菜单提问：复制到当前位置、移动至当前位置、在当前位置创建快捷方式和取消，根据要做的操作，选择其一即可。

（2）鼠标左键操作　首先选定要移动或复制的文件夹或文件，然后按住鼠标左键直接拖动至目的地即可。左键拖动不会出现菜单，但根据不同的情况，所做的操作可能是移动、复制或复制快捷方式。

① 对于多个对象或单个非程序文件，如果在同一盘区拖动，如从 F 盘的一个文件夹拖到 F 盘的另一个文件夹，则为移动；如果在不同盘区拖动如从 F 盘的一个文件夹拖到 E 盘的一个文件夹，则为复制。

② 在拖动的同时按住“Ctrl”键，则一定为复制；在拖动的同时按住“Shift”键，则一定为移动。

③ 如果将一个程序文件从一个文件夹拖动至另一个文件夹或桌面上，Windows 7 会把源文件留在原文件夹中，而在目标文件夹建立该程序的快捷方式。

（3）利用 Windows 剪贴板的操作　为了在应用程序之间交换信息，Windows 提供了剪贴板的机制。剪贴板是内存中一个临时数据存储区，在进行剪贴板的操作时，总是通过“复制”或“剪切”命令将选定的对象送入剪贴板，然后在需要接收信息的窗口内通过“粘贴”命令从剪贴板中取出信息。

虽然“复制”和“剪切”命令都是将选定的对象送入剪贴板，但这两个命令是有区别的。“复制”命令是将选定的对象复制到剪贴板，因此执行完“复制”命令后，原来的信息仍然保留，同时剪贴板中也具有该信息；“剪切”命令是将选定的对象移动到剪贴板，执行完“剪切”命令后，剪贴板中具有信息，而原来的信息将被删除。

如果进行多次的“复制”或“剪切”操作，剪贴板总是保留最后一次操作时送入的内容。但是，一旦向剪贴板中送入了信息之后，在下一次“复制”或“剪切”操作之前，剪贴板中的内容将保持不变。这也意味着可以反复使用“粘贴”命令，将剪贴板中的信息送至不同的程序或同一程序的不同地方。

由剪贴板的上述特性，可以得出利用剪贴板进行文件移动或复制的常规操作步骤如下。

① 选定要移动或复制的文件和文件夹。

② 如果是复制，则选择“组织”→“复制”命令，如果是移动，则选择“组织”→“剪切”命令。

③ 选定接收文件的位置，即弹出目标位置的文件夹窗口。

④ 选择“组织”→“粘贴”命令。

4. 文件或文件夹重命名

有时需要更改文件或文件夹的名字，这是可以按照下述方法之一进行操作。

① 选定要重命名的对象，然后单击对象的名字。

② 右击要重命名的对象，在弹出的快捷菜单中选择“重命名”命令。

③ 选定要重命名的对象，然后选择“文件”→“重命名”命令。

④ 选定要重命名的对象，然后按“F2”键。

说明：文件的后缀名一般是默认的，如 word 的后缀名是“.docx”，当用户在更改文件名时，只需更改它的文件名即可，不需要再改后缀名。如“root.docx”改为“根.docx”，只需将“root”改为“根”即可。

5. 撤消操作

在执行了如移动、复制、更名等操作后，如果又改变了主意，可选择“组织”→“撤消”命令，还可以按组合键“Ctrl+Z”，这样就可以取消刚才的操作。

6. 删除文件或文件夹

删除文件最快的方法就是用“Delete”键。先选定要删除的对象，然后按该键即可。此外还可以用其他方法删除。

① 右击要删除的对象，在弹出的快捷菜单中选择“删除”命令。

② 选定要删除的对象，然后直接拖动至回收站。

不论采用哪种方法，在进行删除前，系统会给出提示信息让用户确认，确认后，系统才将文件删除。需要说明的是，在一般情况下，Windows 并不真正地删除文件，而是将被删除的项目暂时放在回收站中。实际上回收站是硬盘上的一块区域，被删除的文件会被暂时存放在这里，如果发现删除有误，可以通过回收站恢复。

在删除文件时，如果是按住“Shift”键的同时按“Delete”键删除，则被删除的文件不进入回收站，而是真的从物理上被删除了。做这个操作时请一定要慎重。

7. 恢复删除的文件夹、文件和快捷方式

如果删除后立即改变了主意，可执行“撤消”命令来恢复删除。但是对于已经删除一段时间的文件和文件夹，需要到回收站查找并进行恢复。

（1）回收站的操作　双击“回收站”图标，打开“回收站”窗口，在其中会显示最近删除的项目名字、位置、日期、类型和大小等信息。选定需要恢复的对象，此时窗口左侧会出现“还原”按钮，单击该“还原”按钮，或选择“文件”→“还原”命令，即可将文件恢复至原来的位置。如果在恢复过程中，原来的文件夹已不存在，Windows 7 会要求重新创建文件夹。

需要说明的是，从软盘或网络服务器中删除的项目不保存在回收站中。此外，当回收站的内容过多时，最先进入回收站的项目将被真正地从硬盘删除。因此，回收站中只能保存最近删除的项目。

（2）清空回收站　如果回收站中的文件过多，也会占用磁盘空间。因此，如果文件确实不需要了，应该将其从回收站清除（真正地删除），这样就可以释放一些磁盘空间。

在“回收站”窗口中选定需要删除的文件，按“Delete”键，在回答了确认信息后，真正删除。如果要清空回收站，单击窗口左侧的“清空回收站”按钮即可。

文件管理的常用操作及快捷键总结如图 2-41 所示。

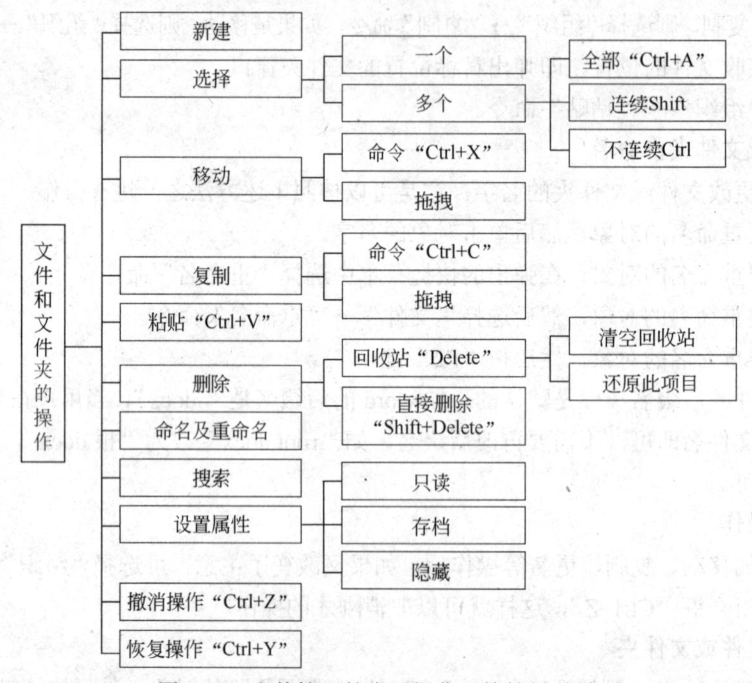

图 2-41　文件管理的常用操作及快捷键总结

8. 设置文件或文件夹的属性

设置文件或文件夹属性具体操作步骤如下。

① 选定要设置属性的对象。

② 右击对象，在弹出的快捷菜单中选择“属性”命令，弹出文件属性对话框，如图 2-42 所示。

③ 在属性对话框中选择需要设置的属性即可。

从图 2-42 中可以看出，在属性对话框中还显示了文件夹或文件许多重要的统计信息，如文件的大小、创建的时间、位置、类型等。

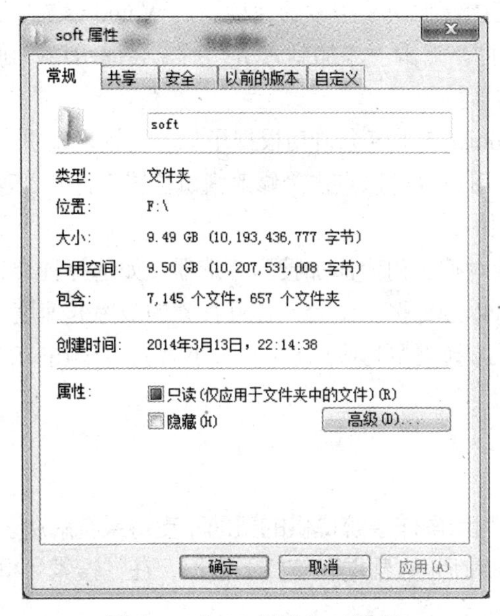

图 2-42 “soft 属性”对话框

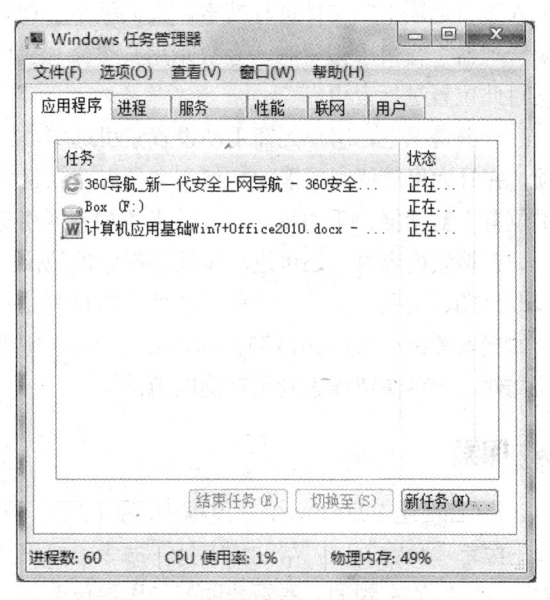

图 2-43 “Windows 任务管理器”

9. Windows 7 的任务管理器

最常见的方法是按“Ctrl+Alt+Delete”组合键。需要说明的是，如果连续按了两次键，可能会导致 Windows 系统重新启动，假如此时还未保存数据，就会造成数据的丢失。

还可以用右击任务栏的空白处，在弹出的快捷菜单中选择“任务管理器”命令，或按“Ctrl+Alt+Esc”组合键也可以打开“Windows 任务管理器”窗口。“Windows 任务管理器”窗口如图 2-43 所示，任务管理器对应的程序文件是“Taskmgr.exe”，一般可以在\Windows\system32 文件夹中找到。可以在桌面上为该程序建立一个快捷方式，这样启动任务管理器较为方便。

10. 搜索文件和文件夹

当计算机中保存有很多文件时，有可能会忘记某个文件所存放的位置，这时如果逐个文件夹去查找就太麻烦了。Windows 7 所提供了多种查找文件的方法，即便只知道某一文件的部分信息，也可以快速、方便地将其找到。

其实 Windows 7 系统中对搜索功能进行了改进，不仅在“开始”菜单可以进行快速搜索，而且对于硬盘文件搜索推出了索引功能。下面教大家利用 Windows 7 搜索功能快速高效地查找需要的文件。

（1）“开始”菜单，快捷搜索　Windows 7“开始”菜单设计了一个搜索框，可用来查找存储在计算机上的文件资源。操作方法：在搜索框中键入关键词（例如 QQ）后，可自动开始搜索，搜索结果会即时显示在搜索框上方的“开始”菜单中，并会按照项目种类进行分门别类。并且，搜索结果还可根据键入关键词的变化而变化，例如将关键词改成文件时，搜索结果会即刻改变，很是智能化。

当搜索结果充满“开始”菜单空间时，还可以点击“查看更多结果”，即可在资源管理器中看到更多的搜索结果，以及共搜索到的对象数量。在 Windows 7 中还设计了再次搜索功能，即在经过首次搜索后，搜索结果太多时，可以进行再次搜索，可以选择系统提示的搜索范围，如库、家庭组、计算机、网络、文件内容等，也可以自定义搜索范围。

（2）添加索引，搜索更快　相对于传统搜索方式来说，Windows 7 系统中索引式搜索仅对被加入索引选项中的文件进行搜索，大大缩小了搜索范围，加快了搜索的速度。在 Windows 7“资源管理器”窗口中搜索时，会提示用户“添加到索引”。点击“添加到索引”后，会提示用户确认对此位置进行索引。

一般情况下，用户无需手动设置索引选项，Windows 7 系统会自动根据用户习惯管理索引选项，并且为用户使用频繁的文件和文件夹建立索引。用户也可以点击“修改索引位置”打开“索引位置”对话框，手动将一些文件夹添加到索引选项中。

在搜索内容时，还可进一步缩小搜索的范围，针对搜索内容添加搜索筛选器，如选择种类、修改日期、类型、大小、名称、文件夹路径等，并可以进行多个组合，提升搜索的效率和速度。例如搜索关键词“QQ2013”时，可以添加搜索筛选器，选择类型为应用程序、大小为大（1～16MB）的文件，即可快速搜索到更精确的范围。

★ 探索

1. 在使用 Windows 7 过程中遇到问题，可以利用操作系统提供的帮助和支持系统解决。单击菜单“开始”→“帮助和支持”命令，打开“Windows 帮助和支持”窗口，在“搜索”框中输入问题的主题词，看看帮助的结果是什么。

2. 你如何对自己的计算机施行文件的管理？

任务四　Windows 7 系统的维护与管理

【任务描述】

Windows 7 操作系统中常用的系统维护工具有哪些？这些维护工具都能为用户的计算机管理操作实现哪些应用？

【技能目标】

了解 Windows 7 操作系统中系统的维护与管理工具，掌握这些工具的常规应用。通过学习掌握计算机控制面板中系统的维护工具、管理工具，使这些知识应用到自己身边的计算机应用中，更好地提高计算机操作资源，节省计算机耗能。

【知识结构】

控制面板（control panel）是 Windows 图形用户界面的一部分，可通过“开始”菜单访问。它允许用户查看并操作基本的系统设置，如添加/删除软件，控制用户账户，更改辅助功能选项。

一、系统和安全

Windows 7 系统在控制面板中部署了系统和安全选项，主要涉及计算机操作安全、访问安全、系统更新、电源管理、备份还原以及磁盘管理等系统设置。在系统操作中常用的选项操作有 Windows 防火墙、设备管理器、电源选项等操作，下面就从常规的设置操作中对系统和安全选项做介绍，系统和安全面板如图 2-44 所示。

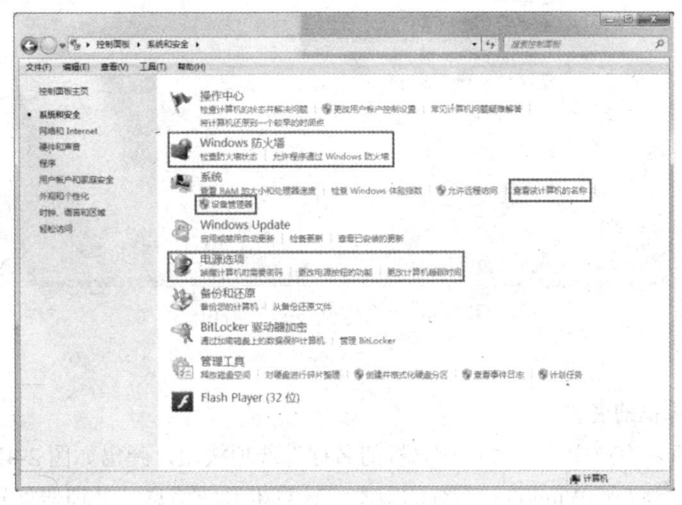

图 2-44　系统和安全面板

（一）Windows 7 防火墙

防火墙能保护用户的电脑免受网络上的黑客攻击，Windows 7 系统中的防火墙功能已经足够强大，可以保证用户的电脑免受危害。可是在各种不慎的操作中或者下载的杀毒软件有时会关闭或者打开系统自带的防火墙，那么用户怎么打开或者关闭它呢？

通过控制面板中的“系统和安全”选项，打开其中的“Windows 防火墙”，如图 2-45 所示，选择窗口左侧的“更改通知设置”按钮，弹出“自定义设置”窗口，如图 2-46 所示，可以通过该窗口中的选项设置，对计算机上软件的运行，网络的访问及应用作出设置，用户可根据自己的应用需求选择“启用”或“关闭”。

图 2-45　“Windows 防火墙”窗口

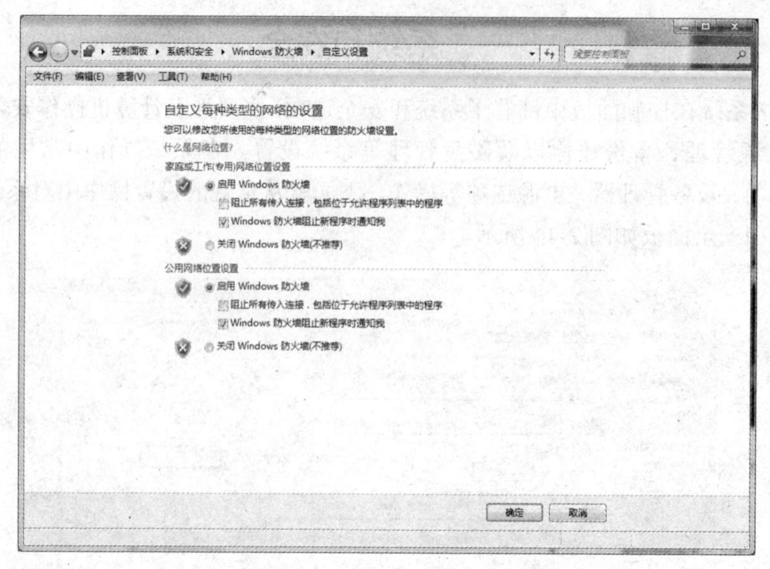

图 2-46 “自定义设置”窗口

(二)系统

1. 查看该计算机的名称

通过图 2-44 所示窗口中“查看该计算机的名称”选项按钮，弹出如图 2-47 所示“系统”窗口，该窗口显示信息包含 Windows 系统的版本、计算机系统信息（处理器型号、性能、内存及操作系统类型等）、计算机名称和计算机工作组名称。

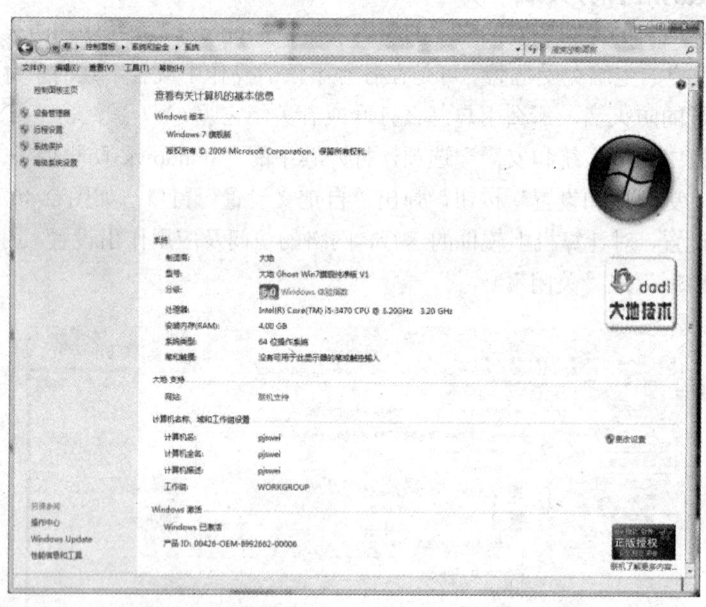

图 2-47 “系统”窗口

计算机名称不仅是计算机本身的名字，而且更重要的是该名称还是计算机在局域网络中的标识，如果在同一个局域网络中出现同名计算机会导致计算机互联访问或打印机共享等设置出现故障。

同一名称工作组的计算机能够在局域网内实现互联访问及资源共享等操作。

单击“系统”窗口中的“更改设置”按钮，弹出“系统属性”对话框，在该对话框内可以进行计算机名称及工作组名称的修改，如图 2-48 所示，当名称被修改后，单击“确定”按钮，会弹出询问是否重新启动计算机的对话框，待计算机重新启动后，即完成设置。

2. 设备管理器

在“设备管理器”窗口中能够查看计算机中各硬件设备信息，通过该窗口浏览硬件设备、安装/卸载各硬件设备驱动程序等，如图 2-49 所示。

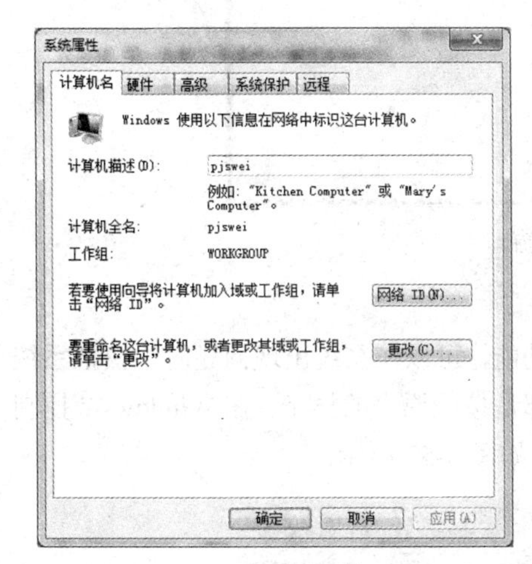

图 2-48 “系统属性”对话框

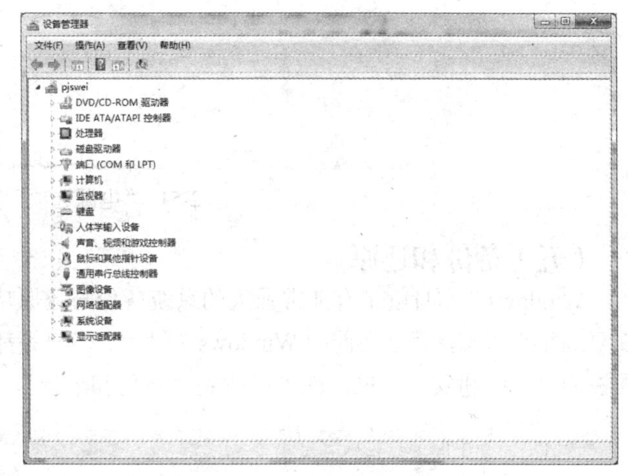

图 2-49 “设备管理器”窗口

（三）Windows Update

Windows 7 操作系统提供了系统通过 Internet 网络修复自身漏洞检查及更新功能，在“系统和安全”窗口选择“Windows Update”选项按钮，弹出如图 2-50 所示的“Windows Update”窗口，在该窗口能够进行系统的更新操作。

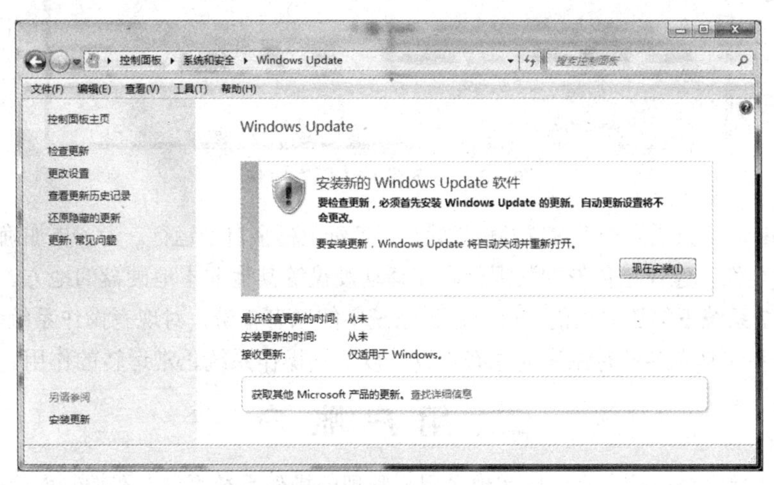

图 2-50 “Windows Update”窗口

（四）电源选项

计算机的运行操作及各硬件设备的工作运转都需要电源供电，因此如何计划使用电源管理十分重要。在“系统和安全”窗口中的“电源选项”窗口中，如图 2-51 所示，可以设置计算机设备中显示器、硬盘、主机的关闭或睡眠时间，以达到对计算机硬件设备的保护以及节电的效果。

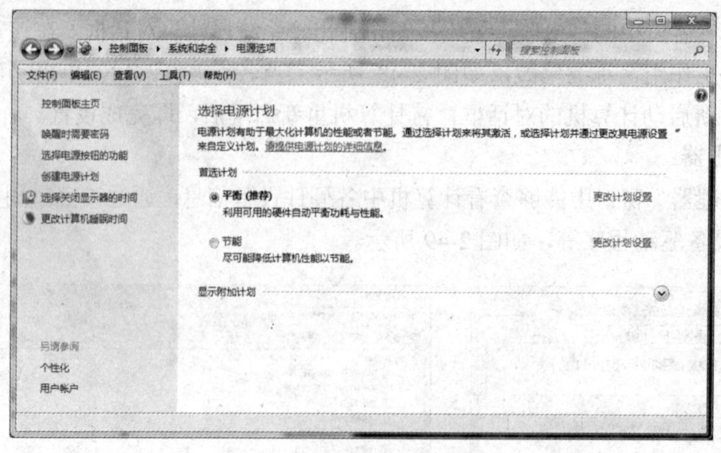

图 2-51 “电源选项”窗口

（五）备份和还原

Windows 7 本身就带有非常强大的系统备份与还原功能，可以在系统出现问题时很快把系统恢复到正常状态，并且之前的 Windows 7 设置、账户等都是按照原来的样子。在 Windows 7 控制面板的“系统和安全”里，就可以找到“备份和还原”，如图 2-52 所示。

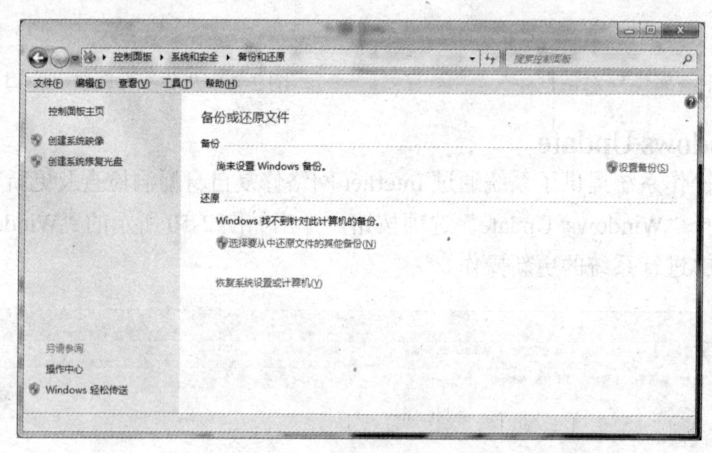

图 2-52 “备份和还原”窗口

备份 Windows 7 只需点击“设置备份”就行，备份全程全自动运行。为了更加确保 Windows 7 系统数据的安全性，建议把备份的数据保存在移动硬盘等其他非本地硬盘的地方。

Windows 7 系统下的还原功能，可以通过系统中的原有备份，对现有操作系统环境进行还原操作，还原后系统具有备份时系统的原有设置，以达到操作系统正常运转的作用。

二、用 户 账 户

Windows 7 操作系统是一个可以实现多用户管理的操作系统平台，在控制面板的“用户账户和家庭安全”选项按钮弹出的窗口中，选择“用户账户”选项按钮，弹出“用户账户”窗口，如图 2-53 所示。在该窗口中可以个性化账户设置、添加账户、设置账户密码等操作。创建账户后，使用计算机的操作员可以通过不同的账户登录计算机。

设置用户账户之前需要先弄清楚 Windows 7 有几种账户类型。一般来说，Windows 7 的用户账户有以下三种类型。

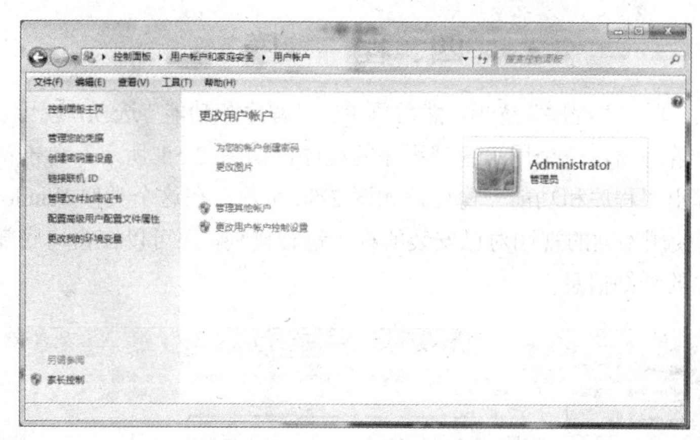

图 2-53 “用户账户”窗口

（1）管理员账户　通常系统默认用户名为 Administrator，计算机的管理员账户拥有对全系统的控制权，能改变系统设置，可以安装和删除程序，能访问计算机上所有的文件。除此之外，它还拥有控制其他用户的权限。Windows 7 中至少要有一个计算机管理员账户。在只有一个计算机管理员账户的情况下，该账户不能将自己改成受限制账户。

（2）标准用户账户　标准用户账户是受到一定限制的账户，在系统中可以创建多个此类账户，也可以改变其账户类型。该账户可以访问已经安装在计算机上的程序，可以设置自己账户的图片、密码等，但无权更改大多数计算机的设置。

（3）来宾账户　来宾账户是给那些在计算机上没有用户账户的人使用，只是一个临时账户，主要用于远程登录的网上用户访问计算机系统。来宾账户仅有最低的权限，没有密码，无法对系统做任何修改，只能查看计算机中的资料。

三、硬件和声音

Windows 7 系统在控制面板中仍然继续保留了硬件和声音的管理，在“控制面板”窗口中选择“硬件和声音”选项按钮，弹出如图 2-54 所示窗口。在“硬件和声音”窗口中除包含前文叙述中的部分功能管理外，还包含了“声音”管理，其中涉及调控系统音量、更改系统声音和管理音频设备三项功能。根据用户需求，用户可以在该选项下对系统运行的音频系统的方案进行调整，对音频系统出现的故障进行检查维修。

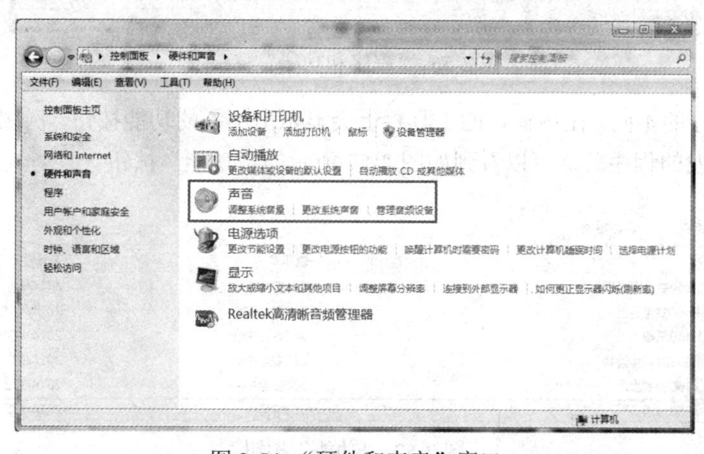

图 2-54 “硬件和声音”窗口

四、程　　序

打开控制面板，单击“程序”选项，然后再单击“程序和功能”选项，就可以打开 Windows 7 旗舰版的应用程序管理器，一个用来管理程序的程序，如图 2-55 所示。单击窗口中“程序和功能”选项按钮，弹出“程序和功能”窗口，如图 2-56 所示。在这个类似 Windows 资源管理器的界面中，不仅可以使用不同的视图对已安装的程序进行排列，还可以在窗口底部的详细信息面板中看到被选中程序的详细信息。

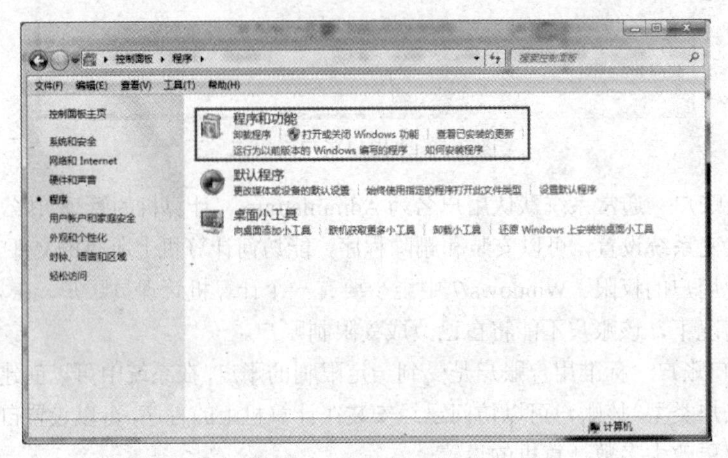

图 2-55 “程序”窗口

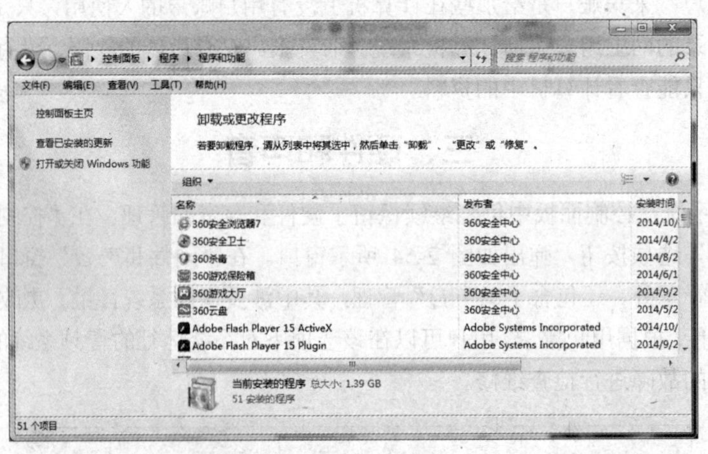

图 2-56 “程序和功能”窗口

随着选中程序的不同，在该窗口的工具栏上会显示出不同的功能按钮。例如选中一个专门针对 Windows 7 开发的程序后，可以看到如图 2-57 所示的“功能”按钮。

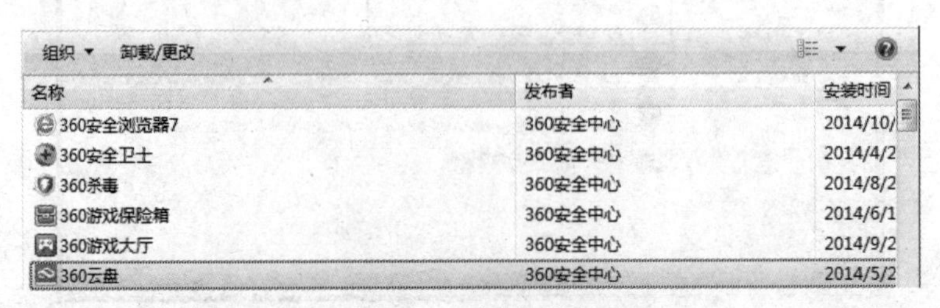

图 2-57 “功能”按钮

这些按钮的功能如下：

（1）组织　用于调整文件夹的显示内容，例如是否显示详细信息面板等。

（2）视图　位于工具栏的右侧，用于调整应用程序项目的显示方式，这里和一般的“资源管理器”窗口一样，最大可以显示256×256（像素）的图标，还可以在不同视图之间平滑缩放。

（3）卸载　用于卸载不再需要的程序。

（4）更改　用于更改已安装程序的选项。例如已安装了Microsoft Office 2010，如果最初安装时只选择了安装Word，而后来又需要Excel，那么就可以使用更改功能添加或者删除程序的组件。

（5）修复　用于修复Windows 7系统下载已安装的程序。如果程序因为某种原因被损坏，或者无法正常工作，使用修复功能进行修复后很有可能就会恢复正常。

需要注意的是，并不是选中每个程序后都会看到“卸载”“更改”和“修复”这3个按钮，这主要取决于程序的安装方式以及开发人员的设置。例如，选中某个程序之后可能只有一个“卸载”按钮，而选中另一个程序后可能只出现一个“更改”按钮。因此用户的实际情况与本文介绍的有所不同是正常的。

任务五 Windows 7系统的常用附件工具

【任务描述】

Windows 7 操作系统中常用的附件工具有哪些？这些附件工具与我们的日常计算机操作用于哪些应用？

【技能目标】

了解Windows 7操作系统中的附件工具，掌握这些工具的常规应用。通过学习掌握计算机附件的常用工具，使这些知识应用到自己身边的计算机应用中，更好地提高计算机操作应用效力。

【知识结构】

Windows7系统中新增了一些非常有用的附件，很多用户都忽略了这些小工具，而从网上搜一些软件使用。其实在使用系统的过程中，这些工具使用熟练了会很有用处的，附件如图2-58所示。在附件中常用的工具有画图、计算器、记事本、截图工具、录音机、命令提示符、写字板、远程桌面连接和系统工具。

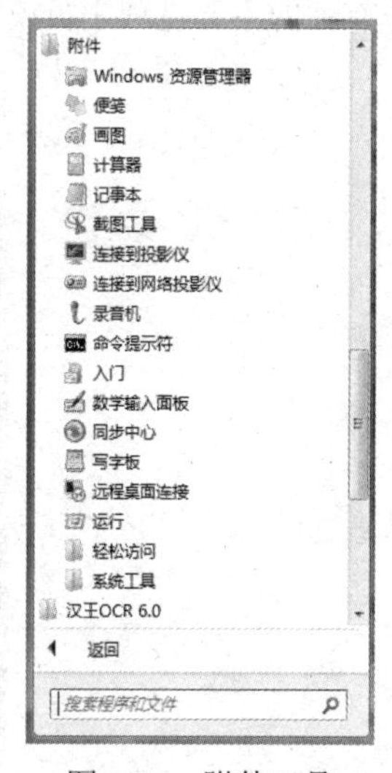

图2-58　附件工具

一、画　图

画图工具，Windows 7自带的画图工具是一款相当美观、功能简单而且实用的小工具。画图工具窗口如图2-59所示，画图工具有图片查看及图片编辑两大功能。

“图片查看”功能主要是指画图窗口中的“查看”选项卡功能区中功能按钮所实现的操作功能，包含对查看图片的显示比例（放大、缩小、原尺寸100%），设置窗口网格线、标尺以及图像的全屏显示功能。

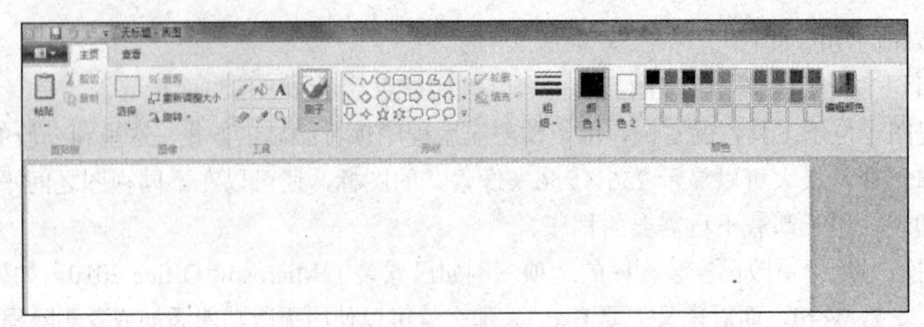

图 2-59 “画图”窗口

“图片编辑”功能主要是指画图窗口中的“主页”选项卡功能区中功能按钮所实现的操作功能，包含通过各种绘制工具绘制图案或文字，文本、形状、填充、刷子等工具能绘制各种图案。工具中“放大镜”可以局部放大图片，方便查看图片，另外画图工具很重要的是进行图片的裁剪操作。在计算机对图片的编辑中更重要的是使用画图工具与键盘的“PrScrn”印屏键一起对图片进行编辑裁剪。

二、计 算 器

计算器，是不同 Windows 版本中的必备工具，虽然功能单一，但的确是人们日常工作中不可缺少的辅助工具。而 Windows 7 操作系统中的“计算器”对功能进行了重新布置，其涉及操作在掌握计算机系统操作后相对简单，不做过多的赘述，其功能划分如图 2-60 所示，与计算机操作有关的主要是程序员模式下的进制转换功能，在模块 1 中已经做过阐述。

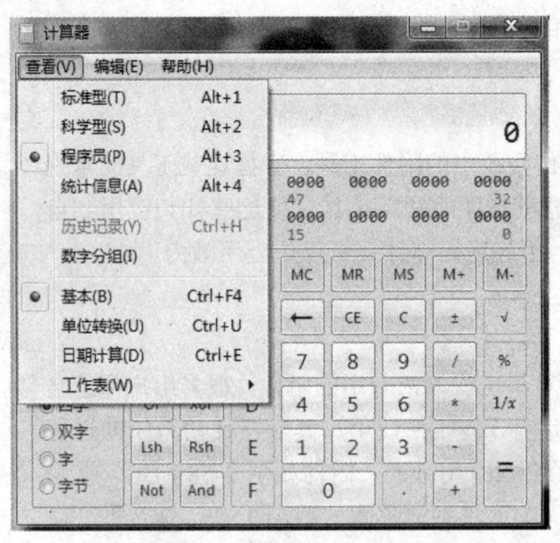

图 2-60 “计算器”窗口

三、记 事 本

记事本，如图 2-61 所示，是 Windows 操作系统中自带的文本编辑工具，其编辑对象只能是文字、数字、字母所组成的文本。记事本文件保存扩展名为“.txt”，操作员通常使用记事本进行计算机操作中最简单的文本编辑操作，同时还通过记事本工具制作包含命令行在内的程序文件或执行文件，例如程序员通过记事本工具编辑并保存生成 C 语言程序文件（.c）、Java 语言源程序文件（.java）、批处理文件（.bat）等。

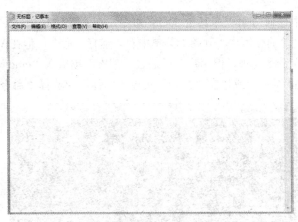

图 2-61 “记事本”工具

四、截 图 工 具

互联网下的许多用户都习惯了使用 QQ 的截图（快捷键 Ctrl+Alt+A），而 Windows 7 操作系统也为用户准备了截图工具。通过“截图工具”窗口中新建列表中的功能选项可以截取屏幕中的显示图像，如图 2-62 所示。

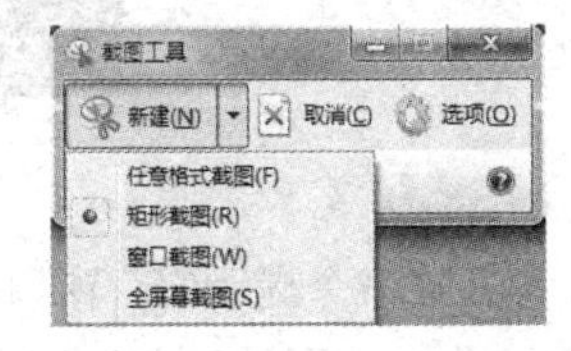

图 2-62 “截图工具”窗口

五、录 音 机

Windows 7 自带的录音机非常小巧好用，无论在任何场合、任何地点，只要计算机接好耳机和麦克即可使用。通过麦克风连接录音机，即可以将声音录制到计算机中，并保存成文件，其格式为“.wma”。录音操作保存界面如图 2-63 所示。

图 2-63 录音操作保存界面

六、命令提示符

运行，是 Windows 的重要组成部分，是一个应用程序快速调用的组件。通过“运行”窗口，可以调用 Windows 中任何应用程序甚至 DOS 命令。在系统维护中使用较多，必须掌握。在 Windows 7 操作系统之前的版本中“开始”菜单中有“运行”命令，但在 Windows 7 操作系统的菜单中没有了“运行”命令选项，但用户可以通过“搜索”项输入“cmd”命令，弹出“命令提示符”窗口，如图 2-64 所示，或是在“开始”菜单“附件”中选择“命令提示符”命令。

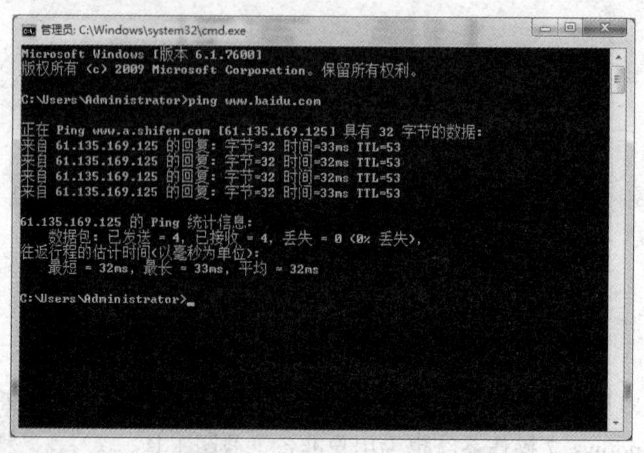

图 2-64 “命令提示符”窗口

在“命令提示符”窗口中可以实施运行 DOS 命令，其中较为常用的是网络连通的测试命令，输入“ping 网站域名”回车，即可看到连接情况，例如测试与百度网站的连通其命令格式为：ping www.baidu.com，图 2-64 中可见连通的测试过程。

七、写 字 板

写字板，具有 Word 的最初形态，有格式控制等，默认扩展名为“.rtf”，还可以保存的文件格式有 Word 文档和文本文档，是 Word 的雏形。写字板的容量比较大，对于大点的文件记事本打开比较慢或者打不开，可以用写字板程序打开。同时，写字板支持多种字体格式。在写字板中，用户不但可以编辑普通的文本，还可以在文档中插入图像。

八、远程桌面连接

当某台计算机开启了远程桌面连接功能后我们就可以在网络的另一端控制这台计算机了，非常方便。

从“附件”中打开“远程桌面连接”工具，在弹出的对话框中输入计算机名或者计算机的 IP 地址，点击“连接”按钮，如图 2-65 所示。

输入登录计算机的用户名和密码，点击“确定”按钮，即可登录，如图 2-66 所示。

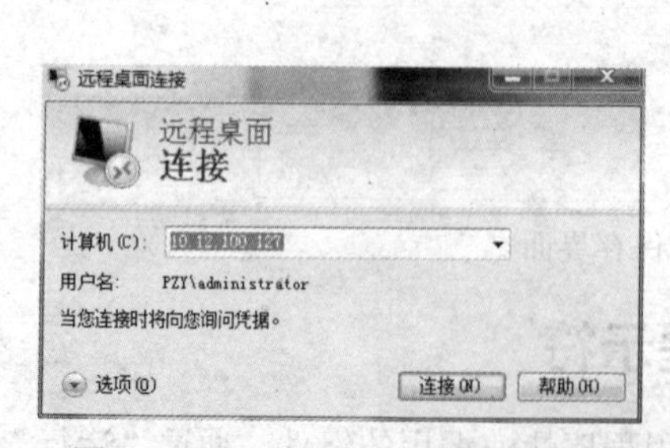

图 2-65 “远程桌面连接”对话框

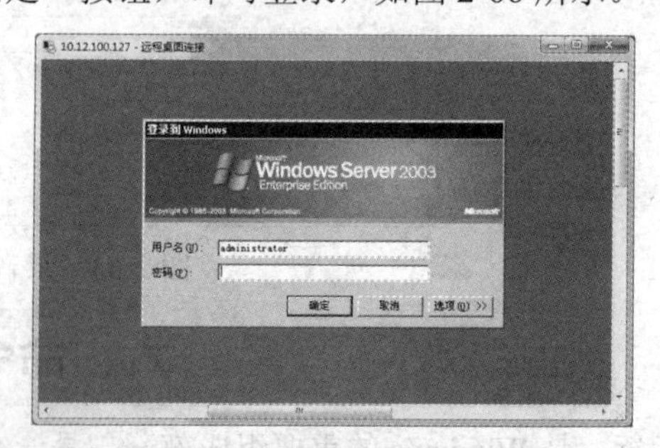

图 2-66 “远程桌面连接”登录窗口

九、系 统 工 具

Windows 自身携带负责系统优化、管理等作用的工具包括：磁盘清理，磁盘碎片整理程序，系统还原等选项。

（一）磁盘清理

清理磁盘，主要的目的是释放空间。进行磁盘清理的具体操作步骤如下。

① 单击“开始”按钮，在“开始”菜单中选择“所有程序”→“附件”→“系统工具”→“磁盘清理”命令，如图 2-67 所示，弹出“选择驱动器”对话框，选择想要清理的磁盘分区，单击“确定”按钮，程序开始扫描并计算经过清理后可以释放多少磁盘空间（或者通过磁盘属性对话框，如图 2-68 中的“立即进行碎片整理”命令按钮）。

② 清理完成后，弹出“（C:）的磁盘清理”对话框，在这里可以查看可以删除的文件以及能够释放的磁盘空间，如图 2-69 所示。

图 2-67 “系统工具”菜单

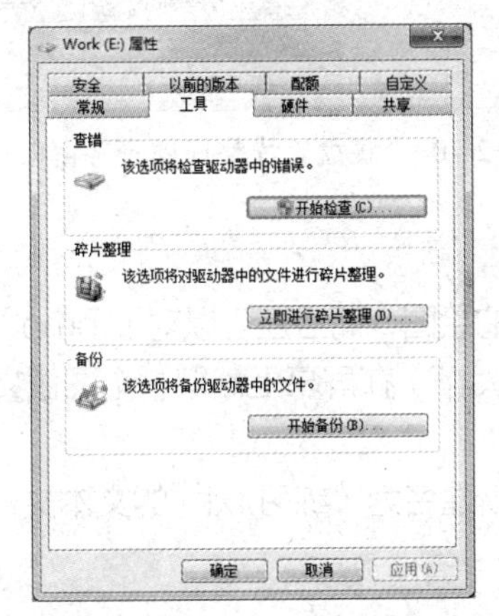

图 2-68 “Work (E:) 属性”对话框

图 2-69 “(C:) 的磁盘清理”对话框

③ 在“要删除的文件”列表中选择某个选项，在此选择“临时文件”选项，然后单击“查看文件”按钮打开显示有可以清理的临时文件的窗口。

④ 在图 2-69 窗口，在列表框中选中想要清理的文件选项，然后单击“确定”按钮，弹出“（C:）的磁盘清理”提示对话框，询问是否确定执行清理操作，单击“是（Y）”按钮，弹出“磁盘清理”对话框，并开始清理操作。

（二）磁盘碎片整理程序

磁盘上的文件经常需要进行反复写入和删除等操作，致使磁盘中的空闲扇区分散到不同的物理位置。这样，即使是同一个文件也可能被支离破碎地存储在磁盘上的不同位置，从而使磁头在不连续的区域读取数据，这样不但会缩短磁盘的使用寿命，而且会降低磁盘的访问速度。通过系统自带的磁盘碎片整理程序，可以重新安排磁盘上的已用空间，尽量将同一个文件重新存放到相邻的磁盘位置，从而提高磁盘读写效率，提升系统的速度和性能。

进行磁盘碎片整理的具体操作步骤如下。

单击“开始”按钮，在“开始”菜单中选择“所有程序”→“附件”→“系统工具”→“磁盘碎片整理程序”命令，打开“磁盘碎片整理程序”窗口，如图 2-70 所示。在窗口的列表框中选择需要整理磁盘碎片的磁盘分区，待分析磁盘后，可对磁盘碎片进行整理。

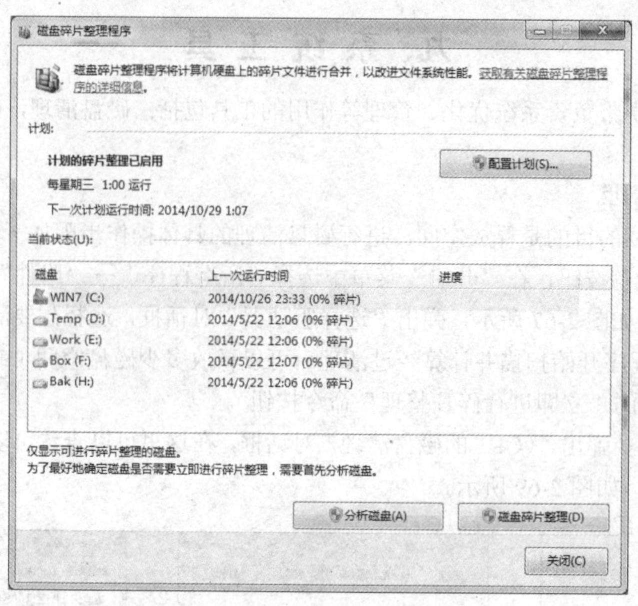

图 2-70 “磁盘碎片整理程序”窗口

★ 探索

1. 画图程序不仅能进行简单的绘图，而且还可以对（.bmp）文件进行编辑。同学可以利用截屏快捷键（Alt+PrintScreen Sysrp）在屏幕上截取一个图像文件，然后粘贴（Ctrl+V）到画图程序的新文件中，进行编辑。

2. 在“我的文档”文件夹下新建名为“练习.txt”的文本文件，打开此文件，在打开的窗口中输入一段文字。然后保存关闭。

总结

本章主要介绍了中文操作系统 Windows 7 的基础知识，包括操作系统基本知识、Windows 7 的基本操作、文件管理、如何定制个性化 Windows 7 工作环境、维护与管理系统和常用的附件工具。本章力求使学生掌握 Windows 7 的使用和操作过程，对操作系统有一定的认识和熟练应用。

习 题

1. 下列软件中，不是操作系统的是________。
   A. Linux　　B. Unix　　C. MS-DOS　　D. MS-Office
2. 操作系统是________。
   A. 主机与外设的接口　　B. 用户与计算机的接口
   C. 系统软件与应用软件的接口　　D. 高级语言与汇编语言的接口
3. 以“.jpg”为扩展名的文件通常是________。
   A. 文本文件　　B. 音频信号文件　　C. 图像文件　　D. 视频信号文件
4. 操作系统的作用是________。
   A. 用户操作规范　　B. 管理计算机硬件系统

C. 管理计算机软件系统　　D. 管理计算机系统的所有资源

5. 下列关于操作系统的描述，正确的是_______。

A. 操作系统中只有程序没有数据

B. 操作系统提供的人机交互接口其他软件无法使用

C. 操作系统是一种最重要的应用软件

D. 一台计算机可以安装多个操作系统

6. 以“.wav”为扩展名的文件通常是_______。

A. 文本文件　　B. 音频信号文件　C. 图像文件　　D. 视频信号文件

7. 以“.txt”为扩展名的文件通常是_______。

A. 文本文件　　B. 音频信号文件　C. 图像文件　　D. 视频信号文件

8. 操作系统管理用户数据的单位是_______。

A. 扇区　　B. 文件　　C. 磁道　　D. 文件夹

9. 下列各项中两个软件均属于系统软件的是_______。

A. MIS 和 Unix　　B. WPS 和 Unix

C. DOS 和 Unix　　D. MIS 和 WPS

10. 下列选项中，完整描述计算机操作系统作用的是_______。

A. 它是用户与计算机的界面

B. 它对用户存储的文件进行管理，方便用户

C. 它执行用户键入的各类命令

D. 它管理计算机系统的全部软、硬件资源，合理组织计算机的工作流程，以达到充分发挥计算机资源的效率，为用户提供使用计算机的友好界面

11. 以“.avi”为扩展名的文件通常是_______。

A. 文本文件　　B. 音频信号文件　C. 图像文件　　D. 视频信号文件

12. JPEG 是一个用于数字信号压缩的国际标准，其压缩对象是_______。

A. 文本　　B. 音频信号　　C. 静态图像　　D. 视频信号

13. 按操作系统的分类，Unix 操作系统是_______。

A. 批处理操作系统　　B. 实时操作系统

C. 分时操作系统　　D. 单用户操作系统

14. 微机上广泛使用的 Windows 是_______。

A. 多任务操作系统　　B. 单任务操作系统

C. 实时操作系统　　D. 批处理操作系统

15. 操作系统对磁盘进行读/写操作的物理单位是_______。

A. 磁道　　B. 字节　　C. 扇区　　D. 文件

16. 要关闭正在运行的程序窗口，可以按“_______”。

A. Alt+Ctrl　　B. Alt+F3　　C. Ctrl+F4　　D. Alt+F4

17. 若文件名用“a?. *”的形式替代，则可表示下列“_______”文件的名字。

A. f1.c　　B. a2.c　　C. a2a.c　　D. f2.doc

18. 在 Windows 中，可以由用户设置的文件属性为_______。

A. 存档、系统和隐藏　　B. 只读、系统和隐藏

C. 只读、存档和隐藏　　D. 系统、只读和存档

19. 在资源管理器左部窗口中，若文件夹前带有加号，意味着该文件夹______。

A. 含有下级文件夹　　B. 仅含有文件

C. 是空文件夹　　D. 不含下级文件夹

20. 想选定不处在一个连续区域内的多个文件时，应先按住“______”键，再逐个单击选定。

A. Ctrl　　B. Alt　　C. Shift　　D. Del

模块三　计算机网络基础及应用

21 世纪的一个重要特征是数字化、网络化与信息化，它的基础就是强大的计算机网络；计算机网络是计算机技术与通信技术相结合的产物，是当今计算机学科中发展最为迅速的技术之一，也是计算机应用中一个空前活跃的领域。它正在改变着人们的工作方式、生活方式与思维方式。计算机网络技术发展与应用已成为影响一个国家与地区政治、经济、军事、科学与文化发展的重要因素之一。

任务一　认识计算机网络

【任务描述】

计算机网络的概念、结构、相关技术。

【技能目标】

能知道网络的基本概念及网络操作系统的应用范围。通过学习了解计算机网络的基本概念、功能、特点，掌握计算机网络的组成和分类等相关知识点。

【知识结构】

一、计算机网络的产生和发展

计算机网络和其他事物的发展一样，也经历了从简单到复杂、从低级到高级、从单机到多机的过程。在这一过程中，计算机技术和通信技术密切结合、相互促进、共同发展，最终产生了计算机网络。计算机网络的发展大致可以分为以下三个阶段。

1. 以单机为中心的通信系统

以单机为中心的通信系统称为第一代计算机网络。这样的系统中除了一台中心计算机，其余终端不具备自主处理功能。这里的单机指一个系统中只有一台主机（Host），也称面向终端的计算机网络。

2. 多个计算机互联的通信系统

20 世纪 60 年代末出现了多个计算机互联的计算机网络，这种网络将分散在不同地点的计算机经通信线路互联。主机之间没有主从关系，网络中的多个用户可以共享计算机网络中的软、硬件资源，故这种计算机网络也称共享系统资源的计算机网络。第二代计算机网络的典型代表是 20 世纪 60 年代美国国防部高级研究计划局的网络 APPANET。

3. 国际标准化的计算机网络

国际标准化的计算机网络属于第三代计算机网络，它具有统一的网络体系结构，遵循国际标准化协议。标准化的目的使得不同计算机及计算机网络能方便地互联起来。

20世纪70年代后期人们认识到第二代计算机网络存在明显不足，主要表现有：各个厂商各自开发自己的产品，产品之间不能通用，各个厂商各自制定自己的标准以及不同的标准之间转换非常困难等。这显然阻碍了计算机网络的普及和发展。

1980年国际标准组织ISO公布了开放系统互联参考模型（OSI / RM），该模型成为世界上网络计算机应用体系的公共标准。遵循此标准可以很容易地实现网络互联。网络技术发展的首要问题是解决带宽不足和提高网络传输率。目前存在着电话通信网、有线电视网和计算机通信网，网络发展的另一个方面是实现三网合一，把所有的信息（包括语音、视频、数据）都统一到IP网络是今后的发展方向。

二、计算机网络的定义和功能

（一）计算机网络的定义

当今世界，计算机网络已经成为人们生活中不可或缺的一部分，并且随着网络技术的不断发展，它在人们生活中所扮演的角色也越来越重要。

什么是计算机网络呢？是否我们用一根网线，将两台或多台计算机串联起来，就构成了一个计算机网络了呢？

真正意义上的计算机网络，是指人们利用网络通信设备（如网络适配器、调制解调器、中继器、网桥、路由器、网关等）和通信线路，将地理位置分散且相互独立的计算机连接起来，在相应网络软件的支持下，实现相互通信和资源共享的系统，如图3-1所示。

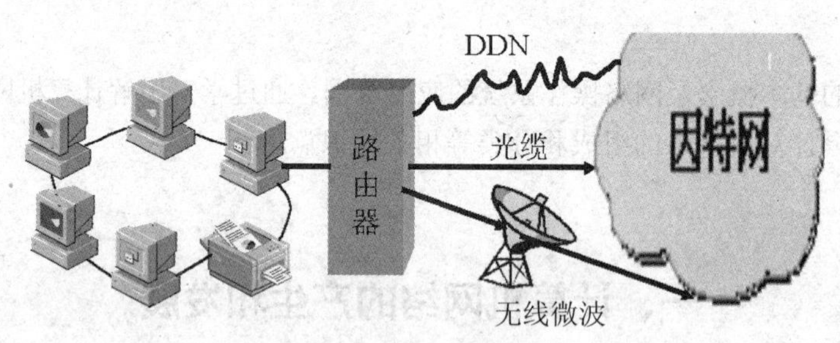

图3-1　计算机网络

从计算机网络的组成上看，计算机网络包含了网络硬件和网络软件两部分；从用户使用的角度看，计算机网络是一个透明的资源传输系统，用户不必考虑具体的传输细节，也不必考虑资源所处的实际地理位置。

（二）计算机网络的功能

计算机网络已经广泛应用于人们生产生活的方方面面。人们通过计算机网络了解全球资讯；通过计算机网络实现远程视频会议；通过计算机网络实现实时管理和监控；通过计算机网络实现远程购物等。总的来说，计算机网络的基本功能可简单概括如下。

1. 数据通信

当今社会是知识大爆炸的社会，也是一个信息资讯的社会。人们需要的信息量不断增加，信息更新的速度不断加快，利用计算机网络传递信息已经成为一种全新的通信方式。人们利用网络进行信息发布和传输的常见方式有：电子邮件、实时聊天、远程文件传输、网络综合信息服务及电子商务等。其中，电子邮件是一种人们在日常生活中用得比较多的通信方式。电子邮件比现有的通信工具拥有更多的优点，在速度上比传统邮件快得多。另外，电子邮件还可以携带声音、图像和视频，实现多媒体通信。人们日常用得比较多的实时聊天工具有：QQ、移动飞信、微信等。此外，远程文件传输、网络综合信息服务以及电子商务等都是利用计算机网络进行数据通信的例子。用户利用计算机网络的数据通信功能，还可以对分散的对象进行实时而集中的跟踪管理与监控，如企业办公自动化中的管理信息系统，工厂自动化中的计算机集成制造系统等。

2. 资源共享

资源共享是计算机网络最基本的功能之一，也是早期构建计算机网络的主要目的之一。数据可以在计算机之间自由流动这一特点，为资源的共享提供了可能。在计算机网络中，资源包括软件资源、硬件资源以及要传输和处理的数据资源。

硬件资源是指服务器、存储器、打印机、绘图仪等设备。例如，用户可以把文件上传到服务器，以便使用服务器的共享磁盘空间；或者用户自己的计算机没有安装打印机，可以通过网络使用打印服务器或其他计算机上连接的打印机；更进一步地，在某些软件的支持下，用户还可以使用其他计算机上的CPU和内存资源。通过计算机网络进行硬件资源共享，可以减少硬件设备的重复购置，提高设备的利用率。

软件资源共享是指计算机可以通过网络使用其他计算机上安装的软件，或者那些软件所提供的服务。例如，采用客户端/服务器结构的软件系统，可以在某一台主机上安装服务端软件，然后让其他主机上的客户端软件共同使用。

数据资源共享是指计算机可以通过网络得到以各种形式存放的数据。例如，用户通过 FTP 下载服务器上的文件，以及通过某种方法访问数据库中的数据，或者通过视频播放软件播放网络上的视频等，都是数据资源共享的具体例子。

3. 提高系统可靠性

在一个单机系统中，如果主机的某个部件或主机上运行的软件发生故障时，系统可能会停止工作，这在某些应用场合可能会给用户造成很大的损失。有了计算机网络后，由于计算机及各种设备之间相互连接，当一台机器出现故障时，可以通过网络寻找其他机器来代替，而且这个过程可以是自动的，对用户来说是透明的。

具体来说，计算机网络中的服务器可以采用双机热备、负载均衡、集群等技术措施实现资源冗余，或者在结构上实现动态重组。当其中的某个节点发生故障时，其功能可以由网络中的其他节点来代替，从而大大提高了计算机系统的可靠性。

4. 实现分布式处理

在计算机网络中，可以将某些大型处理任务分解为多个小型任务，然后分配给网络中的多台计算机分别处理，最后再把处理结果合成。例如，某些计算量非常巨大的科学计算，如果仅仅使用一台计算机进行操作，所需的时间将是不可接受的。此时，可以对这个计算进行分解，然后让 Internet 上不计其数的计算机共同进行该任务，则运算结果可以很快得到。因此，通过分布式处理，实际上是把许多处理能力有限的小型机或微机连接成具有大型机处理能力的高性能计算机系统，使其具有解决复杂问题的能力。

通过分布式处理，还可以实现负载均衡的功能，使各种资源得到合理的调整。如果某一个节点的负载太重了，影响了整个系统的总体性能，系统软件可以自动把该节点的某些任务迁移到其他节点进行。还有，在一个服务器集群中，系统可以自动挑选负载较轻的服务器为用户提供服务。

从网络应用的角度来看，计算机网络功能还有很多。随着计算机网络技术的不断发展，其功能也将不断丰富，各种网络应用也将会不断出现。计算机网络已经逐渐深入到社会的各个领域及人们的日常生活中，并慢慢在改变着人们的工作、学习、生活乃至思维方式。在以上功能中，计算机网络的最主要功能是资源共享和数据通信。

三、计算机网络的组成和分类

（一）计算机网络的基本组成

与计算机系统的组成相似，计算机网络的组成也包括硬件部分和软件部分。硬件部分包括传输媒体和网络设备，软件部分包括网络协议、操作系统、网络软件等。

1. 传输媒体

传输媒体（transmission medium）指的是数据传输系统中在发送器和接收器之间的物理通路。通常的传输媒体包括两类：有线的传输媒体和无线的传输媒体。有线的传输媒体通常包括双绞线、同轴电缆和光纤三种；无线的传输媒体通常包括微波、卫星短波等。

（1）双绞线（twisted wire pair） 双绞线是一种使用铜线作为传输介质，用 4 对线路相互绞缠，外覆绝缘材料的传输媒介。双绞线互相缠绕的结构，除了可以减低其他电子装置杂信的干扰之外，还能减缓传输信号的衰减。双绞线的有效传输距离最大为 100 米。

双绞线可分为屏蔽式双绞线（STP）及非屏蔽式双绞线（UTP）。两者相比，STP 的抗干扰性较佳，但价格较高。一般的局域网是以 UTP 双绞线为主，如图 3-2 所示。

（2）同轴电缆 同轴电缆的最高传输速率为 10Mbps，其可传输的频率范围较大，如图 3-3 所示。通常情况下，大部分有线电视信号的传输采用同轴电缆，其有效传输距离介于 200～500 米。

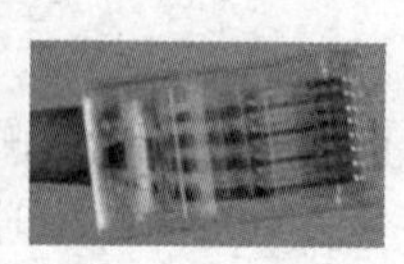

图 3-2 UTP 双绞线和 RJ-45 接头

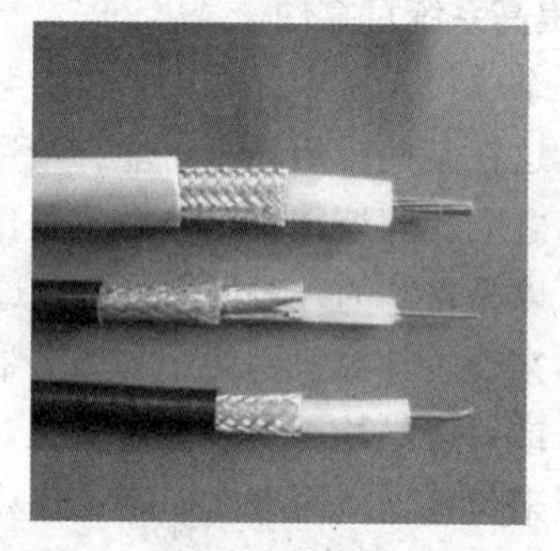

图 3-3 同轴电缆

同轴电缆因为有双重保护（金属铜网和绝缘外皮），具有不易受外界干扰，而且寿命长的优点。缺点是与双绞线相比，价格较昂贵，传输速率低。

（3）光纤 光纤是一条玻璃或塑胶纤维，作为一种信息传输媒介，光纤的直径与人的发丝相当。与同轴电缆相比，光纤的结构与同轴电缆相似，只是没有网状屏蔽层。光纤的中心是光传播的玻璃芯，芯外面包围着一层折射率比芯低的玻璃封套，以使光纤保持在芯内，再外面的是一层薄的塑料外套，用来保护封套。光纤通常被扎成束，外面有外壳保护。纤芯通常是由石英玻璃制成的横截面积很小的双层同心圆柱体，它质地脆，易断裂，因此需要外加一保护层。

由于光纤细如发丝，为了架设的需要，一般将数十条光纤包裹在一起，就称为光缆。光纤的传输速度约为 100Mbps～10Gps，是目前传输速度最快的传输媒介，如图 3-4 所示。

光纤具有抗张强度好、质量小、频带宽、损耗低、抗干扰能力强、工作可靠等很多独特的优点。因此，与铜缆相比，光纤的成本优势也将会逐渐体现出来。当今光纤传输占绝对优势，已成为各种网络的主要传输手段。

（4）微波　微波是以线行进方式进行通信的一种传输媒体。因受到视线距离的限制，传送距离过长信号会衰减，因此每隔约 30～50 千米便需架设一个中继站，并且该中继站需架设在制高点或架设高塔进行信号传送。微波具有传输速度快、架设方便快捷、成本低的优点，所以常被用来提供长途通信服务如手机通信、家庭办公无线（Wi-Fi）网络。

（5）卫星短波　通信卫星传输信号的基本装置是地面通信站。地面通信站主要用于传送和接收信号，而通信卫星部分则作为收发站。通信卫星从地面通信站接收信号，加强信号，改变信号频率，然后再将信号传送到另一个地面通信站。

通信卫星一般发射到离地面 35600 千米的太空轨道上，当卫星绕行地球一圈的时间与地球自转速度相同时，称之为同步通信卫星。同步通信卫星覆盖的通信范围非常广，只要有三颗同步通信卫星就可以覆盖整个地球，形成全球通信网络。

2. 网络设备

除了传输媒体外，还需要各种网络连接设备才能将独立工作的计算机连接起来，构成计算机网络。在计算机网络中，常用的网络连接设备有网卡、集线器、交换机等。另外，如果希望把复杂的局域网互联起来，或者要把局域网连入 Internet，还需要路由器等。以下将简单介绍网卡、集线器等网络设备的功能及特点。

（1）网卡　网卡也称为网络接口卡或网络适配器，是计算机网络中最重要的连接设备之一，其外形如图 3-5 所示。网卡安装在计算机内部并直接与计算机相连，计算机只有通过网卡才能接入局域网。网卡的作用是双重的，一方面它负责接收网络上传过来的数据，并将数据直接通过总线传送给计算机；另一方面它也将计算机上的数据封装成数据帧，再转换成比特流后送入网络。

图 3-4　光纤

图 3-5　网卡

根据所支持的局域网的类型，网卡可分为以太网网卡、令牌网网卡、FDDI 网卡、ATM 网卡等不同的类型。由于近年来以太网技术发展十分迅速，所以在实际应用中以太网网卡占据了主导地位。目前市面上见到的绝大部分网卡都是以太网卡。

按照网卡的使用场合来分，可以分为服务器专用网卡、普通工作站网卡、笔记本电脑专用网卡和无线局域网网卡等。除了无线网卡外，目前的以太网卡速率大部分都是 10/100MB 自适应，但 1000MB 的网卡也比较常见，与网络的连接方式一般都是通过 RJ-45 接口与双绞线进行连接。

当然，也有光纤接口的网卡。

（2）集线器　集线器也称为 Hub，它是连接计算机的最简单的网络设备，主要作用是把计算机或其他网络设备汇聚到一个节点上，外形如图 3-6 所示。Hub 只是一个多端口的信号放大设备，在工作中，当一个端口接收到数据信号时，由于信号在从源端口到 Hub 的传输过程中已经有了衰减，所以 Hub 便将该信号进行整形放大，使被衰减的信号恢复到发送时的状态，然后再转发到 Hub 其他端口所连接的设备上。

从 Hub 的工作方式可以看出，Hub 在网络中只起到信号放大和重发的作用，其目的是扩大网络的传输范围，而不具备信号的定向传送能力，是一个标准的共享式设备。Hub 的功能实际上同中继器一样，所以 Hub 又可以被看作是一种多端口的中继器。

衡量 Hub 性能的主要指标是端口速度和端口数。Hub 的端口速度与网卡相对应，一般有 10Mbps、100Mbps 和 10/100Mbps 自适应三种。而端口数可以是 8 口、16 口或 24 口等。由于交换机的价格已经下降到与 Hub 相差无几，而其性能却比 Hub 要强得多，因此，目前 Hub 已经很少使用。

图 3-6　集线器

图 3-7　交换机

（3）交换机　计算机网络的应用越来越广泛，人们对网速的要求也越来越高，传统的以 Hub 为中心的局域网已经不能满足人们的要求。在这样的背景下，网络交换技术开始出现并很快得到了广泛的应用。交换机也称为交换式 Hub（Switch Hub），如图 3-7 所示，虽然其功能及组网方式与 Hub 差不多，但它的工作原理却与 Hub 有着本质上的区别。

集线器只能在半双工方式下工作，而交换机可以同时支持半双工和全双工两种工作方式。全双工网络允许同时发送和接收数据。从理论上讲，其传输速度可以比半双工方式增加一倍，因此，采用全双工工作方式的交换机可以显著地提高网络性能。

用集线器组成的网络称为共享式网络，而用交换机构建的网络则称为交换式网络。共享式网络存在的最主要问题是所有用户共享带宽，每个用户的实际可用带宽随着网络用户数目的增加而递减。这是因为当通信繁忙时，多个用户可能同时争用一个信道，而一个信道在某一时刻只允许一个用户占用。因此，大量的用户经常要处于等待状态，并不断地检测信道是否已经空闲。

在交换式以太网络中，交换机提供给每个用户专用的信道，多对端口之间可以同时进行通信而不会冲突，除非两个源端口试图同时将数据发往同一个目的端口。交换机之所以有这种功能，是因为它能根据数据帧的源 MAC 地址知道该 MAC 地址的机器与哪一个端口连接，并把它记住，以后发往该 MAC 地址的数据帧将只转发到这个端口，而不是像集线器那样转发到所有的端口，这样就大大减少了数据帧发生碰撞的可能。

（4）路由器　路由器是一种连接多个网络或网段的网络设备，如图 3-8 所示。它能将不同网络或网段之间的数据信息进行“翻译”，以便它们之间能够互相“读”懂对方的数据，从而构成一个更大的网络。路由器一般用于把局域网连入 Internet 等广域网，或者用于不同结构子网之间的互联。这些子网本身可能就是局域网，但它们之间的距离很远，需要通过租用专线并通过路由器进行互联。

3. 网络软件

图 3-8　路由器

（1）计算机网络协议　计算机网络通信协议（Protocol）是为了确保网络中数据有序通信而建立的一组规则、标准或约定。主要作用是：用以支持计算机与相应的局域网相连；支持网络节点间正确有序地进行通信。协议通常由三部分组成：语义部分、语法部分和变换规则。

（2）OSI/RM 模型简介　为使不同计算机厂家生产的计算机能相互通信，以便在更大范围内建立计算机网络，国际标准化组织（ISO）在 1979 年提出“开放系统互连参考模型”，即著名的 OSI/RM（Open System Interconnection/Reference Model）。

所谓“开放”，是强调对 OSI 标准的遵从。一个系统是开放的，是指它可与世界上任何地方的遵守相同标准的其他任何系统进行通信。

OSI/RM 网络结构模型将计算机网络体系结构的通信协议规定为物理层、数据链路层、网络层、传输层、会话层、表示层、应用层共七层。对于每一层，OSI 至少制定两个标准：服务定义和协议规范。

开放系统互连模型如图 3-9 所示。

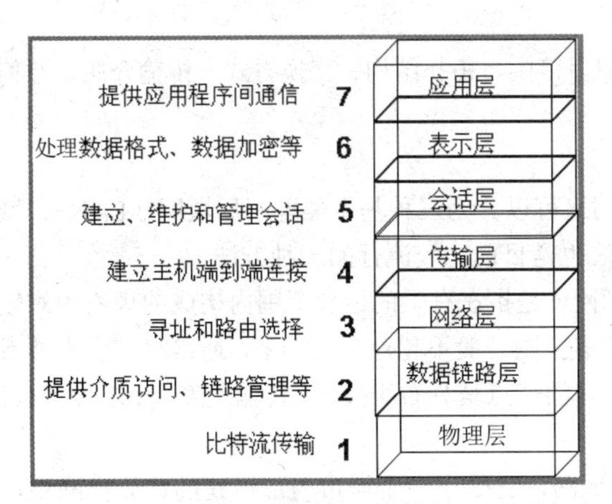

图 3-9　开放系统互连模型

TCP/IP 协议	OSI参考模型
应用层 FTP、SMTP等	应用层
	表示层
	会话层
TCP 层	传输层
IP层	网络层
网络接口层	数据链路层
	物理层

图 3-10　TCP/IP 协议与 OSI 参考模型

（3）TCP/IP 协议　TCP/IP 是一种网际互联通信协议，其目的在于通过它实现网际间各种异构网络和异种计算机的互联通信。

TCP/IP 协议的核心思想是：对于 ISO 七层协议，把千差万别的两底层协议（物理层和数据链路层）的有关部分称为物理网络，而在传输层和网络层之间建立一个统一的虚拟逻辑网络，以这样的方法来屏蔽或隔离所有物理网络的硬件差异，包括异构型的物理网络和异种计算机在互联网上的差异，从而实现普遍的连通性。

TCP/IP 实际上是一组协议，它包括上百个各种功能的协议。

TCP/IP 协议族把整个协议分成四个层次，如图 3-10 所示。

① 应用层：是 TCP/IP 协议的最高层，与 OSI 模型的最高三层的功能类似。因特网在该层的协议主要有文件传输协议 FTP、远程终端访问协议（Telnet）、简单邮件传输协议（SMTP）和域名服务协议（DNS）等。

② 传输层：传输层提供一个应用程序到另一个应用程序之间端到端的通信。因特网在该层的协议主要有传输控制协议（TCP）、用户数据报协议（UDP）等。

③ 网络层：网络层解决了计算机到计算机之间的通信问题。因特网在该层的协议主要有网络互联协议（IP）、网间控制报文协议（ICMP）、地址解析协议（ARP）等。

④ 网络接口层：负责接收 IP 数据包，并把该数据包发送到相应的网络上。从理论上讲，该层不是 TCP/IP 协议的组成部分，但它是 TCP/IP 协议的基础，是各种网络与 TCP/IP 协议的接口。

（4）网络操作系统　网络操作系统不仅要具有普通操作系统的功能，还要具备网络通信、共享资源管理、提供网络服务、网络管理、互操作、提供网络接口功能。

（5）应用软件　网络应用软件是建构在局域网操作系统之上的应用程序，它扩展了网络操作系统的功能。常用的网络应用软件有很多种。

① 常用的下载软件有：FTP 下载模式的有网络蚂蚁、网际快车、迅雷、QQ 的超级旋风等。点对点模式有电驴、BT、迅雷等。

② 看图软件有：ACDSEE 等。

③ 视频软件有：暴风、Realplayer 等。

④ 聊天软件有：QQ 等。

⑤ 浏览器软件有：Internet Explorer、360 浏览器、火狐等。

（二）计算机网络的分类

计算机网络的分类标准有很多，可以从覆盖范围、拓扑结构、交换方式、传输介质、通信方式等方面进行分类。

1. 根据网络的覆盖范围分类

根据网络的覆盖范围进行分类，计算机网络可以分为三种基本类型：局域网（LAN）、城域网（MAN）和广域网（WAN）。这种分类方法也是目前比较流行的一种方法。

（1）局域网（LAN）　局域网也称为局部网，是指在有限的地理范围内构成的规模相对较小的计算机网络。它具有很高的传输速率，其覆盖范围一般不超过几十千米，通常将一座大楼或一个校园内分散的计算机连接起来构成局域网。它的特点是分布距离近、传输速度高、连接费用低、数据传输可靠、误码率低。

（2）城域网（MAN）　城域网也称为市域网，它是在一个城市内部组建的计算机网络，提供全市的信息服务。城域网是介于广域网与局域网之间的一种高速网络，其覆盖范围可达数百千米，传输速率从 64kb/s 到几 Gb/s，通常是将一个地区或一座城市内的局域网连接起来构成城域网。城域网一般具有以下几个特点：采用的传输介质相对复杂；数据传输速率次于局域网；数据传输距离相对局域网要长，信号容易受到干扰；组网比较复杂、成本较高。

（3）广域网（WAN）　广域网也称为远程网，它的联网设备分布范围很广，一般从几十千米到几千千米。它所涉及的地理范围可以是市、地区、省、国家，乃至世界范围。广域网是通过卫星、微波、无线电、电话线、光纤等传输介质连接的国家网络和国际网络，它是全球计算机网络的主干网络。广域网一般具有以下几个特点：地理范围没有限制；传输介质复杂；由于长距离的传输，数据的传输速率较低，且容易出现错误，采用的技术比较复杂；是一个公共的网络，不属于任何一个机构或国家。

2. 根据网络的拓扑结构进行分类

拓扑（network topology）这个名词是从几何学中借用来的。网络拓扑结构是指用传输媒体互连各种设备的物理布局，就是用什么方式把网络中的计算机等设备连接起来。网络拓扑图给出网络服务器、工作站的网络配置和相互间的连接。网络的拓扑结构主要有星形结构、环形结构、总线型结构、分布式结构、树形结构、网状形结构、蜂窝状结构等。其中最常见的基本拓扑结构是星形结构、环形结构、总线型结构和混合型结构四种。

（1）星形拓扑结构　在星形结构中，网络中的各节点通过点到点的方式连接到一个中央节点（又称中央转接站，一般是集线器或交换机）上，由该中央节点向目的节点传送信息，如图 3-11 所示。中央节点执行集中式通信控制策略，因此中央节点相当复杂，负担比各节点重得多。在星形网中任何两个节点要进行通信都必须经过中央节点控制。因此，中央节点的功能主要有三项：当要求通信的站点发出通信请求后，控制器要检查中央转接站是否有空闲的通路，被叫设备是否空闲，从而决定是否能建立双方的物理连接；在两台设备通信过程中要维持这一通路；当通信完成或者不成功要求拆线时，中央转接站应能拆除上述通道。

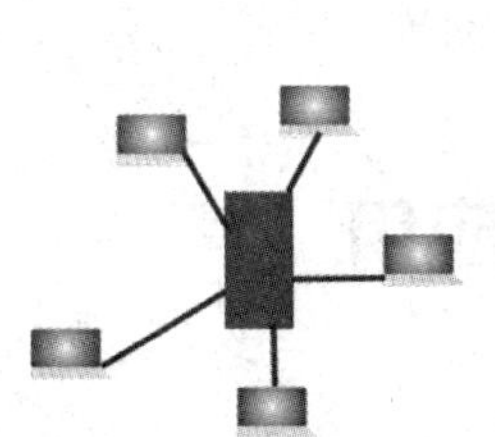

图 3-11　星形拓扑结构

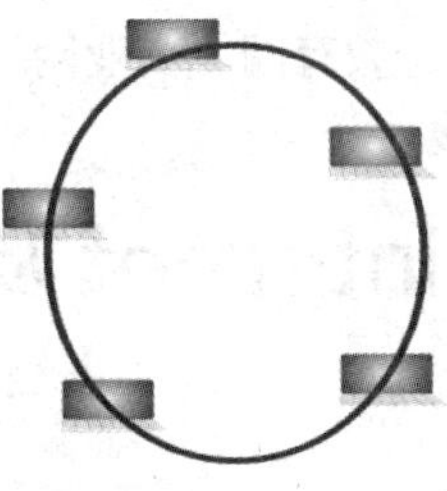

图 3-12　环形拓扑结构

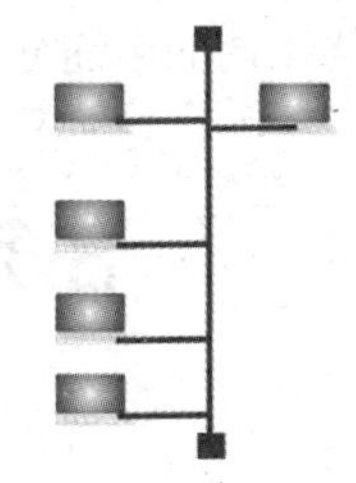

图 3-13　总线型拓扑结构

（2）环形拓扑结构　环形结构在 LAN 中使用得比较多。该结构中的传输媒体从一个端用户连接到另一个端用户，直到将所有的端用户连成环形，如图 3-12 所示。数据在环路中沿着一个方向在各节点间传输，信息从一个节点传到另一个节点。这种结构显而易见消除了端用户通信时对中心系统的依赖性。环形结构的特点是：每个端用户都与两个相邻的端用户相连，因而存在着点到点的连接，但总是以单向方式操作，于是便有上游端用户和下游端用户之称；信息流在网中是沿着固定方向流动的，两个节点仅有一条通路，故简化了路径选择的控制；环路上各节点都是自主控制，故控制软件简单；由于信息源在环路中是串行地穿过各个节点，当环中节点过多时，势必影响信息传输速率，使网络的响应时间延长；环路是封闭的，不便于扩充；可靠性低，一个节点故障，将会造成全网瘫痪；维护难，对分支节点故障定位较难。

（3）总线型拓扑结构　总线型结构是使用同一媒体或电缆连接所有端用户的一种方式。也就是说，连接端用户的物理媒体由所有设备共享，各工作站地位平等，无中央节点控制，公用总线上的信息多以基带形式串行传递，其传递方向总是从发送信息的节点开始向两端扩散，如同广播电台发射的信息一样，因此又称广播式计算机网络，如图 3-13 所示。各节点在接收信息时都进行地址检查，看是否与自己的工作站地址相符，相符则接收传送过来的信息。这种结构具有费用低，数据端用户入网灵活，站点或某个端用户失效不影响其他站点或端用户通信的优点。缺点是一次仅能一个端用户发送数据，其他端用户必须等待到获得发送权；媒体访问获取机制较复杂；维护难，分支节点故障查找难。尽管有上述一些缺点，但由于布线要求简单，扩充容易，端用户失效、增删不影响全网工作等，所以是 LAN 技术中使用最普遍的一种。

（4）混合型拓扑结构　混合型结构是将两种或几种网络拓扑结构混合起来构成的一种网络拓扑结构。这种拓扑结构是由星形结构和总线型结构的网络结合在一起的网络结构，这样的拓扑结构更能满足较大网络的拓展，解决了星形网络在传输距离上的局限，而同时又解决了总线型网络在连接用户数量上的限制。这种拓扑结构同时兼顾了星形网与总线型网络的优点，同时又在一定程度上弥补了上述两种拓扑结构的缺点。

3. 根据网络的传输介质分类

根据网络的传输介质，可以将计算机网络分为有线网、光纤网和无线网三种类型。

（1）有线网　有线网是采用同轴电缆、双绞线、光纤连接的计算机网络。用同轴电缆连接的网络成本低，安装较为便利，但传输率和抗干扰能力一般，传输距离较短。用双绞线连接的网络价格便宜，安装方便，但其易受干扰，传输率也比较低，且传输距离比同轴电缆要短。光纤网传输距离长，传输率高；抗干扰性强，不会受到电子监听设备的监听，是高安全性网络的理想选择。

（2）无线网　无线网是用电磁波作为载体来传输数据的，目前广泛应用的 Wi-Fi 即是无线上网方式，由于联网方式灵活方便，是一种很有前途的联网方式。

除了以上几种分类方法外，还可按网络的交换方式分为电路交换网、报文交换网和分组交换网；按网络的通信方式分为广播式传输网络和点到点传输网络；按网络信道的带宽分为窄带网和宽带网；按网络不同的用途分为科研网、教育网、商业网、企业网等。

任务二　Internet 及其应用

【任务描述】

Internet 概念与组成、相关技术和应用。

【技能目标】

理解 Internet 的定义和基本功能，及我国 Internet 发展和应用情况，还要掌握网上浏览、资料下载、搜索引擎使用。熟练掌握通过网页在线和 Outlook Express 实现电子邮件的相关操作。

【知识结构】

一、Internet 概述

Internet 是由使用公用语言互相通信的计算机连接而成的全球网络。Internet 最早起源于美国国防部高级计划研究署（Advanced Research Projects Agency，ARPA）支持的用于军事目的的计算机实验网络 ARPANET，该网于 1969 年投入使用，这个项目基于这样一种主导思想：网络必须能够经受住故障的考验而维持正常工作，一旦发生战争，当网络的某一部分因遭受攻击而失去工作能力时，网络的其他部分应当能够维持正常通信。Internet 是采用 TCP/IP 协议作为统一的通信协议，是把全球数万的各种类型计算机网络连接起来的全球网络。

1. Internet 的定义

Internet 中文正式译名为因特网，又叫作国际互联网。它是由那些使用公用语言互相通信的计算机连接而成的全球网络。一旦一台计算机连接到它的任何一个节点上，就意味着该计算机已经连入 Internet 网了。Internet 目前的用户已经遍及全球，几乎所有人都在使用 Internet，并且它的用户数还在以等比级数上升。

Internet 不属于任何个人，也不属于任何组织。世界上的每一台计算机都可以通过 ISP（Internet Service Provider，因特网服务提供商）与之连接。ISP 为用户提供了接入因特网的通道和相关的技术支持。

提示：没有任何组织或个人，没有任何政府可以完全控制因特网，全靠用户和系统管理员的合作来运行。

2. Internet 的基本功能

Internet 的价值不仅在于其庞大的规模或所应用的技术含量，还在于其所蕴涵的信息资源和方便快捷的通信方式。Internet 向用户提供了各种各样的功能，主要有以下几种。

（1）WWW（World Wide Web）　WWW，也被称为3W，中文译名为万维网或环球网。通过超媒体的数据截取技术和超文本技术，将 WWW 上的数字信息连接在一起，通过浏览器（如 Internet Explore、360、火狐）可以得到远方服务器上的文字、声音、图片等资料。

（2）Email（电子邮件）　电子邮件是指通过电子通信系统进行书写、发送和接收信件，是目前 Internet 上最常用也最受欢迎的功能。

（3）FTP（文件传输）服务　FTP 用于 Internet 上控制文件的双向传输，通过一条网络连接从远端站点向本地主机复制文件，或把本地计算机的文件传送到远程计算机去。

（4）BBS（电子公告板系统）　电子公告板是一种发布并交换信息的在线服务系统，每个用户都可以在上面书写、发布信息或提出看法，为广大用户提供网上交谈、发布消息、讨论问题、传送文件、学习交流等机会和平台。

（5）Telnet（远程登录）服务　Telnet 连接服务的终端协议，通过它可以使用户的计算机远程登录到 Internet 上的另一台计算机上。Telnet 提供的大量命令可用于建立终端与远程主机的交互式对话，可使本地用户执行远程主机的命令。

当然，除了以上的几大服务外，Internet 的应用无所不在，如电子商务、网络聊天、网络游戏、地图、天气预报、远程教学等。

3. 我国的 Internet

1987 年 9 月 14，北京计算机应用技术研究所发出了中国第一封电子邮件“Across the Great Wall We Can Reach Every Corner in the World”（穿越长城，走向世界），揭开了中国启用 Internet 的序幕。1994 年，我国通过四大骨干网（ChinaNET、CSTNET、CERNET、CHINAGBN）正式接入国际互联网，从此 Internet 在我国得到了迅速发展。

目前，我国与 Internet 连接的主干网主要有以下几种。

① 中国公用计算机互联网（ChinaNET）。中国最大的 Internet 服务提供商。由信息产业部（原邮电部）建立，是中国第一个商业化的计算机互联网。

② 中国科技网（CSTNET）。由中国科学院主持的全国性网络，是我国第一个与 Internet 连接的网络，主要包括中科院网、清华大学校园网和北京大学校园网。1994 年，完成了我国最高域名 CN 主服务器的设置。

③ 中国教育科研网（CERNET）。由教育部主持建立的全国性的教育科研基础设施。网络管理中心设在清华大学，负责主干网的规划、实施、管理和运行。它是为教育、科研和国际学术交流服务的网络。

④ 中国金桥网（CHINAGBN）。由信息产业部所属吉通公司负责建设的“国家公用经济信息通信网”，也叫金桥网。计划建成覆盖全国 30 多个省、自治区、直辖市的 500 个中心城市，1200 个大型企业连接的信息通信网。

⑤ 中国移动互联网（CMNET）。面向社会党政机关团体、企事业单位和各阶层公众的经营性互联网络，主要提供无线上网服务。

⑥ 中国联通互联网（UNINET）。已覆盖全国二百多个城市。

⑦ 中国长城网（CGWNET）。军队专用网。

⑧ 中国国际经济贸易互联网（CIETNET）。是非经营性的、面向全国外贸系统企事业单位的专用互联网络。

提示：中国互联网络信息中心（CNNIC）成立于1997年，是一家行使国家互联网职责的非营利管理与服务机构，负责向全国提供最高一级域名的注册服务，每年完成两次因特网用户的统计工作。

二、IP 地址及域名

IP 地址是 Internet 主机的作为路由寻址用的数字型标识，人不容易记忆。因而产生了域名（domain name）这一种字符型标识。

（一）IP 地址

所谓 IP 地址就是给每个连接在 Internet 上的主机分配的一个地址。在 Internet 上互相通信的主机必须要有唯一的 IP 地址。按照 TCP/IP 协议规定，IP 地址用二进制来表示。

1. IPv4（网际协议版本 4）

IPv4，是互联网协议（Internet Protocol，IP）的第四版，也是第一个被广泛使用，构成现今互联网技术的基石的协议。IPv4 可以运行在各种各样的底层网络上，比如端对端的串行数据链路（PPP 协议和 SLIP 协议）、卫星链路等。IPv4 每个 IP 地址长 32bit，比特换算成字节，就是 4 个字节。例如一个采用二进制形式的 IP 地址是“00001010 00000000 00000000 00000001”，这么长的地址，人们处理起来也太费劲了。为了方便人们的使用，IP 地址经常被写成十进制的形式，中间使用符号“.”分开不同的字节。于是，上面的 IP 地址可以表示为“10.0.0.1”。IP 地址的这种表示法叫作“点分十进制表示法”，这显然比 1 和 0 容易记忆得多。

最初设计互联网络时，为了便于寻址以及层次化构造网络，每个 IP 地址包括两个标识码（ID），即网络 ID 和主机 ID。同一个物理网络上的所有主机都使用同一个网络 ID，网络上的一个主机（包括网络上工作站、服务器和路由器等）有一个主机 ID 与其对应。Internet 委员会定义了 A～E 共五类 IP 地址类型以适合不同容量的网络。其二进制表示如图 3-14 所示。

	1	2	3	4	5	6	7	8	9	10	11	12	13	14	15	16	17	18	19	20	21	22	23	24	25	26	27	28	29	30	31	32
A类	0	网络号							主机号																							
B类	1	0	网络号														主机号															
C类	1	1	0	网络号																					主机号							
D类	1	1	1	0	多播组号																											
E类	1	1	1	1	0	留待后用																										

图 3-14　五类 IP 地址二进制表示

A 类地址分配给规模特别大的网络使用。具体规定如下：32 位地址域中第一个 8 位为网络标识（其中首位为 0），其余 24 位均作为接入网络主机的标识。

B 类地址分配给一般的大型网络使用。具体规定如下：32 位地址域中前两个 8 位为网络标识（其中前两位为 10），其余 16 位均作为接入网络主机的标识。

C 类地址分配给小型网络使用。具体规定如下：32 位地址域中前三个 8 位为网络标识（其中前三位为 110），其余 8 位均作为接入网络主机的标识。

D 类地址是组广播地址。

E 类地址保留以后使用，它是一个实验性网络地址。

全零地址（0.0.0.0）指任意网络。全“1”的 IP 地址（255.255.255.255）是当前子网的广播地址。

目前广泛应用的 IP 地址是 A、B、C 三类，各类网络的最大网络数、IP 地址范围、最大主机数和私有 IP 地址范围等信息见表 3-1。

表 3-1　IP 地址的范围

类别	最大网络数	IP 地址范围	最大主机数	私有 IP 地址范围
A	126(2^7−2)	0.0.0.0～127.255.255.255	16777214	10.0.0.0～10.255.255.255
B	16384(2^14)	128.0.0.0～191.255.255.255	65534	172.16.0.0～172.31.255.255
C	2097152(2^21)	192.0.0.0～223.255.255.255	254	192.168.0.0～192.168.255.255

2. IPv6（网际协议版本 6）

目前使用的第二代互联网 IPv4 技术，核心技术属于美国。它的最大问题是网络地址资源有限，从理论上讲，编址 1600 万个网络、40 亿台主机。但采用 A、B、C 三类编址方式后，可用的网络地址和主机地址的数目大打折扣，以至目前的 IP 地址近乎枯竭。其中北美占有 3 / 4，约 30 亿个，而人口最多的亚洲只有不到 4 亿个，中国只有 3 千多万个，只相当于美国麻省理工学院的数量。地址不足，严重地制约了我国及其他国家互联网的应用和发展。

IPv6 是 IETF（互联网工程任务组）设计的用于替代现行版本 IP 协议（IPv4）的下一代 IP 协议。与 IPv4 相比，IPv6 具有以下优势。

① IPv6 具有更大的地址空间。IPv4 中规定 IP 地址长度为 32，即有（2 ^ 32－1）（符号 ^ 表示升幂，下同）个地址；而 IPv6 中 IP 地址的长度为 128，即有（2 ^ 128－1）个地址。

② IPv6 使用更小的路由表。IPv6 的地址分配一开始就遵循聚类（aggregation）的原则，这使得路由器能在路由表中用一条记录（entry）表示一片子网，大大减小了路由器中路由表的长度，提高了路由器转发数据包的速度。

③ IPv6 增加了增强的组播（multicast）支持以及对流的支持（flow control），这使得网络上的多媒体应用有了长足发展的机会，为服务质量（Quality of Service，QoS）控制提供了良好的网络平台。

④ IPv6 加入了对自动配置（auto configuration）的支持。这是对 DHCP 协议的改进和扩展，使得网络（尤其是局域网）的管理更加方便和快捷。

⑤ IPv6 具有更高的安全性。在使用 IPv6 网络中用户可以对网络层的数据进行加密并对 IP 报文进行校验，极大地增强了网络的安全性。

IPv6 地址采用 128 位二进制数表示，通常转化为十六进制，用“:”分隔，例如：

3FFE:FFFF:7654:FEDA:1245:BA98:3210:4562

（二）域名

域名（domain name），是由一串用点分隔的名字组成的 Internet 上某一台计算机或服务器名称。在网络上识别一台计算机的方式是利用 IP，IP 地址由一长串十进制数字组成，不容易记忆，为了方便用户的使用，也便于计算机按层次结构查询，就有了域名。

例如，盘锦职业技术学院网站，一般使用者在浏览这个网站时，都会输入 www.pjzy.net.cn，而很少有人会记住这台服务器的 IP 地址（60.22.140.130）是多少。www.pjzy.net.cn 就是盘锦职业技术学院网站的域名，如果用户在浏览器上输入它的IP地址60.22.140.130，或域名www.pjzy.net.cn都可以访问盘锦职业技术学院网站。

1. 域名的构成

DNS规定，域名中的标号都由英文字母和数字组成，每一个标号不超过63个字符，也不区分大小写字母。标号中除字符“-”外不能使用其他的标点符号。级别最低的域名写在最左边，而级别最高的域名写在最右边。由多个标号组成的完整域名总共不超过255个字符。近年来，一些国家也纷纷开发使用采用本民族语言构成的域名，如德语、法语等。我国也开始使用中文域名，但可以预计的是，在我国国内今后相当长的时期内，以英语为基础的域名（即英文域名）仍然是主流。

域名格式：主机名.单位名.单位种类.国家代码

如bbs.tsinghua.edu.cn、www.sina.com.cn等。

2. 域名的基本类型

一是国际域名，也叫国际顶级域名。这是使用最早也最广泛的域名。例如表示工商企业的“.com”，表示网络提供商的“.net”，表示非营利组织的“.org”等（见表3-2）。二是国内域名，又称国内顶级域名，即按照国家的不同分配不同后缀，这些域名即为该国的国内顶级域名。目前200多个国家和地区都按照ISO 3166国家代码分配了顶级域名，例如中国是“cn”，美国是“us”，日本是“jp”等（见表3-3）。

在实际使用和功能上，国际域名与国内域名没有任何区别，都是互联网上的具有唯一性的标识。只是在最终管理机构上，国际域名由美国商业部授权的互联网名称与数字地址分配机构即ICANN负责注册和管理；而国内域名则由中国互联网络管理中心即CNNIC负责注册和管理。

表3-2 国际顶级域名

edu	教育、科研机构	info	信息服务机构
net	网络服务机构	org	非营利组织
com	商业机构	gov	政府机构
mil	军事机构	int	国际组织

表3-3 部分国家的国内顶级域名

cn 中国	ru 俄罗斯联邦	de 德国	in 印度
us 美国	jp 日本	fr 法国	ie 爱尔兰
gb 英国	fl 芬兰	es 西班牙	dk 丹麦
br 巴西	au 澳大利亚	ca 加拿大	it 意大利

三、Internet Explorer浏览器使用

1. Internet Explorer简介

Internet Explorer（IE）是Microsoft开发的一种免费的浏览器，在Windows的操作系统中默认安装。IE浏览器操作方便，应用广泛。双击桌面上IE图标，启动IE浏览器，如图3-15所示。

Internet Explorer是一个典型的Windows程序。下面分别介绍浏览器窗口的一些特性。

① 标题栏：与其他的Windows窗口一样，Internet Explorer窗口中的标题栏也包括标题和缩放及关闭按钮。其中标题显示的是当前打开的网页标题。

② 菜单栏：其中包含有控制和操作Internet Explorer的命令，但它与其他Windows窗口不同

之处是它和工具栏一样，可以移动隐藏。

图 3-15　Internet Explorer 浏览器窗口

③ 地址栏：在此栏中显示当前 Web 页的 URL（Uniform Resource Locator，统一资源定位器），也可以在其输入要访问的 URL。在 Web 中能访问多种 Internet 资源，但需对这些资源采用统一的格式，这种格式称统一资源格式。

④ 浏览区：浏览区是 Internet Explorer 窗口的主要部分，用来显示所查站点的页面内容，其中包括文字、图片、视频等。如果其大小不足以显示全部的页面，可分别拖动垂直、水平两个方向的滚动条查看页面的其余部分。

⑤ 状态栏：用来显示系统所处的状态，其中可以显示浏览器的查找站点、下载网页等信息。在最右一栏中，显示当前的站点属于哪个安全区域。在状态栏中还会显示浏览器如处于脱机的工作状态等系统的其他信息。

2. 浏览网页

双击桌面上的 IE 图标打开 IE 浏览器，如果想浏览百度的主页，在地址栏中输入“http://www.baidu.com”后按“回车”键，即可打开如图 3-15 所示网页。

提示：对于经常访问的网站可以设置为起始首页，起始页就是打开 IE 后，不需要在地址栏内输入网址而直接显示的页面。

操作步骤：在桌面上右键单击 IE 图标，在弹出的快捷菜单中选择“属性”命令，打开 IE 属性对话框，如图 3-16 所示。在“常规”选项卡“主页”栏中输入需要默认打开的网站地址即可。

3. 保存网页

在网上浏览到某个网页后，如果很喜欢这个网页，或者临时有事情不能完整阅读，那么可以将网页或其中的部分内容保存到当地计算机的硬盘，以便以后再次阅读。

操作步骤：打开想要保存页面，选择“文件”菜单中的“另存为”选项，如图 3-17 所示，系统将弹出一个保存文件对话框。选择要存放的路径并输入文件名和文件类型，然后单击“保存”按钮，于是网页就存放在本地计算机上了。其默认的网页保存位置在“我的文档”文件夹中。

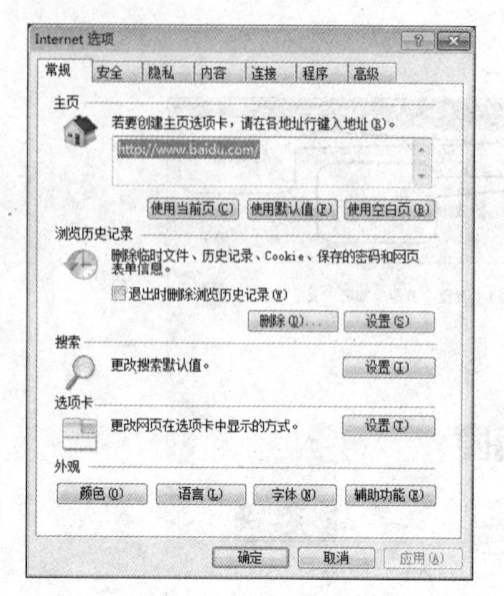

图 3-16 Internet 选项

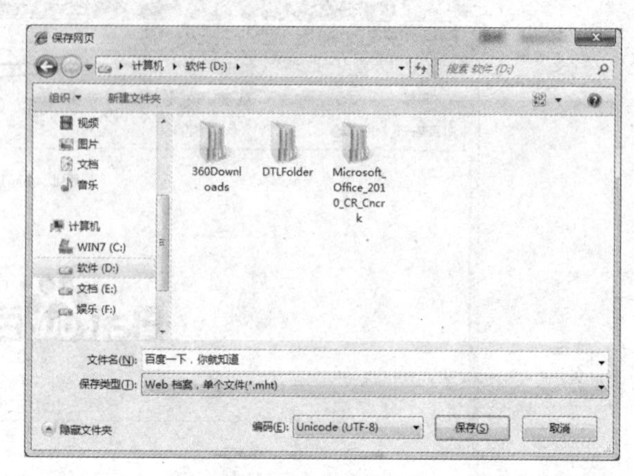

图 3-17 保存网页

4. 保存图形

如果只是想保存网页中的某幅图形或网页动画，可以移动鼠标到该图形上，然后右击鼠标，这时会出现一个弹出式菜单，单击“图片另存为...”，系统弹出一个保存文件对话框。设置好路径和文件名后，单击“保存”按钮，图片保存到本地计算机上。

5. 添加收藏夹

“收藏夹”是一份网站名称及地址记录文件夹。对于一些经常访问的站点，如果不希望每次都输入一次网址，则可以直接将这些网站加入“收藏夹”中，以后每次需要访问时，只需单击工具栏上的“收藏夹”按钮，然后单击收藏夹列表中的快捷方式，即可打开。下面以百度网为例介绍具体步骤。

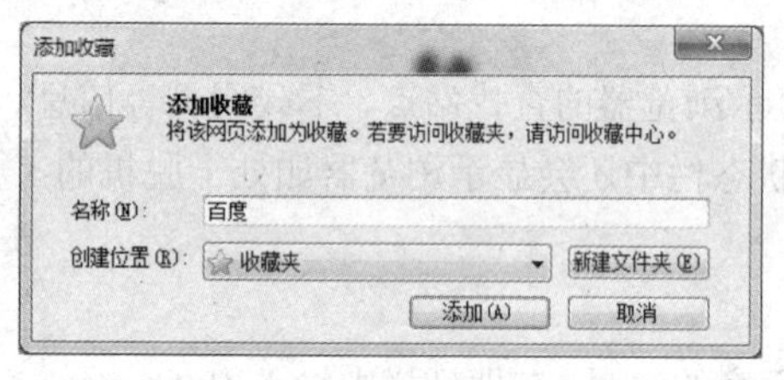

图 3-18 添加收藏

① 启动 IE 浏览器，在地址栏中输入“http://www.baidu.com”进入百度网。

② 执行“收藏夹”菜单中的“添加到收藏夹”命令，如图 3-18 所示。

③ 在名称框中输入“百度”，单击“确定”按钮。完成操作。

下次需要访问时，只单击“收藏夹”菜单下的“百度”即可。

提示：如果收藏的网站越来越多时，就要对网站进行分类。通过“收藏”菜单中的“整理收藏夹”来进行整理。

四、搜 索 引 擎

搜索引擎（Search Engine）是指根据一定的策略、运用特定的计算机程序从互联网上搜集信息，在对信息进行组织和处理后，为用户提供检索服务，将用户检索相关的信息展示给用户的系统。

1. 常用的搜索引擎

Internet 上信息非常丰富，同类信息也很多，如何快速准确地在网上找到需要的信息已变得越来越重要。目前比较常用的搜索引擎如下。

百度（http://www.baidu.com）

好搜（http://www.haosou.com）

谷歌（http://www.google.com）

雅虎（http://www.yahoo.com）

搜狗（http://www.sogou.com）

必应（http://cn.bing.com）

2. 搜索使用步骤

百度是目前最大的中文搜索引擎，下面以百度为例来讲解一般的信息搜索过程。具体步骤如下。

（1）进入百度搜索引擎界面　启动 IE 浏览器，在地址栏中输入“http：//www.baidu.com”，按下“回车”键，进入百度搜索引擎界面。如图 3-15 所示。

（2）输入搜索内容的关键字　如果想获得有关“计算机安全”方面的中文资料，则可在搜索内容文本中输入相应的关键字，然后点击“百度一下”按钮，打开如图 3-19 所示搜索结果页面。

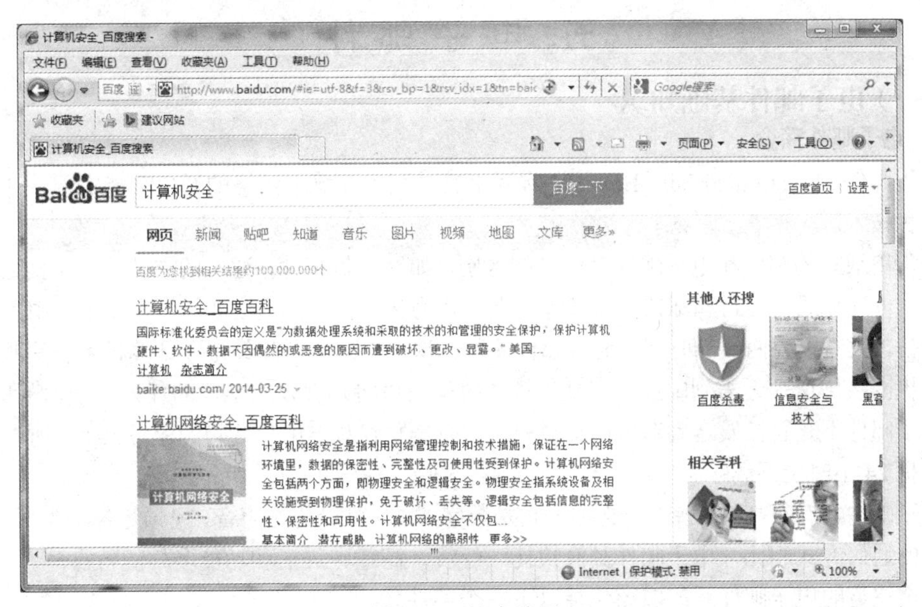

图 3-19　搜索结果

（3）查阅搜索结果页　根据打开的搜索结果页面上的每个条目的标题和摘要文字，来判定是否是自己满意的结果。

（4）查看具体结果页面　将鼠标指向所选的条目，单击鼠标左键即可打开相关内容。

3. 搜索引擎使用技巧

搜索引擎可以帮助使用者在 Internet 上找到特定的信息，但它们同时也会返回大量无关的信息。如果多使用一些下面介绍的技巧，用户将发现搜索引擎会花尽可能少的时间找到所需要的确切信息。

（1）简单查询　在搜索引擎中输入关键词，然后点击“搜索”就行了，系统很快会返回查询结果，这是最简单的查询方法，使用方便，但是查询的结果却不准确，可能包含着许多无用的信息。

（2）使用双引号　给要查询的关键词加上双引号（半角，以下要加的其他符号同此），可以实现精确的查询，这种方法要求查询结果要精确匹配，不包括演变形式。例如在搜索引擎的文字框中输入“计算机”，它就会返回网页中有“计算机”这个关键字的网址，而不会返回诸如“计算机安全”之类的网页。

（3）使用加号（+） 在关键词的前面使用加号，也就等于告诉搜索引擎该单词必须出现在搜索结果中的网页上，例如，在搜索引擎中输入“+电脑+电话+传真”就表示要查找的内容必须要同时包含“电脑”“电话”“传真”这三个关键词。

（4）使用减号（-） 在关键词的前面使用减号，也就意味着在查询结果中不能出现该关键词，例如，在搜索引擎中输入“电视台-中央电视台”，它就表示最后的查询结果中一定不包含“中央电视台”。

（5）使用通配符 通配符包括星号（*）和问号（?），前者表示匹配的数量不受限制，后者表示匹配的字符数要受到限制，主要用在英文搜索引擎中。例如输入“computer*”，就可以找到“computer”“computers”“computerised”“computerized”等单词，而输入“comp?ter”，则只能找到“computer”“compater”“competer”等单词。

五、电子邮件

（一）电子邮件基础知识

1. 电子邮件简介

电子邮件（Electronic Mail，Email），实际上就是利用计算机网络的通信功能实现普通信件传输的一种技术。

平常用纸写的邮件和电子邮件有很多的区别，如写一封邮件，通常的方法是：先找到信纸在上面写，再到邮局买信封和邮票，通过邮局人力物力传送，这样速度非常慢，如果从中国向美国寄一封信，大概需要两周的时间，而且邮件还可能遗失。而电子邮件是在计算机上编写邮件，通过计算机网络传送，无需到邮局，在几秒钟的时间内可将邮件发到地球的任何一个角落里。

电子邮件不是直接发送到对方的计算机中，而是发到对方用户邮箱的服务器上，所以不需要让计算机 24 小时上网。

电子邮件具有很高的保密性，再加上它是数字式的，可以传送声音、视频等各种类型的文件。与传统的通信方式相比，电子邮件具有快捷、经济、高效、灵活和功能多样的特点。

一个完整的电子邮件系统应该包括以下三个部件。

（1）电子邮件服务器 它就像平常的邮局，寄信和收信都必须经过它，电子邮件服务器对发邮件和收邮件有明确的划分，分别称为发送邮件服务器（SMTP）和接收邮件服务器（POP 或 POP3），这两个服务器可以是分开的两台主机，也可以是同一台主机。邮件服务器上必须安装有邮件系统软件。

（2）电子邮箱 电子邮箱就是电子邮件服务器上划分出来的硬盘空间，这是邮件服务器的管理员为用户所划分出来的空间，每个用户都对应着一个账号。

（3）客户计算机 客户计算机即是用户自己的电脑，它通过互联网与邮件服务器相连接。客户计算机上一般安装有一个邮件客户端软件，通过这个软件可以撰写、发送和接收邮件等。现在有很多提供免费邮箱的网站，开发基于 Web 页面的客户端程序，用户在使用这种邮箱的时候，只要浏览器就可以了。

2. 电子邮件地址

电子邮件地址如真实生活中人们常用的信件一样，有收信人姓名、收信人地址等。其结构是：

用户名@邮件服务器，用户名就是用户在主机上使用的登录名。而@后面的是邮局方服务计算机的标识（域名），都是邮局方给定的。如 student2011@126.com 即为一个邮件地址。

在互联网中，电邮地址的格式是：用户名@域名。@是英文 at 的意思，所以电子邮件地址是表示在某部主机上的一个使用者账号，每一个电子邮箱都是唯一的。

（二）免费电子邮箱

1. 申请电子邮箱

现在有很多网站都有提供免费电子邮箱的服务，不同的网站所提供的免费邮箱的大小不同，但通常都有支持 POP3、邮件转发、邮件拒收条件设定等功能。许多网站如网易、新浪、搜狐都推出了收费邮箱服务，提高了邮箱的服务性能。

下面以 126 为例介绍申请一个免费邮箱步骤。

① 打开 http://www.126.com 主页，点击页面右下方的“立即注册”按钮。

② 点击“立即注册”按钮后将打开如图 3-20 所示的页面。按照要求输入账号相关信息（须牢记用户名和密码）。

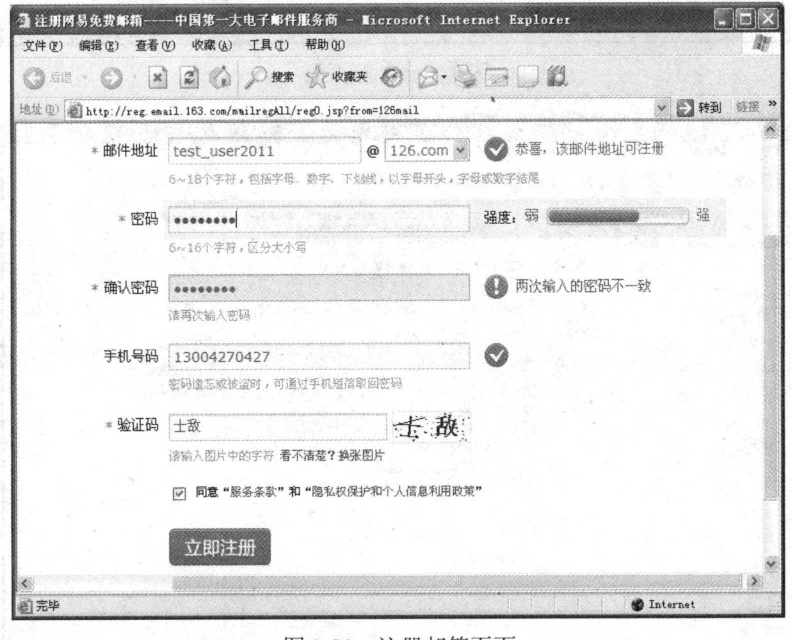

图 3-20　注册邮箱页面

③ 点击最下端的“立即注册”按钮，完成电子邮箱申请，如图 3-21 所示，进入邮箱。

2. 使用电子邮箱

① 打开 http：//www.126.com 主页，在用户名和密码框内输入注册的用户名和密码。

② 单击“登录”按钮，即可进入如图 3-21 所示邮箱页面。

③ 在窗口的左侧可以看到收信、写信、收件箱、发件箱、草稿箱等功能选项，如果要发邮件，请点击“写信”按钮，即打开如图 3-22 所示页面。

④ 在收件人处填入收件人电子信箱的地址，如果同时发给多人，地址间用西文分号“;”间隔。主题可以填写邮件大意，以便使收信者能直观了解。

提示：如果需要发送附件，请点击“添加附件”，然后选中需要发送的文件，不支持文件夹，如果需要同时发送多个文件，可以重复添加附件，也可以把几个文件制作成一个压缩格式文件（最常用的是 WinRAR）。

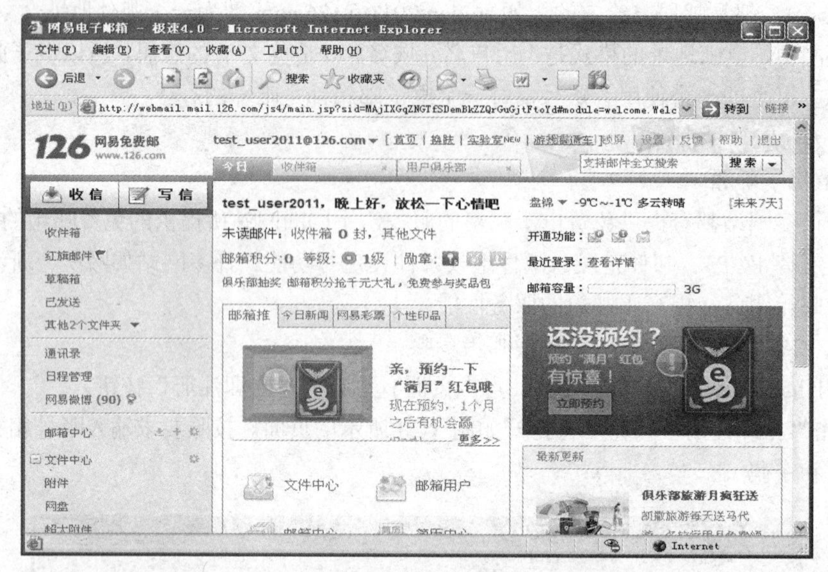

图 3-21　邮箱页面

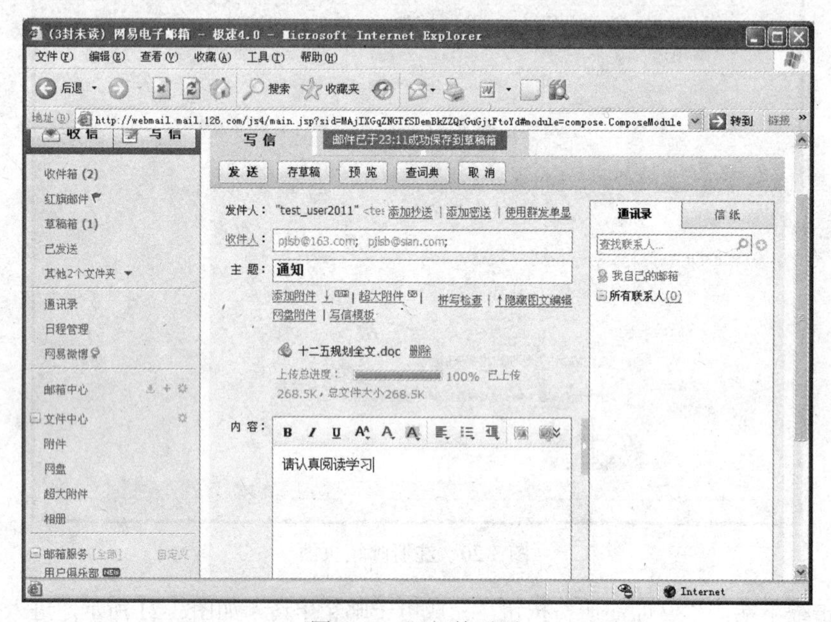

图 3-22　写邮件页面

⑤ 附件添加完后，在下面的编辑区中输入信件正文。

⑥ 全部输入完毕，确认无误后就可以点击“发送”选项。如果附件比较大，发送时间也许会很长，请耐心等待。发送完毕会提示成功发送。

（三）通过 Microsoft Outlook 2010 管理电子邮件

用户通过计算机网络收发电子邮件，目前有两种方式。一种是通过 POP3 协议，使用专用电子邮件客户端应用程序将邮件接收到本地计算机上查看，发送时则先在本机上写好邮件，再通过 SMTP 协议将邮件直接发送到邮件服务器上。目前，该类电子邮件客户端应用程序种类很多，如 Windows 系统自带的 Microsoft Outlook 2010 软件、Foxmail 软件等。另一种方式是上文提到的使用浏览器访问提供电子邮件服务的网站，在其网页上直接收发电子邮件，如网易、腾讯等网站。两种方式各有优缺点。

1. Microsoft Outlook 2010 的简介

Microsoft Outlook 2010 是微软 IE 的核心组件之一，是一种专门用于电子邮件的收发、发布和阅读网络新闻的工具软件，不仅支持多内码、全中文界面，而且支持多账户，从而在一定程度上满足了人们希望用一种软件管理多个电子邮件账户的需要。

2. Microsoft Outlook 2010 的使用

（1）启动 Microsoft Outlook 2010　启动 Microsoft Outlook 2010 的方法有多种。

① 双击桌面的 Microsoft Outlook 图标；

② 单击“开始”→“所有程序”→“Microsoft Office”→“Microsoft Outlook 2010”；

③ 启动 Microsoft Outlook 2010 后，即打开如图 3-23 所示的 Microsoft Outlook 2010 窗口。

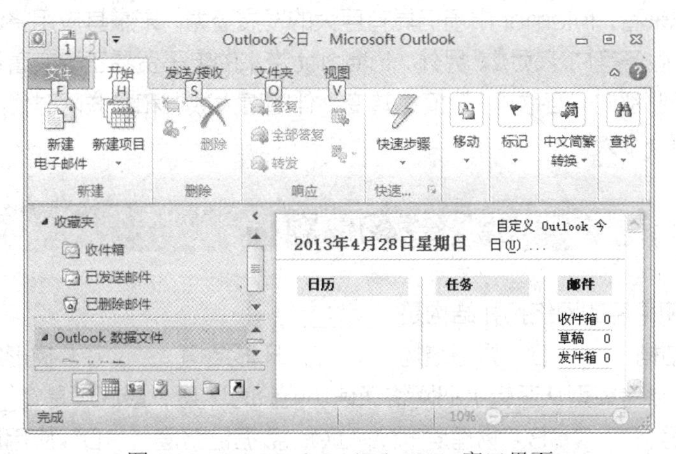

图 3-23　Microsoft Outlook 2010 窗口界面

（2）管理多个电子邮件和新闻组账户　先要从 Internet 服务提供商（ISP）或局域网（LAN）管理员那里得到邮件的相关信息，再单击“文件”→“信息...”命令，在“Internet 账户”对话框中，单击“添加账户”按钮，选择“电子邮件账户”，以打开添加新账户，然后按屏幕指示建立与邮件服务器的连接。并为每个账号重复以上过程，每个用户即可创建多个邮件账号。

如果用户有几个电子邮件或新闻组账户，也可以在一个窗口中进行处理。用户还可以为同一个计算机创建多个用户或身份。每个身份有唯一的电子邮件文件夹和单独的“通讯簿”。多个身份使用户轻松地将工作邮件和个人邮件分开，也能保持单个用户的电子邮件是独立的。

（3）轻松快捷地浏览邮件　邮件列表和预览窗格允许用户在查看邮件列表的同时阅读单个邮件。文件夹列表包括电子邮件文件夹、新闻服务器和新闻组，而且可以很方便地相互切换；还可以创建新文件夹以组织和排序邮件，然后可以设置邮件规则，这样接收到的邮件中符合规则要求的邮件会自动放在指定的文件夹里。用户还可以创建自己的视图以自定义邮件的浏览方式。

（4）在服务器上保存邮件以便从多台计算机上查看　如果 Internet 服务提供商（ISP）提供的邮件服务器使用 Internet 邮件访问协议（IMAP）来接收邮件，就不必把邮件下载到计算机中，在服务器的文件夹中就可以阅读、存储和组织邮件。这样，就可以从任何一台能连接邮件服务器的计算机上查看邮件。

（5）使用“通讯簿”存储和检索电子邮件地址　用户通过简单的回复邮件就可以自动地将姓名和地址保存到“通讯簿”中，也可以从其他程序导入“通讯簿”，或是在“通讯簿”中输入姓名和地址，从接收的电子邮件中将姓名和地址添加到“通讯簿”中，或是从流行的 Internet 目录服务（白页）搜索中添加姓名和地址。“通讯簿”支持轻量级目录访问协议（LDAP）以便浏览 Internet 目录服务。

（6）在邮件中添加个人签名或信纸 用户可以将重要的信息作为个人签名的一部分插入到发送的邮件中，而且可以创建多个签名以用于不同的目的；也可以设置包括有更多详细信息的名片。为了使邮件更加精美，可以添加信纸图案和背景，还可以更改文字的颜色和样式。

（7）发送和接收安全邮件 用户可使用数字标识对邮件进行数字签名和加密。数字签名邮件可以保证收件人收到的邮件确实是该用户发出的。加密能保证只有预期的收件人才能阅读该邮件。

总结

从目前的情况来看，Internet 市场仍具有巨大的发展潜力，未来其应用将涵盖从办公室共享信息到市场营销、服务等广泛领域。另外，Internet 带来的电子贸易正改变着现今商业活动的传统模式，所有的行业都向“互联网+”模式转变。伴随着大数据和物联网时代的到来，网络会影响各行各业甚至每一个人。

习 题

1. 以太总线网采用的网络拓扑结构是________。
   A. 总线结构　B. 星形结构　C. 环形结构　D. 树形结构
2. ISO/OS1 参考模型从逻辑上把网络通信功能分为 7 层，最底层是________层。
   A. 网络层　B. 物理层　C. 数据链路层　D. 应用层
3. 在 Internet 中，用来进行文件传输的协议是________。
   A. IP　B. TCP　C. FTP　D. HTTP
4. 在 Internet 中，一个 IP 地址是由________位二进制组成的。
   A. 8 位　B. 16 位　C. 32 位　D. 64 位
5. Internet 的域名结构中，顶级域名为 edu 表示________。
   A. 商业机构　B. 教育机构　C. 政府部门　D. 军事部门
6. http://www.swsm.edu.cn 中，http 代表________。
   A. 主机　B. 地址　C. 协议　D. TCP/IP
7. 接入 Internet 的两台计算机之间要相互通信，则它们之间必须同时安装有________协议。
   A. TCP/IP　B. IPX　C. NETBEUI　D. SMTP
8. 某学校实验室所有计算机连成一个网络，该网络属于________。
   A. 局域网　B. 广域网　C. 城域网　D. Internet
9. DNS 的作用是________。
   A. 将 IP 地址转换成域名　B. 将域名转换成 IP 地址
   C. 传输文件　D. 收发电子邮件
10. 从域名 www.cq.gov.cn 来看，该网址属于________。
    A. 教育机构　B. 公司　C. 非营利性组织　D. 政府部门

模块四　文字处理 Word 2010

Office（Microsoft Office）是一套由微软公司开发的办公软件。Office 最初出现于 20 世纪 90 年代早期，发展到现在 Office 按年代划分已经有了很多版本，例如，Microsoft Office 1997、Microsoft Office 2003、Microsoft Office 2007、Microsoft Office 2010、Microsoft Office 2013 等，版本越新其功能就越为完善。现在日常应用及社会考试等诸多方面 Microsoft Office 2010 是运用最多的版本，所以在教学中我们以 Office 2010 为例，为大家介绍 Office 2010 的主要用法。

Office 办公软件所包含的功能组件主要有：Word（文字处理应用程序）、Excel（电子数据表程序）、PowerPoint（幻灯片演示文稿程序）、Outlook（个人信息管理及电子邮件通信程序）、Access（关联式数据库管理系统）等。Word 2010 是 Microsoft Office 2010 办公软件中应用最多的一个组件，也是目前使用比较广泛的一种文字处理软件。Word 2010 拥有良好的操作界面，其功能强大，操作简便。Word 2010 集文字的编辑、排版、表格处理、图形处理为一体，在 Word 中用户可以制作一份简单的通知；在择业的时候用户可以 Word 撰写个人简历，可以加入自己的照片，并且可以书写论文、计划，同时用户还可以在编写的文档中加入声音、图像等，这样就能创建出一个图文并茂的电子文档。

在本单元的学习中，将给大家讲述 Word 2010 文字处理软件的基本概念、基本操作、图文混排、表格制作及打印等内容，要求通过学习能够熟练运用 Word 2010 处理各种文档资料。

任务一　认识 Word 2010

【任务描述】

Word 2010 有什么新特性？和 Word 2003 及其他版本有什么区别？Word 2010 可以应用在什么地方？使用 Word 2010 能完成什么工作？本任务带领读者认识 Word 2010，掌握 Word 2010 的新特点和新功能。

【技能目标】

1．了解 Word 2010 的窗口界面。

2．掌握 Word 文档的基本操作。

3．认识 Word 2010，就要从 Word 2010 软件本身的概念、应用、功能入手，开始学习。

【知识结构】

一、Word 2010 概述

Word 2010 是 Microsoft Office 2010 系列办公软件的重要组件之一，它的功能十分强大，可以用于日常办公文档处理、文字排版、数据处理、建立表格、办公软件开发等。

Word 2010 旨在向用户提供最上乘的文档格式设置工具，利用它还可更轻松、高效地组织和编写文档，并使这些文档唾手可得，无论何时何地灵感迸发，都可捕获这些灵感。

二、Word 2010 的主要功能

Word 2010 的功能十分强大，主要功能如下。

① 使用向导快速创建文档：如根据给定的模板创建文档、英文信函、电子邮件、简历、备忘录、日历等。

② 文档编辑排版功能齐全：如页面设置、文本选定与格式设置、查找与替换、项目符号、拼写与语法校对等。

③ 支持多种文档浏览与文档导航方式：支持大纲视图、页面视图、文档结构图、Web 版式、目录、超链接等多种方式，使用户能快速浏览和阅读长文档。

④ 联机文档和 Web 文档：利用 Web 页可以创建 Web 文档。

⑤ 图形处理：可以使用两种基本类型的图形来增强 Microsoft Word 文档的效果。

⑥ 图表与公式：可以在 Word 表格、文本文件、Excel 表格、数据库中的数据中创建图表，并且具备复杂数学公式的编辑功能。

三、Word 2010 的特点

Word 2010 具备如下特点。

① 操作界面直观友好：Word 友好的界面、丰富的工具，使用鼠标点击即可完成排版任务。

② 多媒体混排效果突出：它可以轻松实现文字、图形、声音、动画及其他可插入对象的混排。

③ 强大的制表功能：Word 可以自动、手动制作多样的表格，表格内数据还能实现自动计算和排序。

④ 自动检查、更正功能：Word 提供了拼写和语法检查、自动更正功能，保障了文章的正确性。

⑤ 实时预览功能：Word 2010 的字体可实时预览并在浮动工具栏里实现格式设计的功能。

⑥ 丰富的模板与向导功能：Word 针对用户经常使用的文档格式提供了丰富模板，用户可以使用模板根据向导快速建立文档。

⑦ Web 工具支持功能：Word 可以方便地制作简单 Web 页面（通常称为网页）。

⑧ 强大的打印功能：Word 对打印机具有强大的支持性和配置性，并提供了打印预览功能，打印效果在编辑屏幕上可以一目了然。

⑨ 通过 SharePoint Server 内置的工作流服务，用户可以在 Word 2010 中发起并跟踪文档审批流程，这将缩短企业范围的审批周期。

四、Word 2010 的新功能

1. 字体特效，书法字体

Word 2010 提供了多种字体特效，其中还有轮廓、阴影、映像、发光（开始——文本效果）四种具体设置供用户精确设计字体特效，可以让用户制作更加具有特色的文档。

在“新建”中有“书法字帖”选项。创建书法字帖后，用户会看到字帖纸，并且可以输入书法字体。

2. 导航窗格

Word 2010 增加了导航窗格的功能，用户可在导航窗格中快速切换至任何章节的开头（根据标题样式判断），同时也可在输入框中进行即时搜索，包含关键词的章节标题会在输入的同时，瞬时地高亮显示。

3. 屏幕翻译工具

在“审阅”下“语言”中有翻译按钮，可以开启屏幕翻译功能。启用“屏幕翻译提示”功能后，当鼠标指向某单词或是使用鼠标选中一个词组或一段文本时，屏幕上就会出现一个小的悬浮窗口，给出相关的翻译和定义。此功能还可以提供“播放”按钮，为用户提供朗读服务。另外“复制”选项也会在窗口中出现，用户可以将翻译后的内容复制下来，粘贴在文档的相应位置。

4. 图片处理

Word 2010 的图片处理功能比以前的版本更加强大。新增加了多种艺术效果（选中图片，之后进行格式设置即可），并且可以直接在 Word 中对图片进行：删除背景、剪裁、锐化、柔化、亮度、对比度、饱和度、色调的调节，还可以进行简单的抠图操作，而无需再启动 Photoshop 了。

5. 粘贴选项

在 Word 2010 中，在进行粘贴时，图片旁边会出现粘贴选项。在粘贴选项中，有常见的各种操作，方便用户选用。此外，Word 2010 中在进行粘贴之前，工作区会出现粘贴效果的预览图。用户可以在未粘贴的时候就看到粘贴后的效果。

6. SmartArt

SmartArt 是 Word 2010 中新增加的一种插图形式。Word 2010 在现有的类别下增加了大量的新模板，还新添了多个新类别。应用 SmartArt 可以轻松制作丰富多彩、表现力丰富的 SmartArt 示意图。

7. 支持显卡 GPU 硬件加速

随着更多图形化功能的加入，Word 2010 开始增加硬件加速的支持，也就是说图形芯片会有助于提高部分特性的性能。

8. 方便快速的插入表格

在 Word 2010 中建立表格变得更加方便快捷。在“表格”的下拉列表中可以快速选择表格大小。绘制表格的功能也得到了加强。

9. Word 文件到 PDF/XPS 格式文件

在 Word 2010 中，可以在没有第三方工具的情况下，直接将 Word 文档转换成 PDF 或 XPS 格式的文件。

10. 绘制信封

Word 2010 中增加了制作信封的功能。在“邮件”选项中，用户可以快速地制作个性化的信封。将信封打印后，用户可以得到自己制作的个性纸质信封。

11. 共享功能

Word 2010 还提供了多种与他人共享文档的方法使用共享功能，用户可以将文档保存在 Live 账户的 SkyDrive 网络硬盘目录下，可从任何计算机使用文档，或者与他人分享。需要说明的是，SkyDrive 服务是免费的，不过需要用户拥有 Windows Live 账户。

12. 一起设置文本和图像格式

Word 2010 可以为图片和文字提供相同的艺术效果。

13. 使用 OpenType 功能微调文本

Word 2010 提供高级文本格式设置功能，其中包括一系列连字设置以及样式集与数字格式选择。用户可以与任何 OpenType 字体配合使用这些新增功能，以便为录入文本增添更多光彩。

14. 屏幕截图功能

Word 2010 内置了屏幕截图功能，并可将截图即时插入到文档中。

15. 助你轻松写博客

Word 2010 可以把 Word 文档直接发布到博客，不需要登录博客 Web 页也可以更新博客，而且 Word 2010 有强大的图文处理功能，可以让广大博主写起博客来更加舒心惬意。新的 Word XML 格式还在很大程度上缩减了文件尺寸。

16. 其他新功能

① 新编号格式：Word 2010 包含新的固定位数数字编号格式，例如 001、002、003…以及 0001、0002、0003…

② 复选框内容控制：用户可以向窗体或列表中快速添加复选框。

③ 表格上的可选文字：在 Word 2010 中，用户可以向表格和摘要添加标题，以使读者能够获取附加信息。

五、Word 2010 的启动和退出

1. Word 2010 的启动

安装好 Microsoft Office 2010 套装软件后，启动 Word 2010 最常用的方法有如下三种。

① 单击“开始”→“所有程序”→“Microsoft Office”→“Microsoft Word 2010”，即可启动 Word 2010。

② 双击桌面上的“Microsoft Word 2010”快捷图标，即可快速启动 Word。

③ 在“我的电脑”或“资源管理器”窗口中，直接双击已经生成的 Word 文档即可启动 Word 2010，并同时打开该文档。

启动 Word 2010 后，打开操作界面，表示系统已进入 Word 工作环境。

2. Word 2010 的退出

退出 Word 2010 的方法有多种，最常用的方法有如下四种。

① 单击 Word 标题栏右端的“☒”按钮。

② 选择“文件”→“退出”命令。

③ 使用快捷键“Alt+F4”，快速退出 Word。

④ 双击 Word 2010 窗口左上角的控制菜单图标“W”。

退出 Word 2010 表示结束 Word 程序的运行，这时系统会关闭所有已打开的 Word 文档，如果文档在此之前做了修改而未存盘，则系统会出现如图 4-1 所示的提示对话框，提示用户是否对所修改的文档进行存盘。根据需要选择“保存”或“不保存”，“取消”表示不退出 Word 2010。

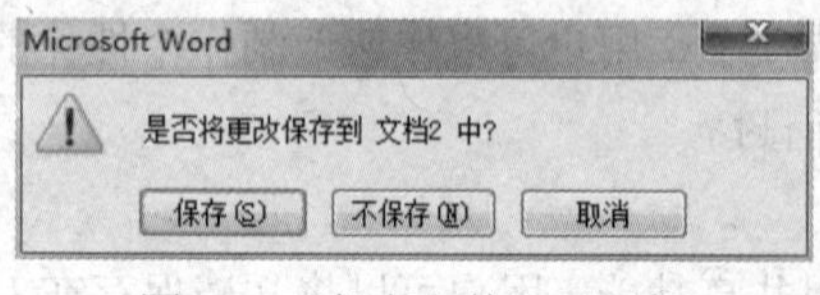

图 4-1 “保存文件”对话框

六、Word 2010 的操作界面

Word 2010 的操作界面由多种元素组成，这些元素定义了用户与产品的交互方式，能帮助用户方便使用 Word 2010，还有助于快速查找到所需的命令，启动成功后显示的操作界面如图 4-2 所示。

图 4-2　Word 2010 操作界面

Word 2010 操作窗口由上至下主要有标题栏、快速访问工具栏、功能选项卡、功能区、文本编辑区、状态栏以及视图切换按钮区等组成，如图 4-3 所示。

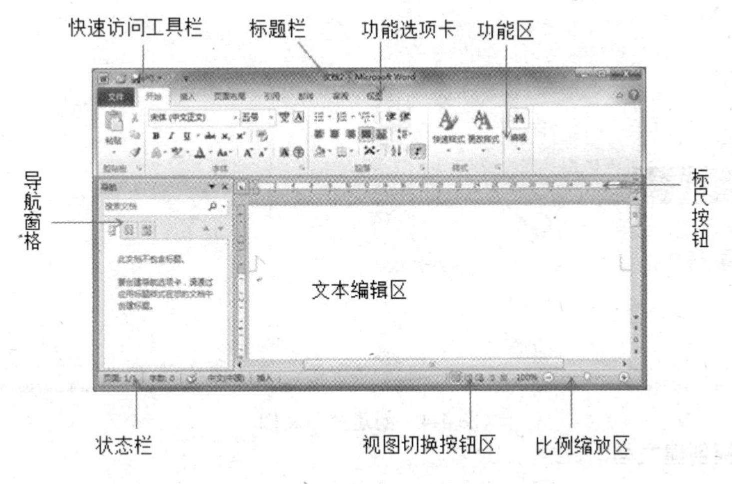

图 4-3　Word 2010 操作窗口

任务二　制作文档

【任务描述】

初步了解了 Word 2010 的基本功能后，我们将在本次任务中学习制作电子文档，需要在文档中录入文字，并要学会对文档进行排版。

【技能目标】

1. 熟练掌握对 Word 文档的创建与保存。

2．熟练掌握对文档进行页面设置。

3．熟练掌握对 Word 文档的插入操作。

【知识结构】

一、Word 文档的创建与保存

使用 Word 2010 编辑文档，首先必须创建文档。本节主要介绍 Word 文档的创建、保存、打开和关闭。

（一）新建文档

在 Word 2010 中可以创建空白文档，也可以根据现有内容创建具有特殊要求的文档。

1．创建空白文档

空白文档是最常使用的文档。创建空白文档的操作步骤如下。

① 单击“文件”按钮，在打开的页面中选择“新建”命令，打开“新建文档”页面。

② 在“可用模板”区域中选择“空白文档”选项。

③ 单击“创建”按钮，即可创建一个空白文档。如图 4-4 所示。

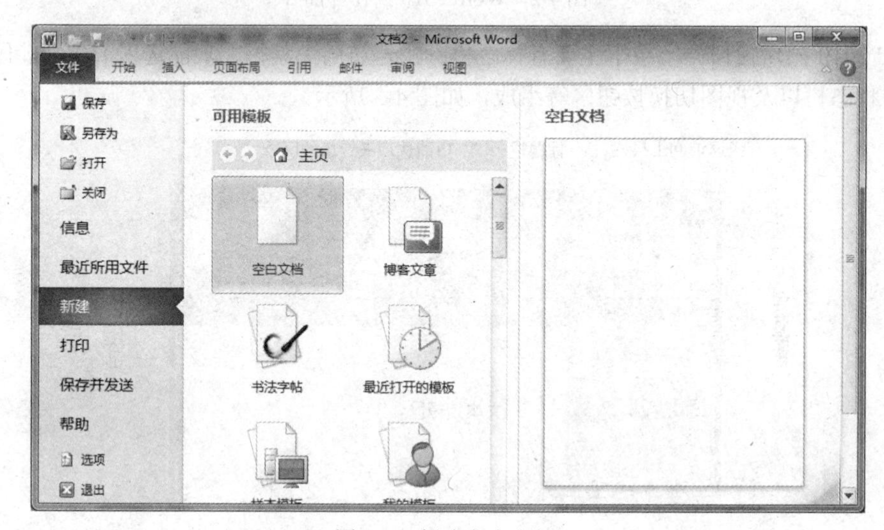

图 4-4　创建空白文档

2．根据模板创建文档

在“文件”→“新建”页面中，选择“Office.com 模板”，则可以选择其他的文档模板，如名片、日历、礼券、货卡、信封、费用报表和会议议程等，创建满足自己特殊需要的文档。

（二）保存文档

对于新建的 Word 文档或正在编辑某个文档时，如果出现计算机死机、停电等非正常关机的突发事件时，文档中的信息就会丢失，因此为了保护劳动成果，做好文档的数据保存工作是极其重要的。

1．保存新建文档

如果要对新建文档进行保存，可单击“快速访问工具栏”上的“保存”按钮；也可单击“文件”按钮，在打开的页面中选择“保存”命令。在这两种情况下，都会弹出一个“另存为”对话框，然后在该对话框中选择保存路径，在“文件名”文本框中键入文件名，在“保存类型”下拉列表框中可选择默认类型，即“Word 文档（*.docx）”，也可选择“Word 97-2003 文档（*.doc）”类型或其他保存类型，然后单击“保存”按钮。如果选择“Word 97-2003 文档（*.doc）”保存类型，则在 Word 97-2003 版本环境下，不加转换就可打开。

2. 保存已经保存过的文档

对于已经保存过的文档进行保存，可单击“快速访问工具栏”上的“保存”按钮；也可单击“文件”按钮，在打开的页面中选择“保存”命令。在这两种情况下，都会按照原文件的路径、文件名称及文件类型进行保存。

3. 另存为其他文档

如果文档已经保存过，且在进行了一些编辑操作之后，需要实现如下操作。

① 保留原文档。

② 文件更名。

③ 改变文件保存路径。

④ 改变文件类型。

在如上四种的任意一种情况下，都需要打开“另存为”对话框进行保存，即单击“文件”按钮，在打开的页面中选择“另存为”命令，打开“另存为”对话框，在其中设置保存路径、文件名称及文件类型，然后单击“保存”按钮即可。

二、页 面 设 置

当文档编辑排版完成以后需要打印时，一般都要对文档的页面格式进行设置，因为它会直接影响到文档的打印效果。文档的页面格式设置主要包括页面格式、页眉与页脚、分页与分节以及预览与打印等的设置。页面格式设置一般是针对整个文档而言。

Word 在新建文档时，采用默认的页边距、纸型、版式等页面格式。用户可根据需要重新设置页面格式。用户设置页面格式时，首先必须单击“页面布局”选项卡，打开“页面设置”功能组，如图 4-5 所示。“页面设置功能组”从左到右排列的功能按钮分别是：“文字方向”“页边距”“纸张方向”“纸张大小”“分栏”，再从上到下分别是：“分隔符”“行号”和“断字”。设置页面格式可单击“页边距”“纸张方向”和“纸张大小”等功能按钮进行，也可单击“页面设置”功能组右下角的“对话框启动器”按钮，在打开的“页面设置”对话框中进行设置。在此仅介绍利用对话框进行设置的操作方法。

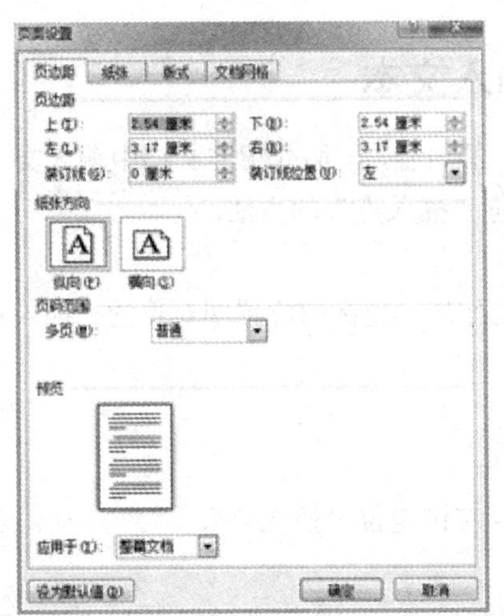

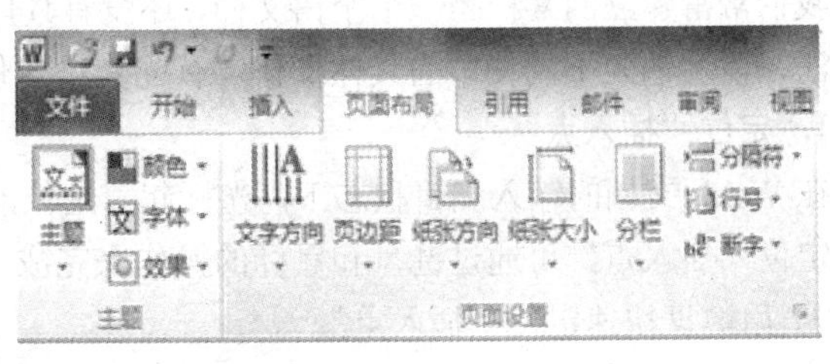

图 4-5 “页面设置”对话框与“页面设置”功能组

1. 设置纸型

在“页面设置”对话框中，单击“纸张”选项卡，在“纸张大小”下拉列表框中选择纸张类型；在“宽度”和“高度”文本框中自定义纸张大小；在“应用于”下拉列表框中选择页面设置所适用的文档范围。如图 4-6 所示。

2. 设置页边距

页边距是指文本区和纸张边沿之间的距离，页边距决定了页面四周的空白区域，它包括左、右页边距和上、下页边距。

在“页面设置”对话框中，单击“页边距”选项卡，在“页边距”区域里设置上、下、左、右 4 个边距值，在“装订线”位置设置占用的空间和位置；在“方向”区域设置纸张显示方向；在“应用于”下拉列表框中选择适用范围。如图 4-7 所示。

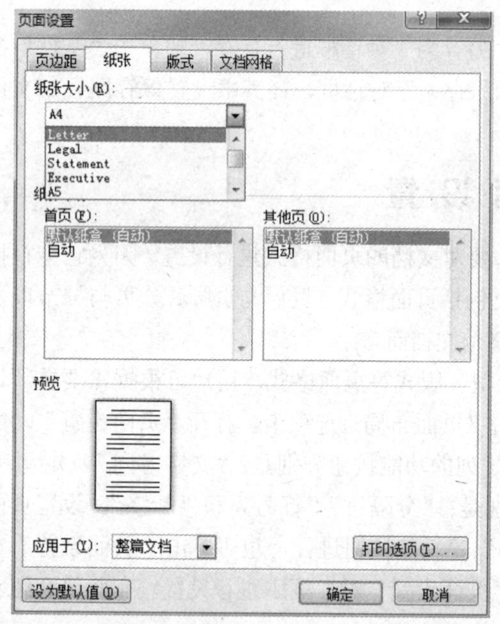

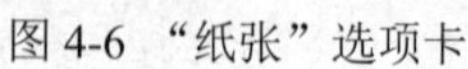
图 4-6 “纸张”选项卡

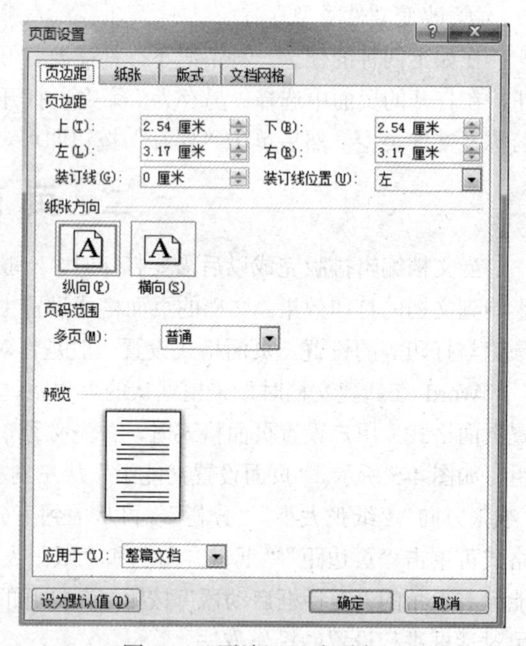

图 4-7 “页边距”选项卡

三、在文档中输入文本

我们常常建立的文档是一个空白文档，还没有具体的内容，下面介绍向文档中输入文本的一般方法，以及输入不同文本的具体操作。首先介绍定位“插入点”的方法。

1. 定位“插入点”

在 Word 文档的输入编辑状态下，光标起着定位的作用，光标的位置即对象的“插入点”位置。定位“插入点”可通过键盘和鼠标的操作来完成。

① 用键盘快速定位“插入点”；

② 用鼠标“单击”直接定位“插入点”。

方法：将鼠标指针指向文本的某处，直接单击鼠标左键定位“插入点”。

2. 输入文本的一般方法和原则

输入文本是使用 Word 的基本操作。在 Word 文档窗口中有一个闪烁的插入点，表示输入的文本将出现的位置，每输入一个文字，插入点会自动向后移动。在文档中除了可以输入汉字、数字和字母以外，还可以插入一些特殊的符号，也可以在 Word 文档中插入日期和时间。

在输入文本过程中，Word 2010 将遵循以下原则。

① Word 具有自动换行功能，因此，当输入到每一行的末尾时，不要按“Enter”键，让 Word 自动换行，只有当一个段落结束时，才按“Enter”键。如果按“Enter”键，将在插入点的下一行重新创建一个新的段落，并在上一个段落的结束处显示段落结束标记。

② 按“Space”键，将在插入点的左侧插入一个空格符号，其宽度将由当前输入法的全/半角状态而定。

③ 按“Backspace”键，将删除插入点左侧的一个字符。

④ 按“Delete”键，将删除插入点右侧的一个字符。

更多输入文本过程中的键盘用法见表 4-1。

表 4-1 键盘用法

键盘名称	光标移动情况	键盘名称	光标移动情况
↑	上移一行	Ctrl+↑	光标移到当前段落或上一段的开始位置
↓	下移一行	Ctrl+↓	光标移到下一个段落的首行首字前面
←	左移一个字符或一个汉字	Ctrl+←	光标向左移动了一个词的距离
→	右移一个字符或一个汉字	Ctrl+→	光标向右移动了一个词的距离
Home	移到行首	Ctrl+Home	光标移到文档的开始位置
End	移到行尾	Ctrl+End	光标移到文档的结束位置
PageUp	上移一页	Ctrl+PageUp	光标移到当前页或上一页的首行首字前面
PageDown	下移一页	Ctrl+PageDown	光标移到下页的首行首字前面
Backspace	删除光标左边的内容	Delete	删除光标右边的内容

3. 自动更正、拼写和语法

（1）“自动更正”功能　“自动更正”功能即自动检测并更正键入错误或误拼的单词、语法错误和错误的大小写。例如，如果键入“teh”及空格，则“自动更正”会将键入内容替换为“the”。还可以使用“自动更正”快速插入文字、图形或符号，例如，可通过键入“(c)”来插入“©”，或通过键入“ac”来插入“Acme Corporation”。

若要使用“自动更正”功能，则先添加“自动更正”条目，步骤如下。

① 单击“插入”→“符号”命令组中的“符号”按钮“Ω”，在打开的下拉列表中选择“其他符号”命令，打开“符号”对话框。

② 单击“自动更正”按钮，打开“自动更正”对话框，如图 4-8 所示。单机“开始”→“选项”→“校对”。

③ 在“替换”编辑框中输入替换的内容（例如“ac”），在“替换为”编辑框中输入准备使用的替换键（例如“Acme Corporation”），并依次单击“添加”“确定”按钮。

④ 返回 Word 2010 文档，在文档中输入“ac”后将替换为“Acme Corporation”。

（2）拼写和语法检查　Word 2010 可以自动监测所输入的文字类型，并根据相应的词典自动进行拼写和语法检查，在系统认为错误的字词下面出现彩色的波浪线，红色波浪线代表拼写错误，蓝色波浪线代表语法错误。用户可以在这些单词或词组上单击鼠标右键获得相关的帮助和提示。此功能能够对输入的英文、中文词句进行语法检查，从而提醒用户进行更改，减少输入文档的错误率。拼写和语法检查的方法如下两种。

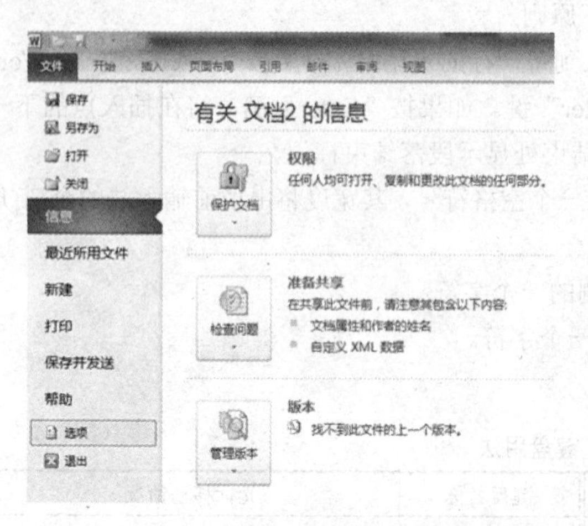

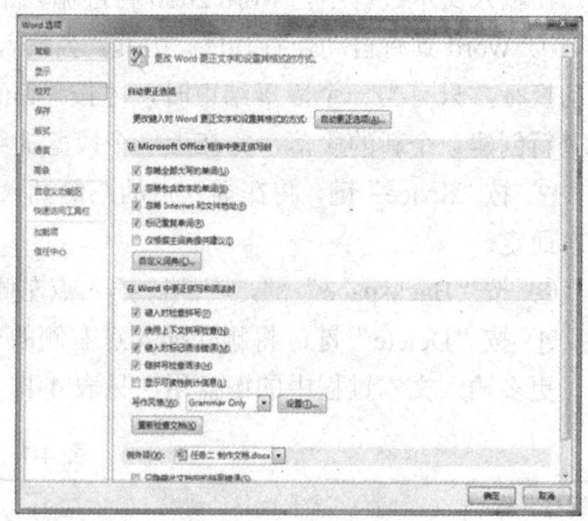

图 4-8 “自动更正”对话框

① 按“F7”键，Word 就开始自动检查文档，如图 4-9 所示。

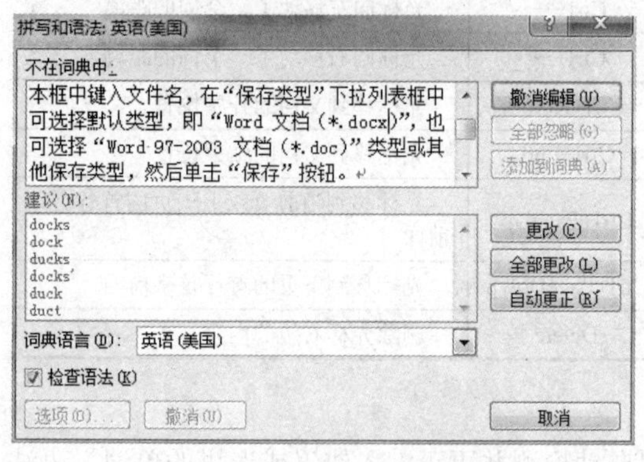

图 4-9 “拼写和语法”对话框

② 单击“审阅”→“校对”命令组中单击“拼写和语法”按钮“ ”，Word 就开始进行检查。

Word 只能查出文档中一些比较简单或者低级的错误，一些逻辑上和语气上的错误还要用户自己去检查。

4. 插入和改写

Word 默认状态是“插入”状态，即在一个字符前面插入另外的字符时，后面的字符自动后移。按下“Insert”键后，就变为“改写”状态，此时，在一个字符的前面键入另外的字符时原来的字符会被现在的字符替换。再次按下“Insert”键后，则又回到了“插入”状态。

5. 插入符号

在 Word 2010 文档中插入符号，可以使用插入符号的功能，操作方法如下。

① 将插入点移动到待插入符号的位置。

② 单击选项卡“插入”，打开“功能区”。

③ 单击“符号”按钮，在弹出的符号框中选择一种需要的符号，如图 4-10 所示。

④ 如不能满足要求，再选择“其他符号(M)...”命令，打开“符号”对话框。

⑤ 在“符号”对话框中，选择“符号”或“特殊字符”选项卡可分别插入用户需要的符号或特殊字符，如图 4-10 所示。

6. 插入日期和时间

在 Word 2010 文档中，可以直接输入日期和时间，也可插入系统固定格式的日期和时间，操作方法如下。

① 定位插入点。

② 单击“插入”选项卡，在打开的功能区中，单击“日期和时间”按钮，打开“日期和时

间”对话框，如图4-11所示。

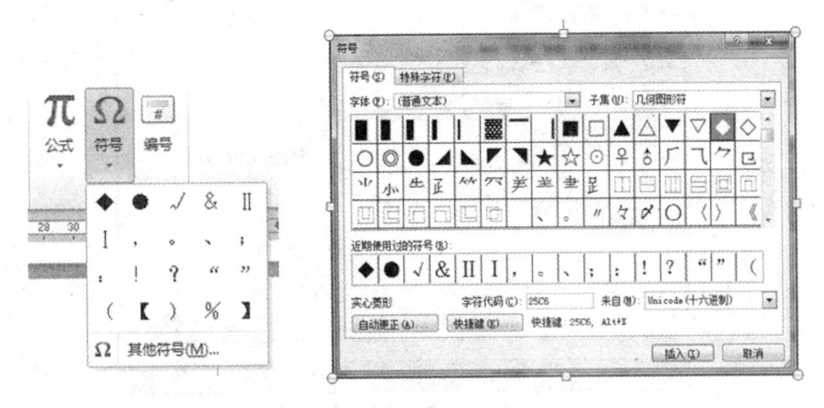

图4-10 “符号”对话框

③ 该对话框用来设置日期和时间的格式，需先在“语言（国家/地区）”下拉列表框中选择“中文（中国）”或“英语（美国）”，然后在“可用格式”列表框中选择所需的格式，如还选择了“自动更新”复选框，则插入的日期和时间会自动进行更新，不选此复选框时保持输入时的值。

④ 选定日期或时间格式后，单击“确定”按钮，插入日期或时间的同时，系统自动关闭对话框，如图4-11所示。

7. 插入数学公式

编辑文档时常常需要输入数学符号和数学公式，可以使用Word提供的“公式编辑器”来输入。例如要建立数学公式：

$$S=\sum_{i=0}^{n}(x^{i}+\sqrt[3]{y^{i}})-\frac{\alpha^{2}+4}{\alpha+\beta}+\int_{1}^{8}x\mathrm{d}x$$

可采用如下的输入方法和步骤。

① 将“插入点”定位到待插入公式的位置。

② 单击“插入”选项卡，在打开的功能区中，单击“对象”按钮，打开“对象”对话框，如图4-11所示。

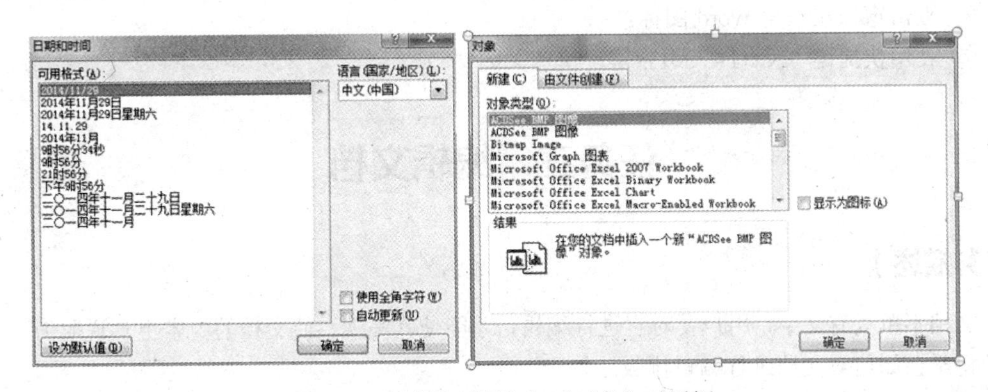

图4-11 “日期和时间”与“对象”对话框

③ 在“对象”对话框中，选择“新建”选项卡。

④ 在“对象类型”下拉列表框中选择“Microsoft 公式 3.0”，单击“确定”按钮，弹出“公式输入框”和“公式”工具栏，如图4-12所示。

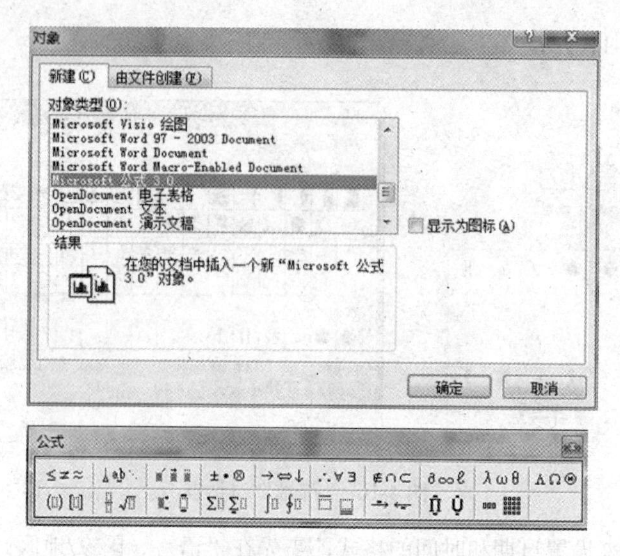

图 4-12　“公式输入框”和“公式”工具栏

⑤ 输入公式。其中一部分符号，如公式中的“S”“=”“0”等从键盘输入。“公式”工具栏中的第一行是各类数学符号，第二行是各类数学表达式模版。在输入时可用键盘上的上、下、左、右键或“Tab”键来切换“公式输入框”中的“插入点”位置。

⑥ 关闭公式编辑器，回到文档的编辑状态。可右击公式对象，选择快捷菜单中的“设置对象格式”命令，修改对象格式，如大小、版式、底色等。如再次编辑公式，可以双击公式，再次出现“公式输入框”和“公式”工具栏。

四、关 闭 文 档

关闭文档的常用方法有以下几种。

① 选择“文件”→“关闭”命令。

② 单击窗口右上角的“关闭”按钮。

③ 单击窗口左上角“W”→“关闭”命令。

④ 双击窗口左上角 Word 图标。

⑤ 使用快捷键“Alt+F4”组合键，快速关闭文档。

任务三　编辑文档

【任务描述】

文档不单只有文字，用户要对它进行编辑，才能使其美观，使文档的内容更具说服力，本次任务将学会如何对文档进行编辑排版。

【技能目标】

1．熟练掌握文档的选定操作。

2．熟练掌握文档的移动、复制与删除操作。

3．熟练掌握文本的查找与替换操作。

4．熟练掌握字体格式与段落格式设置。

5．熟练掌握分栏与首字下沉操作。

【知识结构】

一、文本的选定

文本选取的目的是将被选择的文本当作一个整体来进行操作，包括复制、删除、拖动、设置格式等。被选取的文本在屏幕上表现为“黑底白字”。文档输入后，如果要对文档进行修改，首先要选定进行修改的内容。文本选取的方法较多，根据不同的需求选择不同的文本选取方法，以便快速操作。

1. 全文选取

全文选取的操作方法有如下几种。

① 选择“开始”→“编辑”→“选择”→“全选”命令选取全文。

② 移动鼠标至文档任意正文左侧，直到指针变为指向右上角的箭头，然后三击鼠标即可选中全文。

③ 使用快捷键“Ctrl+A”选取全文。

④ 先将光标定位到文档的开始位置，再按“Shift+Ctrl+End”键选取全文。

⑤ 按住“Ctrl”键的同时单击文档左边的选定区选取全文。

2. 选取部分文档

选取部分文档的操作方法如表 4-2 所示。

表 4-2 选取部分文档的操作方法

选取范围	操作方法
字符的选取	选取一个字符：将鼠标指针移到字符前，单击并拖拽一个字符的位置
	选取多个字符：把鼠标指针移动到要选取的第一个字符前，按着鼠标左键，拖拽到选取字符的末尾，松开鼠标
行的选取	选取一行：在行左边文本选定区单击鼠标左键
	选取多行：选取一行后，继续按住鼠标左键并向上或下拖拽便可选取多行或者按住“Shift”键，单击结束行
	选取光标所在位置到行尾（行首）的文字：把光标定位在要选定文字的开始位置，按“Shift+End”键（或 Home 键），可以选中光标所在位置到行尾（首）的文字
	选取从当前插入点到光标移动所经过的行或文本部分：确定插入点，按“Shift+光标移动键”
句的选取	选取单句：按住“Ctrl”键，单击文档中的一个地方，鼠标单击处的整个句子就被选取； 选中多句：按住“Ctrl”键，在第一个要选中句子的任意位置单击，松开“Ctrl”键，按下“Shift”键，单击最后一个句子的任意位置，也可选中多句
段落的选取	双击选取段落左边的选定区，或三击段落中的任何位置
矩形区的选取	按住“Alt”键，同时拖拽鼠标
多页文本选取	先在文本的开始处单击鼠标，然后按“Shift”键，并单击所选文本的结尾处
撤消选取的文本	在除文本选取区外的任何地方单击鼠标（页面左边空白处称文本选取区）

二、文本的移动、复制与删除

1. 移动

移动文本是指将被选定的文本从原来的位置移动到另一位置的操作。

常用的文本移动方法有如下几种。

（1）使用功能区命令按钮

① 选定要移动的文本内容。

② 单击“开始”→“剪贴板”区域的“剪切”按钮“ ”，选中的内容就被放入 Windows 剪贴板中。

③ 将光标定位到要插入文本的位置，单击“开始”→“剪贴板”区域的“粘贴”按钮“ ”→在下拉粘贴选项窗口中选择“保留源格式”按钮“ ”，则被剪切的文本就会移动到光标所在的位置。

（2）使用鼠标拖动

① 选定要移动的文本内容。

② 将鼠标指针定位到被选定文本的任何位置按下鼠标左键并拖动鼠标，此时会看到鼠标指针下面带有一个虚线小方框，同时出现一条虚竖线指示插入的位置。

③ 在需要插入文本的位置释放鼠标左键即可完成移动。

（3）使用右键快捷菜单

① 选定要移动的文本内容。

② 把鼠标指针停留在选定的内容上，单击鼠标右键，在右键快捷菜单中选择“剪切”命令，选中的内容就被放入 Windows 剪贴板中。

③ 将光标定位到要插入文本的位置，单击鼠标右键，在右键快捷菜单中选择“粘贴”选项下的“保留源格式”按钮“ ”，完成移动操作。

（4）使用快捷键

① 选定要移动的文本内容。

② 按组合键“Ctrl+X”。

③ 将光标定位到要插入文本的位置，按组合键“Ctrl+V”，完成移动操作。

提示：在 Word 2010 中，在选择粘贴命令时，会出现快捷菜单窗口。在窗口中，有三个图标按钮分别“保留源格式按钮 ”“合并格式按钮 ”和“只保留文本按钮 A ”，根据需要选择不同的按钮完成粘贴操作。

2. 复制

复制文本是指将一段文本复制到另一位置，原位置上被选定的文本仍留在原处的操作。

常用的文本复制方法有如下几种。

（1）使用功能区命令按钮

① 选定要复制的文本内容。

② 单击“开始”→“剪贴板”区域的复制按钮“ ”，则选中的内容就被复制到 Windows 剪贴板之中。

③ 将光标定位到要插入文本的位置，单击“开始”→“剪贴板”区域的“粘贴”按钮“ ”→在下拉粘贴选项窗口中选择“保留源格式”按钮“ ”，则被复制的文本就会插入到光标所在的位置。

（2）使用鼠标拖动

使用鼠标拖动进行复制的步骤如下。

① 选定要复制的文本。

② 将鼠标指针定位到被选定文本的任何位置，按住“Ctrl”键的同时按下鼠标左键拖动鼠标

到需要插入文本的位置释放即可。

（3）使用右键快捷菜单

① 选定要复制的文本内容。

② 把鼠标指针停留在选定的内容上，单击鼠标右键，在右键快捷菜单中选择“复制”命令，选中的内容就被放入 Windows 剪贴板中。

③ 将光标定位到要插入文本的位置，单击鼠标右键，在右键快捷菜单中选择“粘贴”选项下的“保留源格式”按钮“”，完成复制操作。

（4）使用快捷键

① 选定要复制的文本内容。

② 按组合键“Ctrl+C”。

③ 将光标定位到要插入文本的位置，按组合键“Ctrl+V”，完成复制操作。

提示：移动，原位置上被选定的文本被移走；复制，原位置上被选定的文本仍留在原处，一次复制可以多次粘贴。

3. 删除

删除文档是指清除掉一个或一段文本的操作，常用的删除的方法有如下三种。

① 用“Delete”键删除：按“Delete”键的作用是删除插入点后面的字符，它通常只是在删除的文字不多时使用，如果要删除的文字很多，可以先选定文本，再按删除键进行删除。

② 用“Backspace”键删除：按“Backspace”键的作用是删除插入点前面的字符，它删除当前输入的错误的文字非常方便。

③ 快速删除：选定要删除的文本区域，按“Delete”键或“Backspace”键即可删除所选择的文本区域。

三、文本的查找与替换

查找与替换是编辑中最常用的操作之一。通过查找功能可以帮助用户快速找到文档中的某些内容，以便进行相关操作。替换是在查找的基础上，将找到的内容替换成用户需要的内容。Word 允许文本的内容与格式完全分开，所以用户不但可以在文档中查找文本，也可以查找指定格式的文本或者其他特殊字符，还可以查找和替换单词的不同形式，不但可以进行内容的替换，还可以进行格式的替换。在进行查找和替换操作之前，在打开的“查找和替换”对话框中，需注意查看“搜索选项”中的各个选项的含义，如表 4-3 和图 4-13 所示。

表 4-3 “搜索选项”中各选项的含义

选项名称	操作含义
全部	整篇文档
向上	插入点到文档的开始处
向下	插入点到文档的结尾处
区分大小写	查找或替换字母时需区分字母的大小写
全字匹配	在查找中，只有完整的词才能被找到
使用通配符	可用“?”或“*”分别代表任意一个字符或任意一个字符串
区分全角/半角	在查找或替换时，所有字符需区分全角/半角
忽略空格	在查找或替换时，所有空格将被忽略

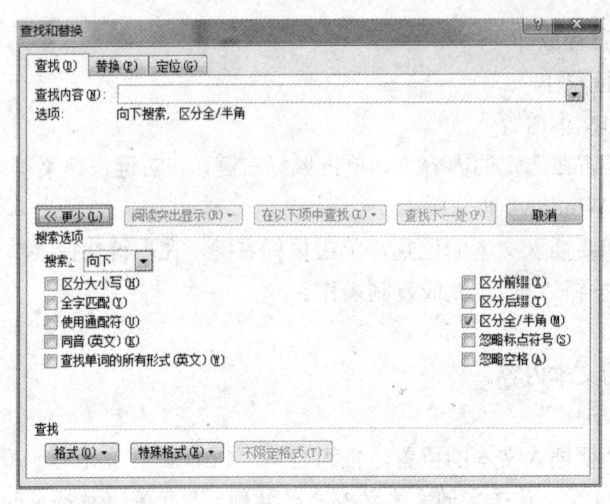

图 4-13 “查找和替换”对话框中的“搜索选项”

查找与替换的操作步骤如下。

① 打开需要进行查找或者需要进行替换的文档。

② 在“开始”功能区中，用下面三种方法之一打开“查找和替换”对话框：

a. 单击“查找”→“高级查找”选项。

b. 单击“替换”按钮。

c. 单击状态栏中的“页面”按钮。

③ 在“查找和替换”对话框中，单击“查找”选项卡，在“查找内容”文本框中输入要查找的文本，单击“查找下一处”按钮。如果需要替换新的内容，选择“替换”选项卡，在“替换为”文本框中输入用于替换的文本，然后单击“替换”或“全部替换”按钮。

④ 如果需要查找和替换格式时，单击“更多”按钮，扩展对话框，进行格式设置。

四、撤消与恢复

对于不慎出现的误操作，可以使用 Word 撤消和恢复功能取消误操作。

常用的方法有如下两种。

① 单击“快速访问工具栏”上的“撤消”按钮“”。

② 使用快捷键“Ctrl+Z”。

提示：在撤消某项操作的同时，也将撤消列表中该项操作之上的所有操作。如果连续单击“撤消”按钮，Word 将依次撤消从最近一次操作往前的各次操作。

如果事后认为不应撤消该操作，可单击“快速访问工具栏”上的“恢复”按钮“”，以恢复刚刚的撤消操作。

五、字符格式化

文本输入编辑完成以后，就可以进行排版操作。排版就是设置各种格式，Word 中的排版操作最大的特点就是“所见即所得”，排版效果立即就可以在屏幕上看到。

在设置文字格式时，要先选定待设置格式的文字，然后再进行设置，如果在设置之前没有选定任何文字，则设置的格式对后来输入的文字有效。

设置文字格式有两种方法：一种方法是单击“开始”选项卡，在打开的“字体”功能组中选择相应的工具按钮进行设置，如图 4-14 所示；另一种方法是单击字体功能组右下角的“对话框启动器”按钮，在打开的“字体”对话框中进行设置，如图 4-15 所示。

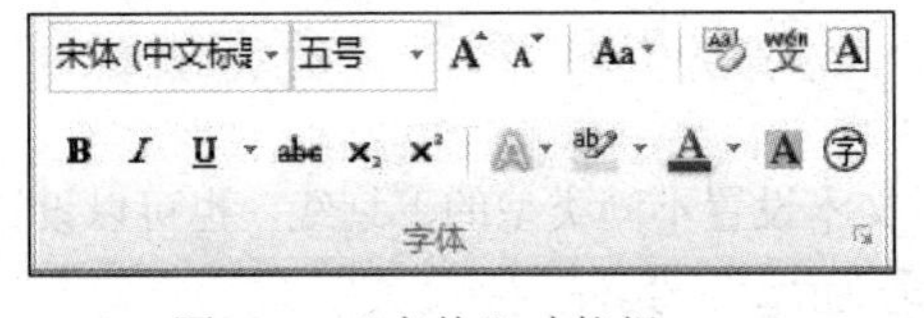

图 4-14 “字体”功能组

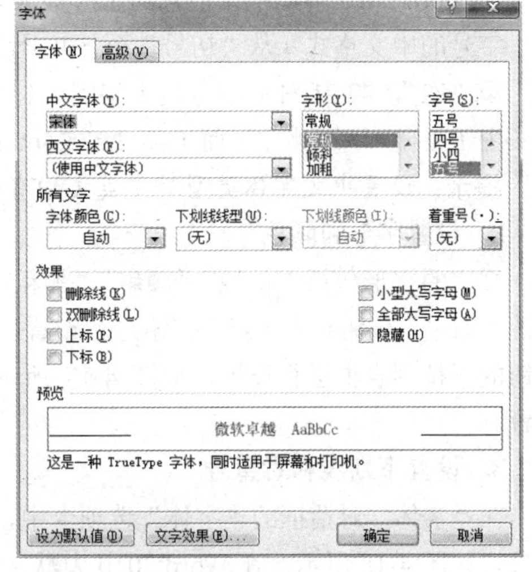

图 4-15 “字体”对话框

“字体”功能组功能按钮分两行，第 1 行从左到右分别是“字体”“字号”“增大字体”“缩小字体”“更改大小写”“清除格式”“拼音指南”和“字符边框”按钮，第 2 行从左到右分别是“加粗”“倾斜”“下划线”“删除线”“下标”“上标”“文本效果”“以不同颜色突出显示文本”“字体颜色”“字符底纹”和“带圈字符”按钮。

1. 设置字体和字号

在 Word 2010 中，默认的字体和字号，对于汉字分别是宋体（中文正文）、五号，对于西文字符分别是 Calibri（西文正文）、五号。

字体和字号的设置，分别用“字体”功能组或者“字体”对话框中的“字体”和“字号”下拉列表框都可以进行，其中在对话框中对字体进行设置时，中文和西文字体可分别进行设置。在“字体”下拉列表框中列出了可以使用的字体，包括汉字和西文，显示的内容在列出字体名称的同时又显示了该字体的实际外观，如图 4-16 所示。

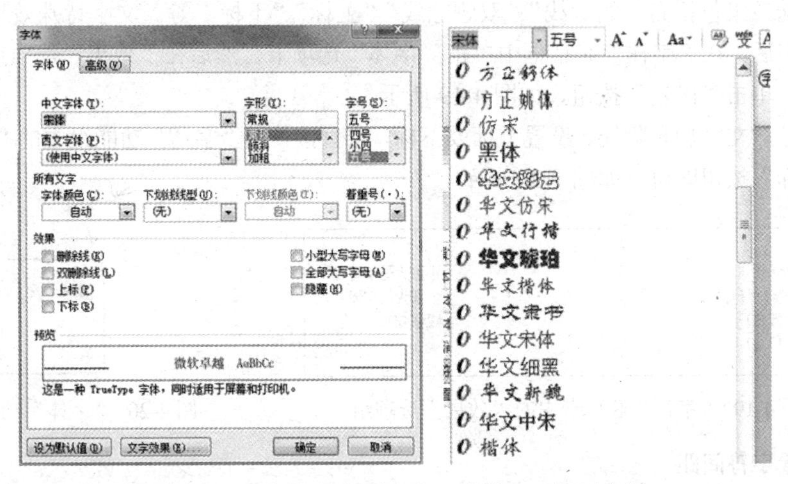

图 4-16 “字体”对话框 与“字体”下拉列表框

设置字号时，可以使用中文格式，以“号”作为字号单位，如“初号”“五号”“小五号”等，也可以使用数字格式，以“磅”作为字号单位，如“5”表示5磅、“6.5”表示6.5磅等。

在Word 2010中，中文格式的字号最大为“初号”；数字格式的字号最大为“72”磅。

字号的中文格式（从“初号”至“八号”，共16种）字号越小字越大；字号的数字格式（从“5”至“72”，共21种）字号越大字越大。

由于1磅=1/72英寸，而1英寸=25.4mm，因此，1磅=0.353mm。

提示：设置中文字体类型对中英文均有效，而设置英文字体类型仅对英文有效。

2. 设置字形和颜色

文字的字形包括“常规”“倾斜”“加粗”和“加粗倾斜”4种，字形可使用“字体”功能组上的“加粗”按钮和“倾斜”按钮进行设置。字体的颜色可使用“字体”功能组上的“字体颜色”按钮的下拉列表框进行设置，如图4-17所示。文字的字形和颜色还可使用“字体”对话框进行设置。

3. 设置下划线和着重号

在“字体”对话框的“字体”选项卡中，可以对文本设置不同类型的下划线，也可以设置着重号，如图4-18所示。在Word 2010中默认的着重号为“.”号。

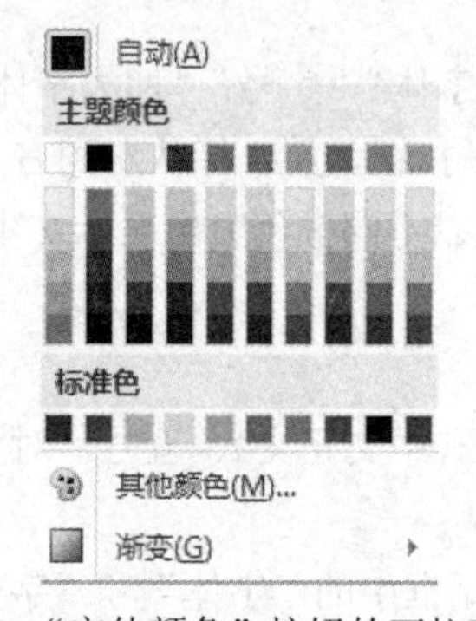

图4-17 “字体颜色”按钮的下拉列表框

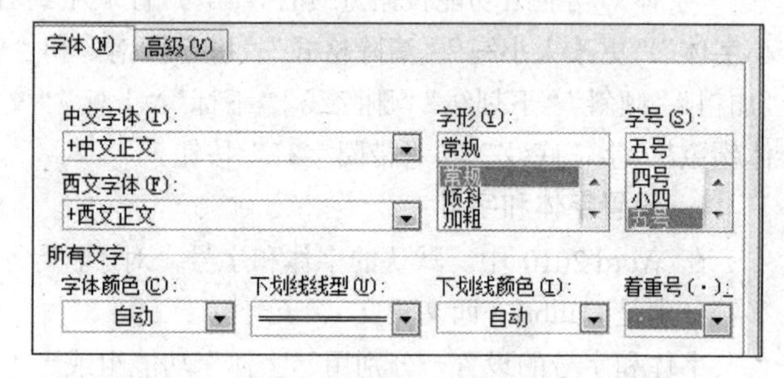

图4-18 “字体”对话框的下划线和着重号

设置下划线最直接的方法，还是使用“字体”功能组上的“下划线”按钮。

4. 设置文字特殊效果

文字特殊效果包括有“删除线”“双删除线”“上标”“下标”等。文字特殊效果的设置方法为：选定文字后，在“字体”对话框中单击“字体”选项卡，然后在“效果”选项组中，选择需要的效果项，单击“确定”按钮，如图4-19所示。

如果只是对文字加删除线、设置上标或下标，可直接使用“字体”功能组中的“删除线”“上标”或“下标”按钮即可，如图4-20所示。

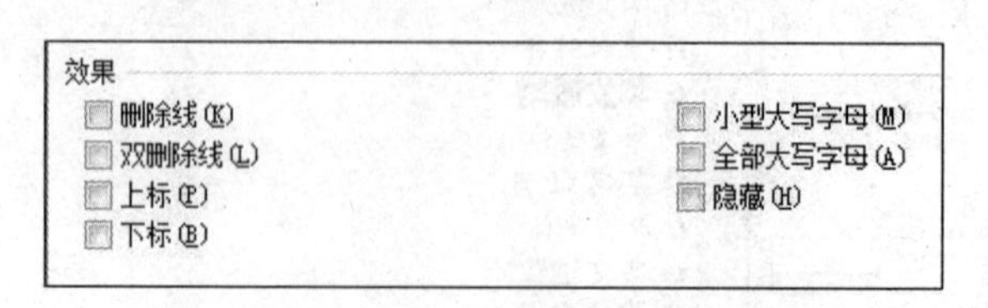

图4-19 “字体”选项卡中的“效果”选项组

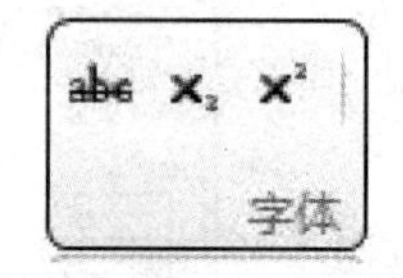

图4-20 “字体”功能组中的按钮

5. 设置字符间距

用户在使用Word 2010过程中，有时为了某些特殊的需要，如加大文字的间距、对文字进行缩放及提升文字的位置等。在“字体”对话框中，选择“高级”选项卡，如图4-21所示，在“字符间距”选项组中可设置文字的缩放、间距和位置。

（1）缩放字符　所谓缩放字符指的是将字符本身加宽或变窄。具体操作方法为：选定待缩放的文字后，在“字体”对话框中，选择“高级”选项卡，在“字符间距”选项组中的“缩放”框右侧，单击下三角按钮，如图4-22所示，选定缩放值后单击“确定”按钮即可。

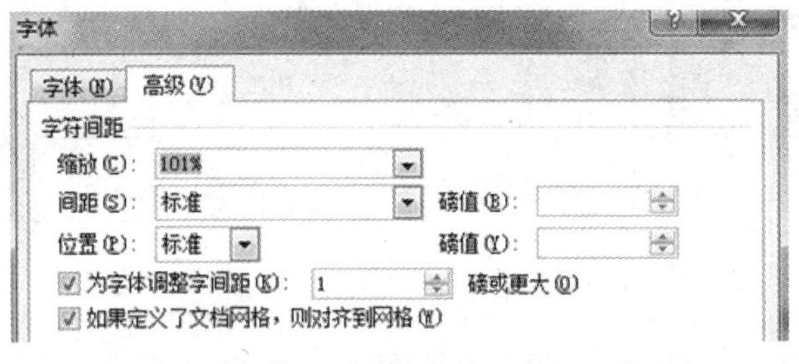

图4-21　“字体”对话框中的“高级”选项卡

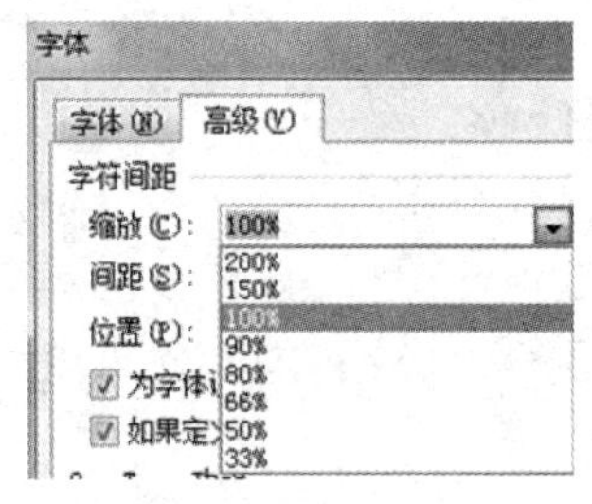

图4-22　设置文字缩放

（2）设置字符的间距　设置字符间距的具体操作方法为：选定待设置间距的文字后，在“字体”对话框中，选择“高级”选项卡，如图4-21所示，在“字符间距”选项组的“间距”列表框中选择“加宽”或“紧缩”，如图4-23所示，并设置磅值后，单击“确定”按钮。

（3）设置字符的位置　设置字符位置的具体操作方法为：选定待设置位置的文字后，在“字符间距”选项组的“位置”列表框中，选定“提升”或“降低”，如图4-24所示，并设置磅值后，单击“确定”按钮。

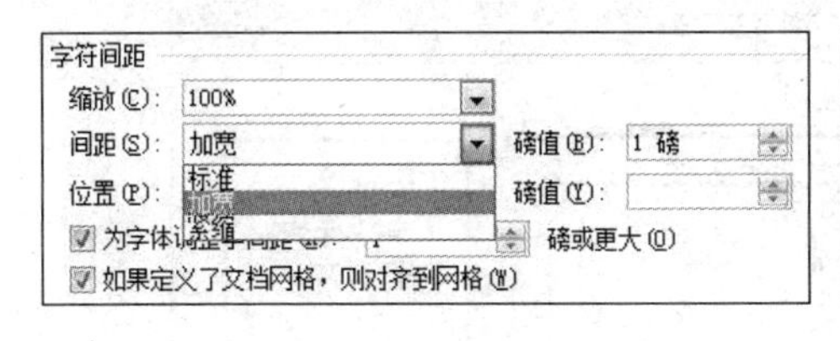

图4-23　设置文字间距

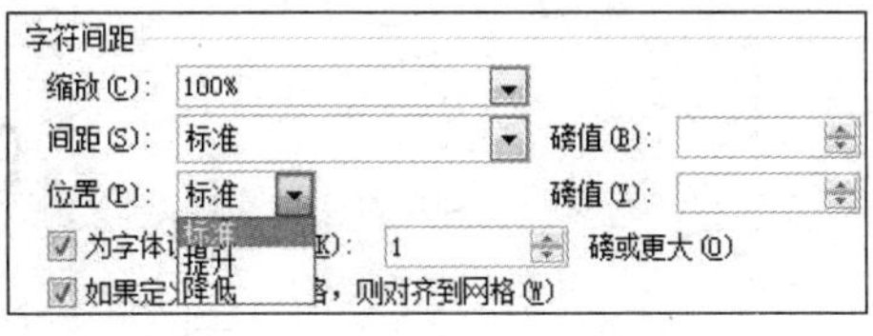

图4-24　设置文字位置

6. 设置字符边框和字符底纹

设置边框和底纹都是为了使内容更加醒目突出，在Word 2010中，可以添加的边框有3种，分别为字符边框、段落边框和页面边框；可以添加的底纹有字符底纹和段落底纹。页面边框、段落边框和段落底纹放在后面介绍。

（1）设置字符边框

① 给字符设置系统默认的边框，方法为：选定文字后，直接单击“字体”功能组上的“字符边框”按钮即可。

② 给字符设置用户自定义的边框，方法为：选定待设置边框的文字后，单击“页面布局”选项卡，在打开的“页面背景”功能组中，单击“页面边框”按钮，打开“边框和底纹”对话框，选择“边框”选项卡，在“设置”选择区下选择方框类型后，再设置方框的“线型”“颜色”和“宽度”；在“应用于”下拉列表项中，选择“文字”后，如图4-25所示，单击“确定”按钮。

（2）设置字符底纹

① 给字符设置系统默认的底纹，方法为：选定文字后，直接单击“字体”功能组上的“字符底纹”按钮即可。

② 给字符设置用户自定义的底纹，方法为：在打开的“边框和底纹”对话框中，选择“底纹”选项卡，在打开的“填充”区选择颜色，或在“图案”区选择“样式”；再在“应用于”下拉列表项中选择“文字”，如图 4-26 所示，然后单击“确定”按钮即可。

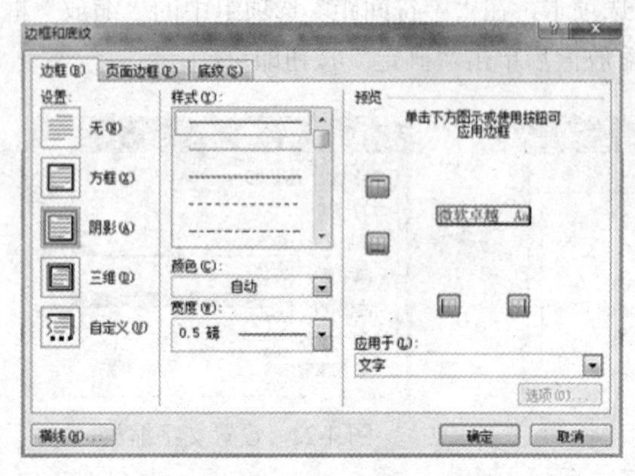

图 4-25 设置字符边框

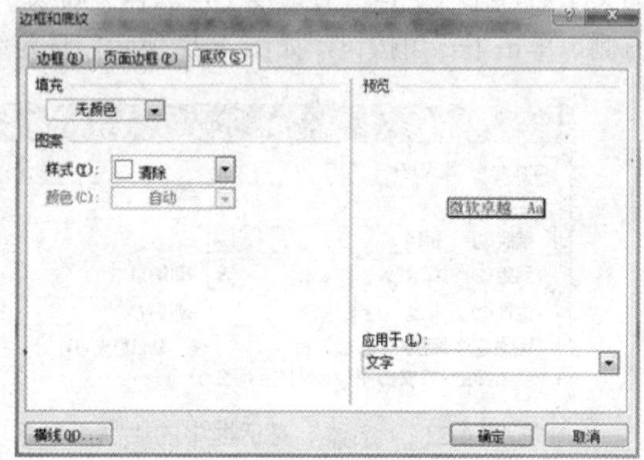

图 4-26 设置字符底纹

7. 文字方向设置

Word 2010 中可以方便地更改文字的显示方向，实现不同的效果。单击“页面布局”→“页面设置”→“文字文向”命令按钮，打开如图 4-27 所示的文字方向设置下拉菜单。在该菜单中选择不同的命令完成不同的文字方向设置。

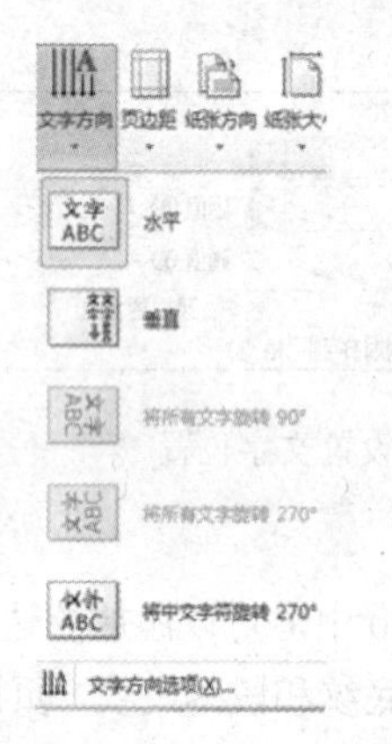

图 4-27 “文字方向”下拉菜单

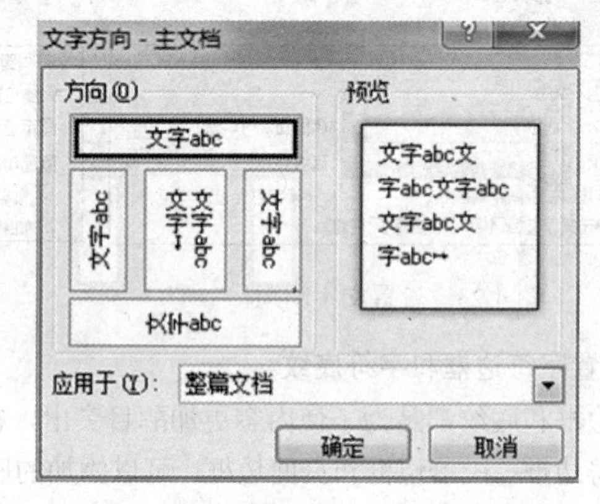

图 4-28 “文字方向-主文档”对话框

在下拉菜单中选择“文字方向选项”命令，打开如图 4-28 所示的一种文字方向设置对话框，在左边“方向”区域中选择方向类型，右侧预览区可显示设置的效果，在“应用于”文本框中选择“整篇文档”或是“插入点之后”，单击“确定”按钮完成文字方向设置。

提示： 该对话框的“应用于”对象是“整篇文档”，即全部文字都将改变方向。如果需要对特定的文字应用不同方向，则该文字必须处在特定的“容器”中，例如“文本框”、表格中的“单元格”等。

8. 字符格式的复制和清除

（1）复制字符格式　如果文档中有若干个不连续的文本段要设置相同的字符格式，可以先对其中一段文本设置格式，然后使用格式复制的功能将一个文本设置好的格式复制到另一个文本上，显然，如果设置的格式越复杂，使用格式复制的方法效率也就越高。

复制格式需要使用“剪贴板”功能组上的“格式刷”按钮完成，这个“格式刷”不仅可以复制字符格式，还可以复制段落格式。

一次复制字符格式的过程如下。

① 选定已设置好字符格式的文本。

② 单击“剪贴板”功能组上的“格式刷”按钮，此时，该按钮呈下沉显示，鼠标变成刷子形。

③ 将光标移动到待复制字符格式的文本的开始处，拖动鼠标直到待复制字符格式的文本结尾处，释放鼠标完成格式复制。

④ 重复上述操作对不同位置的文本进行格式复制。

⑤ 复制完成后，再次单击“格式刷”按钮结束格式的复制。

（2）清除字符格式　格式的清除是指将用户所设置的格式恢复到默认的状态，可以使用以下两种方法。

① 选定待使用默认格式的文本，然后用格式刷将该格式复制到要清除格式的文本。

② 选定待清除格式的文本，然后单击“字体”功能组中的“清除格式”按钮或按“Ctrl+Shift+Z”组合键。

字符除了进行上述的字体字号等的设置外，还可进行一些其他设置，主要包括：带圈字符、拼音、更改字母的大小写、突出显示和中文简繁转换等的设置。这些设置可通过单击“字体”功能组上的“带圈字符”“拼音指南”“更改大小写”“以不同颜色突出显示文本”按钮和单击“审阅”选项卡下的“中文简繁转换”功能组中相应按钮来实现。在此不再做介绍，请读者自己体会。

六、设置段落格式

在 Word 中，每按一次“Enter”键便产生一个段落标记，段落就是指以段落标记作为结束的一段文本或一个对象，它可以是一空行、一个字、一句话、一个表格、一个图形等。段落标记不仅是一个段落结束的标志，同时还包含了该段的格式信息，这一点在后面的格式复制中可以看出。

设置段落格式常使用两种方法：一种方法是单击“开始”选项卡，在打开的“段落”功能组中选择相应的工具按钮进行设置，如图 4-29 所示，另一种方法是单击“段落”功能组右下角的“对话框启动器”按钮，在打开的“段落”对话框中进行设置，如图 4-30 所示。

图 4-29 “段落”功能组

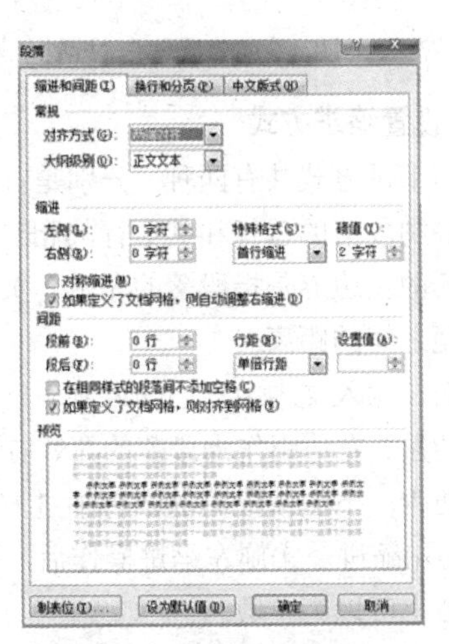

图 4-30 “段落”对话框

如图4-29所示，“段落”功能组功能按钮分两行：第1行从左到右分别是“项目符号”“编号”“多级列表”“减少缩进量”“增加缩进量”“中文版式”“排序”和 “显示/隐藏编辑标记”按钮；第2行从左到右分别是“文本左对齐”“居中”“文本右对齐”“两端对齐”“分散对齐”“行和段落间距”“底纹”和“下框线”按钮。

段落格式的设置包括缩进、对齐方式、段间距与行距、边框与底纹以及项目符号与编号等。

在Word中，在进行段落格式设置前需先选定段落，当只对某一个段落进行格式设置时，只需将光标定位到该段的任一位置即可；如果要对多个段落进行格式设置，则必须先选定待设置格式的所有段落。

1. 设置对齐方式

Word段落的对齐方式有：“两端对齐”“左对齐”“居中”“右对齐”和“分散对齐”五种。

（1）五种对齐方式各自的特点

① 两端对齐：使文本按左、右边距对齐，并自动调整每一行的空格。

② 左对齐：使文本向左对齐。

③ 居中：段落各行居中，一般用于标题或表格中的内容。

④ 右对齐：使文本向右对齐。

⑤ 分散对齐：使文本按左、右边距在一行中均匀分布。

（2）设置对齐方式的操作方法

① 方法一：选定待设置对齐方式的段落后，在打开的“段落”对话框中，选择“缩进和间距”选项卡，在“常规”选项区下的“对齐方式”下拉列表中，选定用户所需的对齐方式后，单击“确定”按钮，如图4-31所示。

② 方法二：选定待设置对齐方式的段落后，单击“段落”功能组上的相应对齐按钮，如图4-32所示。

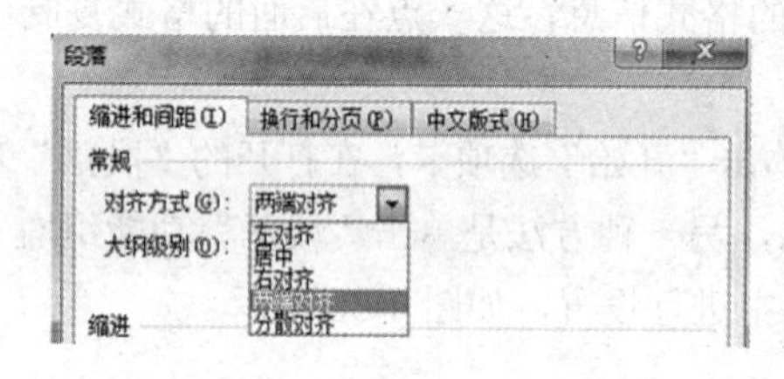

图4-31 “段落”对话框

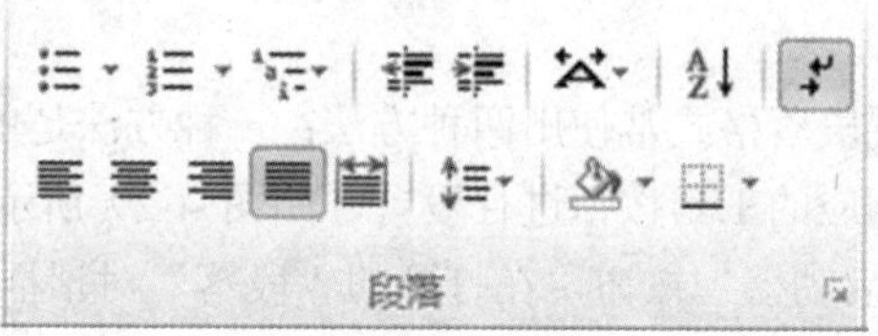

图4-32 “段落”功能组

2. 设置缩进方式

段落缩进方式共有四种，分别是首行缩进、悬挂缩进、左缩进和右缩进。其中首行缩进和悬挂缩进控制段落的首行和其他行的相对起始位置，左缩进和右缩进则用于控制段落的左、右边界。所谓段落的左边界是指段落的左端与页面左边距之间的距离，段落的右边界是指段落的右端与页面右边距之间的距离。

前面在输入文本中，当输入到一行的末尾时会自动另起一行，这是因为在Word中默认的是以页面的左、右边距作为段落的左、右边界，通过左缩进和右缩进的设置，可以改变选定段落的左、右边距。下面就段落的四种缩进方式进行说明。

（1）左缩进　实施左缩进操作后，被操作段落整体向右侧缩进一定的距离。左缩进的数值可以为正数也可以为负数。

（2）右缩进　与左缩进相对应，实施右缩进操作后，被操作段落整体向左侧缩进一定的距离。

右缩进的数值可以为正数也可以为负数。

（3）首行缩进　实施首行缩进操作后，被操作段落的第一行相对于其他行向右侧缩进一定距离。首行缩进的数值必须介于 0～55.87 厘米之间。

（4）悬挂缩进　悬挂缩进与首行缩进相对应。实施悬挂缩进操作后，各段落除第一行以外的其余行，向左侧缩进一定距离。悬挂缩进的数值同样必须介于 0～55.87 厘米之间。如图 4-33 所示。

缩进的操作方法如下。

（1）通过标尺进行缩进　具体操作步骤：选定待设置缩进方式的段落后，拖动水平标尺（横排文本时）或垂直标尺（纵排文本时）上的相应滑块到合适的位置；在拖动滑块过程中，如果按住“Alt”键，可同时看到拖动的数值。

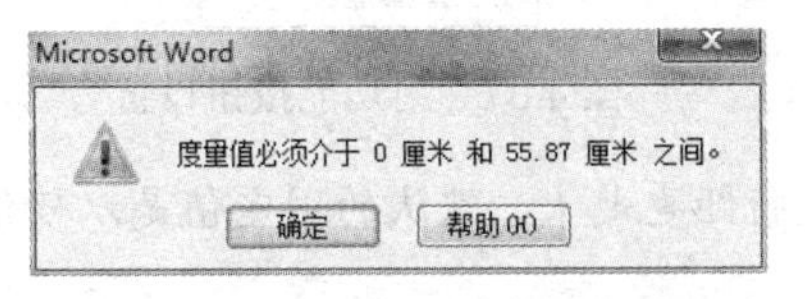

图 4-33　首行缩进和悬挂缩进的数值范围

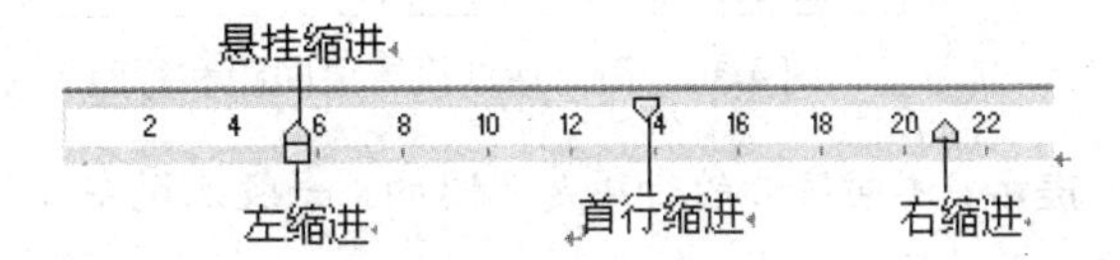

图 4-34　缩进标记

在水平标尺上有 3 个缩进标记（其中悬挂缩进和左缩进为一个缩进标记），如图 4-34 所示，但可进行 4 种缩进，即悬挂缩进、首行缩进、左缩进和右缩进。现对这 3 个缩进标记的操作做如下说明。

① 用鼠标拖动首行缩进标记，用以控制段落的第一行第一个字的起始位置；

② 用鼠标拖动左缩进标记，用以控制段落的第一行以外的其他行的起始位置；

③ 鼠标拖动右缩进标记，用以控制段落右缩进的位置。

（2）通过“段落”对话框进行缩进　具体操作步骤：选定待设置缩进方式的段落后，在打开的“段落”对话框中，选择“缩进和间距”选项卡，如图 4-35 所示，在“缩进”选项区中，设置相关的缩进值后，单击“确定”按钮。

（3）通过“段落”功能组按钮进行缩进　具体操作步骤：选定待设置缩进方式的段落后，通过单击“减少缩进量”按钮或“增加缩进量”按钮进行缩进操作。

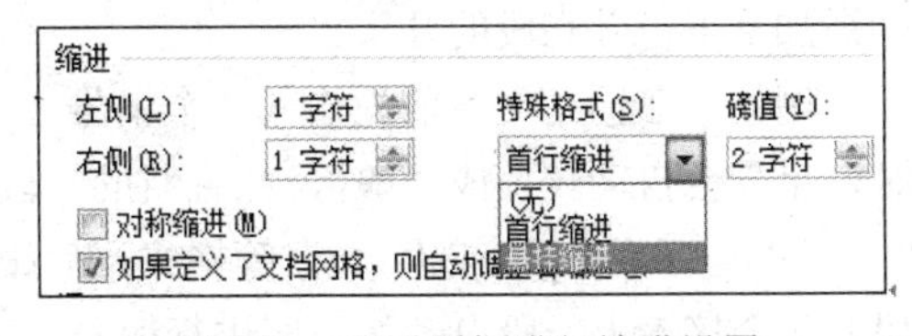

图 4-35　用对话框进行缩进设置

3. 设置段间距和行距

设置段间距和行距是文档排版操作中最重要一步操作，首先要搞清楚段间距和行距两个重要的基本概念。

① 段间距：指段与段之间的距离。段间距包括有：段前间距和段后间距，段前间距是指选定段落与前一段落之间的距离；段后间距是指选定段落与后一段落之间的距离。

② 行距：指各行之间的距离。行距包括有：单倍行距、1.5 倍行距、2 倍行距、多倍行距、最小值和固定值。

段间距和行距的设置方法如下。

（1）方法一　选定待设置段间距和行距的段落后，单击“段落”功能组的“对话框启动器”按钮，在打开的“段落”对话框中选择“缩进和间距”选项卡，在“间距”选择区，设置“段前”和“段后”间距，在“行距”选择区设置“行距”，如图 4-36 所示。

（2）方法二　选定待设置段间距和行距的段落后，单击“段落”功能组上的“行和段落间距”按钮设置段间距和行距，如图 4-37 所示。

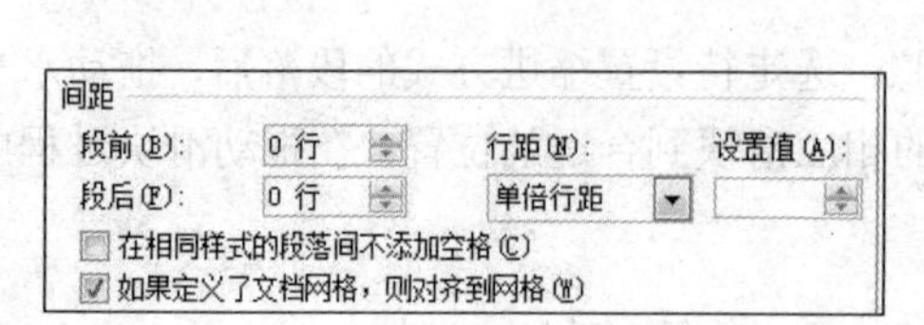

图 4-36　用对话框设置段间距和行距

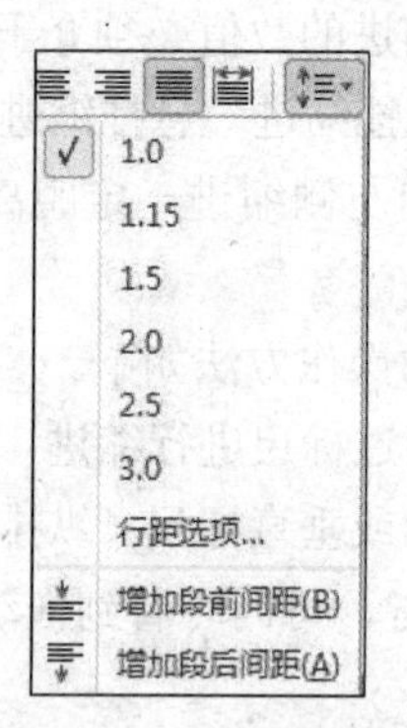

图 4-37　用功能按钮设置

提示：不同字号的行距是不同的。一般来说字号越大行距也越大。默认的固定值是以磅值为单位，五号字行距是 12 磅。

4. 设置项目符号和编号

在 Word 中，有时为了让文本内容更具条理性和可读性，往往需要给文本内容添加项目符号和编号。项目符号和编号的区别在于：项目符号是一组相同的特殊符号，而编号是一组连续的数字或字母。很多时候，系统会自动给文本自动添加编号，但更多的时候需要用户手动添加。

添加项目符号或编号，可以在“段落”功能组中，单击相应的功能按钮进行添加，还可以使用自动添加的方法。下面分别予以介绍。

方法一：自动建立项目符号和编号。

操作步骤：要自动创建项目符号和编号列表，应在输入文本前先输入一个项目符号或编号，后跟一个空格，再输入相应的文本，待本段落输入完成后按“回车”键时，项目符号和编号会自动添加到下一并列段的开头。

例如，在输入文本前先输入一个星号（ * ），后跟一个空格，再输入文本，当按“回车”键时，星号会自动转换成“●”，并且新的一段也自动添加了该符号；要创建编号列表，则先输入“a．”“1．”“1）”或“一、”等格式，后跟一个空格，然后输入文本，按“回车”键时，新一段开头会接着上一段自动按顺序进行编号。

方法二：用户设置项目符号和编号。

操作步骤：选定待设置项目符号和编号的文本段后，单击“段落”功能组中的“项目符号”或“编号”右侧下三角按钮，在打开的“项目符号库”或“编号库”页面中添加。

（1）设置项目符号　在“项目符号库”页面中，从现有符号中，选择一种需要的项目符号，单击该符号后，符号插入的同时，系统自动关闭该页面，如图 4-38 所示。

自定义项目符号操作步骤如下。

① 如果给出的项目符号不能满足用户的要求，可在“项目符号库”页面中，选择“定义新项目符号（D）...”选项命令，打开“定义新项目符号”对话框，如图 4-39 所示。

② 在打开的“定义新项目符号”对话框中，单击“符号”按钮，打开“符号”对话框，选择一种符号，如图 4-40 所示。

③ 如果用户还需要为选定的项目符号设置不同的颜色，可以单击“字体”按钮，打开“字体”对话框，为符号设置颜色，如图 4-41 所示，设置完毕后，单击“确定”按钮，返回到“定

义新项目符号”对话框。

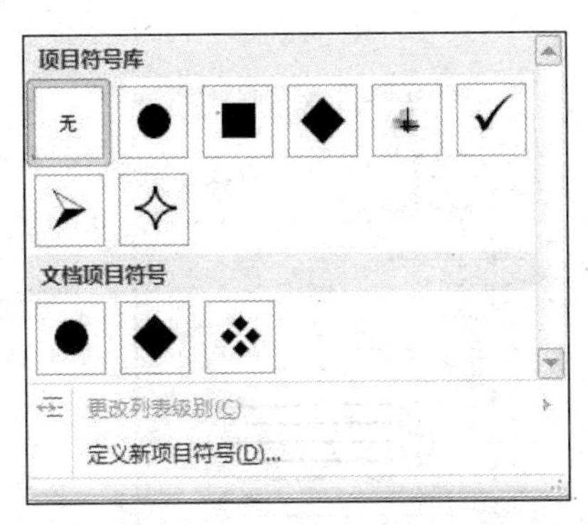

图 4-38 “项目符号库”页面

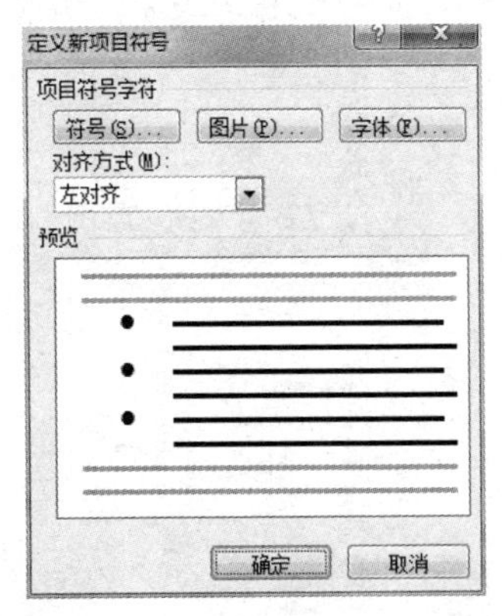

图 4-39 “定义新项目符号”对话框

用户还可选择图片作为项目符号：方法是在“定义新项目符号”对话框中，如图 4-39 所示，单击“图片”按钮，打开“图片项目符号”对话框，选定一种图片后，单击“确定”按钮，返回到“定义新项目符号”对话框。如果系统所提供的图片不满意，用户还可单击“图片项目符号”对话框中的“导入”按钮，导入用户所需的图片。

设置对齐方式，单击“确定”按钮，插入符号的同时系统自动关闭“定义新项目符号”对话框。

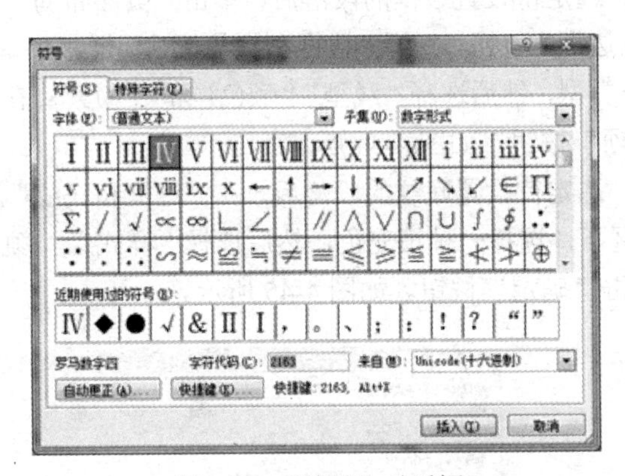

图 4-40 “符号”对话框

图 4-41 “字体”对话框

（2）设置编号　设置编号的一般方法：在“段落”功能组中，单击“编号”按钮右侧的下三角按钮，打开“编号库”页面，如图 4-42 所示，从现有编号列表中，选定一种需要的编号后，单击“确定”按钮，即可完成编号设置。

自定义编号的操作步骤如下。

① 如果现有编号列表中的编号样式不能满足用户的要求，可在“编号库”页面中，选择“定义新编号格式（D）...”选项命令，打开“定义新编号格式”对话框，如图 4-43 所示。

② 在“编号格式”栏的“编号样式”下拉列表中选择一种编号样式。

③ 在“编号格式”栏中，单击“字体”按钮，打开“字体”对话框，对编号的字体和颜色进行设置。

④ 在“对齐方式”下拉列表中选择一种对齐方式。

⑤ 设置完成后，最后单击“确定”按钮，插入编号的同时系统自动关闭对话框。

图 4-42 “编号库”页面

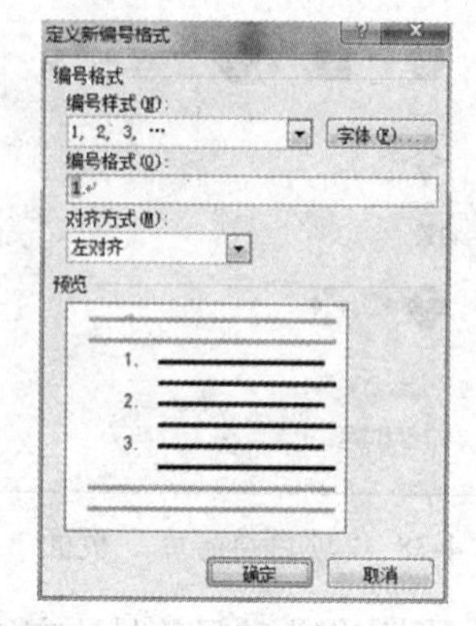

图 4-43 “定义新编号格式”对话框

5. 设置段落边框和段落底纹

在 Word 中，边框的设置对象可以是文字、段落、页面和表格；底纹的设置对象可以是文字、段落和表格。前面已经介绍了对字符设置边框和底纹的方法，下面将介绍设置段落边框、段落底纹和页面边框的方法。

（1）给段落设置边框　具体操作步骤为：选定待设置边框的段落后，单击“页面布局”选项卡，在打开的“页面背景”功能组单击“页面边框”按钮，打开“边框和底纹”对话框，选择“边框”选项卡，在“设置”选项区下，选择边框类型，然后选择“线型”“颜色”和“宽度”；在“应用于”列表中，选择“段落”后，单击“选项”按钮。如图 4-44 所示。

（2）给段落设置底纹　具体操作步骤为：选定待设置底纹的段落后，在“边框和底纹”对话框中选择“底纹”选项卡，在“填充”列表区下，选择一种填充色，然后选择“样式”、“颜色”；在“应用于”列表中，选择“段落”后，单击“确定”按钮。如图 4-45 所示。

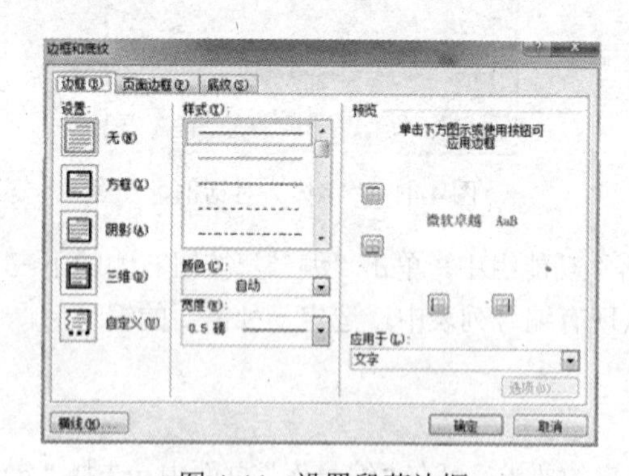

图 4-44　设置段落边框

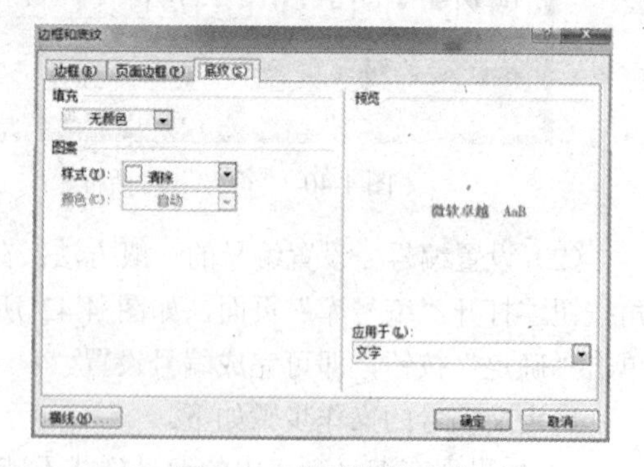

图 4-45　设置段落底纹

（3）设置页面边框　具体操作步骤为：将插入点定位在文档中的任意位置。选择“边框和底纹”对话框中的“页面边距”选项卡，可以设置普通页面边框，也可以设置“艺术型”页面边框，如图 4-46 所示。

取消边框或底纹的具体操作步骤是：先选择带边框和底纹的对象，将边框设置为“无”，底纹设置为“无填充颜色”即可。

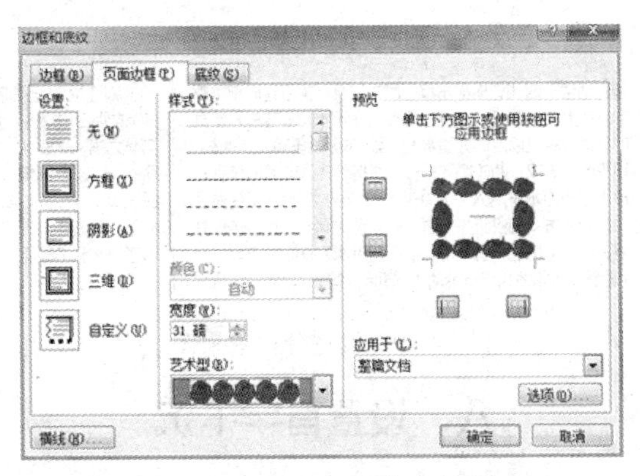

图 4-46　设置“艺术型”页面边框

七、设置分栏排版

报刊和杂志在排版时，经常需要对文章内容进行分栏排版，使文章易于阅读，页面更加生动美观。设置分栏常使用如下方法。

① 选定待进行分栏的文本区域（对整篇文档进行分栏不用选定文本区域）。

② 单击“页面布局”选项卡，在“页面设置”功能组，单击“分栏”按钮，打开“分栏”页面，如图 4-47 所示。

③ 在“分栏”页面中可选择“一栏”“两栏”“三栏”或“偏左”“偏右”，也可单击“更多分栏（C）...”选项命令，打开“分栏”对话框，如图 4-48 所示。

④ 在打开的“分栏”对话框中，进行如下设置。

a. 在“预设”栏区选择栏数或在“栏数”文本框输入数字。

b. 如果设置各栏宽相等，可选中“栏宽相等”复选框。

c. 如果设置不同的栏宽，则单击“栏宽相等”复选框以取消它的设定，各栏“宽度”和“间隔”可在相应文本框中输入和调节。

d. 选中“分隔线”复选框，可在各栏之间加上分隔线。

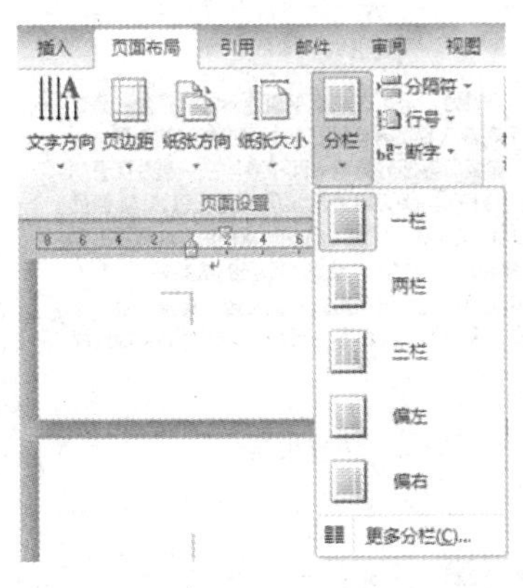

图 4-47　“分栏”页面

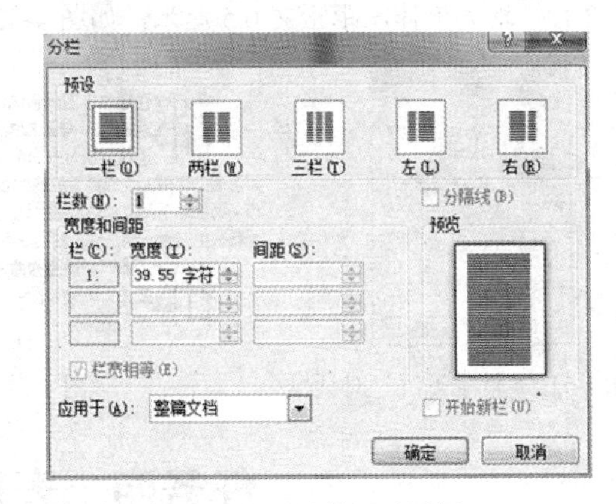

图 4-48　“分栏”对话框

⑤ 单击“应用于”下拉按钮，在列表中选择分栏设置的应用范围。

⑥ 单击“确定”按钮，完成设置，效果如图 4-49 所示。

提示： 若要删除分栏，则需选中分栏的文本，设置为单栏即可。

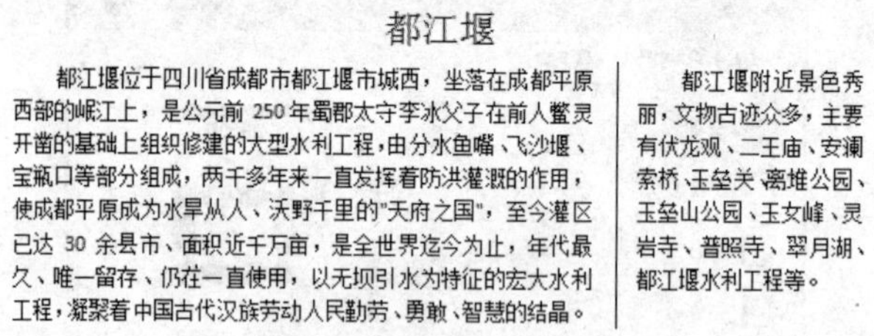

都江堰

都江堰位于四川省成都市都江堰市城西，坐落在成都平原西部的岷江上，是公元前250年蜀郡太守李冰父子在前人鳖灵开凿的基础上组织修建的大型水利工程，由分水鱼嘴、飞沙堰、宝瓶口等部分组成，两千多年来一直发挥着防洪灌溉的作用，使成都平原成为水旱从人、沃野千里的"天府之国"，至今灌区已达30余县市、面积近千万亩，是全世界迄今为止，年代最久、唯一留存、仍在一直使用，以无坝引水为特征的宏大水利工程，凝聚着中国古代汉族劳动人民勤劳、勇敢、智慧的结晶。

都江堰附近景色秀丽，文物古迹众多，主要有伏龙观、二王庙、安澜索桥、玉垒关、离堆公园、玉垒山公园、玉女峰、灵岩寺、普照寺、翠月湖、都江堰水利工程等。

图 4-49　设置分栏效果图

八、设置首字下沉

首字下沉是指一个段落的第一个字采用特殊的格式显示，目的是使段落醒目，引起读者的注意，设置首字下沉的方法如下。

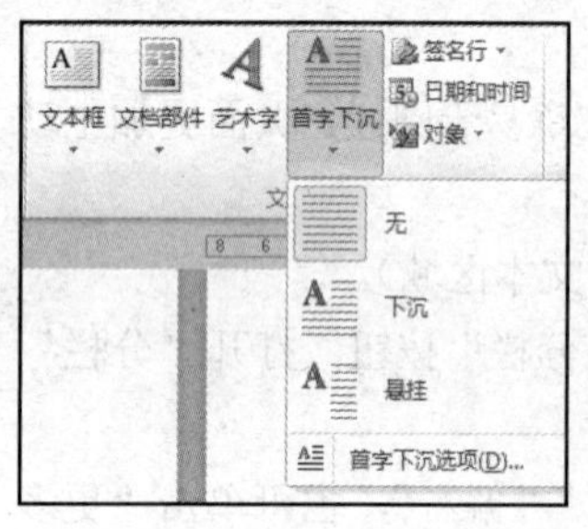

图 4-50　“首字下沉”列表

① 插入点移到待设置首字下沉的段落。

② 单击“插入”选项卡，在打开的“文本”功能组中，单击“首字下沉”按钮，在打开的“首字下沉”列表中，可选择无、下沉、悬挂或单击“首字下沉选项（D）...”，打开“首字下沉”对话框，如图 4-50 和图 4-51 所示。

③ 在对话框中，可以进行下面的设置。

a. 位置：有“无”“下沉”和“悬挂”三种。

选“无”时是取消原来设置的首字下沉。

选“下沉”时，将段落的第一个字符设为下沉格式并与左页边距对齐，段落中的其余文字环绕在该字符的右侧和下方。

选“悬挂”时，将段落的第一个字符设为下沉并将其置于从段落首行开始的左页边距中。

b. 选项：可以设置字体、下沉行数和距正文的距离。

④ 单击“确定”按钮完成设置。

例如，对两段文本分别设置不同的首字下沉效果，第一段设置的是下沉 3 行，第二段设置的是下沉 2 行，均为楷体，距正文 0.5 厘米，如图 4-52 所示。

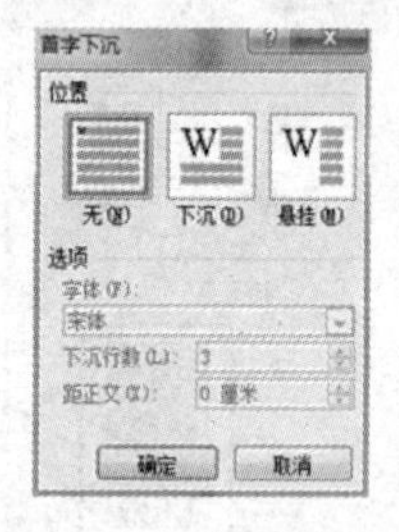

图 4-51 “首字下沉”对话框

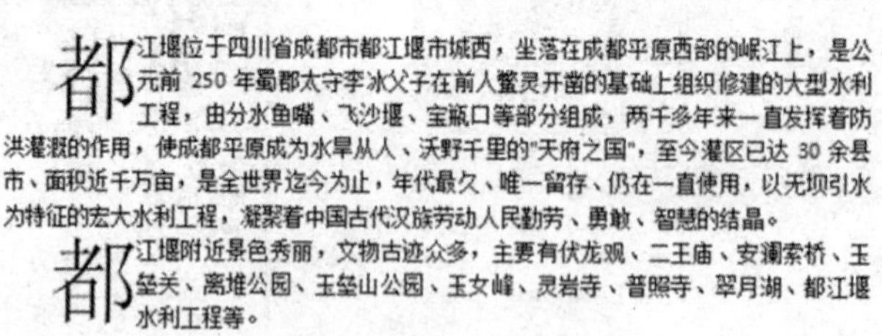

都江堰位于四川省成都市都江堰市城西，坐落在成都平原西部的岷江上，是公元前250年蜀郡太守李冰父子在前人鳖灵开凿的基础上组织修建的大型水利工程，由分水鱼嘴、飞沙堰、宝瓶口等部分组成，两千多年来一直发挥着防洪灌溉的作用，使成都平原成为水旱从人、沃野千里的"天府之国"，至今灌区已达30余县市、面积近千万亩，是全世界迄今为止，年代最久、唯一留存、仍在一直使用，以无坝引水为特征的宏大水利工程，凝聚着中国古代汉族劳动人民勤劳、勇敢、智慧的结晶。

都江堰附近景色秀丽，文物古迹众多，主要有伏龙观、二王庙、安澜索桥、玉垒关、离堆公园、玉垒山公园、玉女峰、灵岩寺、普照寺、翠月湖、都江堰水利工程等。

图 4-52　首字下沉的设置效果

任务四　表格处理

【任务描述】

在编辑的文档中，使用表格是一种简明扼要的表达方式。它以行和列的形式组织信息，结构严谨，效果直观。常常一张表格就可以代表大篇的文字描述，所以在各种经济、科技等书刊和文章中越来越多地使用表格。

【技能目标】

1．熟练掌握表格的基本操作。

2．熟练掌握表格的格式设置。

3．学会对表格进行修改，并且要学会排序、计算等操作。

【知识结构】

一、插 入 表 格

Word 2010 插入表格有以下几种方法。

1．拖动鼠标插入表格

① 在打开 Word 2010 文档页面，单击“插入”选项卡。

② 在表格命令组中，单击“表格”按钮。

③ 拖动鼠标选中合适的行和列的数量，释放鼠标即可在页面中插入相应的表格。如图 4-53 所示。

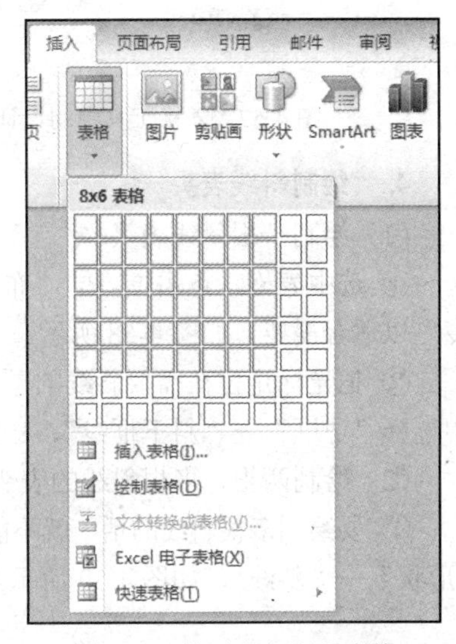

图 4-53　拖动鼠标插入表格

2．　使用“插入表格”对话框

① 在“表格”命令组中单击“表格”按钮，并选择“插入表格”命令，如图 4-54 所示。

② 打开“插入表格“对话框，如图 4-55 所示。

③ 在表格对话框中分别设置表格行数和列数，如果需要的话，可以选择“固定列宽”“根据内容调整表格”或“根据窗口调整表格”选项。完成后单击“确定”按钮即可。

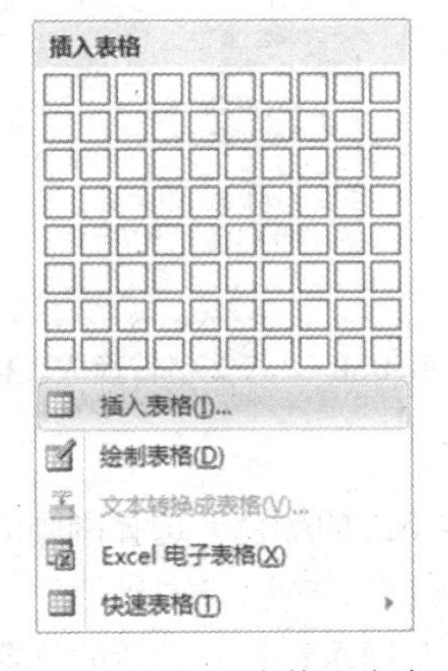

图 4-54 “插入表格”命令

图 4-55 “插入表格”对话框

3．手工绘制表格

使用绘制工具可以创建具有斜线、多样式边框、单元格差异很大的复杂表格。操作步骤如下。

① 选择“插入”→“表格”→“绘制表格”，此时鼠标指针变为铅笔状。

② 在文档区域拖动鼠标绘制一个表格框，在表格框中向下拖动鼠标画列，向右拖动鼠标画行，对角线拖动鼠标绘制斜线。如图 4-56 为手工绘制表格示例。

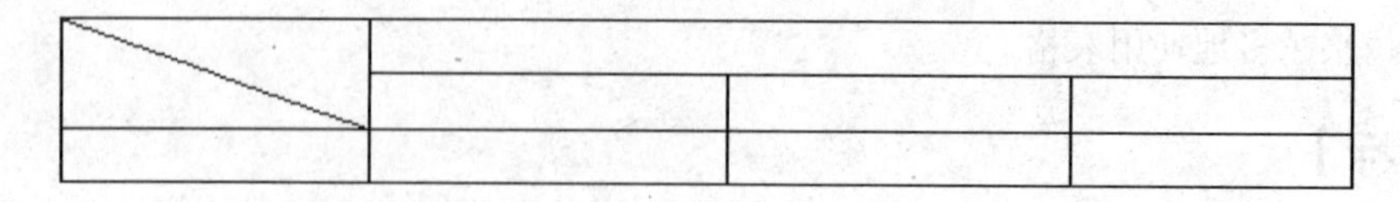

图 4-56　手工绘制表格示例

③ 手工绘制表格过程中自动打开表格工具中的设计选项卡，如图 4-57 所示。在该选项卡的绘图边框区域可以选择线型、线的粗细和颜色等，还有“擦除”按钮可以对绘制过程中的错误进行擦除。

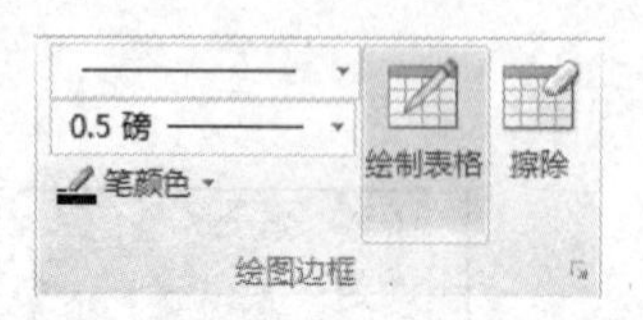

图 4-57　表格工具中的设计选项卡

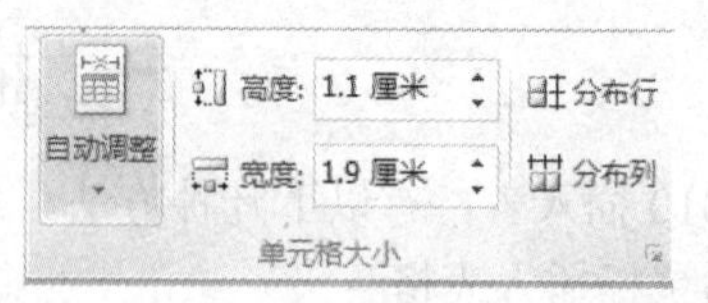

图 4-58　“单元格大小”功能组

4.　绘制斜线表头

（1）绘制一根斜线表头

① 选中表格，点击上方的“布局”选项卡，在“单元格大小”区域“调整相应的高度与宽度”以适合需要，如图 4-58 所示。

② 把光标定位在需要斜线的单元格中，然后点击上方的“设计”选项卡，在表格样式区域中选择“边框”→“斜下框线”，一根斜线的表头就绘制好了。

（2）绘制两根、多根斜线的表头

① 要绘制多根斜线的话，就不能直接插入了，只能手动去画。点击导航选项卡的“插入”→“形状”→“斜线”，如图 4-59 所示。

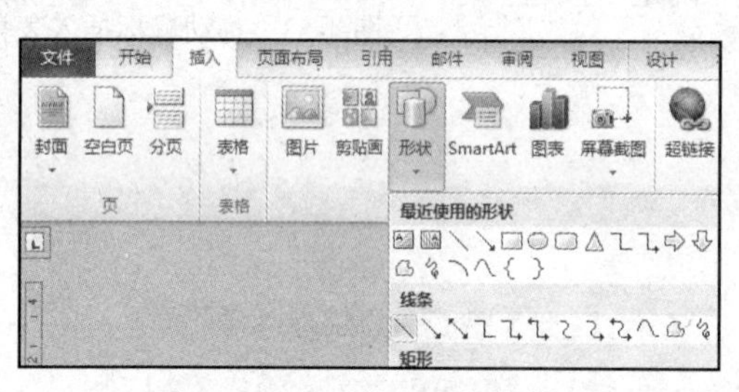

图 4-59　“形状”下拉菜单

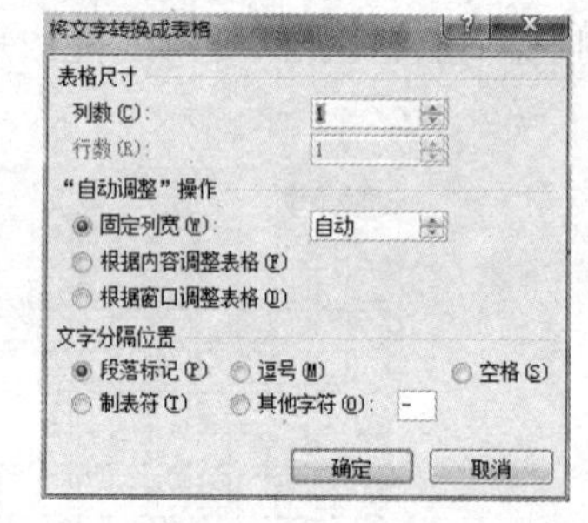

图 4-60　“将文字转换成表格”对话框

② 根据需要，直接到表头上去画出相应的斜线即可。

③ 如果绘画的斜线颜色与表格不一致，还可以调整斜线的颜色。选择刚画的斜线，点击上方的“格式”→“形状轮廓”→选择需要的颜色。

④ 画好之后，依次输入相应的表头文字，通过空格与回车移动到合适的位置即可。

5. 将文本转换为表格

Word 2010 可以将已经存在的文本转换为表格。要进行转换的文本应该是格式化的文本，即文本中的每一行用段落标记符分开，每一列用分隔符（如空格、逗号或制表符等）分开。其操作方法如下。

① 选定添加段落标记和分隔符的文本。

② 选择“插入”→“表格”→“文本转换成表格”，弹出“将文本转换为表格”对话框，如图 4-60 所示。Word 能自动识别出文本的分隔符，并计算表格列数，即可得到所需的表格。也可

以通过设置分隔位置得到的所需的表格。

二、编 辑 表 格

在 Word 中，对表格的编辑操作包括：调整表格的行高与列宽、添加或删除行与列、对表格的单元格进行拆分和合并等。

1. 选定表格的编辑区

对表格进行编辑操作，要“先选定表格，后操作”。

选定表格编辑区的方法如下。

① 一个单元格：鼠标指向单元格的左侧，指针变成实心斜向上的箭头时，单击；

② 整行：鼠标指向行左侧，指针变成空心斜向上的箭头时，单击；

③ 整列：鼠标指向列上边界，指针变成实心垂直向下的箭头时，单击；

④ 连续多个单元格：用鼠标从左上角单元格拖动到右下角单元格，或按住“Shift”键选定；

⑤ 不连续多个单元格：按住“Ctrl”键的同时用鼠标选定每个单元格；

⑥ 整个表格：将鼠标定位在单元格中，单击表格左上角出现的移动控制点。

2. 调整行高和列宽

（1）方法一　用鼠标在表格线上拖动。

①移动鼠标指针到要改变行高或列宽的行表格线或列表格线上；

②当指针变成左右双箭头形状时，按住鼠标左键拖动行表格线或列表格线，至行高或列宽合适后，松开鼠标左键。

（2）方法二　用鼠标在标尺的行、列标记上拖动。

①先选中表格或单击表格中任意单元格；

②然后沿水平方向拖动表格上方水平标尺中的“列标记”，或沿垂直方向拖动表格左方垂直标尺中的“行标记”，用以调整列宽和行高，如图 4-61 所示。

（3）方法三　用“表格属性”对话框。

用“表格属性”对话框可以对选中的多行或多列或整个表格的行高和列宽进行精确的设置。其操作步骤如下。

① 先选中待设置行高或列宽的表格区域；

② 单击“表格工具”→“布局”选项，然后单击“表”功能组的“属性”按钮或右键单击并选择“表格属性”的快捷命令，打开“表格属性”对话框，如图 4-62 所示。

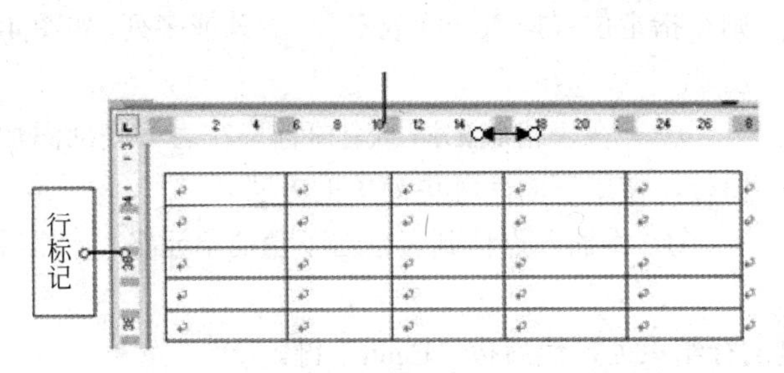

图 4-61　拖动“标尺”中的“列标记”或“行标记”调整列宽或行高

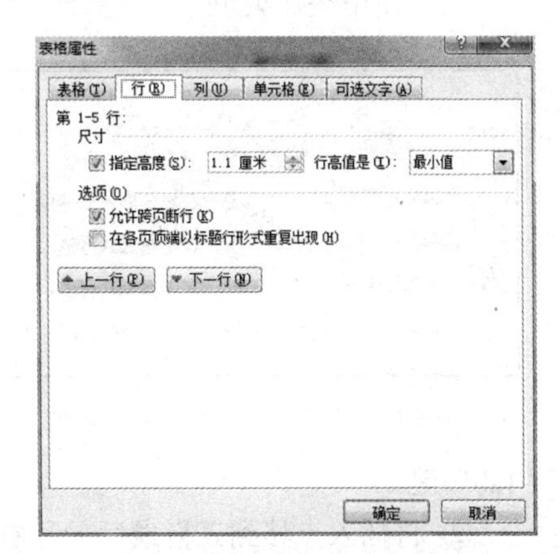

图 4-62　“表格属性”对话框

③ 选择“行”或“列”选项卡，进入相应界面，对“指定高度”或“指定宽度”进行行高或列宽的精确设置。

④ 然后单击“确定”按钮。

3. 删除行或列

（1）方法一　用“表格工具”→“布局”选项卡。

选中待删除的行或列，会自动激活“表格工具”→“布局”选项卡，在“行和列”功能组，单击“删除”按钮，在弹出的下拉列表中，选择“删除行”或“删除列”选项，即可以删除选定的行或列。实际上，下拉列表中还包括了“删除单元格”和“删除表格”的选项。如图 4-63 所示。

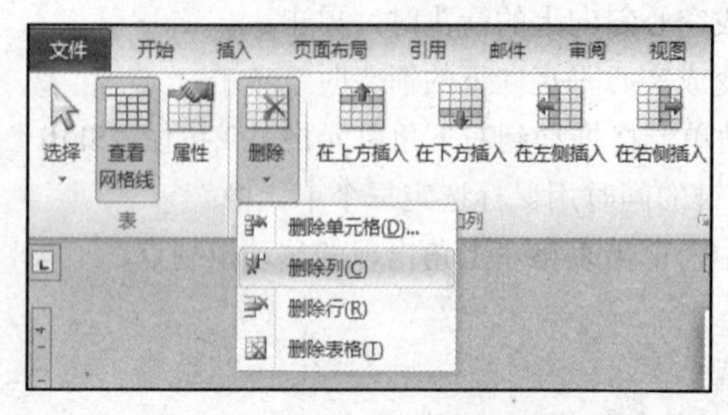

图 4-63 “删除”的下拉列表

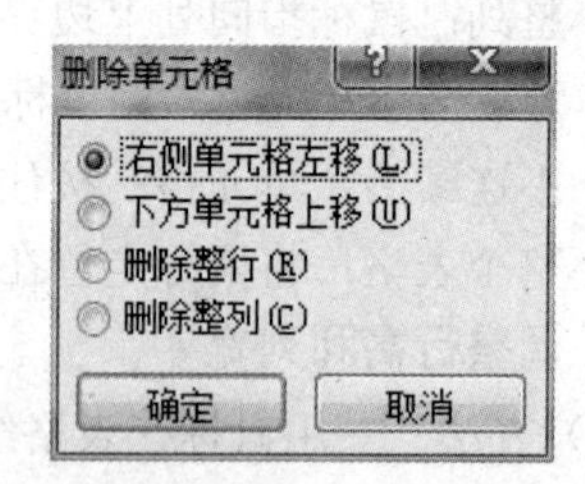

图 4-64 “删除单元格”选项卡

（2）方法二　使用快捷菜单命令。

① 选择表格中要删除的行。

② 右击鼠标，在其快捷菜单中选择“删除单元格”命令。

③ 在弹出的“删除单元格”对话框中，选中“删除整行(R)”单选按钮，如图 4-64 所示。

如果删除的是表格的列，则选中要删除的列，右击鼠标，在弹出的快捷菜单中，选择“删除列”命令即可。

4. 插入行或列

（1）使用功能按钮

① 在表格中选中一行一列或选中若干行若干列，会激活“表格工具”→“布局”选项卡。

② 选择“行和列”功能组中的“在上方插入”或“在下方插入”行，“在左方插入”或“在右方插入”列；如果选中的是多行多列，则插入的也是同样数目的多行多列。

（2）使用快捷菜单

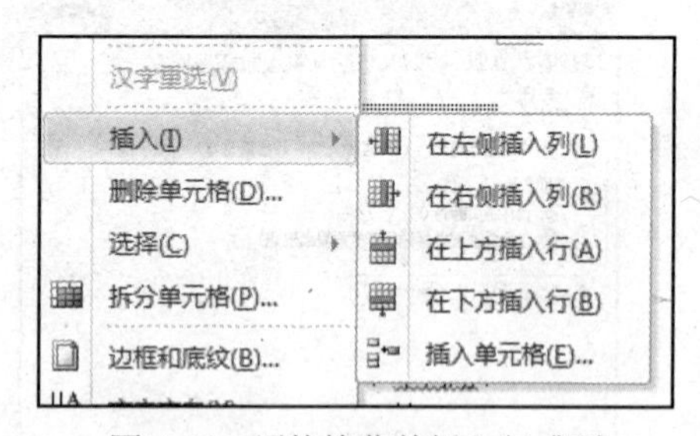

图 4-65　用快捷菜单插入行或列

① 选定表格中的一行或多行，一列或多列。

② 右击鼠标，在弹出的快捷菜单中选择“插入”，然后在打开的“插入”列表中，选择相应的选项命令，则在指定位置插入一行或多行、一列或多列，如图 4-65 所示。

（3）在表格底部添加空白行　在表格底部添加空白行，使用下面两种更简单的方法。

① 将插入点移到表格右下角的单元格中，然后按“Tab”键。

② 将插入点移到表格最后一行右侧的行结束处，然后按“Enter”键。

5. 合并和拆分单元格

使用了合并和拆分单元格后，将使表格变成不规则的复杂表格。

（1）合并单元格

① 合并单元格时，先选定待合并的多个单元格，这些单元格可以在一行、在一列，也可以是一个矩形区域，此时激活“表格工具”→“布局”选项卡。

② 然后，单击“表格工具”→“布局”选项卡下的“合并”功能组中的“合并单元格”按钮，或右击鼠标，在弹出的快捷菜单中选择“合并单元格”命令，选定的多个单元格被合并成为一个单元格。如图 4-66 所示。

图 4-66　合并单元格

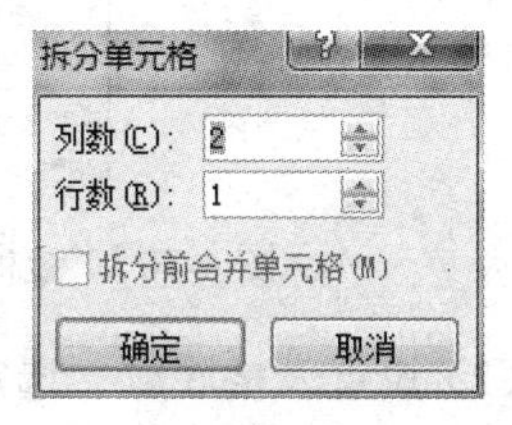

图 4-67　“拆分单元格”对话框

（2）拆分单元格　拆分单元格时，先选定待拆分的单元格，然后单击“表格工具”→“布局”选项卡下的“合并”功能组中的“拆分单元格”按钮；或右击鼠标，从弹出的快捷菜单中选择“拆分单元格”命令，从而打开“拆分单元格”对话框，如图 4-67 所示，在对话框中输入要拆分的行数和列数，然后单击“确定”按钮。

三、设置表格格式

当创建一个表格后，就要对表格进行格式化。表格格式化操作，仍需要选择“表格工具”→“设计”或“表格工具”→“布局”选项卡中的功能组，然后单击相应功能按钮完成。

1. 设置单元格对齐方式

单元格对齐方式有九种。方法是：先选定待设置对齐方式的单元格或单元区域，再单击“对齐方式”功能组中的相应对齐方式按钮，如图 4-68 所示。或右击鼠标，在弹出的快捷菜单中选择“单元格对齐方式”选项命令，在打开的九种选项中选择一种对齐方式即可。

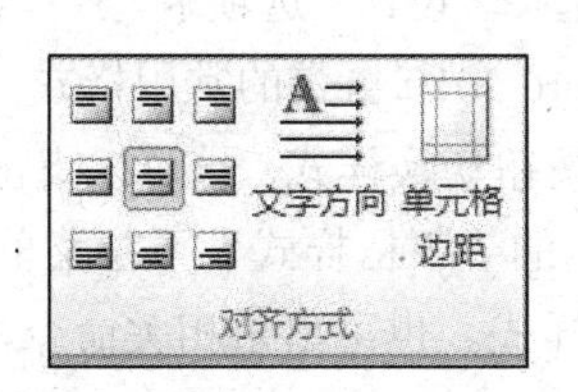

图 4-68　单元格对齐方式

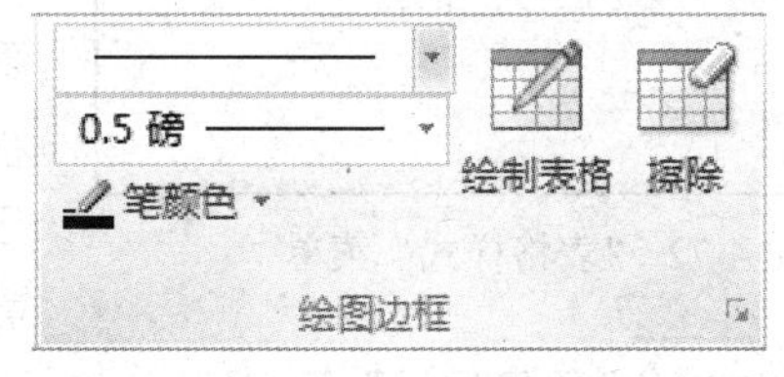

图 4-69　设置表格边框

2. 设置边框和底纹

（1）设置表格边框　选定待设置边框的单元格区域或整个表格，再选“笔样式”，即边框线类型，选择“笔划粗细”，即边框线粗细，选择“笔颜色”，即边框线颜色，如图 4-69 所示，然后单击“边框”功能按钮右侧的下三角按钮，在打开的下拉列表中，选择相应的表格边框线，如图 4-70 所示。当然也可以单击“绘图边框”功能组右侧的“对话框启动器”按钮，或从“边框”的下拉列表中，单击“边框和底纹（O）...”选项命令，在打开的“边框和底纹”对话框中进行设置。

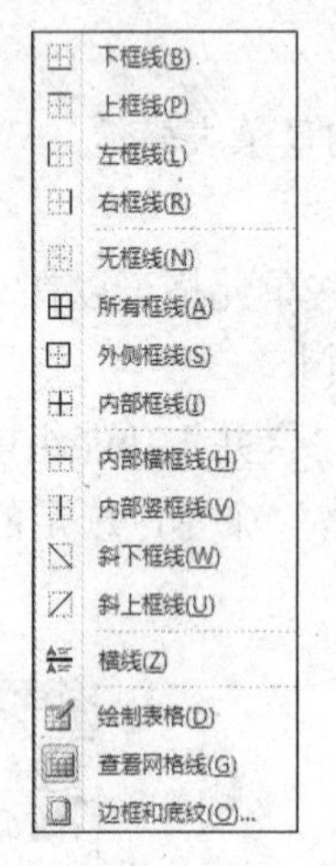

图 4-70 “边框”的下拉列表

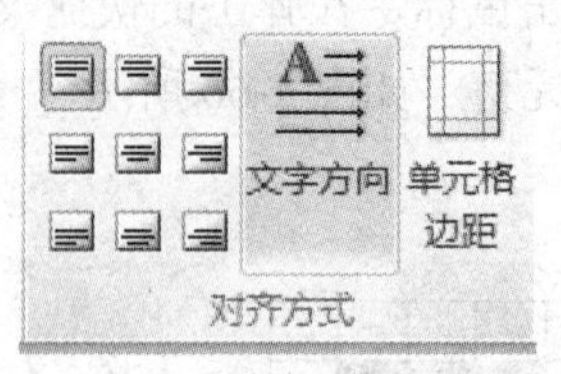

图 4-71 文字方向按钮

（2）设置表格底纹 选定待设置底纹的单元格区域或整个表格，再单击“表格工具”→“设计”功能选项卡，从打开的“表格样式”功能组中，单击“底纹”按钮，从打开的下拉列表中选择一种颜色即可。

3. 设置文字排列方向

单元格中文字的排列方向分横向和纵向两种，其设置方法是：单击“表格工具”→“布局”功能选项卡，在打开的“对齐方式”功能组中，单击“文字方向”按钮即可实现横向和纵向的相互转换，如图 4-71 所示。

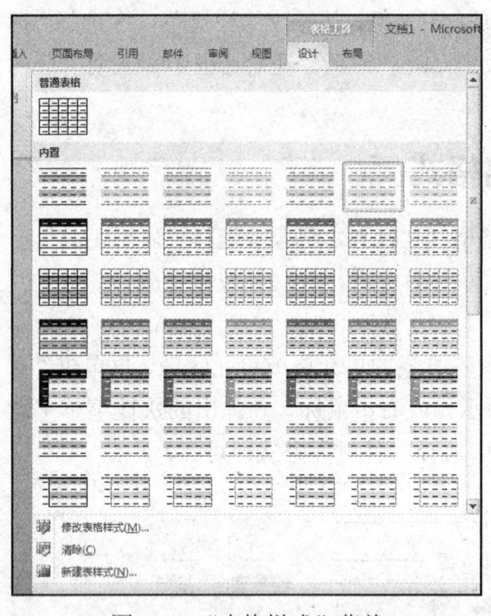

图 4-72 “表格样式”菜单

四、表格的自动套用格式

使用上述方法设置表格格式，有时比较麻烦，因此，Word 提供了很多现成的表格样式供用户选择，这就是表格的自动套用格式。

选定表格，选择“设计”选项卡，在“表格样式”命令区列出了 Word 2010 自带的常用格式，可以点击右边的上下三角按钮切换样式，也可以点击“ ”打开如图 4-72 所示的“表格样式”下拉菜单，在“内置”中选择表格样式。也可单击相关命令，“修改样式”“清除样式”“新建样式”等。

五、表格中数据的计算与排序

1. 表格中数据的计算

Word 表格中数值的计算功能大致分为两部分，一是直接对行或列的求和，二是对任意单元格的数值计算，例如进行求和、求平均值等。

（1）行或列的直接求和 将插入点置于要放置求和结果的单元格中，单击“布局”→“数据”命令区的公式按钮“ ”，打出如图 4-73 所示的“公式”对话框。

如果选定的单元格位于一列数值的底端，Word 将自动采用公式 =SUM(ABOVE) 进行计算，如果选定的单元格位于一行数值的右端，Word 将采用公式 =SUM(LEFT) 进行计算。单击“确定”按钮，Word 将完成行或列的求和。

如果该行或列中含有空单元格，则 Word 将不能对这一整行或整列进行累加。因此要对整行或整列求和时，在每个空单元格中键入零值。

（2）任意单元格数值的计算　将光标置于要放置计算结果的单元格中，单击“布局”→“数据”命令区的公式按钮“”。如果 Word 自动提供的公式不是用户所需要的，可以在“粘贴函数”框中选择所需的公式。例如，要进行求和，可以单击“SUM”。然后，在公式的括号中键入单元格引用，可引用单元格的内容。例如，如果需要计算单元格 A1 和 B4 中数值的和，应建立这样的公式：=SUM(a1,b4)。在“数字格式”框中输入数字的格式。例如，要以带小数点的百分比显示数据，可以单击“0.00%”，则系统就会以该种格式显示数据。然后单击“确定”按钮，Word 会自动完成计算结果。

图 4-73　表格中数值计算的“公式”对话框

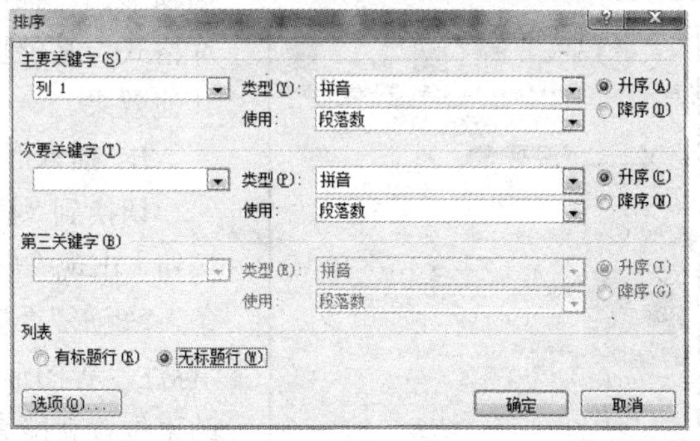

图 4-74　“排序”对话框

2. 表格中数据的排序

在 Word 2010 中可以对表格中的数字、文字和日期数据进行排序操作，具体操作步骤如下。

① 在需要进行数据排序的 Word 表格中单击任意单元格。在“表格工具”功能区，单击“布局”→“数据”命令组中的“排序”按钮“”，打开“排序”对话框，如图 4-74 所示。

② 在“列表”区域选中“有标题行”单选框。如果选中“无标题行”单选框，则 Word 表格中的标题也会参与排序。

③ 在“主要关键字”区域，单击关键字下拉三角按钮选择排序依据的主要关键字。单击“类型”下拉三角按钮，在“类型”列表中选择“笔画”“数字”“日期”或“拼音”选项。如果参与排序的数据是文字，则可以选择“笔画”或“拼音”选项；如果参与排序的数据是日期类型，则可以选择“日期”选项；如果参与排序的只是数字，则可以选择“数字”选项。选中“升序”或“降序”单选框设置排序的顺序类型。

④ 在“次要关键字”和“第三关键字”区域进行相关设置，并单击“确定”按钮对 Word 表格数据进行排序。

任务五　美化文档

【任务描述】

文档的美化往往需要图片、图形等其他元素，使叙述的内容更加直观，更加具有说服力。

【技能目标】

1．熟练掌握图形、图片的插入与编辑操作。

2．熟练掌握图片的格式设置。

3．熟练掌握艺术字的设置。

4．学会制作图文混排的文档。

【知识结构】

一、绘制图形

图形对象包括形状、图表和艺术字等，这些对象都是 Word 文档的一部分。通过“插入”选项卡的“插图”命令组中的按钮完成插入操作，通过“图片格式”功能区更改和增强这些图形的颜色、图案、边框和其他效果。

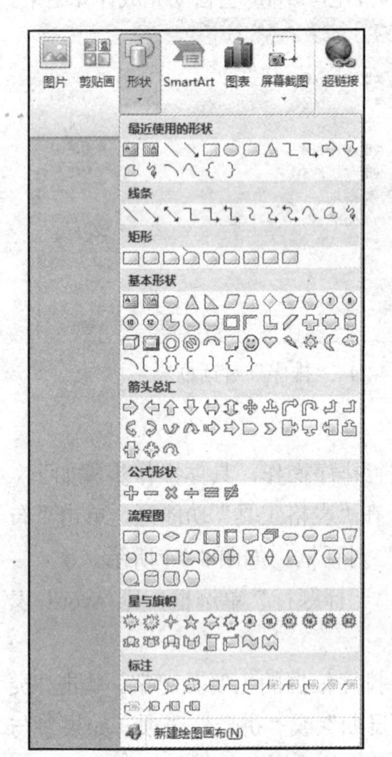

图 4-75 “形状”面板

1. 插入形状

切换到“插入”选项卡，在“插图”命令组中单击“形状”按钮，出现“形状”面板，如图 4-75 所示。在面板中选择“线条”“矩形”“基本形状”“流程图”“箭头总汇”“星与旗帜”“标注”等图形，然后在绘图起始位置按住鼠标左键，拖动至结束位置就能完成所选图形的绘制。

另外，有关绘图的几点注意事项如下。

① 拖动鼠标的同时按住“Shift”键，可绘制等比例图形，如圆、正方形等。

② 拖动鼠标的同时按住“Alt”键，可平滑地绘制和所选图形的尺寸大小一样的图形。

2. 编辑图形

图形编辑主要包括更改图形位置、图形大小、向图形中添加文字、形状填充、形状轮廓、颜色设置、阴影效果、三维效果、旋转和排列等基本操作。

① 设置图形大小和位置的操作方法是选定要编辑的图形对象，在非“嵌入型”版式下，直接拖动图形对象，即可改变图形的位置；将鼠标指针置于所选图形的四周的编辑点上，如图 4-76 所示，拖动鼠标可缩放图形。

② 向图形对象中添加文字的操作方法是右键单击图片从弹出的快捷菜单中选择“添加文字”命令，然后输入文字即可。

③ 组合图形的方法是选择要组合的多张图形，单击鼠标右键，从弹出的快捷菜单中选择“组合”菜单下的“组合”命令即可，效果图如图 4-77 所示。

图 4-76 添加文字效果图

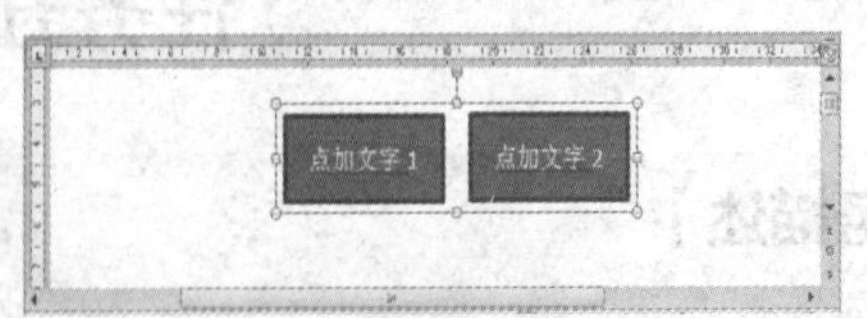

图 4-77 组合图形效果图

3. 修饰图形

如果需要设形状填充、形状轮廓、形状效果、应用内置样式、颜色设置、阴影效果、三维效果、旋转和排列等基本操作，均可先选定要编辑的图形对象，出现“绘图工具/格式”选项卡，选择相应功能按钮来实现。

① 形状填充。选择要形状填充的图片，选择“绘图工具/格式”功能区的“形状填充”按钮“”，出现如图4-78所示的面板。如果选择设置单色填充，可选择面板已有的颜色或单击“其他填充颜色”选择其他颜色；如果选择设置图片填充，单击“图片”选项，弹出一个与“打开”文件类似的“插入图片”对话，选择一图片作为图片填充；如果选择设置渐变填充，则单击“渐变”选项，弹出如图4-79所示面板，选择一种渐变样式即可，也可单击“其他渐变”选项，出现如图4-80所示对话框，选择相关参数设置其他渐变效果。

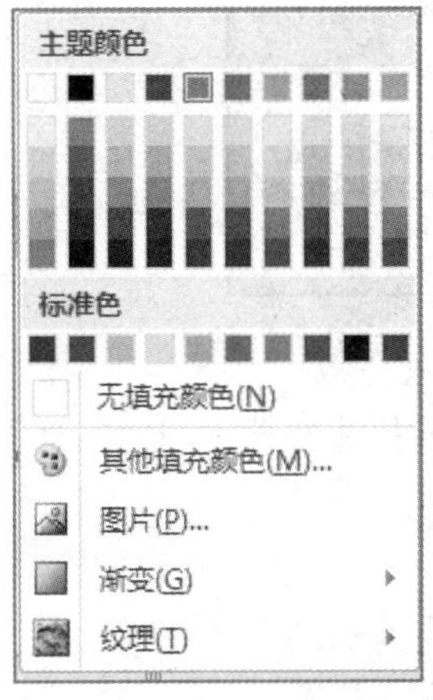

图4-78 “形状填充”面板

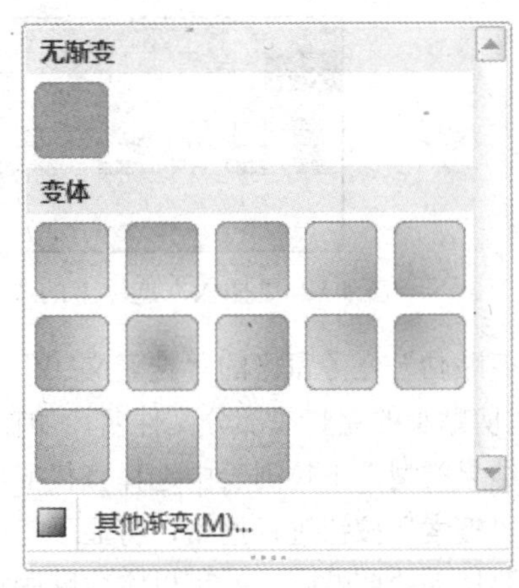

图4-79 “形状填充样式”面板

② 形状轮廓。选择要形状填充的图片，选择“绘图工具/格式”功能区的“形状轮廓”按钮“”，在出现的面板中可以设置轮廓线的线型、大小和颜色。

③ 形状效果。选择要形状填充的图片，选择“绘图工具/格式”功能区的“形状轮廓”按钮“”，选择一种形状效果，比如选择“预设”，如图4-81所示，选择一种预设样式即可。

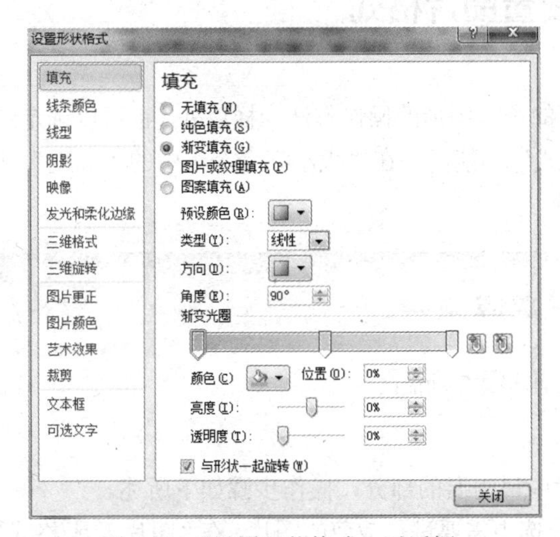

图4-80 “设置形状格式”对话框

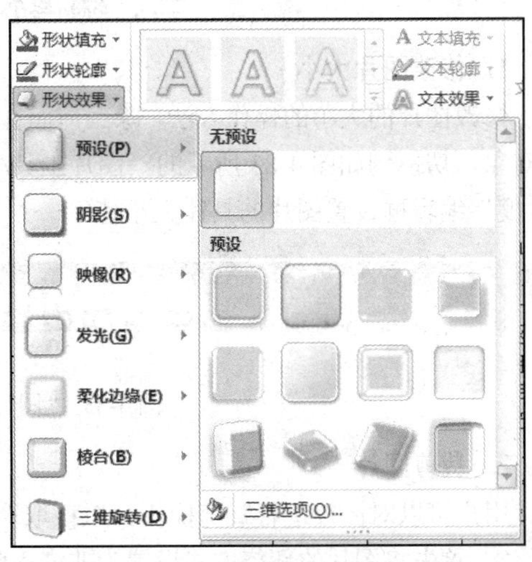

图4-81 “形状效果”面板

④ 应用内置样式。选择要形状填充的图片，切换到“绘图工具/格式”功能区，在“形状样式”分组选择一种内置样式即可应用到图片上。

二、插 入 图 片

可以将内嵌的图片直接插入到文档中。内置图片有以下两种类型。

1. 来自“剪辑库”中的剪贴画

可以将剪辑库的图片插入到 Word 2010 文档中，操作方法如下。

① 在文档中单击要插入剪贴画的位置。

② 选择“插入”→“插图”功能区的“剪贴画”按钮，如图 4-82 所示，窗口右侧将打开“剪贴画”任务窗格。

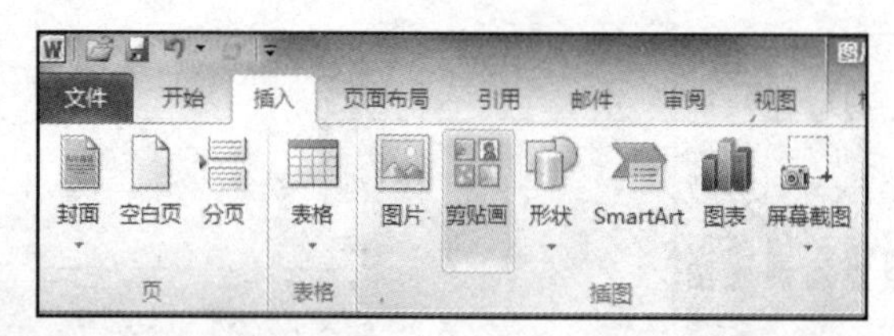

图 4-82 “插入”选项卡的“插图”功能区“剪贴画”按钮

③ 在“剪贴画”任务窗格的“搜索文字”文本框中输入描述要搜索的剪贴画类型的单词或短语，或输入剪贴画的完整或部分文件名，如输入“人物”。

④ 在“结果类型”下拉列表中选择查找的剪辑类型。

⑤ 单击“搜索”按钮进行搜索，将显示符合条件的所有剪贴画。

⑥ 单击要插入的剪贴画，就可以将剪贴画插入到光标所在位置。

2. 来自另一文件的图片

① 在文档中单击要插入图片的位置。选择“插入”→“插图”功能区的“图片”按钮。

② Word 会显示一个与“打开”文件类似的“插入图片”对话框，选择要插入图片所在的路径、类型和文件名，可以双击文件名直接插入图片或单击“插入”按钮插入图片。

三、编辑和设置图片格式

1. 修改图片大小

修改图片的大小的操作方法，除跟前面介绍的修改图形的操作方法一样以外，也可以选定图片对象，切换到如图 4-83 所示的“图片工具/格式”功能区，在“大小”命令组中的“高度”和“宽度”编辑框设置图片的具体大小值。

图 4-83 “图片工具/格式”功能区

2. 裁剪图片

用户可以对图片进行裁剪操作，以截取图片中最需要的部分，操作步骤如下所述。

① 首先将图片的环绕方式设置为非嵌入型，选中需要进行裁剪的图片，在“图片工具/格式”功能区，单击“大小”命令组中的“裁剪”按钮“ ”。

② 图片周围出现八个方向的裁剪控制柄，用鼠标拖动控制柄将对图片进行相应方向的裁剪，同时拖动控制柄将图片复原，直至调整合适为止，如图 4-84 所示。

③ 将鼠标光标移出图片，单击鼠标左键将确认裁剪。

3. 设置正文环绕图片方式

正文环绕图片方式是指在图文混排时，正文与图片之间的排版关系，这些文字环绕方式包括“顶端居左”“四周型文字环绕”等九种方式。默认情况下，图片作为字符插入到 Word 2010 文档中，用户不能自由移动图片。而通过为图片设置文字环绕方式，则可以自由移动图片的位置，操作步骤如下所述。

图 4-84 “裁剪”效果图

① 选中需要设置文字环绕的图片。

② 单击“图片工具/格式”→“排列”命令组中的“位置”按钮，打开“位置”面板，如图 4-85 所示。在打开的预设位置列表中选择合适的文字环绕方式。

如果用户希望在 Word 2010 文档中设置更多的文字环绕方式，可以在“排列”分组中单击“自动换行”按钮，在打开的如图 4-86 所示的“自动换行”面板中选择合适的文字环绕方式即可。

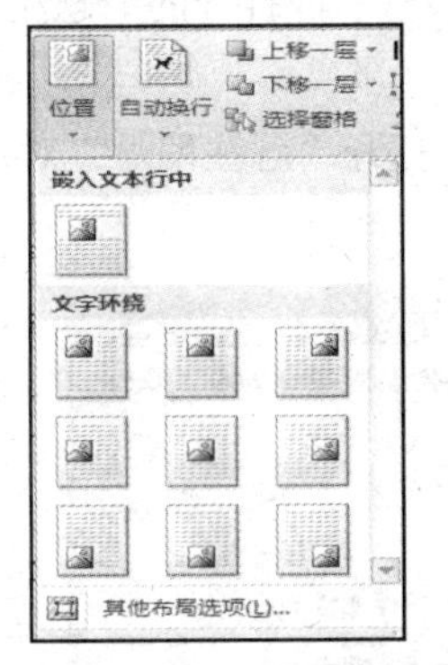

图 4-85 “位置”面板

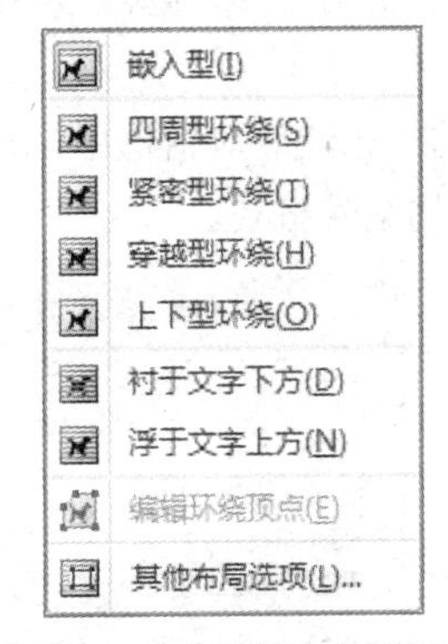

图 4-86 “自动换行”面板

Word 2010“自动换行”菜单中每种文字环绕方式的含义如下所述。

① 四周型环绕：文字以矩形方式环绕在图片四周。

② 紧密型环绕：文字将紧密环绕在图片四周。

③ 穿越型环绕：文字穿越图片的空白区域环绕图片。

④ 上下型环绕：文字环绕在图片上方和下方。

⑤ 衬于文字下方：图片在下、文字在上分为两层。

⑥ 浮于文字上方：图片在上、文字在下分为两层。

⑦ 编辑环绕顶点：用户可以编辑文字环绕区域的顶点，实现更个性化的环绕效果。

也可在“图片工具/格式”→“排列”→“位置”或“自动换行”面板中选择“其他布局选项”命令，在打开的“布局”对话框中设置图片的位置、文字环绕方式和大小，如图 4-87 所示。

也可选中图片后，单击鼠标右键，在快捷菜单中选择“大小和位置”命令，设置图片的大小、位置和环绕方式。

4. 在 Word 2010 文档中添加图片题注

如果 Word 2010 文档中含有大量图片，为了能更好地管理这些图片，可以为图片添加题注。添加了题注的图片会获得一个编号，并且在删除或添加图片时，所有的图片编号会自动改变，以保持编号的连续性。在 Word 2010 文档中添加图片题注的步骤如下。

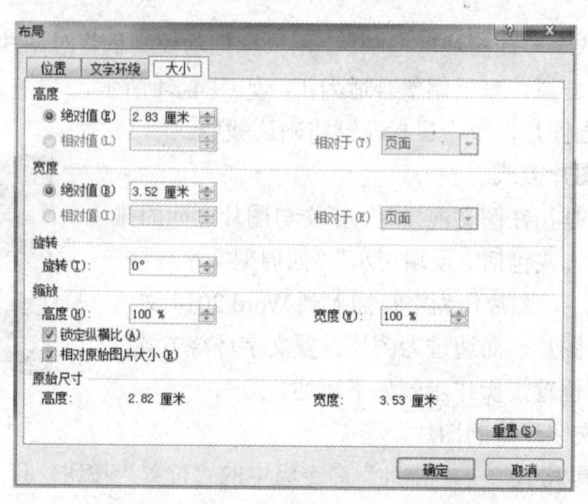

图 4-87 “布局”对话框

① 右键单击需要添加题注的图片，在打开的快捷菜单中选择“插入题注”命令。或者单击选中图片，单击“引用”→“题注”→“插入题注”按钮“”，打开的“题注”对话框，如图4-88 所示。

② 在打开的“题注”对话框中，单击“编号”按钮，打开“题注编号”对话框，如图 4-89 所示，选择合适的编号格式。

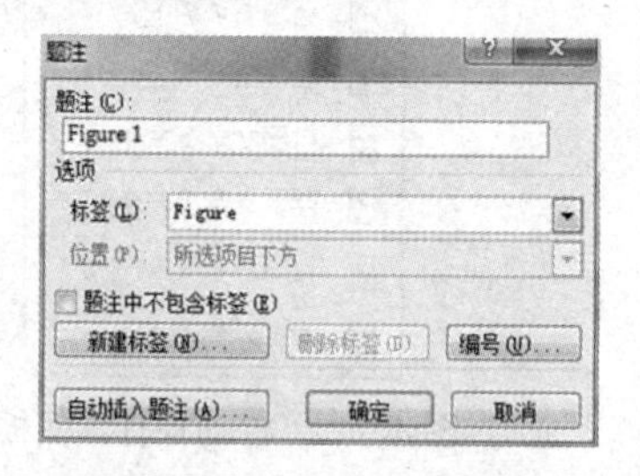

图 4-88 “题注”对话框

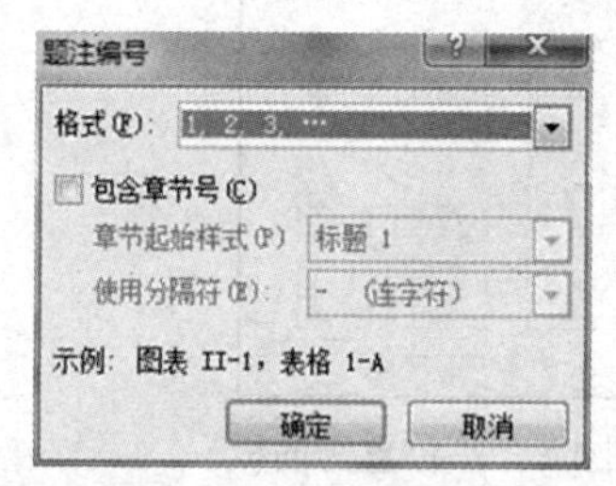

图 4-89 “题注编号”对话框

③ 返回“题注”对话框，在“标签”下拉列表中选择“图表”标签。也可以单击“新建标签”按钮，在打开的“新建标签”对话框中创建自定义标签。

图 4-90 “自动插入题注”功能区

④ 单击“自动插入题注”按钮，打开“自动插入题注”对话框，如图 4-90 所示。在“插入时添加题注”框中选择要添加题注的类型，在“位置”下拉三角按钮选择题注的位置（例如“项目下方”），设置完毕后单击“确定”按钮。

提示：在没有选择“插入时添加题注（A）”的类型时，不能选择位置。

⑤ 在 Word 2010 文档中添加图片题注后，可以单击题注右边部分的文字进入编辑状态，并输入图片的描述性内容。

5. 在 Word 2010 文档中设置图片透明色

在 Word 2010 文档中，对于背景色只有一种颜色的图片，用户可以将该图片的纯色背景色设置为透明色，从而使图片更好地融入 Word 文档中。该功能对于设置有背景颜色的 Word 文档尤其适用。在 Word 2010 文档中设置图片透明色的步骤如下。

① 选中需要设置透明色的图片，单击“图片工具/格式”→“调整”命令中的“颜色”按钮“ ”，在打开的“颜色”下拉列表中选择“设置透明色”命令，如图 4-91 所示。

② 鼠标箭头呈现彩笔形状，将鼠标箭头移动到图片上并单击需要设置为透明色的纯色背景，则被单击的纯色背景将被设置为透明色，从而使得图片的背景与 Word 2010 文档的背景色一致。

以上介绍的是部分对图片格式的基本操作，如果需要对图像进行其他如填充、三维效果和阴影效果等基本操作，可单击右键，在快捷菜单中选择“设置图片格式”命令，在弹出的如图 4-92 所示的“设置图片格式”对话框中进行相关设置。

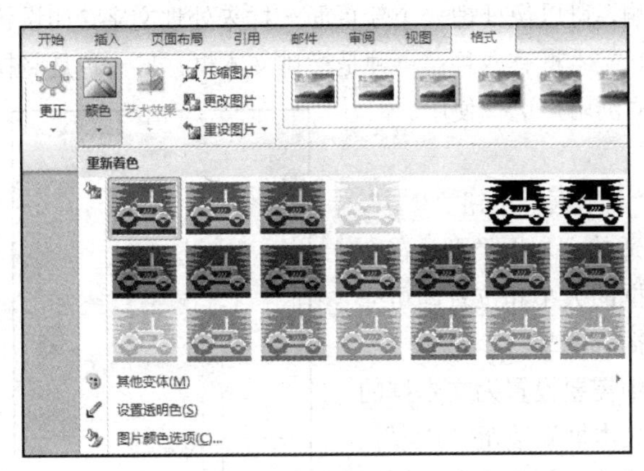

图 4-91 “颜色”下拉列表

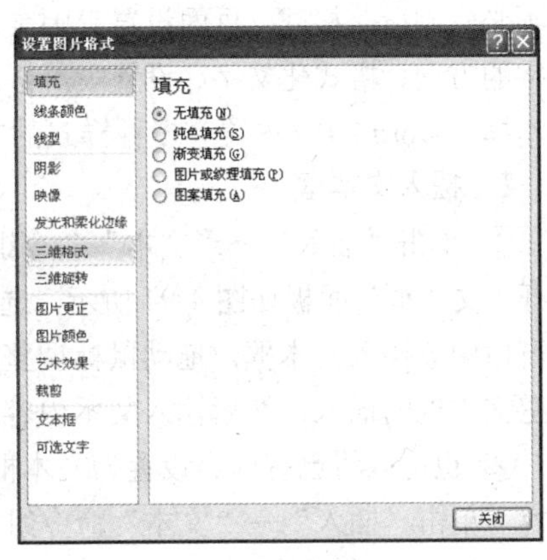

图 4-92 “设置图片格式”对话框

四、插入艺术字

Office 中的艺术字结合了文本和图形的特点，能够使文本具有图形的某些属性，如设置旋转、三维、映像等效果，在 Word、Excel、PowerPoint 等 Office 组件中都可以使用艺术字功能。用户可以在 Word 2010 文档中插入艺术字，操作步骤如下。

① 将插入点光标移动到准备插入艺术字的位置。

② 选择“插入”→“文本”命令组中的“艺术字”按钮“ ”，打开艺术字预设样式面板如图 4-93 所示，在面板中选择合适的艺术字样式，会插入艺术字文字编辑框。

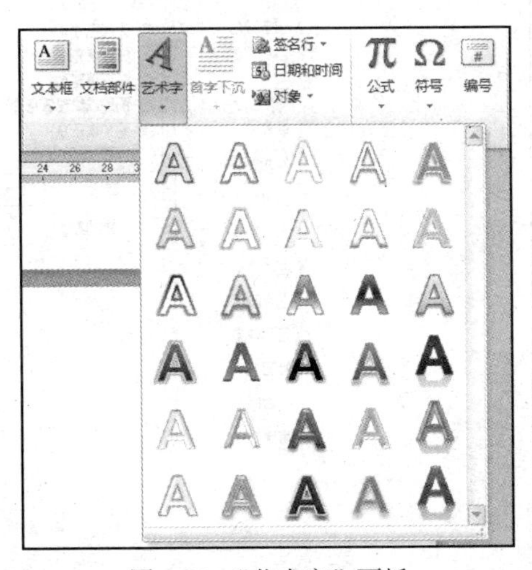

图 4-93 “艺术字”面板

③ 在艺术字文字编辑框中，直接输入艺术字文本，用户可以对输入的艺术字分别设置字体和字号等。

④ 在编辑框外单击即可完成。

若需对艺术字的内容、边框效果、填充效果或艺术字效果进行修改或设置，可选中艺术字，在“绘图工具/格式”功能区中单击相关按钮功能完成相关设置。

五、插入文本框

通过使用文本框，用户可以将 Word 文本很方便地放置到 Word 2010 文档页面的指定位置，而不必受到段落格式、页面设置等因素的影响，可以像处理一个新页面一样来处理文字，如设置文字的方向、格式化文字、设置段落格式等。文本框有两种：一种是横排文本框；另一种是竖排文本框。Word 2010 内置有多种样式的文本框供用户选择使用。

1. 插入文本框

① 单击“插入”→“文本”命令组中“文本框”按钮“A”，打开“文本框”面板如图 4-94 所示，选择合适的文本框类型，在文档窗口中会插入文本框，拖动鼠标调整文本框的大小和位置即可完成空文本框的插入，然后输入文本内容或者插入图片。

② 也可以将已有内容设置为文本框，选中需要设置为文本框的内容，单击“插入”→“文本”命令组中“文本框”按钮“A”，在打开的文本框面板中选择“绘制文本框”或“绘制竖排文本框”命令，被选中的内容将被设置为文本框。

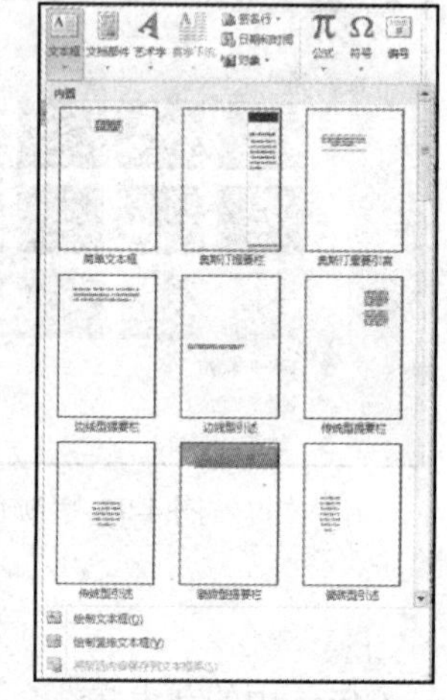

图 4-94 “文本框”面板

2. 设置文本框格式

处理文本框中的文字就像处理页面中的文字一样，可以在文本框中设置页边距，同时也可以设置文本框的文字环绕方式、大小等。

设置文本框格式的方法为：右键单击文本框边框，打开快捷菜单如图 4-95 所示，选择“设置形状格式”命令，将弹出如图 4-96 所示的“设置形状格式”对话框。在该对话框中主要可完成如下设置。

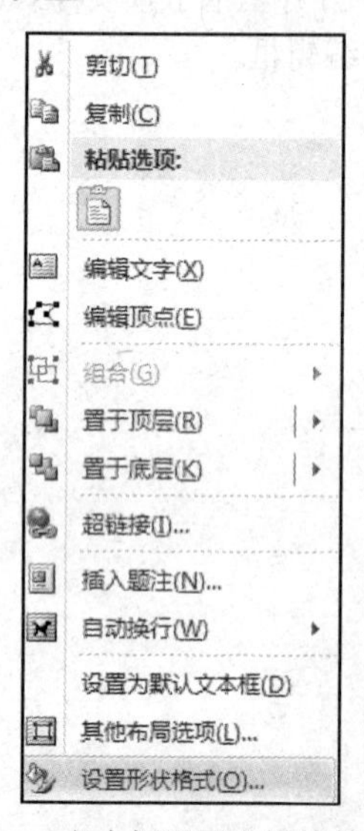

图 4-95 文本框设置右键快捷菜单

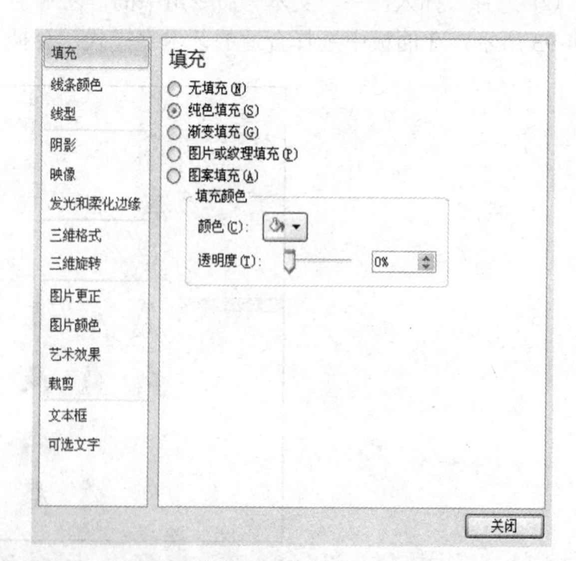

图 4-96 “设置形状格式”对话框

① 设置文本框的线条和颜色，在“线条颜色”区中可根据需要进行具体的颜色设置。

② 设置文本框格式内部边距，在“文本框”区中的“内部边距”区输入文本框与文本之间的间距数值即可。

若要设置文本框的其他布局，在如图 4-95 所示的右键快捷菜单中选择“其他布局选项”命令，在打开的“布局”对话框中选择相应的选项卡进行设置即可。

另外，如果需要设置文本框的大小、文字方向、内置文本样式、三维效果和阴影效果等其他格式，可单击文本框对象，切换“绘图工具/格式”选项卡，通过相应的功能按钮来实现。

3. 文本框的链接

在使用 Word 2010 制作手抄报、宣传册等文档时，往往会通过使用多个文本框进行版式设计。通过在多个 Word 2010 文本框之间创建链接，可以在当前文本框中充满文字后自动转入所链接的下一个文本框中继续输入文字。在 Word 2010 中链接多个文本框的步骤如下。

① 在 Word 文档中插入多个文本框。调整文本框的位置和尺寸，并单击选中第 1 个文本框。

② 单击“绘图工具/格式”→“文本”命令组中的“创建链接”按钮“ ”。

③ 鼠标指针变成水杯形状，将水杯状的鼠标指针移动到准备链接的下一个文本框内部，单击鼠标左键即可创建链接。

④ 重复上述步骤可以将第 2 个文本框链接到第 3 个文本框，依此类推可以在多个文本框之间创建链接。

六、复制、移动及删除图片

图片的复制、移动及删除方法和文字的复制、移动、删除的方法相似，操作方法如下。

① 单击鼠标左键，选中图片。

② 在图片上单击鼠标右键，在快捷菜单中选择“复制”“剪切”“粘贴”命令，即可对图片进行相应的操作；或直接用鼠标拖动实现图片的“复制”“移动”操作，也可用键盘上的“Delete”键实现图片的删除操作。

七、图 文 混 排

1. 图文混排的功能与意义

图文混排就是在文档中插入图形或图片，使文章具有更好的可读性和更高的艺术效果。利用图文混排功能可以实现杂志、报刊等复杂文档的编辑与排版。

2. Word 文档的分层

Word 文档分成以下三个层次结构。

① 文本层：用户在处理文档时所使用的层。

② 绘图层：在文本层之上。建立图形对象时，Word 最初是将图形对象放在该层。

③ 文本层之下层：可以把图形对象放在该层，与文本层产生叠层效果。

在编辑文稿时，利用这 3 层，可以根据需要将图形对象在文本层的上、下层次之间移动，也可以将某个图形对象移到同一层中其他图形对象的前面或后面，实现意想不到的效果。正是因为 Word 文档的这种层次特性，可以方便地生成漂亮的水印图案。

3. 图文混排的操作要点

图文混排操作是文字编排与图形编辑的混合运用，其要点如下。

① 规划版面：即首先对版面的结构、布局进行规划。

② 准备素材：提供版面所需的文字、图片资料。

③ 着手编辑：充分运用文本框、图形对象的操作，以实现文字环绕、叠放次序等基本功能。

任务六　打印文档

【任务描述】

文档制作完成后，需要将它打印出来，为了方便文档的使用者，还需要设置页码、页眉、纸张等操作，本次任务将讲述如何打印文档。

【技能目标】

1．熟练掌握页眉、页脚和页码的设置。

2．学会设置分页与分节。

3．熟练掌握主题、背景和水印的设置。

【知识结构】

一、页眉、页脚和页码的设置

页眉和页脚通常用于打印文档。在页眉和页脚中可以包括页码、日期、公司徽标、文档标题、文件名或作者名等文字或图形，这些信息通常打印在文档每页的顶部或底部。页眉打印在上页边距中，而页脚打印在下页边距中。

在文档中可以自始至终用同一个页眉或页脚，也可以在文档的不同部分用不同的页眉和页脚。例如，可以在首页上使用与众不同的页眉或页脚或者不使用页眉和页脚，还可以在奇数页和偶数页上使用不同的页眉和页脚，而且文档不同部分的页眉和页脚也可以不同。

1．添加页码

页码是页眉和页脚中的一部分，可以放在页眉或页脚中，对于一个长文档，页码是必不可少的，因此为了方便，Word 单独设立了“插入页码”功能。

如果用户希望每个页面都显示页码，并且不希望包含任何其他信息（例如，文档标题或文件位置），用户可以快速添加库中的页码，也可以创建自定义页码。

（1）从库中添加页码　单击“插入”→“页眉和页脚”命令组中“页码”按钮“”，打开“页码”下拉菜单，如图 4-97 所示，在下拉菜单中选择所需的页码位置，然后滚动浏览库中的选项，单击所需的页码格式即可。若要返回至文档正文，只要单击“页眉和页脚工具/设计”选项卡的“关闭页眉和页脚”即可。

（2）添加自定义页码　双击页眉区域或页脚区域，出现“页眉和页脚工具/设计”选项卡，单击“位置”命令组中“插入‘对齐方式’选项卡”，打如图 4-98 所示的“对齐制表位”对话框，在“对齐方式”区域设置对齐方式，在“前导符”区域设置前导符。若要更改编号格式，单击“页眉和页脚”命令中的“页码”按钮，在“页码”下拉菜单中单击“页码格式”命令设置格式。单击“页眉和页脚工具/设计”选项卡的“关闭页眉和页脚”即可返回至文档正文。

2．添加页眉或页脚

单击“插入”→“页眉和页脚”命令组中“页眉”按钮“”或“页脚”按钮“”，在打开的下拉菜单中选择“编辑页眉”或“编辑页脚”按钮，定位到文档中的位置，接下来有两种方法完成页眉或页脚内容的设置，一种是从库中添加页眉或页脚内容，另一种就是自定义添加页眉或页脚内容。单击“页眉和页脚工具”功能区的“设计”选项卡的“关闭页眉和页脚”即可返回至文档正文。

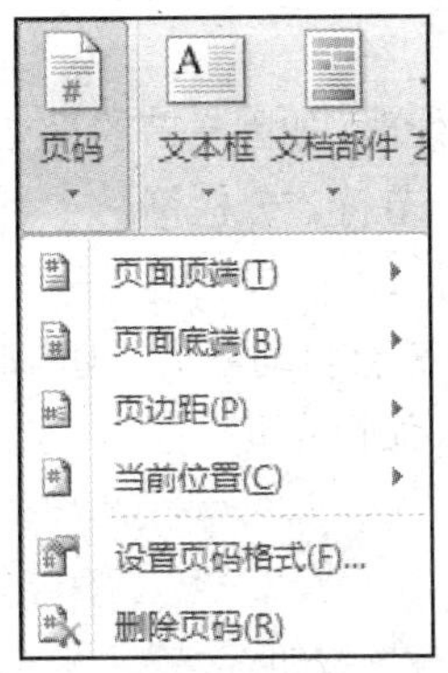

图 4-97 “页码”下拉菜单

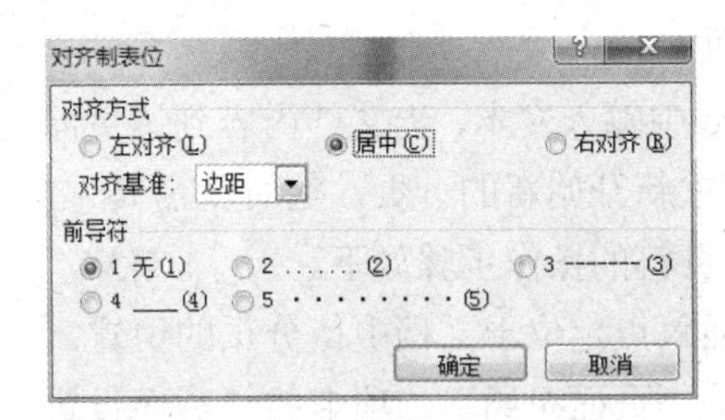

图 4-98 “对齐制表位”对话框

3. 在文档的不同部分添加不同的页眉、页脚或页码

可以只向文档的某一部分添加页码，也可以在文档的不同部分中使用不同的编号格式。例如，用户可能希望对目录和简介采用 i、ii、iii 编号，对文档的其余部分采用 1、2、3 编号，而不会对索引采用任何页码。此外，还可以在奇数和偶数页上采用不同的页眉或页脚。

（1）在不同部分中添加不同的页眉和页脚或页码

① 单击要在其中开始设置、停止设置或更改页眉、页脚或页码编号的页面开头。

② 单击“页面布局”→“页面设置”命令组中的“分隔符”，打开如图 4-99 所示的“分隔符”下拉菜单，在下拉菜单中分节符区域选择“下一页”。

③ 双击页眉区域或页脚区域，单击“页眉和页脚工具/设计”→“导航”命令组中“链接到前一节”按钮，以禁用它。

④ 选择页眉或页脚，然后按“Delete”。

⑤ 若要选择编号格式或起始编号，单击“页眉和页脚”命令组中的“页码”按钮，单击“设置页码格式”，再单击所需格式和要使用的“起始编号”，然后单击“确定”。

⑥ 若要返回至文档正文，单击“设计”选项卡上的“关闭页眉和页脚”。

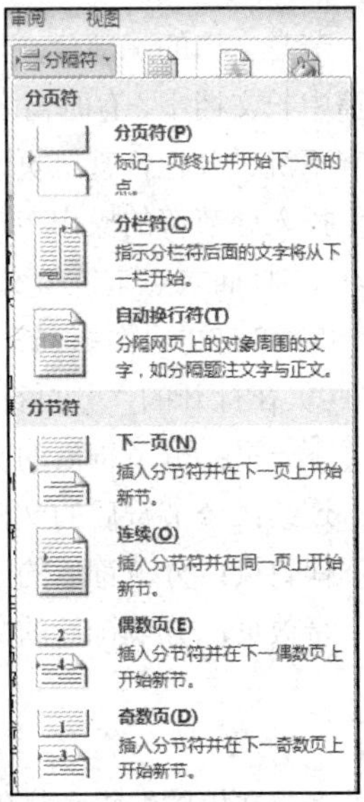

图 4-99 “分隔符”下拉菜单

（2）在奇数和偶数页上添加不同的页眉、页脚或页码

① 双击页眉区域或页脚区域。这将打开“页眉和页脚工具/设计”选项卡，在“选项”组中选中“奇偶页不同”复选框。

② 在其中一个奇数页上，添加要在奇数页上显示的页眉、页脚或页码编号。

③ 在其中一个偶数页上，添加要在偶数页上显示的页眉、页脚或页码编号。

④ 若要返回至文档正文，单击“设计”选项卡上的“关闭页眉和页脚”按钮。

4. 删除页码、页眉和页脚

双击页眉、页脚或页码，然后选择页眉、页脚或页码，再按“Delete”。若具有不同页眉、页脚或页码的每个分区中重复上面步骤即可。

提示：*若要编辑页眉和页脚，只要鼠标左键双击页眉或页脚的区域即可。可以像编辑文档正文一样来编辑页眉和页脚的文本内容。*

二、设置分页与分节

在 Word 编辑中，经常要对正在编辑的文稿进行分开隔离处理，如因章节的设立而另起一页，这时需要使用分隔符。经常使用的分隔符有三种：分页符、分节符、分栏符。

1. 分页

在 Word 中输入文本，当文档内容到达页面底部时，Word 就会自动分页。但有时在一页未写完时，希望重新开始新的一页，这时就需要手工插入分页符来强制分页。

插入分页符的操作步骤如下。

① 将插入点定位于文档中待分页的位置。

② 单击“页面布局”选项卡的“页面设置”组的“分隔符”按钮。

③ 在打开的“分页符”下拉列表项中选择“分页符”组中的“分页符”选项即可。

更简单的手工分页方法是：将插入点定位于待分页的位置，然后按“Ctrl+Enter”组合键，这时，插入点之后的文本内容就被放在了新的一页。

进行手工分页后，切换到草稿视图下，可以看到手工分页符是一条带有“分页符”3 个字的水平虚线。

2. 分节

节是文档的一部分。分节后把不同的节作为一个整体看待，可以独立为其设置页面格式。在一篇中长文档中，有时需要分很多节，各节之间可能有许多不同之处，例如页眉与页脚、页边距、首字下沉、分栏，甚至页面大小都可以不同。要解决这个问题，就要使用插入分节符的方法。

插入分节符的操作步骤如下。

① 将插入点定位于文档中待插入分节的位置。

② 单击“页面布局”选项卡的“页面设置”功能组的“分隔符”按钮。

③ 在打开的“分页符”下拉列表项中选择“分节符”功能组中的选项即可。

下一页：分节符后的文档从下一页开始显示，即分节同时分页。

连续：分节符后的文档与分节符前的文档在同一页显示，即分节但不分页。

偶数页：分节符后的文档从下一个偶数页开始显示。

奇数页：分节符后的文档从下一个奇数页开始显示。

三、预览与打印

完成文档的编辑和排版操作后，首先必须对其进行打印预览，如果不满意还可以进行修改和调整，待预览完全满意后再对打印文档的页面范围、打印份数和纸张大小进行设置，然后将文档打印出来。

1. 预览文档

在打印文档之前，要想预览打印效果，可使用打印预览功能查看文档效果。打印预览的效果与实际打印的真实效果极为相近，使用该功能可以避免打印失误或不必要的损失。同时还可以在预览窗格中对文档进行编辑，以得到满意的效果。

在 Word 2010 窗口中，单击“文件”功能按钮，从打开的页面中选择“打印”命令，在打开的新页面中，不难看出包括三部分，即左侧的菜单栏、中间的命令选项栏和右侧的预览窗格，在右侧的窗格中可预览打印效果，如图 4-100 所示。

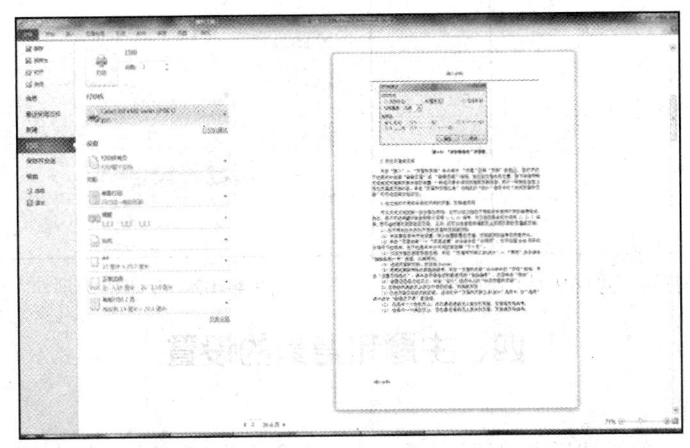

图 4-100 “文件”功能按钮中的“打印”页面

在打印预览窗格中，如果看不清预览的文档，可多次单击预览窗格右下方的“显示比例”工具右侧的“+”号按钮，使之达到合适的缩放比例以便进行查看。单击“显示比例”工具左侧的“-”号按钮，可以使文档缩小至合适大小，以便实现多页方式查看文档效果。此外，拖动“显示比例”工具中的滑块同样可以对文档的缩放比例进行调整。单击“+”号按钮右侧的“缩放到页面”按钮，可以预览文档的整个页面。

（1）在打印预览窗格中可进行的操作

① 可通过使用“显示比例”工具，设置文档的适当缩放比例进行查看。

② 在预览窗格的右下方，可查看到文档的总页数，以及当前预览文档的页码。

③ 可通过拖动“显示比例”工具中的滑块以实现对文档的单页、双页或多页方式进行查看。

（2）页面设置对话框　在中间命令选项栏的底部，如图 4-101 所示，单击“页面设置”选项命令，可打开“页面设置”对话框，利用此对话框可以对文档的页面格式进行重新设置和修改。

2. 打印文档

打印文档之前，要确定打印机的电源已经接通，并且处于联机状态。为了稳妥起见，最好先打印文档的一页看到实际效果，确定没有问题时，再将文档的其余部分打印出来。具体打印步骤如下。

① 打开要打印的 Word 2010 文档。

② 单击“文件”→“打印”命令，打开“打印”面板，如图 4-102 所示，在“打印”面板中单击“打印机”下三角按钮，选择电脑中安装的打印机。

③ 若仅想打印部分内容，在“设置”项选择打印范围，在“页数”文本框中输入页码范围，用逗号分隔不连续的页码，用连字符连接连续的页码。例如，要打印 2、5、6、7、11、12、13，可以在文本框中输入“2，5-7，11-13”。

④ 如果需打印多份，在“份数”数值框中设置打印的份数。

⑤ 如果要双面打印文档，设置“手动双面打印”选项。

⑥ 如果要在每版打印多页，设置“每版打印页数”选项。

⑦ 单击“打印”按钮，即可开始打印。

图 4-101 “打印”页面的选项命令

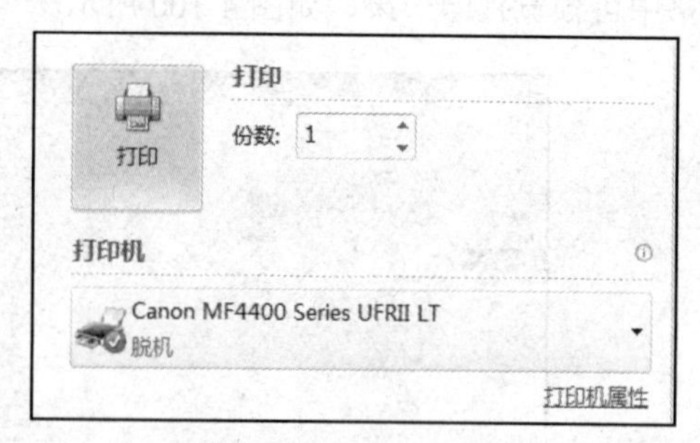

图 4-102 打印机选项

四、主题和背景的设置

1. 主题设置

主题是一套统一的设计元素和颜色方案。通过设置主题，可以非常容易地创建具有专业水准、设计精美的文档。设置方法是：单击“页面布局”→“主题”命令组中的“主题”按钮“ ”，打开如图 4-103 所示的主题面板，在面板中选择内置的“主题样式”列表中所需主题即可。若要清除文档中应用的主题，在出现的面板中选择“重设为模板中的主题”按钮。

2. 背景设置

新建的 Word 文档背景都是单调的白色，通过“页面布局”选项卡中“页面背景”命令组中的命令按钮，如图 4-104 所示，可以对文档进行水印、页面颜色和页面边框背景设置。

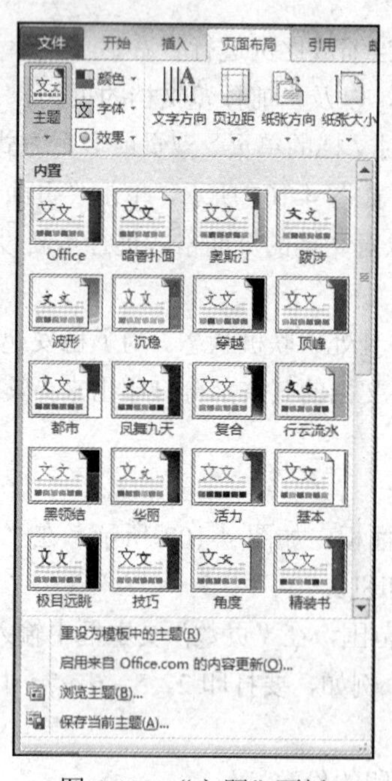

图 4-103 “主题”面板

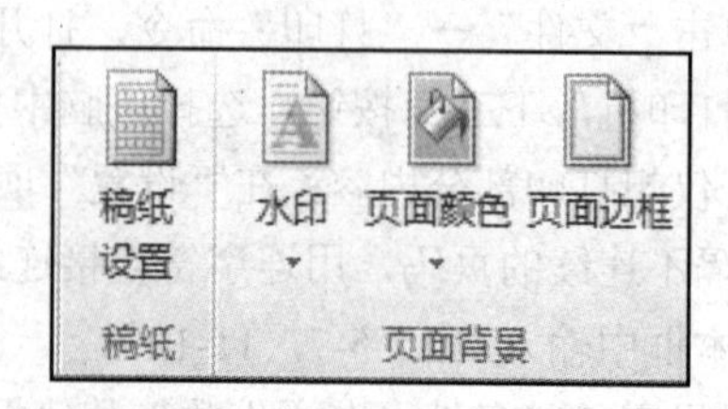

图 4-104 “页面背景”命令组

（1）页面背景的设置

① 单击“页面布局”→“页面背景”命令组中“页面颜色”按钮，打开如图 4-105 所示的面板，在面板中设置页面背景。

② 设置单色页面颜色：单击选择所需页面颜色，如果上面的颜色不符合要求，可单击“其他颜色”选取其他颜色。

③ 设置填充效果：单击“填充效果”命令，弹出如图 4-106 所示的“填充效果”对话框，在这里可添加渐变、纹理、图案或图片作为页面背景。

④ 删除设置：在“页面颜色”下拉列表中选择“无颜色”命令即可删除页面颜色。

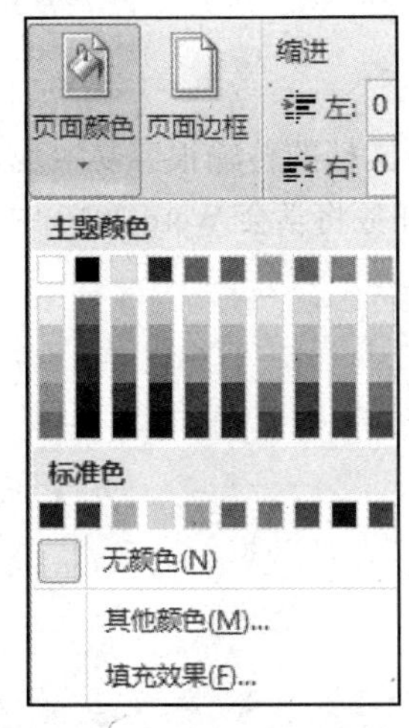

图 4-105 “页面颜色”面板

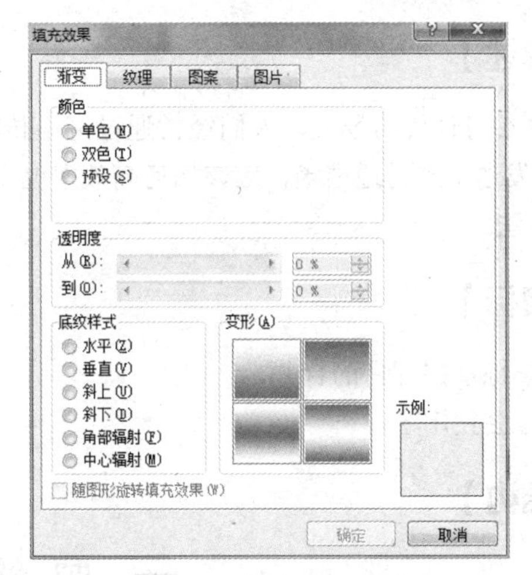

图 4-106 “填充效果”对话框

（2）水印效果设置 水印用来在文档文本的后面打印文字或图形。水印是透明的，因此任何打印在水印上的文字或插入对象都是清晰可见的。

① 添加文字水印。在“页面背景”命令分组中单击“水印”按钮“ ”，在出现的面板中选择“自定义水印”命令，打开如图 4-107 所示的“水印”对话框，选择“文字水印”单选按钮，然后在对应的选项中完成相关信息输入，单击“确定”按钮。文档页上显示出创建的文字水印。

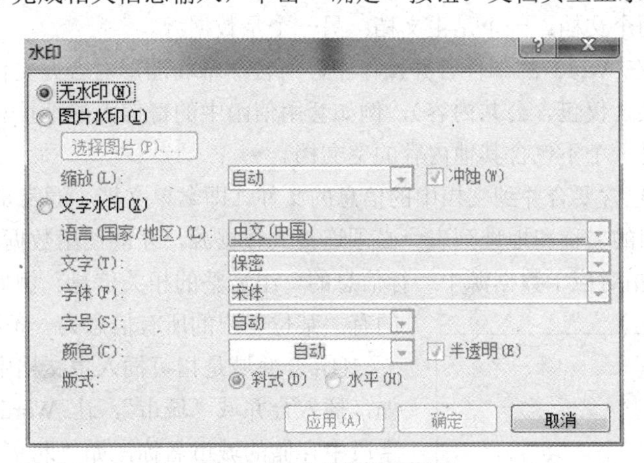

图 4-107 “水印”对话框

② 添加图片水印。在“水印”对话框中，选中“图片水印”单选项按钮，然后单击“选择图片”按钮，浏览并选择所需的图片，单击“插入”，再在“缩放”框中，选择“自动”选项，选中“冲蚀”复选框，单击“确定”按钮。这样文档页上显示出创建的图片水印。

③ 删除水印。在图 4-107 所示的“水印”对话框中，选择“无水印”单选项按钮，单击“确定”按钮，或在“水印”下拉列表中，选择“删除水印”命令，即会删除文档页上创建的水印。

（3）页面边框的设置　在“页面背景”命令中，单击“页面边框”按钮“ ”，然后选择“页面边框”选项卡，选择合适的边框类型、线的样式、颜色和大小后单击“确定”即可。

任务七　发送文档

【任务描述】

在互联网时代的今天，人们经常通过网络传输文件，几份文档的传输很容易实现，如果向100个人发送100份邀请函，应该如何高效率地完成呢？本次任务将学会Word 2010中文档发送的设置方法。

【技能目标】

1．熟练掌握邮件的合并。

2．学会使用宏。

【知识结构】

一、邮 件 合 并

当用户需要打印许多格式且内容相似，只是具体数据有差别的文档时，就可以使用Word提供的邮件合并功能。例如，某公司自制的信封，其回信地址和邮政编码对每封信都相同，需要改变的仅是客户的名称和收信人的地址。使用邮件合并功能来制作和打印这些信封会减少工作量，提高速度。

1．基本概念

邮件合并需要两个文档：一个是主文档；另一个是数据源。

① 主文档是指在Word的邮件合并操作中，所含文本和图形对合并文档的每个版本都相同的文档（即信函文档，仅包含公共内容），例如套用信函中的寄信人的地址和称呼等。通常在新建立主文档时应该是一个不包含其他内容的空文档。

② 数据源是指包含要合并到文档中的信息的文件（即名单文档，通常是一个表格）。例如，要在邮件合并中使用的名称和地址列表。必须连接到数据源，才能使用数据源中的信息。

③ 数据记录是指对应于数据源中一行信息的一组完整的相关信息。例如，客户邮件列表中的有关某位客户的所有信息为一条数据记录。

辽宁金融职业学院
辽宁水利职业学院
铁岭师范高等专科学校
大连东软信息学院
盘锦职业技术学院
辽宁科技大学应用技术学院
辽宁机电职业技术学院
辽宁省交通高等专科学校

图4-108　数据源

④ 合并域是指可插入主文档中的一个占位符。例如，插入合并域“城市”，让Word插入“城市”数据字段中存储的城市名称，如“北京”。

⑤ 套用就是根据合并域的名称用相应数据记录取代，以实现成批信函、信封的录制。

例如，要生成邀请函，先建立数据源，文档名称为“名单.doc”，内容如图4-108所示。再建立主文档，文档名称为“邀请函.docx”，内容如图4-109所示。

（学校名称）：

请于×年×月×日来我中心参加计算机网络竞赛。具体安排及事宜，详见竞赛邀请函。

××市职业教育研究中心
×年×月×日

图 4-109　主文档

2. 合并邮件的方法

“邮件合并向导”用于帮助用户在 Word 2010 文档中完成信函、电子邮件、信封、标签或目录的邮件合并工作，采用分步完成的方式进行，因此更适用于邮件合并功能的普通用户。下面以使用“邮件合并向导”创建邮件合并信函为例，操作步骤如下。

① 打开文档，单击“邮件”→“开始邮件合并”命令组中“开始邮件合并”按钮“”，打开如图 4-110 所示的下拉菜单，在菜单中选择“邮件合并分步向导”命令。

② 在窗口的右侧打开了“邮件合并”任务窗格，如图 4-111 所示。在“选择文档类型”向导页选中“信函”单选框，并单击“下一步：正在启动文档”超链接。

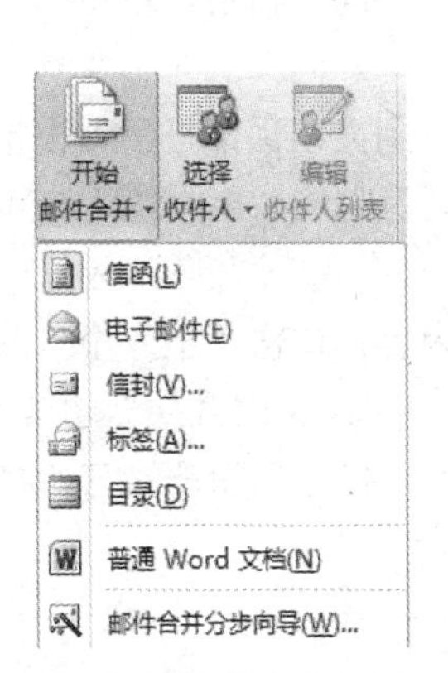

图 4-110 “开始邮件合并”下拉菜单

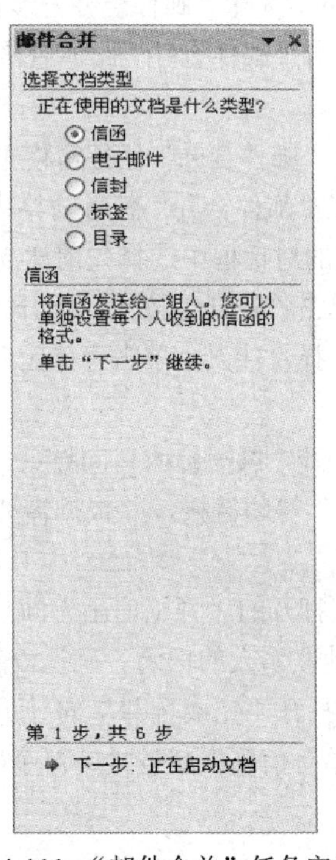

图 4-111 “邮件合并”任务空格

③ 在打开的“选择开始文档”向导页中，选中“使用当前文档”单选框，并单击“下一步：选取收件人”超链接。

④ 打开“选择收件人”向导页，选中“从 Outlook 联系人中选择”单选框，并单击“选择‘联系人’文件夹”超链接。

⑤ 在打开的“选择配置文件”对话框中选择事先保存的 Outlook 配置文件，然后单击“确

定”按钮。

⑥ 打开“选择联系人”对话框，选中要导入的联系人文件夹，单击“确定”按钮。

⑦ 在打开的“邮件合并收件人”对话框中，可以根据需要取消选中联系人。如果需要合并所有收件人，直接单击“确定”按钮。

⑧ 返回文档窗口，在“邮件合并”任务窗格“选择收件人”向导页中单击“下一步：撰写信函”超链接。

⑨ 打开“撰写信函”向导页，将插入点光标定位到 Word 2010 文档顶部，然后根据需要单击“地址块”“问候语”等超链接，并根据需要撰写信函内容。撰写完成后单击“下一步：预览信函”超链接。

⑩ 在打开的“预览信函”向导页可以查看信函内容，单击“上一个”或“下一个”按钮可以预览其他联系人的信函。确认没有错误后单击“下一步：完成合并”超链接。

⑪ 打开“完成合并”向导页，用户既可以单击“打印”超链接开始打印信函，也可以单击“编辑单个信函”超链接针对个别信函进行再编辑。

操作实例　利用邮件合并，制作邀请函。

步骤 1：在 Word 2010 中打开先前建立的文档“邀请函.docx”。

步骤 2：单击“邮件”→“开始邮件合并”命令组中“开始邮件合并”按钮“ ”，打开下拉菜单，在菜单中选择“邮件合并分步向导”命令。

步骤 3：打开“邮件合并”任务窗格，在“邮件合并”任务窗格中，选取文档类型为“信函”，单击“下一步”。

步骤 4：在“邮件合并”任务窗格中，选取开始文档类为“使用当前文档”，单击“下一步”。

步骤 5：在“邮件合并”任务窗格中，选取收件人为 “使用现有列表”，点击“选择另外的列表”，从弹出的对话框中选择先前建立的文档“名单.docx”。

步骤 6：单击“打开”按钮，打开“合并邮件收件人”窗口。

步骤 7：选择收件人，单击“确定”按钮，回到邮件合并向导窗格，单击“下一步：撰写信函”。

步骤 8：打开“撰写信函”向导页，将插入点光标定位到文档顶部，然后根据需要单击“地址块”“问候语”等超链接，并根据需要撰写信函内容。撰写完成后单击“下一步：预览信函”超链接。

步骤 9：在打开的“预览信函”向导页可以查看信函内容，单击“上一个”或“下一个”按钮可以预览其他联系人的信函。确认没有错误后单击“下一步：完成合并”超链接。

步骤 10：打开“完成合并”向导页，用户既可以单击“打印”超链接开始打印信函，也可以单击“编辑单个信函”超链接针对个别信函进行再编辑。

二、宏

如果需要在 Word 中反复进行某项工作，可以利用宏来自动完成这项工作。宏是一系列组合在一起的 Word 命令或指令，以实现任务执行的自动化。可以创建并执行宏，以替代人工进行的一系列费时而单调的重复性操作，自动完成所需任务。

以下介绍在 Word 中录制宏的操作实例

录制宏，其内容为在文档中创建一个 5 行 4 列的表格，并在表格第一行中填写序号 1、2、3、4。然后运行宏。

步骤 1：单击“视图”→“宏”命令组中的宏按钮“宏”→“录制宏”命令，打开如图 4-112 所示“录制宏”对话框。

步骤 2：在对话框中“宏名”下的文本框中输入宏名为“表格”。

步骤 3：在“将宏保存在”框中，单击将保存宏的模板或文档。在“说明”框中，键入对宏的说明，单击“确定”按钮。

步骤 4：选择“插入”→“表格”命令组中的“表格”按钮，插入一个 5 行 4 列的表格，并在表格第一行中填写 1、2、3、4。

步骤 5：单击“宏”命令组中的宏按钮“宏”→“停止录制”命令。

步骤 6：将光标移到文档插入表格处，单击“宏”命令组中的宏按钮“宏”→“查看宏”命令，打开“宏”对话框，如图 4-113 所示。

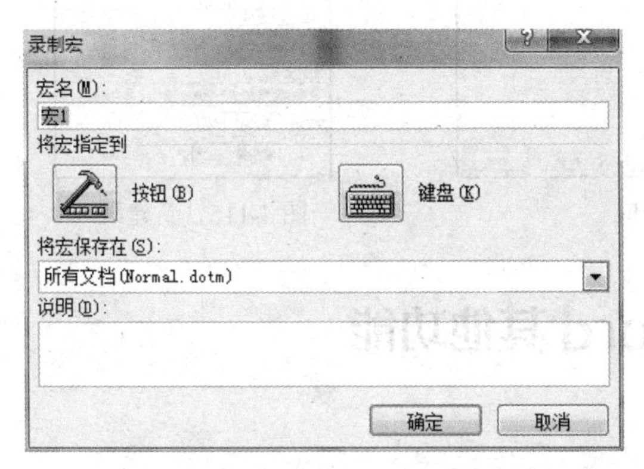

图 4-112 “录制宏”对话框

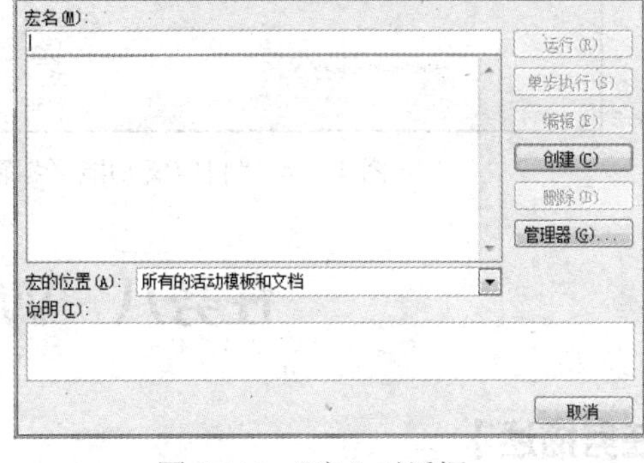

图 4-113 “宏”对话框

步骤 7：在“宏”对话框中“宏名”下的文本框中输入宏的名称，单击“运行”按钮，完成“宏”的运行。

如果要方便快捷地运行宏，可以将其指定到功能区或设定执行宏命令的快捷键。这样，运行宏就会和单击功能区命令按钮或者按快捷键一样简单了。

续上例，将宏指定到功能区及设定执行宏命令的快捷键，并修改宏的按钮图标。

步骤 1：选择“文件”→“选项”→“自定义功能区”命令，打开如图 4-114 所示的“自定义功能区”窗口。

步骤 2：在“从下列位置选择命令”下拉列表框中选择“宏”。

步骤 3：在右边“主选项卡”区域选择“视图”选项卡，单击“新建组”按钮，在视图下新建一个“新建组（自定义）”组，如图 4-115 所示。

步骤 4：单击“重命名”按钮，打开“重命名”对话框。在符号区域选择一个符号，在显示名称框中输入名称“表格宏”。

步骤 5：单击自定义功能区中的“添加”按钮。单击“确定”按钮。完成将宏指定到功能区。

步骤 6：单击“键盘快捷方式”后的“自定义(I)...”按钮，打开“自定义键盘”键盘对话框。

步骤 7：在对话框中的“类别”框中选择“宏”，在“宏”框中选择“宏 1”，在“请按新快捷键”框中输入要定义的快捷键。如“Ctrl+\”。

步骤 8：单击“指定”按钮，指定的“快捷键”显示在“当前快捷键”框中。单击“关闭”按钮，完成快捷键的添加。

步骤 9：单击“文件”→“选项”→“快速访问工具栏”。

步骤 10：在“从下列位置选择命令”下拉列表框中选择“宏”。单击“添加”按钮。

步骤 11：单击“确定”按钮，完成“快速访问工具栏”中添加“宏”按钮。

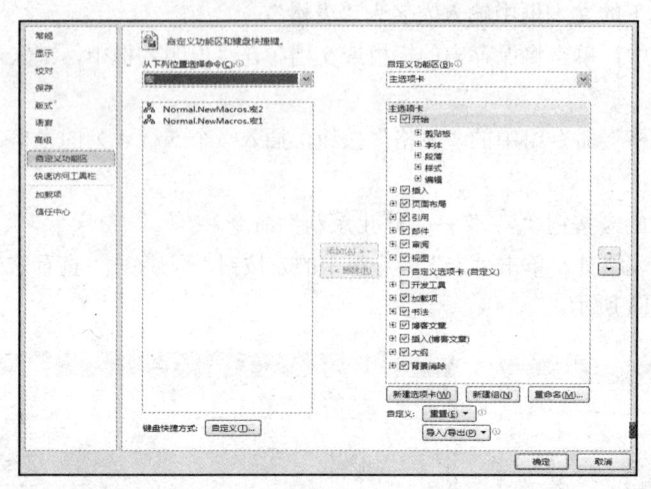
图 4-114 “自定义功能区”窗口

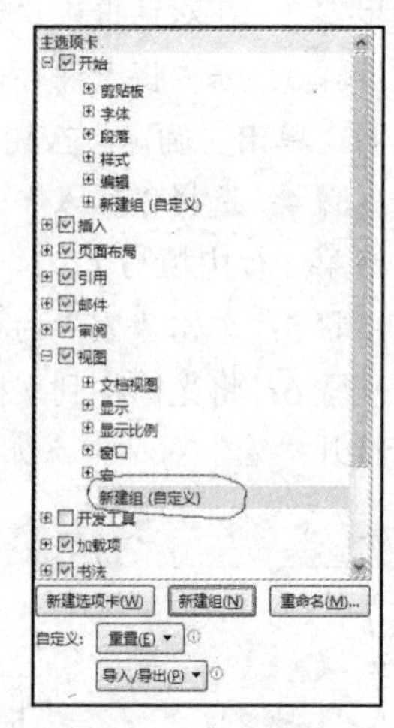

图 4-115 新建组

任务八 Word 其他功能

【任务描述】

本次任务将学会 Word 中的其他功能，如视图、快速格式化、目录编制等，使读者对 Word 的了解更加深入。

【技能目标】

1．熟练掌握文档的显示方式。

2．学会快速格式化。

3．掌握目录的编制。

4．掌握文档的修订。

【知识结构】

一、文档的显示

在 Word 2010 中提供了多种视图模式供用户选择，这些视图模式包括“页面视图”“Web 版式视图”“大纲视图”“阅读版式视图”和“草稿视图”五种视图模式。用户可以在“视图”选项卡中选择需要的文档视图模式，也可以在 Word 2010 文档窗口的右下方单击视图按钮选择视图。

1．页面视图

“页面视图”可以显示 Word 2010 文档的打印结果外观，主要包括页眉、页脚、图形对象、分栏设置、页面边距等元素，是最接近打印结果的页面视图。

2．Web 版式视图

“Web 版式视图”以网页的形式显示 Word 2010 文档，Web 版式视图适用于发送电子邮件和创建网页。

3. 大纲视图

“大纲视图”主要用于设置 Word 2010 文档的设置和显示标题的层级结构，并可以方便地折叠和展开各种层级的文档。大纲视图广泛用于 Word 2010 长文档的快速浏览和设置中，大纲视图界面如图 4-116 所示。

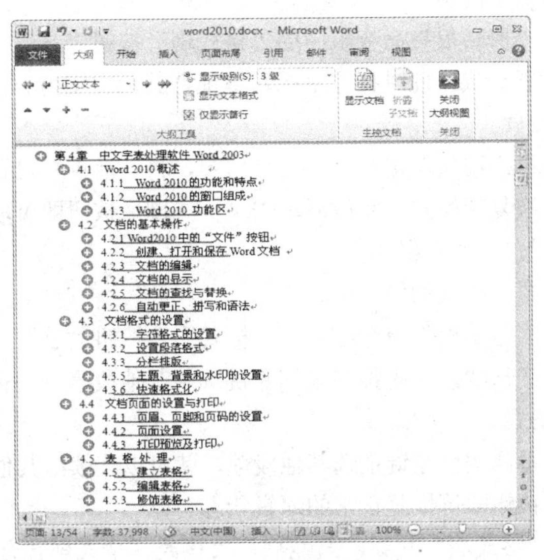

图 4-116　大纲视图界面

4. 阅读版式视图

“阅读版式视图”以图书的分栏样式显示 Word 2010 文档，“文件”按钮、功能区等窗口元素被隐藏起来。在阅读版式视图中，用户还可以单击“工具”按钮选择各种阅读工具，阅读版式视图界面如图 4-117 所示。

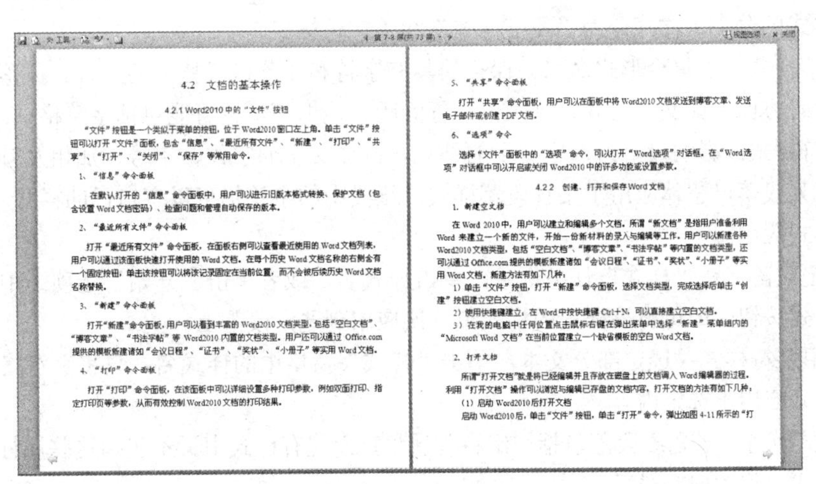

图 4-117　阅读版式视图界面

5. 草稿视图

“草稿视图”取消了页面边距、分栏、页眉页脚和图片等元素，仅显示标题和正文，是最节省计算机系统硬件资源的视图方式。当然现在计算机系统的硬件配置都比较高，基本上不存在由于硬件配置偏低而使 Word 2010 运行遇到障碍的问题。

二、快速格式化

1. 使用格式刷

使用格式刷可以快速重复设置相同的格式。

（1）复制文字格式

① 选中包含格式的文字内容。

② 双击“开始”→“剪贴板”命令组中的“格式刷”按钮“ ”。

③ 鼠标箭头变成刷子形状，此时按住鼠标左键拖选其他文字内容，则格式刷经过的文字将被设置成格式刷记录的格式。

④ 松开鼠标左键后再次按住左键拖其他文字内容，将再次重复设置格式。

⑤ 重复上述步骤多次复制格式，完成后单击“格式刷”按钮即可取消格式刷状态。

（2）直接复制整个段落的所有格式

① 把光标定位在设置好格式的段落中。

② 双击“开始”→“剪贴板”命令组中的“格式刷”按钮“ ”。

③ 鼠标箭头变成刷子形状，此时按住鼠标左键选中其他段落，则格式刷经过的段落将被设置成格式刷记录的段落格式。

④ 松开鼠标左键后再次按住左键拖选其他段落，就可以连续给其他段落复制格式。

⑤ 单击“格式刷”按钮即可恢复正常的编辑状态。

提示：如果是单击“格式刷”按钮，只能刷一次格式，格式刷就自动取消。

2. 使用样式

（1）样式的基本概念　样式是应用于文本的一系列格式特征，利用它可以快速地改变文本的外观。当应用样式时，只需执行一步操作就可应用一系列的格式。

单击“开始”→“样式”命令组中右下角的“ ”箭头，打开“样式”窗格。利用此窗格可以浏览、应用、编辑、定义和管理样式。

（2）样式的分类　样式分为“段落样式”和“字符样式”。

① 段落样式：以集合形式命名并保存的具有字符和段落格式特征的组合。段落样式控制段落外观的所有方面，如文本对齐、制表位、行间距、边框等，也可能包括字符格式。

② 字符样式：影响段落内选定文字的外观，例如文字的字体、字号、加粗及倾斜的格式设置等。即使某段落已整体应用了某种段落样式，该段中的字符仍可以有自己的样式。

（3）样式应用

① 选定段落：在“样式”任务框中，单击样式名，或者单击“开始”选项卡中“样式”命令组中的样式按钮，即可将该样式的格式集一次应用到选定段落上。

② 应用字符样式：选定部分文本，单击“样式”窗格中的样式名，只将字符格式（如加粗或倾斜格式）应用于选定内容。

（4）样式管理　若需要段落包括一组特殊属性，而现有样式中又不包括这些属性，用户可以新建段落样式或修改现有样式。

① 创建新样式：在“样式”窗格中，单击“新建样式”按钮“ ”，弹出如图 4-118 所示的“根据格式设置创建新样式”对话框，然后在“名称”框中输入新样式名，在“样式类型”框中的“字符”或“段落”选项中选择所需其他选项，单击“格式”按钮设置样式属性，最后单击“确定”即可创建一新的样式。

② 修改样式：在“样式”窗格中，右键单击样式列表中显示的样式，选择“修改样式”按钮，将弹如图 4-119 所示的“修改样式”对话框，然后单击“格式”按钮即可修改样式格式。

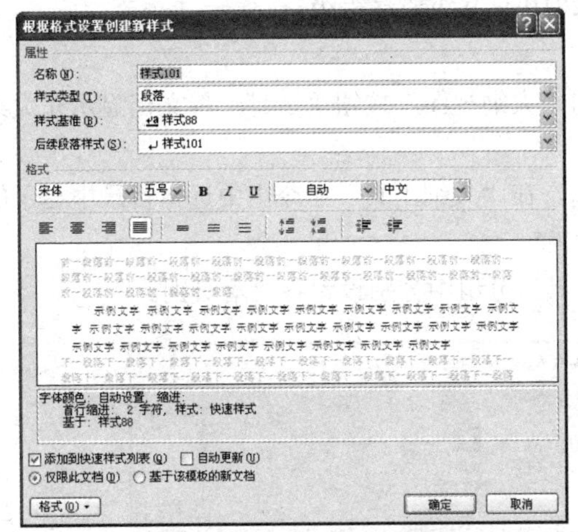

图 4-118 “根据格式设置创建新样式”对话框

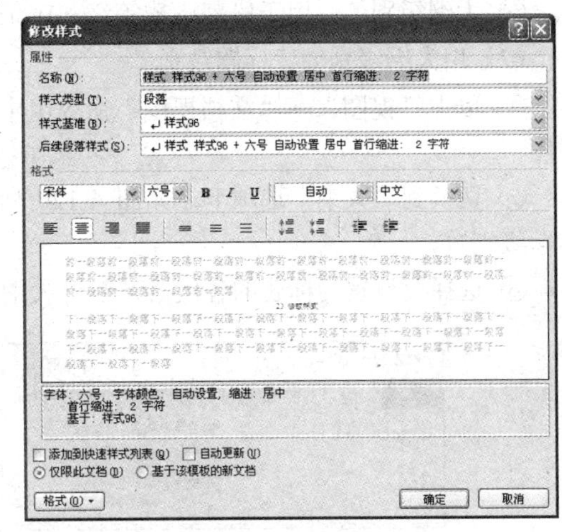

图 4-119 “修改样式”对话框

③ 删除样式：在“样式”任务框中，右键单击样式列表的样式，在弹出的快捷菜单中，单击“删除”命令即可将选定的样式删除。

提示：“正文”样式和“默认段落”样式不能被删除，如“开始”功能区的“样式”分组中的“样式”按钮不能删除。

3. 创建文档模板

（1）模板概述　任何 Microsoft Word 文档都是以模板为基础的。模板决定文档的基本结构和文档设置，例如自动图文集词条、字体、快捷键指定方案、宏、菜单、页面布局、特殊格式和样式。

模板有两种基本类型：共用模板和文档模板。共用模板包括 Normal 模板，所含设置适用于所有文档。文档模板（如“新建”对话框中的备忘录和传真模板）所含设置仅适用于以该模板为基础的文档。Word 提供了许多文档模板，也可以创建自己的文档模板。

（2）创建文档模板　除了通用型的空白文档模板之外，Word 2010 中还内置了多种文档模板，如博客文章模板、书法字帖模板等。另外，Office.com 网站还提供了证书、奖状、名片、简历等特定功能模板。借助这些模板，用户可以创建比较专业的 Word 2010 文档。在 Word 2010 中使用模板创建文档的步骤如下。

① 打开 Word 2010 文档窗口，单击“文件”→“新建”按钮。

② 在打开的“新建”面板中，用户可以单击“博客文章”、“书法字帖”等 Word 2010 自带的模板创建文档，还可以单击 Office.com 提供的“名片”“日历”等在线模板。例如单击“样本模板”选项。

③ 打开样本模板列表页，单击合适的模板后，在“新建”面板右侧选中“模板”单选框，然后单击“创建”按钮。

三、编制目录和索引

1. 编制目录

（1）目录概述　目录是文档中标题的列表，通过目录，可以在目录的首页通过按“Ctrl+鼠标左键”跳到目录所指向的章节，也可以打开视图导航窗格，然后列出整个文档结构。Word 2010

提供了目录编制与浏览功能，可使用 Word 中的内置标题样式和大纲级别设置自己的标题格式。

① 标题样式：应用于标题的格式样式。Word 2010 有 6 个不同的内置标题样式。

② 大纲级别：应用于段落格式等级。Word 2010 有 9 级段落等级。

（2）用大纲级别创建标题级别

① 单击“视图”→“文档视图”命令组中的“大纲视图”按钮“ ”，将文档显示在大纲视图。

② 切换到“大纲”选项卡，如图 4-120 所示。在“大纲工具”命令组中选择目录中显示的标题级别数。

③ 选择要设置为标题的各段落，在“大纲工具”分组中分别设置各段落级别。

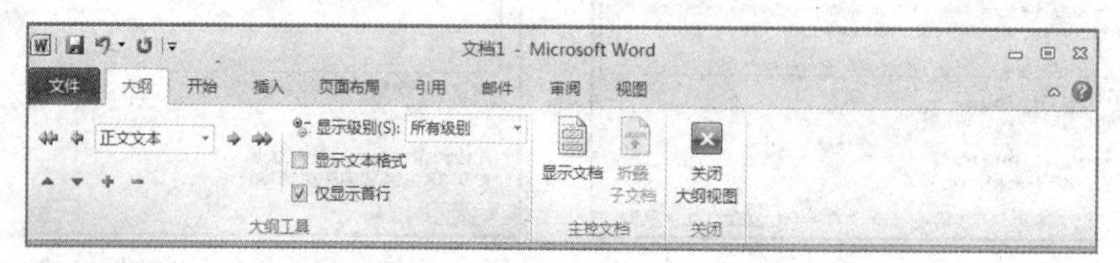

图 4-120 “大纲”选项卡

（3）用内置标题样式创建标题级别

① 选择要设置为标题的段落。

② 单击“开始”→“样式”命令组中“标题样式”按钮即可（若需修改现有的标题样式，在标题样式上单击右键，选择“修改”命令，在弹出的“修改样式”对话框中进行样式修改）。

③ 对希望包含在目录中的其他标题重复进行步骤①和步骤②。

④ 设置完成后，单击“关闭大纲视图”按钮，返回到页面视图。

（4）编制目录　通过使用大纲级别或标题样式设置，指定目录要包含的标题之后，可以选择一种设计好的目录格式生成目录，并将目录显示在文档中。操作步骤如下。

① 确定需要制作几级目录。

② 使用大纲级别或内置标题样式设置目录要包含的标题级别。

③ 光标定位到插入目录的位置，单击“引用”→“目录”命令组中“目录”按钮“ ”，选择“插入目录”命令，打开如图 4-121 所示的“目录”对话框。

④ 打开“目录”选项卡，在“格式”下拉列表框中选择目录格式，根据需要，设置其他选项。

⑤ 单击“确定”按钮即可生成目录。

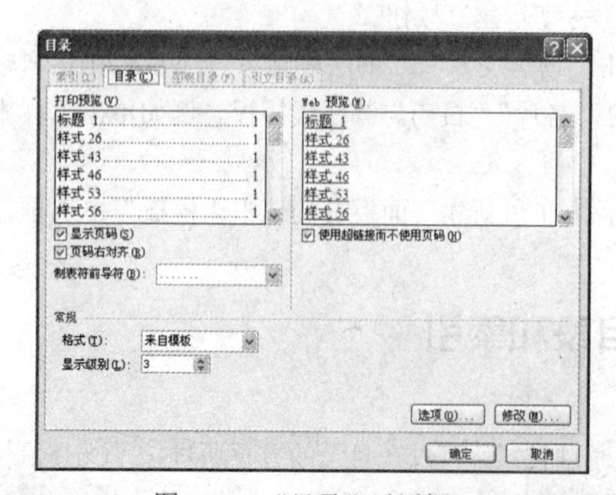

图 4-121 “目录”对话框

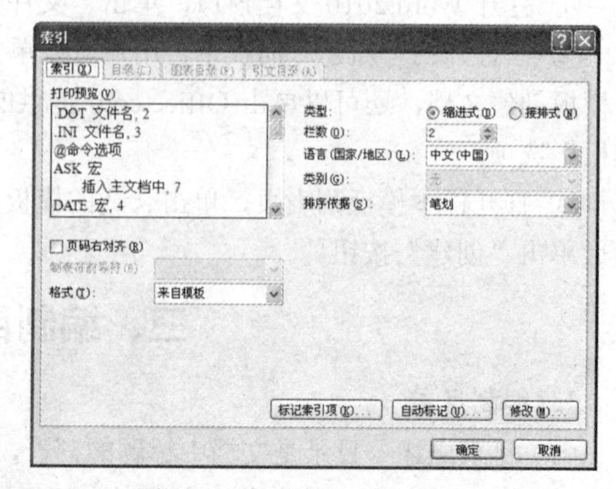

图 4-122 “索引”对话框

（5）更新目录　在页面视图中，用鼠标右击目录中的任意位置，从弹出的快捷菜单中选择“更新域”命令，在弹出“更新目录”对话框选择更新类型，单击“确定”按钮，目录即被更新。

（6）使用目录　当在页面视图中显示文档时，目录中将包括标题及相应的页码，在目录上通过“Ctrl+鼠标左键”可以跳到目录所指向的章节；当切换到Web版式视图时，标题将显示为超链接，这时用户可以直接跳转到某个标题。若要在Word中查看文档时可以快速浏览，可以打开视图导航窗格。

2. 编制索引

目录可以帮助读者快速了解文档的主要内容，索引可以帮助读者快速查找需要的信息。生成索引的方法是：单击“引用”→“索引”命令组中的“插入索引”按钮“”，打开如图4-122所示的“索引”对话框，在对话框中设置选择相关的项，单击“确定”即可。

如果想使上次索引项直接出现在主索引项下面而不是缩进，选择“接排式”类型。如果选择多于两列，选择“接排式”各列之间不会拥挤。

四、文档的修订与批注

1. 修订和批注的意义

为了便于联机审阅，Word允许在文档中快速创建修订与批注。

（1）修订　显示文档中所作的诸如删除、插入或其他编辑、更改的位置的标记，启动“修订”功能后，对删除的文字会以一横线在字体中间，字体为红色，添加文字也会以红色字体呈现；当然，用户可以修改成自己喜欢的颜色。

（2）批注　指作者或审阅者为文档添加的注释。为了保留文档的版式，Word 2010在文档的文本中显示一些标记元素，而其他元素则显示在边距上的批注框中，在文档的页边距或“审阅窗格”中显示批注，如图4-123所示。

图4-123　修订与批注示意图

2. 修订操作

（1）标注修订　单击“审阅”→“修订”命令组中的“修订”三角按钮“”，选择“修订”命令（或按“Ctrl+Shift+E”）启动修订功能。

（2）取消修订　启动修订功能后，再次在“修订”命令组中单击“修订”三角按钮，选择“修订”命令（或按“Ctrl+Shift+E”）可关闭修订功能。

（3）接收或拒绝修订　用户可对修订的内容选择接收或拒绝修订，在“审阅”选项卡的“更改”命令组中单击“接收”或“拒绝”按钮即可完成相关操作。

3. 批注操作

（1）插入批注　选中要插入批注的文字或插入点，在“审阅”选项卡中的“批注”命令组中单击“新建批注”按钮“”，并输入批注内容。

（2）删除批注　若要快速删除单个批注，用鼠标右键单击批注，然后从弹出的快捷菜单中选择“删除批注”即可。

五、窗体操作

如果要创建可供用户在Word文档中查看和填写的窗体，需要完成以下几个步骤。

1. 创建一个模板

新建一个文档或打开该模板基于的文档或模板。单击“文件”→“另存为”按钮，在“保存类型”框中，选择“文档模板”，在“文件名”框中，键入新模板的名称，然后单击“保存”按钮。

2. 建立“窗体域”和“锁定”工具按钮

选择“文件”→“选项”→“自定义功能区”→“不在功能区命令”→“插入窗体域”→“视图”→点右边最下方“新建组”→点“添加”→点右下角“确定”即可。用同样方法建立“锁定”按钮，在“视图”选项卡中出现“窗体域”命令组，如图 4-124 如示。

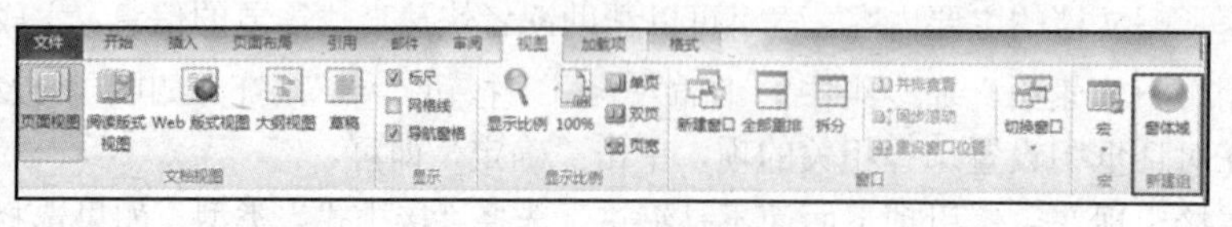

图 4-124 “窗体域”命令组

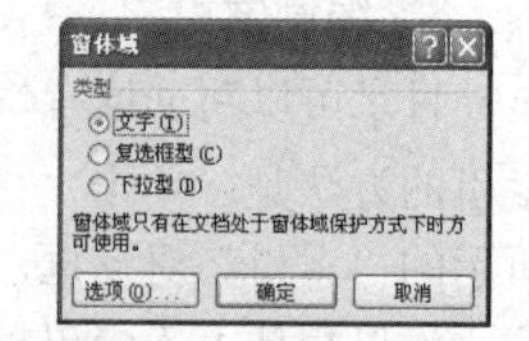

图 4-125 “窗体域”对话框

3. 为文本、复选框和下拉型添加窗体域

（1）插入一个可在其中输入文字的填充域　选择文档中的插入点，单击“窗体域”按钮，弹出如图 4-125 所示的“窗体域”对话框，选择“文字”选项，单击确定，再双击域以指定一个默认输入项，这样如果用户不需要更改相应的内容，就不必自行键入。

（2）插入可以选定或清除的复选框　在“窗体域”对话框，单击“复选框型”按钮，双击“复选框型”窗体域，出现“复选框窗体域选项”对话框。设置或编辑窗体域的属性。也可使用该按钮在一组没有互斥性的选项（即可同时选中多个选项）旁插入一个复选框。

（3）插入下拉型框　在“窗体域”对话框，单击“下拉型”按钮，双击“下拉型”窗体域，出现“下拉型窗体域选项”对话框。若要添加一个项目，在“下拉项”框中键入项目的名称，再单击“添加”按钮。

4. 对窗体增加保护

单击视图工具栏上的锁定按钮，这样除了含有窗体域的单元格外，表格的其他地方都无法进行修改。此时用鼠标单击任一窗体域单元格，在单元格的右侧会出现一个下拉三角图标，点击该图标会弹出下拉列表，在其中选择即可。全部选择好后，再点“保护窗体”按钮即可解除锁定。为便于今后反复使用窗体，可将窗体文档以模板方式保存。

六、文 档 保 护

Word 文档保护提供自动存盘、自动恢复、恢复受损文件和凭密码打开文档等功能。

1. 改变保存自动恢复时间间隔

Word 2010 的自动保存功能，使文档能够在一定的时间范围内保存一次，若突然断电或出现其他特殊情况，它能帮用户减少损失。自动保存时间越短，保险系数越大，则占用系统资源越多。用户可以改变自动保存的时间间隔：选择“文件”→“选项”→“保存”，在右边窗口中选中“保存自动恢复时间间隔”复选框，在“分钟”框中，输入时间间隔，以确定 Word 2010 保存文档的频度。

2. 恢复自动保存的文档

为了在断电或类似问题发生之后能够恢复尚未保存的工作，必须在问题发生之前选中“选项”对话框中“保存”选项卡上的“自动保存时间间隔”复选框，这样才能恢复。例如，如果设定“自动恢复”功能为每 5 分钟保存一次文件，这样就不会丢失超过 5 分钟的工作。恢复的方法如下。

① 单击“文件”→“信息”，打开如图4-126所示的窗口。

② 在版本区域中显示最近自动保存的版本，双击最新保存的版本，以只读方式打开。

③ 打开所需要的文件之后，单击“另存为”按钮。

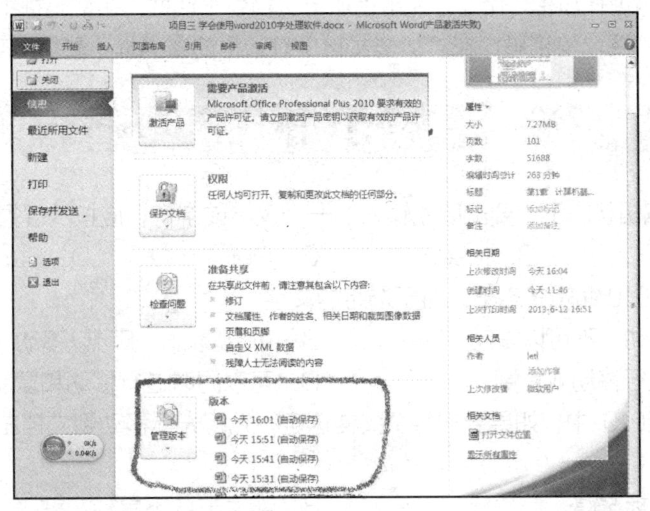

图 4-126 “信息”窗口

或者在图4-126中选择“管理版本”按钮，打开如图4-127所示的面板，在面板中选择“恢复未保存的文档”，就可以恢复因为误操作而没有保存的文档。

3. 恢复受损文档中的文字

如果在试图打开一个文档时，计算机无响应，则该文档可能已损坏。下次启动Word时，Word会自动使用专门的文件恢复转换器来恢复损坏文档中的文本，也可随时用此文件转换器打开已损坏的文档并恢复文本。成功打开损坏的文档后，可将它保存为Word格式或其他格式，段落、页眉、页脚、脚注、尾注和域中的文字将被恢复为普通文字。不能恢复文档格式、图形、域、图形对象和其他非文本信息。恢复的步骤如下。

① 单击“文件”→“打开”。

② 通过地址栏定位到包含要打开的文件的文件夹。

③ 单击“打开”按钮旁边的下箭头，出现如图4-128所示的“打开”菜单，然后单击“打开并修复”命令，再次打开文档即可。

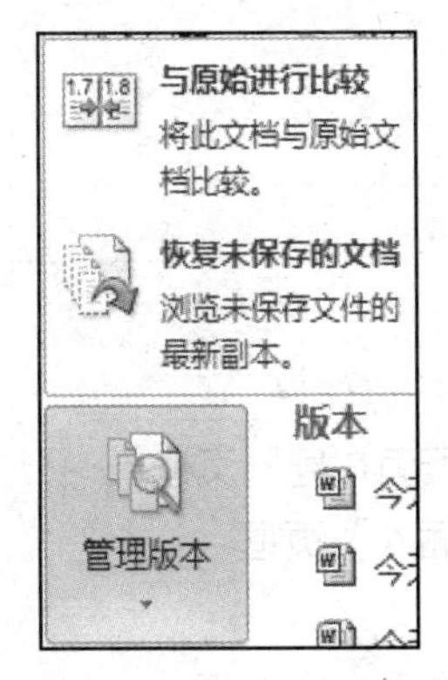

图 4-127 “管理版本”面板

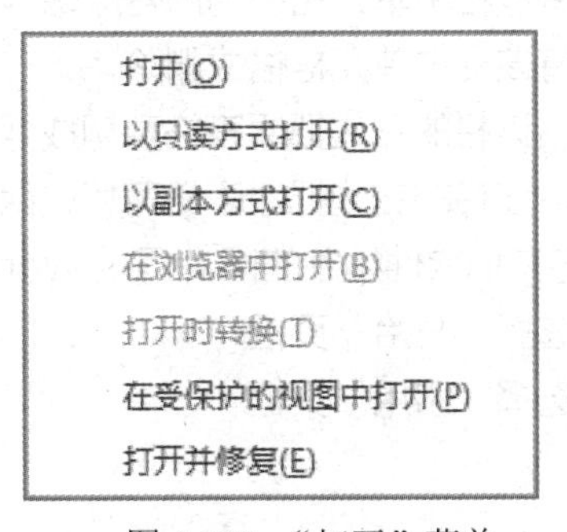

图 4-128 “打开”菜单

4. 保护文档不被非法使用

为保护文档信息不被非法使用，Word 2010 提供了“用密码进行加密”功能，只有持有密码的用户才能打开此文件。完成此操作的方法为：单击“文件”→“信息”选项，单击“保护文档”按钮，选择“用密码进行加密”命令，弹出“加密文档”对话框，在密码框中输入打开文件时要提供的密码内容。若要取消密码，在“加密文档”对话框的密码框中置空即可。

习　题

1. 在 Word 编辑状态下，要删除刚输入的一个汉字或字符，应按的键是“________”。
   A. Enter　　B. Insert　　C. Del　　D. Backspace
2. 在 Word 2010 编辑状态下，对于选定的文字________。
   A. 可以移动，不可以复制　　B. 可以复制，不可以移动
   C. 可以进行移动或复制　　D. 可以同时进行移动和复制
3. 在 Word 2010 中，如果要把整个文档选定，先将光标移动到文档左侧的选定栏，然后________。
   A. 双击鼠标左键　　B. 连续击 3 下鼠标左键
   C. 单击鼠标左键　　D. 双击鼠标右键
4. 在 Word 2010 编辑状态下，绘制一文本框，应使用的是________选项卡功能区。
   A. 插入　　B. 开始　　C. 引用　　D. 视图
5. Word 2010 中字形和字体、字号的默认的设置值是________。
   A. 常规型、宋体、四号　　B. 常规型、宋体、五号
   C. 常规型、宋体、六号　　D. 常规型、仿宋体、五号
6. 在 Word 2010 中，按下“Enter”键在文档中会产生________。
   A. 段落标记符　　B. 软回车符　　C. 制表符　　D. 分节符
7. 在 Word 文档中，要将光标移到本行行首的快捷键是“________”。
   A. PageUp　　B. Ctrl+Home　　C. Home　　D. End
8. Word 2010 中有________种视图方式。
   A. 三种　　B. 四种　　C. 五种　　D. 六种
9. 在 Word 文档中，选定表格的一栏，再执行“开始”选项卡功能区中的“清除”命令，则________。
   A. 将该栏中单元格中的内容删除，变成空白
   B. 将该栏中单元格格式删除
   C. 沿该栏的左边把原表格剪切成两个表格
   D. 沿该栏的右边把原表格剪切成两个表格
10. 要将其他软件绘制的图片调入 Word 文档中，正确的操作是________。
   A. 选择“开始”页框　　B. 选择“页面布局”页框
   C. 选择“引用”页框　　D. 选择“插入”页框

模块五　表格处理 Excel 2010

Excel 是微软公司 Office 系列办公软件中的重要组成部分，是功能完整、操作简易的电子表格软件，它为用户提供丰富的函数及强大的图表、数据处理等功能。其功能强大，技术先进，使用方便。通过它，可以简单快捷地对各种复杂数据进行处理、统计和分析，它具有强大的数据综合管理功能，可以通过各种统计图表的形式把数据形象地表示出来。随着计算机应用的普及，Excel 已经广泛应用于办公、财务、行政、金融、统计和审计等众多领域。Excel 2010 较以前版本相比，功能界面更直观、操作更简便，同时数据运算和图表等功能也显著增加。

学习目标如下。

1．理解 Excel 2010 电子表格的基本概念。

2．掌握 Excel 2010 的基本操作，编辑、格式化工作表的方法。

3．掌握公式、函数和图表的使用方法。

4．掌握常用的数据管理与分析方法。

任务一　Excel 2010 概述

【任务描述】

Excel 2010 有什么新特性？与 Excel 2003 及其他版本有什么区别？本任务带领读者认识 Excel 2010，掌握 Excel 2010 的新特性。

Excel 2010 的基本功能有哪些？Excel 2010 的工作界面是什么样的？Excel 2010 可以应用在什么地方？使用 Excel 2010 能完成什么工作？本任务带领读者认识 Excel 2010，掌握 Excel 2010 的新功能。

【技能目标】

掌握 Excel 2010 的启动与退出，了解 Excel 2010 的工作界面。

【知识结构】

一、Excel 2010 的基本功能

Excel 2010 是一款非常出色的电子表格软件，它具有界面友好、操作简便、易学易用等特点，在工作学习中起着越来越重要的作用。

Excel 2010 到底能够解决人们日常工作中的哪些问题呢？下面简要地介绍四个方面的实际应用。

1．高效的表格制作

表格处理功能是 Excel 2010 最主要的功能之一，通过 Excel 用户可以制作各式各样满足不同

需求的表格。同时利用 Excel 2010 强大的运算与数据处理功能，可以轻松地实现对表格数据的管理。

2. 强大的公式与函数

Excel 2010 拥有非常强大的数据处理能力，用户可以编制各种公式来操作表格中的数据，而且还可以使用系统提供的 9 大类函数，完成各种复杂的数据运算。

3. 便捷的数据加工与统计

在日常生活中，有许多数据都需要处理，Excel 2010 具有强大的数据库管理功能，利用它所提供的有关数据库操作的命令和函数，可以十分方便地完成如排序、筛选、分类汇总、查询、数据透视表等操作，从而使 Excel 2010 的应用更加广泛。

4. 直观的图表制作

Excel 2010 可以根据工作表中的数据源迅速生成二维或三维的图表。用户只需使用系统提供的图表向导功能和选择表格中的数据，就可方便快捷地建立一个既实用又具有多种风格的图表。使用图表可以直观地表达工作表中的数据，增加了数据的可读性。

二、Excel 2010 的启动与退出

1. Excel 2010 的启动方法

启动 Excel 2010 的方法与启动 Word 的方法是一样，主要有以下三种方法。

① 单击“开始”→“所有程序”→“Microsoft Office”→“Microsoft Office Excel 2010”。

② 用户可在桌面上创建 Excel 2010 的快捷方式，通过双击 Excel 的快捷方式图标启动。

③ 在文件夹中双击 Excel 的文档文件，也可以启动 Excel 2010。

2. Excel 2010 的退出方法

退出 Excel 2010 有以下四种方法。

① 单击 Excel 2010 窗口右上角的“关闭”按钮。

② 单击“文件”选项卡，在打开的页面中选择“退出”命令。

③ 单击 Excel 2010 窗口左上角的“控制”菜单，在弹出的控制菜单中选择“关闭”命令；或直接双击该图标。

④ 按“Alt+F4”组合键。

三、Excel 2010 的界面简介

启动 Excel 2010 程序后，即出现 Excel 2010 的窗口界面，如图 5-1 所示。

1. 标题栏

标题栏用来显示使用的程序窗口名和工作簿文件的标题。默认标题为“新建 Microsoft Excel 工作表.xlsx”，如果是打开一个已有的文件，该文件的名字就会出现在标题栏上。标题栏左端的图标是窗口控制菜单图标“ ”，单击该图标可以打开控制菜单，用来调整窗口大小、移动窗口和关闭窗口；双击该图标即可关闭 Excel 窗口。右端是窗口最小化、最大化/还原和关闭按钮。

2. 快速访问工具栏

“快速访问工具栏”一般位于窗口的左上角，“快速访问工具栏”顾名思义就是将常用的工具摆放于此，帮助快速完成工作。预设的“快速访问工具栏”只有 3 个常用的工具，分别是“保存”“撤消”及“恢复”，如果想增加其他常用工具按钮，请按下“ ”进行设定，如图 5-2 所示。

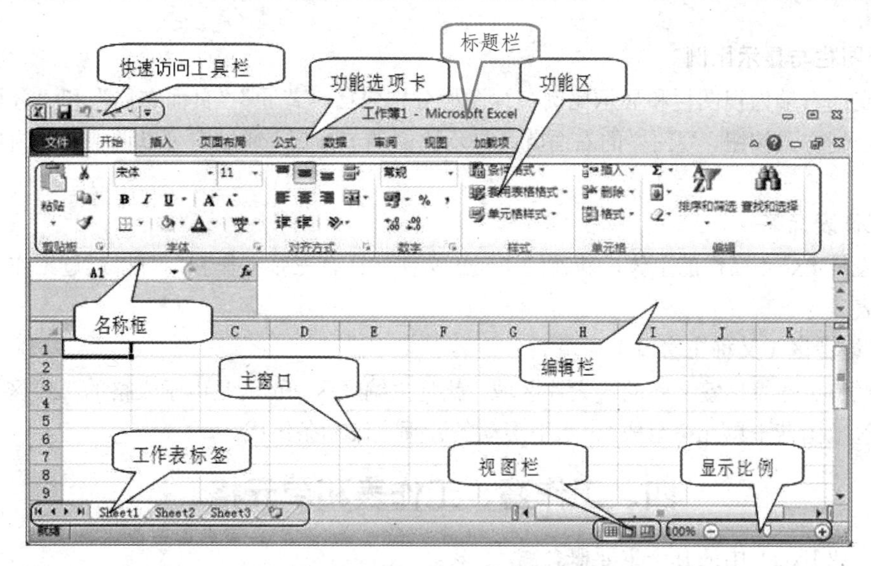

图 5-1　Excel 2010 的窗口界面

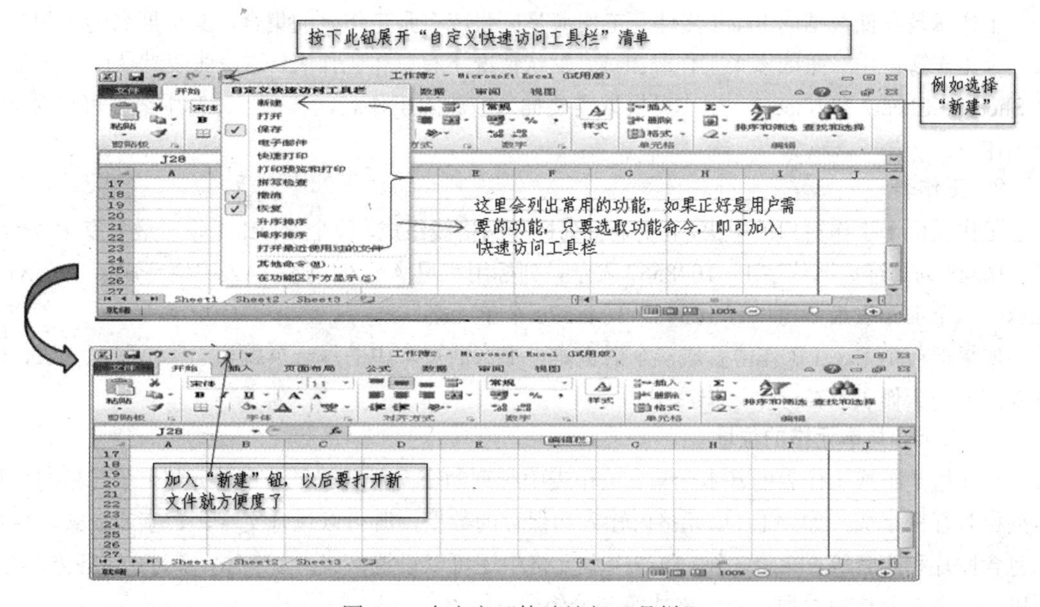

图 5-2　自定义“快速访问工具栏”

3. 功能选项卡（以下简称选项卡）

选项卡包括文件、开始、插入、页面布局、公式、数据、审阅、视图等，单击选项卡可打开相应的功能区，使用功能区按钮可以实现 Excel 的各种操作。

4. 功能区

每一个选项卡都对应一个功能区，每个功能区命令按钮以逻辑组的形式分成若干组，目的在于帮助用户快速找到完成某一操作所需的命令。为了使屏幕更为简洁，可使用帮助按钮左侧的功能区控制按钮“ ”，打开或关闭功能区。功能区的外观会根据显示窗口的大小自动改变。

5. 名称框与编辑栏

名称框与编辑栏构成了数据编辑区，位于功能区的下方。名称框，用来显示当前单元格或单元格区域名称；编辑栏，用来编辑或输入当前单元格的值或公式。

6. 视图栏与显示比例

窗口底部右端为视图栏和显示比例，视图栏分别包括“普通”“页面布局”和“分页预览”三个视图控制方式按钮。视图栏的右面就是显示比例调节按钮，通过它可以调整当前窗口内容的显示比例。

7. 工作表标签

工作表是 Excel 操作的主体，新建的 Excel 文件默认有三张工作表，可以通过工作表标签来切换工作表。

8. 主编辑区（又称主窗口）

编辑栏和工作表标签之间的一大片区域，就是主编辑区，也就是电子表格的工作区。该窗口由工作表区（由若干单元格组成）、水平滚动条、垂直滚动条组成。

四、工作簿、工作表和单元格

下面介绍 Excel 中的几个重要概念。

1. 工作簿

工作簿是存储数据的 Excel 文件，工作簿是一张或多张工作表的集合，其扩展名为“.xlsx”。每一个工作簿可由一张或多张工作表组成，默认情况下有三张工作表，这三张表默认的名称分别是 Sheet1、Sheet2 和 Sheet3。用户可根据需要插入或删除工作表，一个工作簿中最多可包含 255 个工作表。

2. 工作表

工作表位于工作窗口的中央，由行标，列标和网格线组成。一个 Excel 工作表最多有 1048567 行、16348 列。行标用数字 1～1048567 表示，列标用字母 A～Z、AA～AZ、BA～BZ、…、XFD 表示。一个工作表最多可以有 16348×1048576 个单元格。

如果把一个 Excel 工作簿看成一个活页本，那么活页本中的每一页就相当于一张工作表，即可以把若干工作表放在一个工作簿中。

3. 单元格与单元格的位址

单元格是组成工作表的基本元素，工作表中行列的交叉位置就是一个单元格，单元格的名称由列标和行标组成，如 A1。单元格内输入和保存的数据，既可以包含文字、数字或公式，也可以包含图片和声音等。除此之外，每一个单元格中还可以设置格式，如字体、字号、对齐方式等。所以，一个单元格由数据内容、格式等部分组成。

在工作表的上面有各列的“列标”A、B、C…，左边则有各行的“行号”1、2、3…，将列标和行号组合起来，就是单元格的“位址”。例如工作表最左上角的单元格位于第 A 列第 1 行，其位址便是 A1，如图 5-3 所示。单击某个单元格时，该单元格就成为当前单元格，在该单元格右下角有一个小方块，这个小方块称为填充柄或复制柄，用来进行单元格内容的填充或复制。当前单元格和其他单元格的区别是呈突出显示状态。

4. 单元格区域

在利用公式或函数的运算中，若参与运算的是由若干相邻单元格组成的连续区域，可以使用区域的表示方法进行简化。区域表示方法：只写出区域的开始和结尾的两个单元格的地址，两个地址之间用冒号“:”隔开，用来表示包括这两个单元格在内的它们之间所有的单元格。如表示 A1～A8 这 8 个单元格的连续区域，可表示为：A1:A8。

区域表示法有如下三种情况。

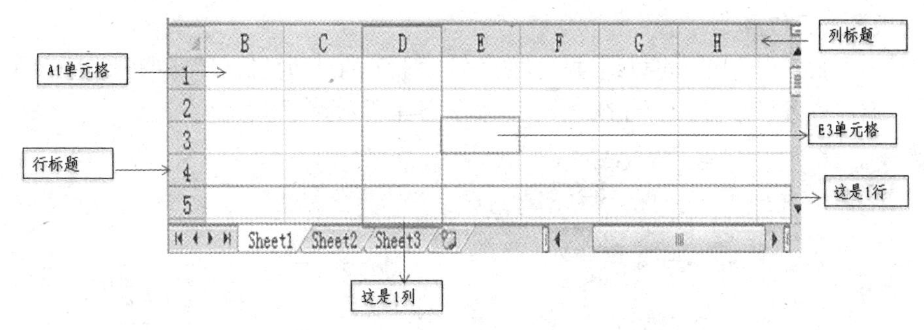

图 5-3　单元格与单元格的位址

① 一行的连续单元格。如 A1:F1 表示第一行中的第 A 列到第 F 列的 6 个单元格，所有单元格都在同一行。

② 一列的连续单元格。如 A1:A10 表示第 A 列中的第 1 行到第 10 行的 10 个单元格，所有单元格都在同一列。

③ 矩形区域中的连续单元格。如 A1:C4 则表示以 A1 和 C4 作为对角线两端的矩形区域，3 列 4 行共 12 个单元格。如果要对这 12 个单元格内的数值求平均值，就可以使用求平均值函数来实现：Average(A1:C4)。

任务二　Excel 2010 的基本操作

【任务描述】

如何操作工作簿与工作表？如何在工作表中输入数据？如何选择指定单元格的内容？如何设置单元格的格式？

【技能目标】

通过对 Excel 2010 的使用，掌握工作簿与工作表的基本操作方法，能够在单元格中输入一些常规的数据，熟练设置单元格的格式。

【知识结构】

一、工作簿基本操作

工作簿文件的扩展名为“.xlsx”。对 Excel 文件进行管理，其实就是对工作簿进行管理。例如，打开文件，就是打开该工作簿下所有的工作表。新建立的工作簿中并没有数据，具体的数据要分别输入到不同的工作表中。因此，建立工作簿后首先要做的就是向工作表中输入数据。

1. 新建工作簿

Excel 启动后，系统会自动创建一个名为“新建 Microsoft Excel 工作表.xlsx”的新工作簿。用户可以使用该工作簿中的工作表输入数据并进行保存，也可以按下“文件”标签，切换到“文件”标签后按下“新建”按钮来建立新的工作簿。新建立的工作簿，只是个临时的文件，必须进行保存才可以存储到硬盘上。

2. 切换多张工作簿

当打开多少张工作簿时，可以通过“视图”选项卡下的“切换窗口”按钮来切换不同的工作簿，也可以通过任务栏来切换不同的工作簿，如图 5-4 所示。

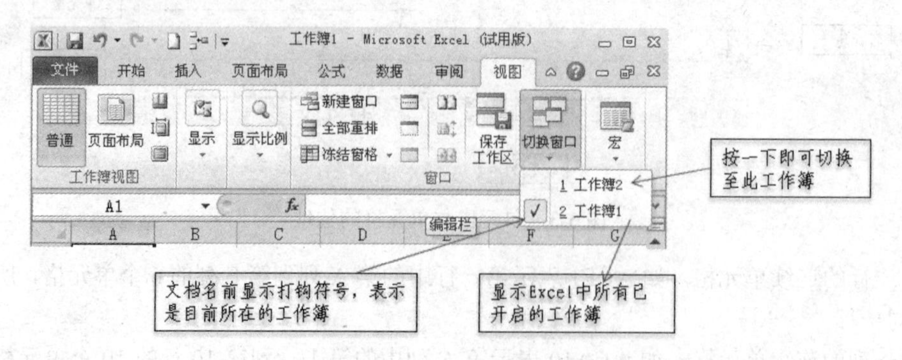

图 5-4　切换多张工作簿

二、在单元格中输入数据

（一）认识资料的种类

单元格的资料大致可分成两种：一种是可计算的数字资料（包括日期、时间）；另一种则是不可计算的文字资料。

可计算的数字资料：由数字 0～9 及一些符号（如小数点、+、−、$、%…）所组成，例如 15.36、−99、$350、75%等都是数字资料。日期与时间也是属于数字资料，只不过会含有少量的文字或符号，例如 2012/06/10、08:30PM、3 月 14 日等。

不可计算的文字资料：包括中文字符、英文字符、文本数字的组合（如身份证号码）。不过，数字资料有时亦会被当成文本输入，如电话号码、邮政号码等。

（二）输入数据的基本方法

不管是文本或数字，其输入过程都是一样的，下面以“工资表”为例讲一下如何输入数据。

首先我们要向 B2 单元格中输入“姓名”两个字，那么就要先单击要输入数据的单元格，这时就可以输入“姓名”了，注意输入数据时，界面会发生一些变化。

单元格数据输入完成后请按下“Enter”键或是编辑栏中的输入按钮“✔”确认，Excel 便会将资料存入 B2 单元格并回到就绪模式，如图 5-5 所示。

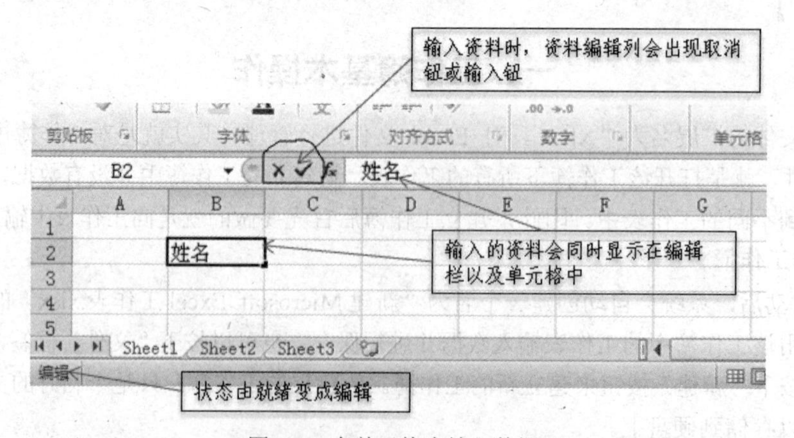

图 5-5　在单元格中输入数据

（三）输入技巧

1. 单元格内换行

若想在一个单元格内输入多行资料，可在换行时按下“Alt+Enter”键，将插入点移到下一行，便能在同一单元格中继续输入下一行资料。

例如在 A2 单元格中输入“职工”，然后按下“Alt+Enter”键，将插入点移到下一行，再输入“编号”，如图 5-6 所示。

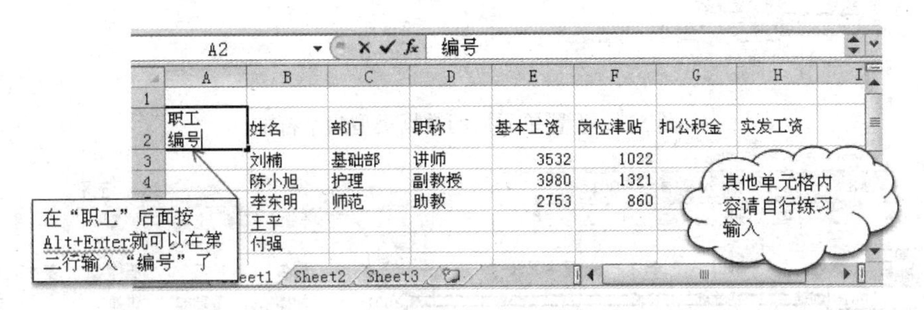

图 5-6　单元格内换行

按要求输入其他的内容后，会发现文本类型的数据会自动左对齐，而数值型的数据会右对齐，这就是为了区分不同类型的数据，同时还要注意，尽量不要改变数值型数据的对齐方式，以免和文本类的数字混淆。

2. 输入文本型的数字

接下来继续输入各位职工的编号，假设刘楠的职工编号为 0015，这时要怎么输入呢？首先要明确一个问题，职工的编号虽然是数字，但却应该具有文本的属性。

先按照老办法在 A3 单元格输入“0015”试试，结果如图 5-7 所示。

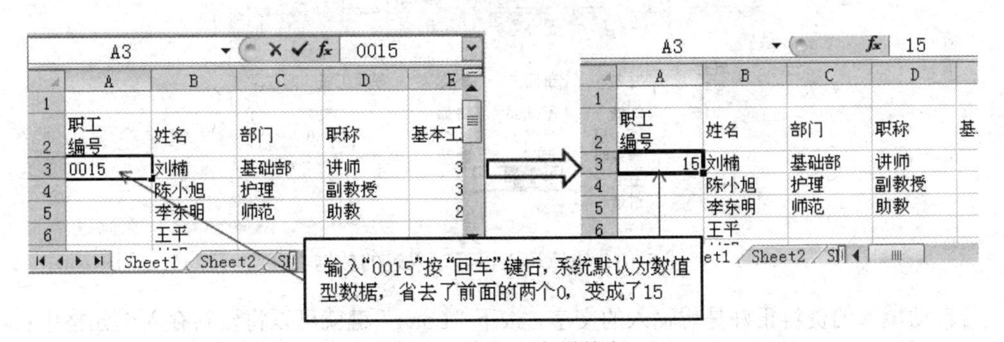

图 5-7　输入文本型数字

这时必须要强制将 0015 定义成文本类型，方法有以下两种。

第一种方法为先设置单元格的数据类型为字符型，可以通过右键单元格，在弹出的单元格属性中设置，如图 5-8 所示。设置成文本后就可以直接输入了。

第二种方法就是先输入一个单引号（英文半角状态下），再接着输入 0015，这里要说明下，单引号也叫文本类型引导符，可以强制将其后面的数值数据转换成字符，显示时并不显示单引号。如图 5-9 所示。

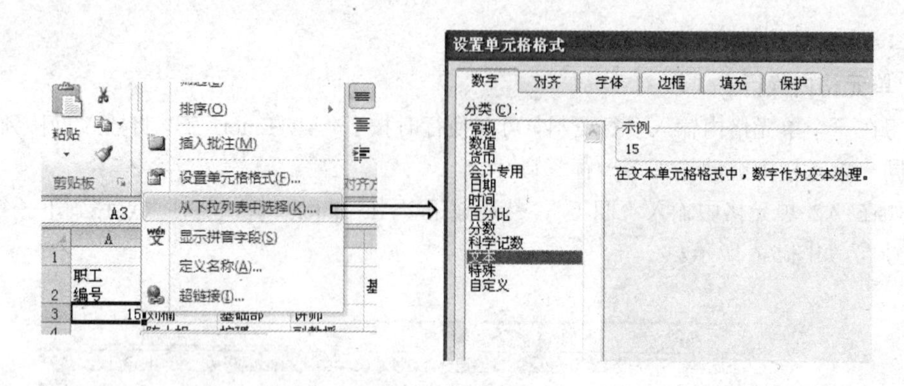

图 5-8　设置单元格的数据类型为字符型

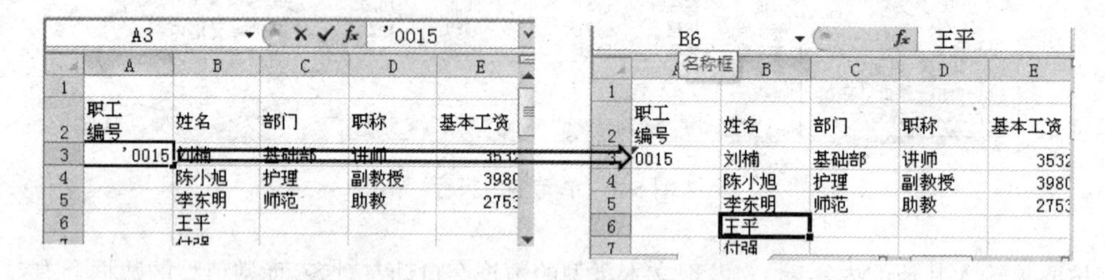

图 5-9　使用文本类型引导符输入数值型字符

3. 快速填入已经输入过的数据

在输入同一列的资料时，若内容有重复，就可以通过“自动完成”功能快速输入。例如在上例中的 B6 单元格也要输入“基础部”，仅在 B6 单元格中输入“基”字，此时“基”之后自动填入与 B3 单元格相同的文字，并以反白方式显示。如图 5-10 所示。

C6　基础部

	A	B	C	D	E
1					
2	职工编号	姓名	部门	职称	基本工资
3	0015	刘楠	基础部	讲师	3532
4		陈小旭	护理	副教授	3980
5		李东明	师范	助教	2753
6		王平	基础部		
7		付强			

图 5-10　快速填入已经输入过的数据

若自动填入的资料正好是想输入的文字，按下“Enter”键就可以将资料存入单元格中；若不是想要的内容，可以不予理会，继续完成输入文字的工作。

提示：“自动完成”功能，只适用于文字资料。

4. 通过下拉列表来输入固定选项的数据

当有些数据列的内容是固定的几项内容时，可以通过制作下拉列表的方式来选择性地输入数据，比如本例中的职称列数据为“教授、副教授、讲师、助教、见习”中的某一种，这时就可以使用下拉列表了。

首先选择 D3 单元格，单击“数据”选项卡，点击功能区的“数据有效性”按钮打开“数据有效性”对话框，在“有效性条件”里选择“序列”，之后在下面输入序列的值，具体如图 5-11 所示。

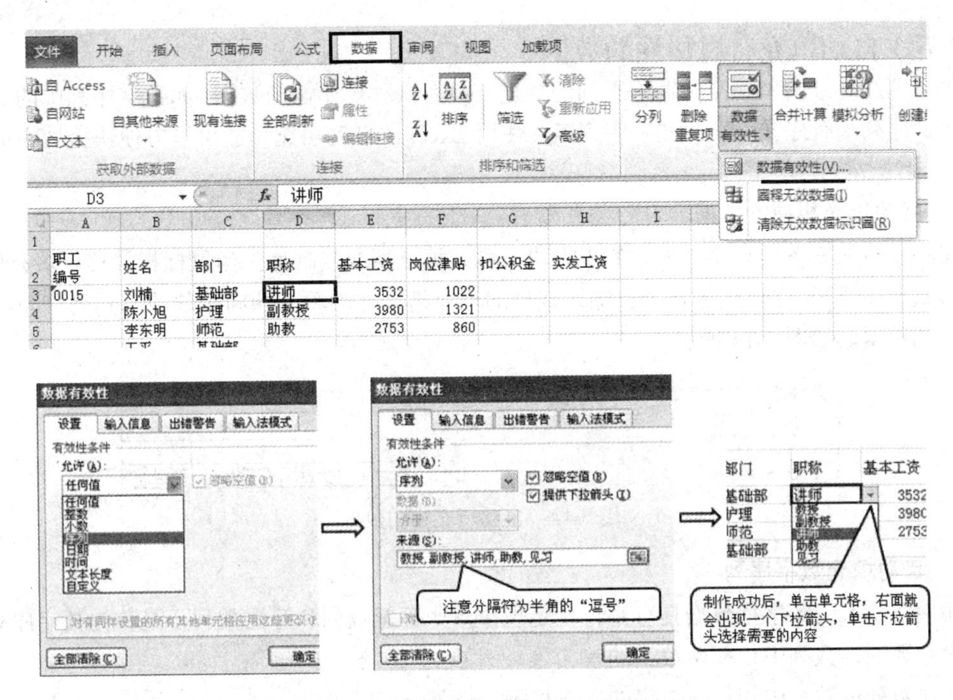

图 5-11 通过数据有效性制作下拉列表

制作完 D3 单元格的内容下拉列表后，可以通过填充柄将其填充到下面的其他单元格（关于填充的更多内容将在后面的内容中讲解），具体如图 5-12 所示。

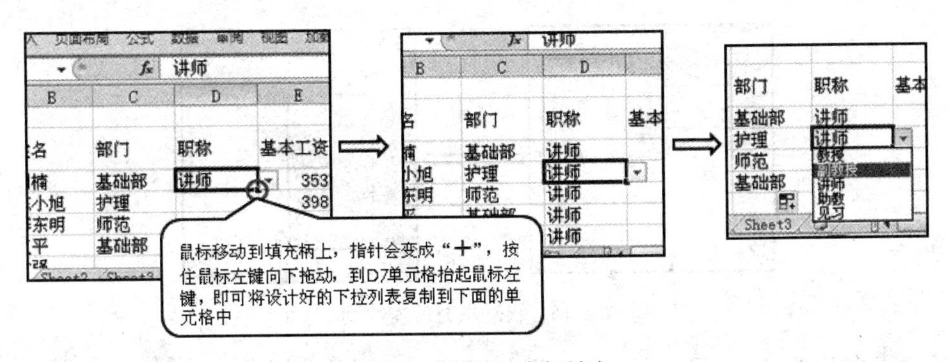

图 5-12 使用填充柄填充

（四）实例

【例 5-1】通过以上的方法输入图 5-13 所示的内容（具体操作方法详见实验报告册）。

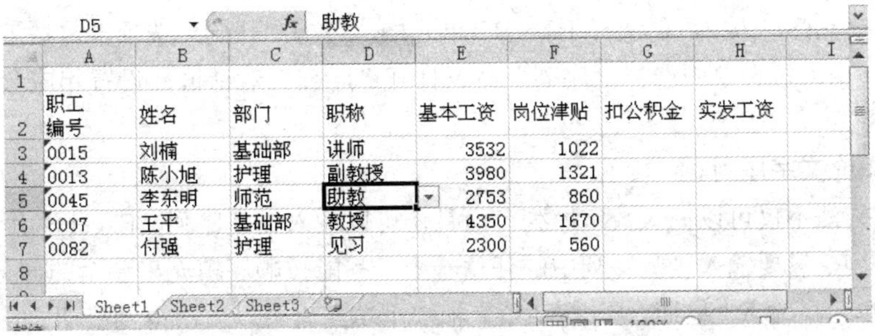

D5 助教

	A	B	C	D	E	F	G	H	I
1									
2	职工编号	姓名	部门	职称	基本工资	岗位津贴	扣公积金	实发工资	
3	0015	刘楠	基础部	讲师	3532	1022			
4	0013	陈小旭	护理	副教授	3980	1321			
5	0045	李东明	师范	助教	2753	860			
6	0007	王平	基础部	教授	4350	1670			
7	0082	付强	护理	见习	2300	560			
8									

Sheet1 Sheet2 Sheet3

图 5-13 实例 5-1 完成图

（五）自动填充有规律性的数据

如果要在连续的单元格中输入相同的数据或具有某种规律性的数据，如数字序列中的等差序列、等比序列和有序文字，即文字序列等，使用 Excel 的自动填充功能可以方便快捷地完成输入操作。

1. 自动填充相同的数据

在单元格的右下角有一个黑色的小方块，称为填充柄或复制柄，当鼠标指针移至填充柄时，光标形状变成“+”字。选定一个已输入数据的单元格，拖动填充柄向相邻的单元格移动，可填充相同的数据，如图 5-14 所示。

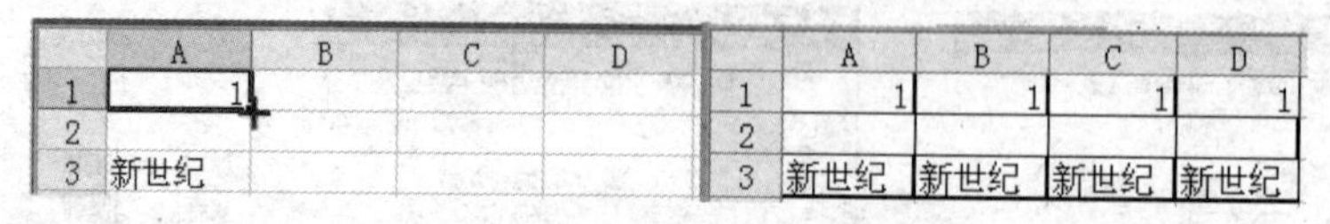

图 5-14　自动填充相同数据

2. 自动填充数字序列

如果要输入的数字型数据具有某种特定规律，如等差数列和等比数列，又称为数字序列。

等差数列：数列中相邻两数字的差相等，例如 1、3、5、7…

等比数列：数列中相邻两数字的比值相等，例如 2、4、8、16…

（1）建立等差数列　例如要在 A1:A7 单元格区域分别输入数字 1、3、5、7、9、11、13。

这时只需先在 A1 和 A2 单元格中输入 1 和 3，然后选择 A1 和 A2 单元格，拖动填充柄到 A7 单元格即可，如图 5-15 所示。

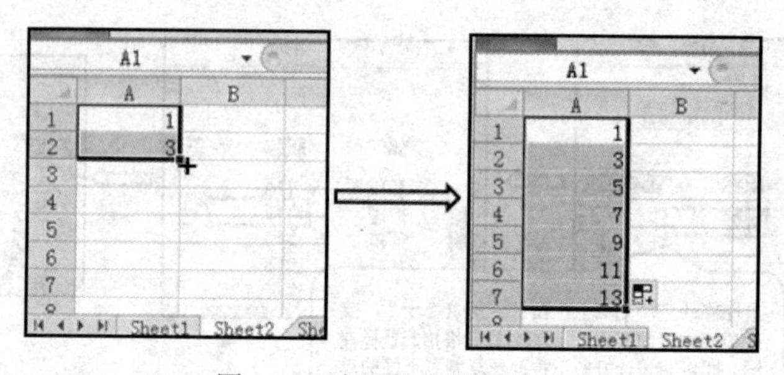

图 5-15　自动填充等差数列

（2）建立等比数列　如果要在 B1:B7 单元格区域填充等比数列 2、4、8、16、32、64、128，这就不能单独通过填充柄来完成了，因为用鼠标拖动填充柄填充的数字序列，默认的是填充等差序列，如果要填充等比序列，则要单击“开始”选项卡，在打开的编辑功能组中选择“填充”命令。具体操作步骤如下。

先在 B1 单元格输入 2，再选择 B1～B7 单元格，单击“开始”选项卡，按下编辑区的填充按钮“ ”，由下拉选单中选择“序列”命令打开“序列”对话框，设置相应参数即可。如图 5-16 所示。

3. 自动填充文字序列

用上面的方法不仅可以输入数字序列，而且还可以输入文字序列，Excel 为用户提供了一些常用的文字序列，只要输入这些序列中的任意一个，都能按顺序填充出剩余的部分。

如在 C1 单元格输入“星期一”，拖动填充柄向下填充就可以依次得到星期二～星期日。如图 5-17 所示。

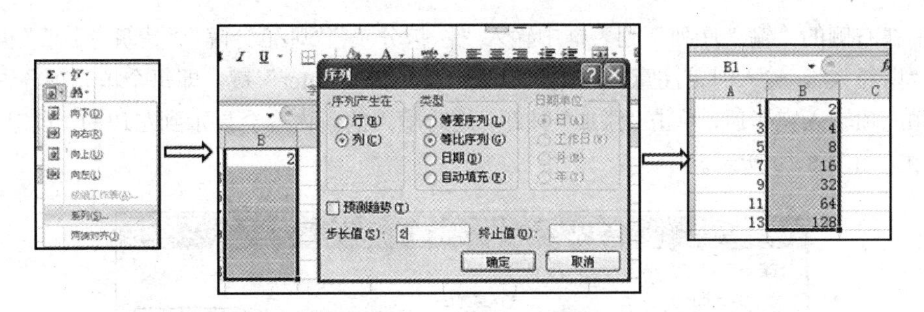

图 5-16　自动填充等比数列

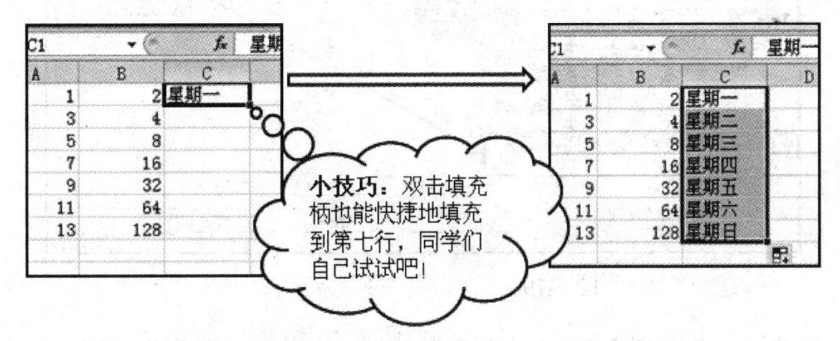

图 5-17　自动填充系统提供的文字序列

Excel 在系统中已经定义的常用文字序列如下。

① 星期日、星期一、星期二、星期三、星期四、星期五、星期六。

② Sunday、Monday、Tuesday、Wednesday、Thursday、Friday、Saturday。

③ Sun、Mon、Tue、Wed、Thur、Fri、Sat。

④ 一月、二月…

⑤ January、Februay…

⑥ Jan、Feb…

用户也可以自己定义新的文本序列。

单击“文件”选项卡，从其下拉列表中单击“选项”命令打开“Excel 选项”对话框。

在对话框左侧的列项中选择“高级”选项，然后拖动垂直滚动条，在右侧列项中找到“Web 选项（P）...”栏，单击“创建用于排序和填充序列的列表”右侧的“编辑自定义列表（O）...”按钮，打开“自定义序列”对话框，如图 5-18 所示。

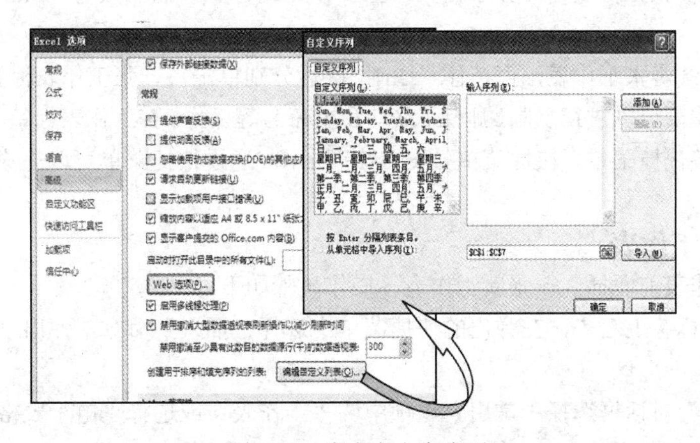

图 5-18　自定义文字序列

然后在右侧的“输入序列”列表框中输入“医护分院”“师范分院”“建筑分院”“机电工程系”和“财经系”。输入时需注意，每输入一项后都要按“Enter”键，即每个填充项各占一行。

各填充项输入完毕后，单击“添加”按钮，这时输入的新内容会显示到左边的“自定义序列”列表框中，如图 5-19 所示。

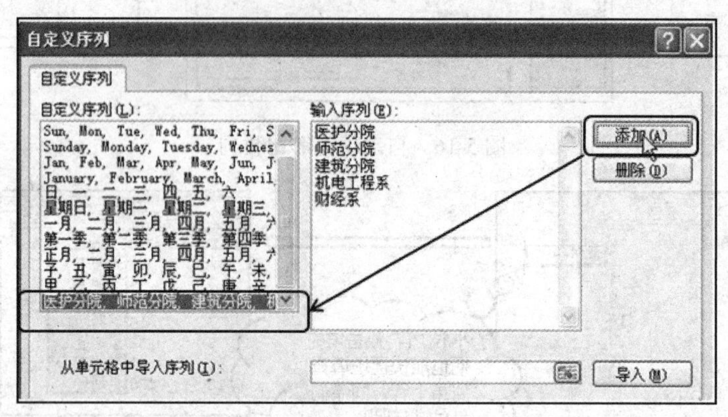

图 5-19 “自定义序列”对话框

单击“确定”按钮，返回到“Excel 选项”对话框，再单击“确定”按钮，关闭“Excel 选项”对话框。这时新定义的序列就可以用来填充了。

三、工作表的基本操作

新建立的工作簿中只包含三张工作表，根据需要还可以添加工作表，最多可以增加到 255 张。对工作表的操作主要有选择、插入、删除、移动、复制和重命名等。所有这些操作都可以在 Excel 窗口的工作表标签上进行。

（一）选择工作表

选择工作表可以分为选择单张工作表和选择多张工作表。

1. 选择单张工作表

选择单张工作表时，只需单击某个工作表的标签，则该工作表的内容将显示在工作窗口中，同时对应的标签变为白色。

2. 选择多张工作表

① 选择连续多张工作表，可先单击第一张工作表的标签，然后按住“Shift”键单击最后一张工作表的标签。

② 选择不连续多张工作表，可按住“Ctrl”键后分别单击每一张工作表标签。

选择后的工作表可以进行复制、删除、移动和重命名等操作。在工作表标签上单击鼠标右键，会弹出工作表标签快捷菜单。快捷菜单如图 5-20 所示。通过快捷菜单可以完成对工作表的各种操作。

（二）插入工作表

要在某个工作表前面插入一张新工作表，操作步骤如下。

① 在工作表标签上右击，在弹出的快捷菜单中选择“插入”命令，弹出“插入”对话框，如图 5-21 所示。

② 在“插入”对话框选择“常用”选项中的“工作表”或选择“电子表格方案”选项中的某个固定格式表格，然后单击“确定”按钮，就插入了一张新的工作表。

图 5-20　工作表标签的快捷菜单

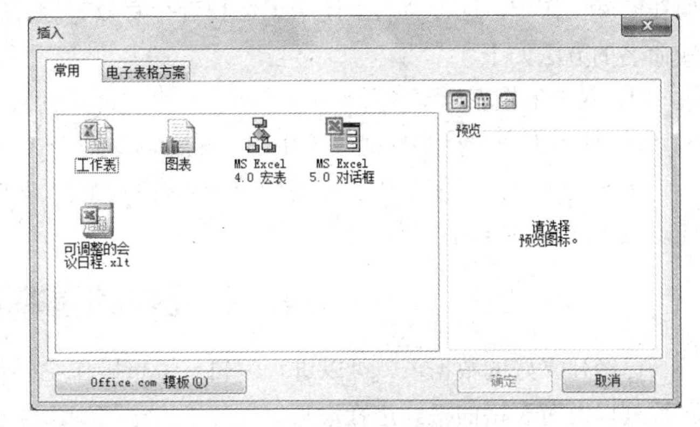

图 5-21　“插入”对话框

插入的新工作表成为当前工作表。插入新工作表最快捷的方法还是单击工作表标签右侧的“插入工作表”按钮“”。

（三）删除工作表

删除工作表的方法：首先选定要删除的工作表，然后使用工作表标签快捷菜单中的“删除”命令。

如果工作表中含有数据，则会弹出确认删除对话框，单击“删除”按钮后，该工作表被删除，工作表名也从标签中消失。同时被删除的工作表也无法用“撤消”命令来恢复。

如果该工作表中没有数据，则不会弹出确认删除对话框，该工作表将被直接删除。

（四）移动和复制工作表

工作表在工作簿中的顺序并不是固定不变的，可以通过移动来重新安排它们的次序。用户也可以复制某张工作表，得到和原来工作表完全一样的新工作表。移动和复制工作表有下面两种方法。

① 鼠标法：直接在要移动的工作表标签上按住鼠标左键拖动，在拖动的同时，可以看到鼠标指针上多了一个文档的标记，同时在工作表标签上有一个黑色箭头指示位置，拖到目标位置处释放左键，即可改变工作表的位置，如图 5-22 所示。按住“Ctrl”键拖动实现的就是复制。

② 快捷菜单法：使用工作表标签快捷菜单中的“移动或复制”命令，弹出“移动或复制工作表”对话框，如图 5-23 所示，选择移动的位置。如果选中“建立副本”复选框，则实现的是复制。

图 5-22　拖动工作表标签

图 5-23　“移动或复制工作表”对话框

（五）工作表的重命名

Excel 2010 在建立一个新的工作簿时，所有的工作表都是以 Sheet1、Sheet2、Sheet3…命名。

但在实际工作中，这种命名不便于记忆和进行有效管理，用户可以为工作表重新命名。工作表重新命名的方法如下。

① 双击工作表标签。

② 使用工作表标签快捷菜单中的“重命名”命令。

上面两种方法均使工作表标签变成黑底白字，输入新的工作表名字，然后单击工作表中其他任意位置或按“Enter”键结束。

四、单元格的基本操作

已经建立好的数据表，可以进行编辑。编辑操作主要包括修改、复制、移动和删除内容，增删行列以及对表格的格式进行设置等。

（一）选择操作对象

在进行编辑之前，一般情况下都要先选择对象，准确而又高效地选择需要的内容是很重要的。

选择操作对象主要包括选择单个单元格、连续区域、不连续多个单元格或区域以及整行、整列或是整张工作表的选择。

1. 单个单元格的选择

选择单个单元格，就是使某个单元格成为“活动单元格”。单击某个单元格，该单元格周围呈黑色方框显示，表示该单元格被选中。

2. 连续区域的选择

在操作过程中用户经常要选择一块连续区域，选择连续区域的方法很多，常用的主要有以下几种（以下操作均以选择 A1～E7 单元格区域为例）。

① 纯鼠标操作：将鼠标移动到要选取范围的左上角单元格上（A1），然后按住鼠标左键拖动到要选取范围的右下角单元格上（E7），松开鼠标左键即可完成对 A1～E7 的选择。此方法比较适合选择较小的范围。

② 鼠标和键盘配合法：单击要选取范围区域左上角的单元格（A1），然后按住“Shift”键后，单击要选取范围的右下角单元格（E7）。通过此方法可以准确快速地选择相对较大的区域。

③ 纯键盘法：在名称框中输入“A1:E7”，然后按“Enter”键，则选中了 A1:E7 单元格区域。此方法一般选择超大范围的区域。

3. 不连续多个单元格或区域的选择

如果要选取多个不连续的单元格范围，如 B2:D2 和 A3:A5，先选取 B2:D2 范围，然后按住“Ctrl”键，再选取第 2 个范围 A3:A5，选好后再放开“Ctrl”键，就可以同时选取多个单元格范围了，如图 5-24 所示。

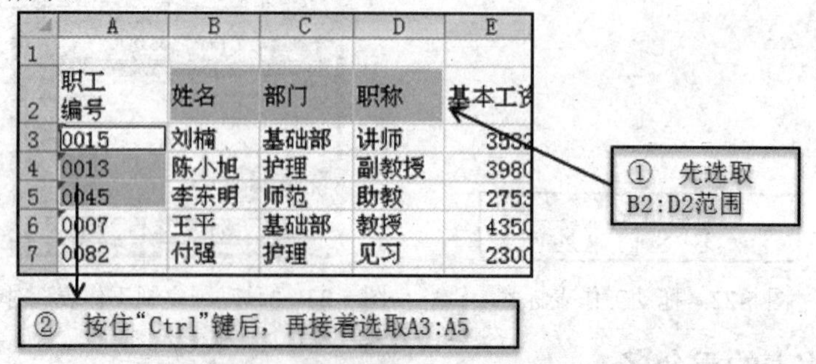

图 5-24 通过“Ctrl”选择不连续的区域

4. 整行或整列的选择

① 选择某个整行：可直接单击该行的行号，如图 5-25 所示。

② 选择连续多行：可以在行标区上从首行拖动到末行。

③ 选择某个整列：可直接单击该列的列号。

④ 选择连续多列：可以在列标区上从首列拖动到末列。

也可以配合使用“Ctrl”选择不连续的行或列。

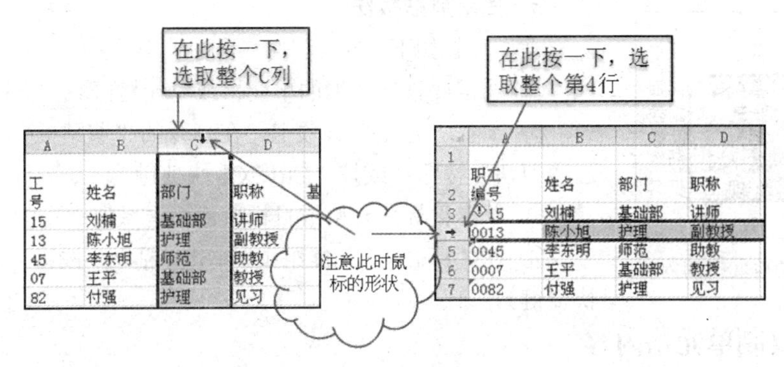

图 5-25　选择行或列

5. 整张工作表的选择

单击工作表的左上角即行标与列标相交处的“全选”按钮即可选择整张工作表。如图 5-26 所示。

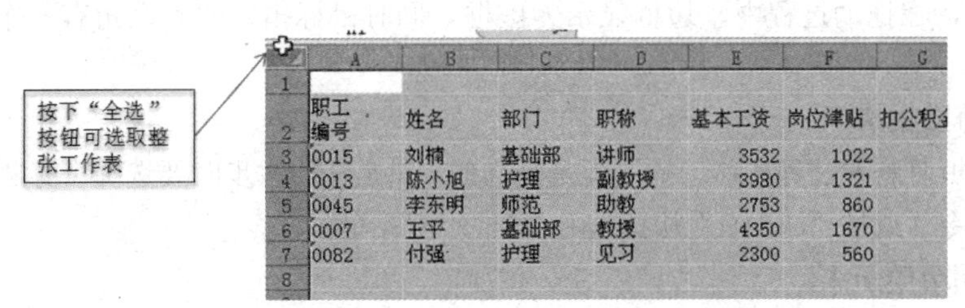

图 5-26　选择整张工作表

(二) 修改单元格的内容

修改单元格内容的方法有以下两种。

① 双击单元格，使光标变成闪烁的方式，可直接对单元格的内容进行修改。

② 在编辑栏中修改：选中单元格后，在编辑栏中单击后进行修改。如图 5-27 所示。

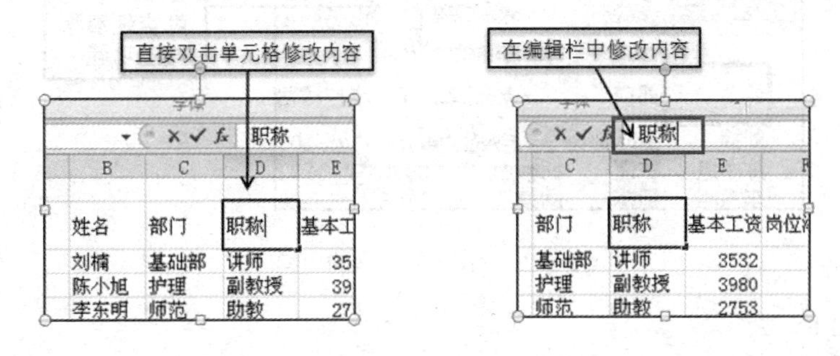

图 5-27　修改单元格的内容

提示：仅选中某单元格后直接输入内容，新输入的内容将替换原单元格中的内容。

（三）移动单元格内容

将某个单元格或某个区域的内容移动到其他位置上，可以使用鼠标拖动法或剪贴板法。

1. 使用鼠标拖动法

首先将鼠标指针移动到所选区域的边框上，然后拖动到目标位置即可。在拖动过程中，边框显示为虚框。如图 5-28 所示。

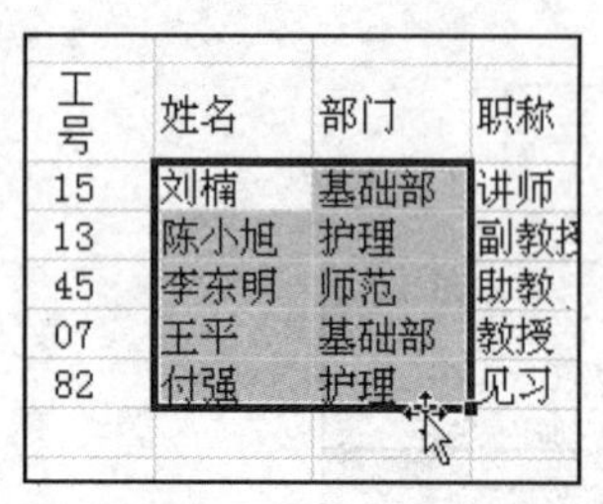

工号	姓名	部门	职称
15	刘楠	基础部	讲师
13	陈小旭	护理	副教授
45	李东明	师范	助教
07	王平	基础部	教授
82	付强	护理	见习

图 5-28 移动单元格的内容

2. 使用剪贴板法

操作步骤如下。

① 选定要移动数据的单元格或单元格区域。

② 单击“开始”选项卡，在打开的“剪贴板”功能组中，单击“剪切”按钮（或按“Ctrl+X”快捷键）。

③ 单击目标单元格或目标单元格区域左上角的单元格。

④ 在“剪贴板”功能组中，单击“粘贴”按钮（或按“Ctrl+V”快捷键）。

（四）复制单元格内容

将某个单元格或某个单元格区域的内容复制到其他位置上，同样也可以使用鼠标拖动法或剪贴板法。

1. 使用鼠标拖动法

首先将鼠标指针移动到所选单元格或单元格区域的边框，然后按住“Ctrl”键后拖动鼠标到目标位置即可，在拖动过程中，边框显示为虚框。同时鼠标指针的右上角有一个小的“+”字符号。

2. 使用剪贴板法

使用剪贴板复制的过程与移动的过程是一样的，只是在第②步时要选择“剪贴板”功能组中的“复制”命令（或按“Ctrl+C”快捷键），其他步骤完全一样。

（五）清除单元格

清除单元格或某个单元格区域，不会删除单元格本身，而只是删除单元格或单元格区域中的内容或格式等信息，如图 5-29 所示。

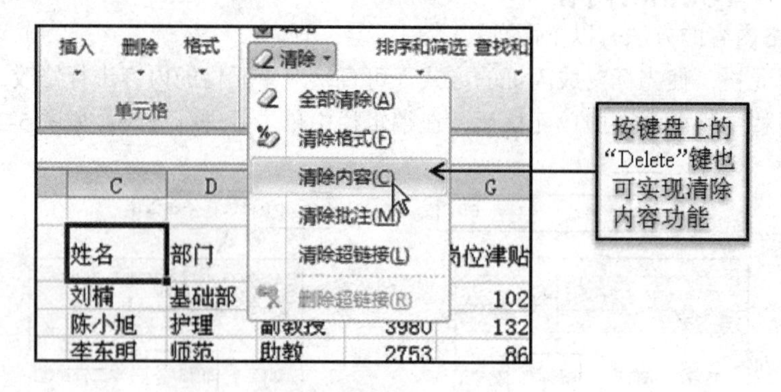

图 5-29 清除单元格的内容

操作步骤如下。

① 选中要清除的单元格或单元格区域。

② 在“开始”选项卡中的“编辑”功能组中，单击“清除”按钮，在其下拉列表中，选择“全部清除”“清除格式”“清除内容”等选项之一，均可实现对相应项的清除。

提示：单元格的内容和单元格的格式是相互独立存在的，操作中不要混淆。

选中某个单元格或某个单元格区域后，再按“Delete”键，只能清除该单元格或单元格区域的内容，无法清除单元格的格式。

（六）行、列、单元格的插入与删除

1. 插入行、列

比如要在B列和C列中间插入一列，可以右键单击C列的列标号，在弹出的快捷菜单中按“插入”按钮即可，插入行的操作和插入列的操作是一样的。如图5-30（a）所示。

也可以在“开始”选项卡的“单元格”功能组中，单击“插入”按钮，在打开的下拉列表中选择“插入工作表行”或“插入工作表列”选项，则插入的行或列分别显示在当前行或当前列的上端或左端，如图5-30（b）所示。

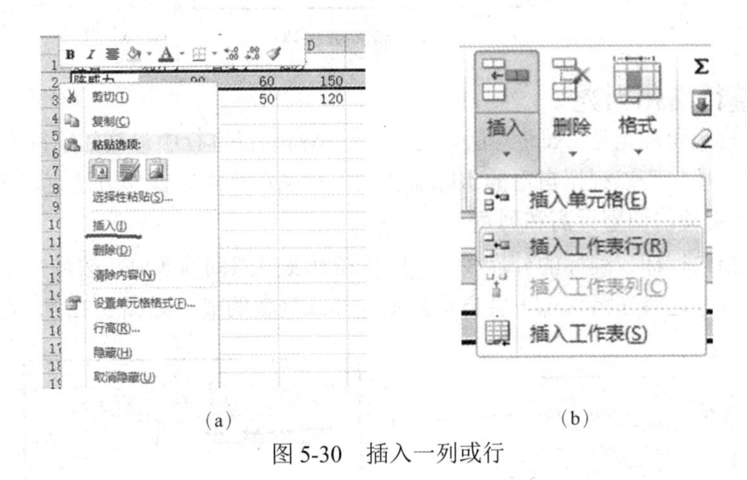

（a）　　　　（b）

图5-30　插入一列或行

2. 删除行、列

首先选择要删除的行或列，在选择区域中的列标或行号上按鼠标右键，在弹出的快捷菜单中按“删除”按钮即可。

也可以通过“单元格”功能组中的“删除”按钮来完成此功能。

3. 插入或删除单元格

（1）插入单元格　假设要在B2:E2插入4个空白单元格，则先选取要插入空白单元格的B2:E2。

在选择的区域内按鼠标右键，在弹出的快捷菜单上点击“插入”按钮，这时会出现“插入”对话框，按图5-31所示进行选择即可。

（2）删除单元格　删除单元格的方法和插入单元格的方法相同，也是先选择要删除的单元格，按右键，在弹出的快捷菜单中选择“删除”命令，打开“删除”对话框，按实际情况进行选择即可。

五、工作表格式化

工作表由单元格组成，因此格式化工作表就是对单元格或单元格区域进行格式化。格式化工作表包括调整行高和列宽以及设置单元格的格式等内容。

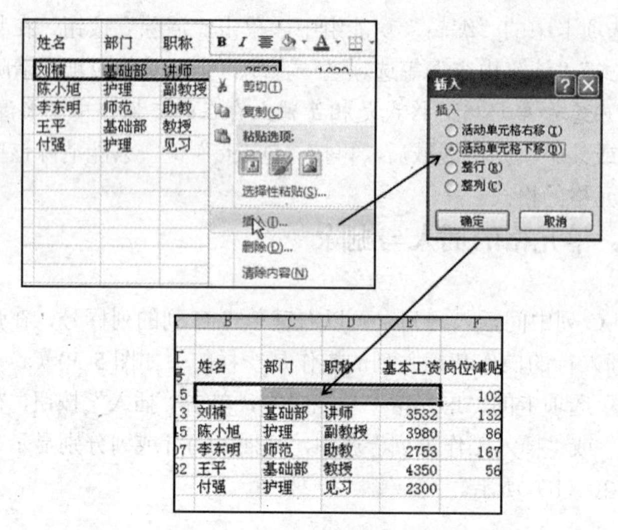

图 5-31　插入单元格

（一）调整行高和列宽

工作表中的行高和列宽是 Excel 默认设定的，行高自动以本行中最高的字符为准，列宽默认为 8 个字符宽度。用户可以根据自己的实际需要调整行高和列宽。操作方法有以下几种。

1. 使用鼠标拖动法调整行高和列宽

将鼠标指针指向行标或列标的分界线上，鼠标指针变成双向箭头时，按住左键拖动鼠标，即可调整行高或列宽，这时在鼠标上方会自动显示行高或列宽的值，如图 5-32 所示。

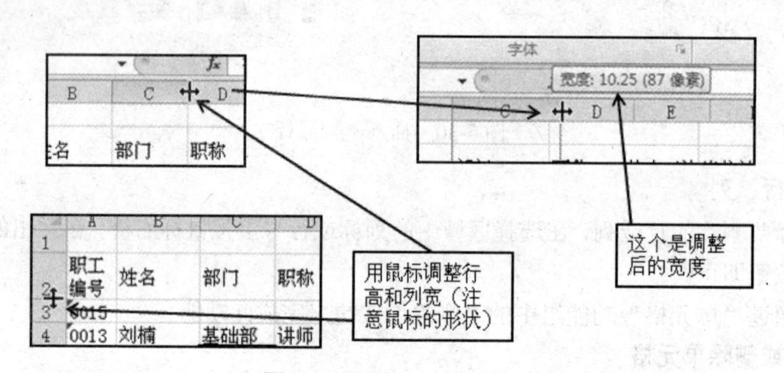

图 5-32　调整行高和列宽

2. 使用功能按钮精确设置行高和列宽

选定需要设置行高或列宽的单元格或单元格区域，然后在“开始”选项卡的“单元格”功能组中，单击“格式”功能按钮，在其下拉列表中，如图 5-33 所示，选择“行高”或“列宽”选项，打开“行高”或“列宽”对话框，输入数值后单击“确定”按钮。

如果选择“自动调整行高”或“自动调整列宽”选项，系统将自动调整到最佳行高或列宽。

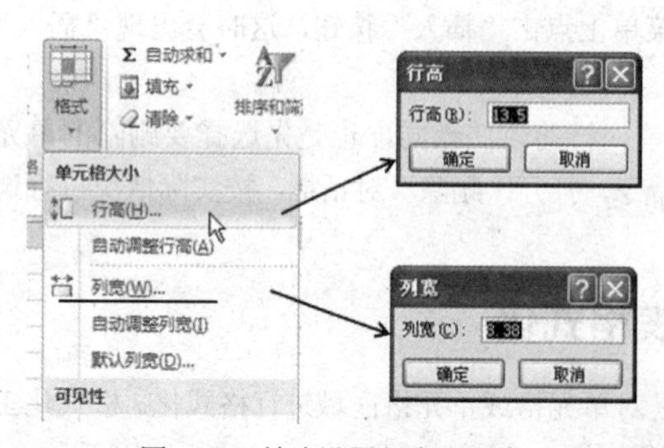

图 5-33　精确设置行高和列宽

（二）设置单元格格式

一个单元格由数据内容和格式等内容组成，输入了数据内容后，就可以对单元格中的格式进行设置。设置单元格格式可以使用“开始”选项卡中的相应功能组按钮，如图 5-34 所示。

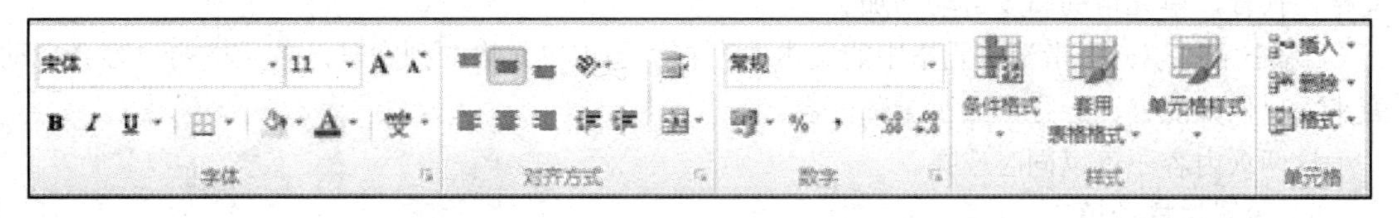

图 5-34 “开始”选项卡中的部分功能组按钮

单击“开始”选项卡，在打开的功能区中，包括“字体”“对齐方式”“数字”“样式”“单元格”功能组，这五个功能组主要用于单元格或单元格区域的格式设置。

除了可以使用以上的五个功能组设置单元格的格式外，也能通过“设置单元格格式”对话框来设置单元格的格式。单击“单元格”功能组中的“格式”按钮，在其下拉列表中，选择“设置单元格格式”选项，便可打开“设置单元格格式”对话框（使用右键快捷菜单也能打开“设置单元格格式”对话框），在对话框中可以设置的格式包括“数字”“对齐”“字体”“边框”“填充”和“保护”六项，如图 5-35 所示。

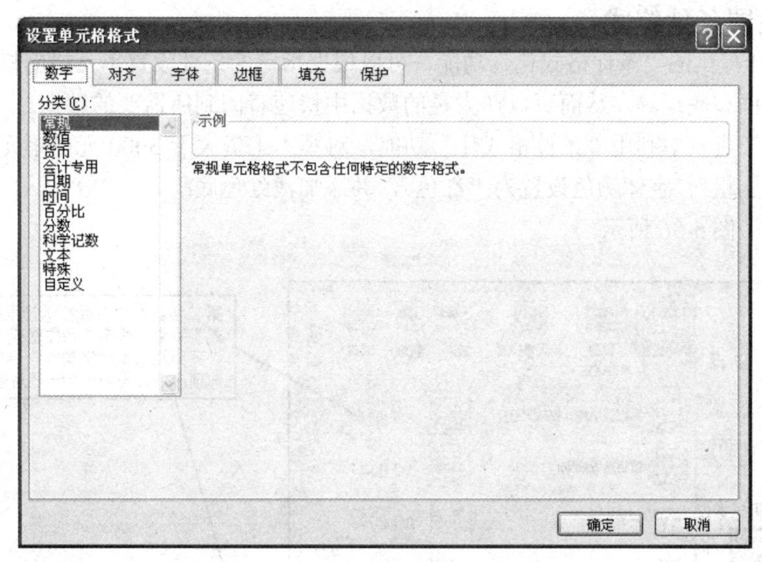

图 5-35 “设置单元格格式”对话框

1. 设置数字格式

根据输入内容的不同，Excel 2010 将输入的数据进行了分类，主要包括：数值类、货币类、日期时间类、文本类等。每一类又可进行更细微的设置，比如在设置数值格式化时，可以通过设置小数位数、百分号、货币符号等来表示单元格中的数据。

2. 设置字体格式

在“设置单元格格式”对话框中，选择“字体”选项卡，可对字体、字形、字号、颜色、下划线、特殊效果等进行设置。

3. 设置对齐方式

在“单元格格式”对话框中，选择“对齐”选项卡，可实现水平对齐、垂直对齐、改变文本方向、自动换行、合并单元格等功能的设置。在这里一定要注意“自动换行”和“缩小字体填充”两个选项的功能。

“自动换行”指当单元格中的文本内容长度超过单元格的列宽时，单元格的内容会自动在单元格内换行，单元格的高度自动增加。

“缩小字体填充”指当单元格中的文本内容长度超过单元格的列宽时，单元格的内容会自动变小，以保证能够在一行内显示全部内容。

这两项内容不可以同时选择。

4. 设置边框和填充

在 Excel 工作表中可以看到灰色的网格线，但如果不进行设置，这些网格线在打印时是打印不出来的，为了突出工作表或某些单元格的内容，可以为其添加边框和底纹。设置边框和底纹的方法：首先选定要设置边框和底纹的单元格区域，然后在“设置单元格格式”对话框中选择“边框”或“填充”选项卡，进行相应的设置。

① 设置“边框”：首先选择“线条”的“样式”和“颜色”，然后在“预置”选项组中选择“内部”或“外边框”选项，分别设置内外线条。

② 设置“填充”：设置单元格底纹的“颜色”或“图案”，可以设置选定区域的底纹与填充色。

（三）设置条件格式

Excel 2010 提供的“条件格式化”功能，可以根据指定的条件设置单元格的格式，如改变字形、颜色、边框和底纹等，从而可以在大量的数据中快速查阅到所需要的数据。

例如，在工资表中利用“条件格式化”功能，对基本工资大于 3000 元的单元格，将其字形格式设置为“加粗”、字体颜色设置为“红色”，并添加浅红色底纹。

操作步骤如图 5-36 所示。

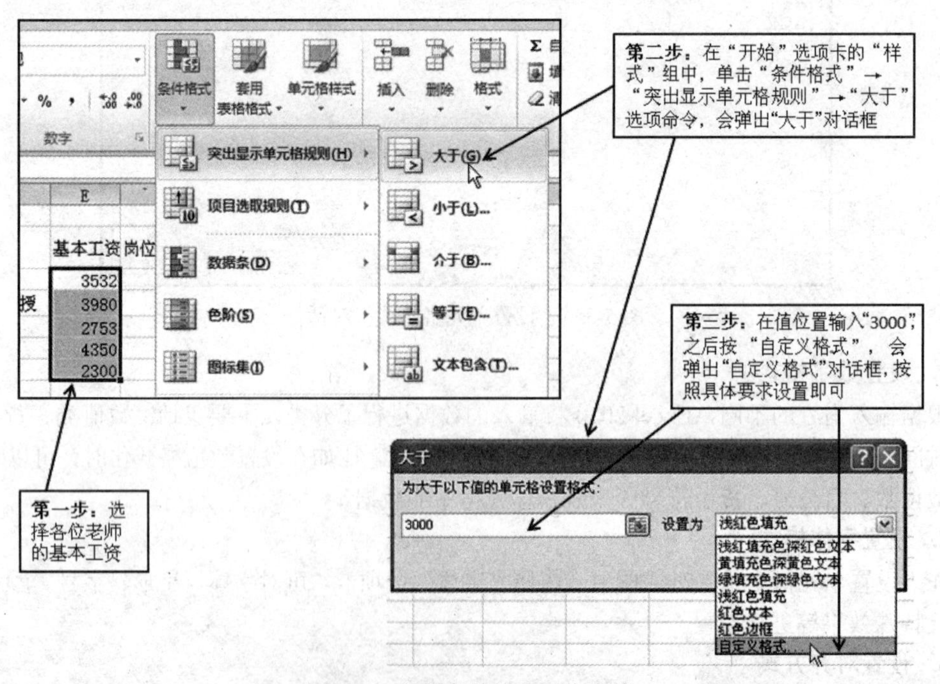

图 5-36 设置条件格式操作步骤

任务三　公式与函数

【任务描述】

Excel 2010 如何输入公式与函数呢？

【技能目标】

理解 Excel 2010 公式与函数的概念，能够制作简单的公式。

【知识结构】

Excel 电子表格系统除了能进行一般的表格处理外，还具有非常强大的数据计算功能。当用户需要将工作表中的数值数据做加、减、乘、除……运算时，可以把计算的过程交给 Excel 的公式去做，省去自行运算的工夫，而且当数据有变动时，公式计算的结果还会立即更新。

一、公式的概念及公式中的常用运算符

（一）公式的概念

Excel 中的公式由等号、运算符和运算数三部分构成，其中运算数包括常量、单元格引用值、名称和工作表函数等元素构成。使用公式，是实现电子表格数据处理的重要手段，它可以对数据进行加、减、乘、除、比较等多种运算。

（二）运算符

可以使用的运算符有 4 种：算术运算符、比较运算符、文本连接运算符和引用运算符。

1. 算术运算符

加法（+）、减法（–）、乘法（*）、除法（/）、百分数（%）、乘方（^）等，当一个公式中包含多种运算时，要注意运算符之间的优先级。算术运算符运算的结果为数值型。

2. 比较运算符

等于（=）、大于（>）、小于（<）、大于或等于（>=）、小于或等于（<=）、不等于（<>）。比较运算符运算的结果为逻辑值 True 或 False。例如，在 A1 单元格输入数字“8”，在 B1 单元格输入“=A1>5”，由于 A1 单元格中的数值 8>5，因此为真，在 B1 单元格显示“True”，且居中显示；如果在 A1 单元格输入数字“3”，则在 B1 单元格居中显示“False”。

3. 文本连接运算符

文本连接运算符（&）用于将两个或多个文本连接为一个组合文本。例如，“中国”&“北京”的运算结果为“中国北京”。

4. 引用运算符

引用运算符用于将单元格区域合并运算，分别是冒号“:”、逗号“,”和“空格”。

① 冒号运算符用于定义一个连续的数据区域。例如，A2:B4 表示 A2 到 B4 的 6 个单元格，即包括 A2、A3、A4、B2、B3、B4。

② 逗号运算符称为并集运算符，用于将多个单元格或区域合并成一个引用。例如，要求将 C2、D2、F2、G2 单元格的数值相加，结果数值放在单元格 E2 中。则单元格 E2 中的计算公式可以用“＝SUM（C2，D2，F2，G2）”表示。

③ 空格运算符称为交集运算符，表示只处理区域中互相重叠的部分。例如，公式 SUM(A1:B2 B1:C2）表示是求 A1:B2 区域与 B1:C2 区域相交部分，也就是单元格 B1、B2 的和。

说明：运算符的优先级由高到低依次为：":"、","、空格、负号、"%"、"^"、乘和除、加和减、"&"、比较运算符。

二、输 入 公 式

（一）公式的表示形式

Excel 的公式和一般数学公式差不多，例如数学公式：A3=A2+A1，意思是将 A2 和 A1 的值相加赋值给 A3，那么在 Excel 中如何完成这个公式呢？

其实只需要在 A3 单元格内输入"=A2+A1"即可。

（二）输入公式

输入公式必须以等号（=）开始，例如"=Al+A2"，这样 Excel 才知道用户输入的是公式，而不是一般的文字数据。现在就来练习建立公式，以如图 5-37 所示的工资表为例。

A	B	C	D	E	F	G	H	I
职工号	姓名	部门	职称	基本工资	岗位津贴	应发工资	扣公积金	实发工资
0015	刘楠	基础部	讲师	3532	1022			
0013	陈小旭	护理	副教授	3980	1321			
0045	李东明	师范	助教	2753	860			
0007	王平	基础部	教授	4350	1670			
0082	付强	护理	见习	2300	560			

图 5-37　工资表

用户打算在 G2 单元格存放"刘楠的应发工资"，也就是要将"刘楠"的基本工资（E2）和岗位津贴（F2）加起来，放到 G2 单元格中，因此可以在 G2 单元格中输入公式"=E2+F2"。

具体操作步骤如下。

① 选定要输入公式的 G2 单元格，并将光标移到数据编辑栏中输入等号（=）。

② 接着输入具体的公式，请在单元格 E2 上单击，Excel 便会将 E2 输入到数据编辑列中。

提示：在公式中，一般都需要引用某个单元格或单元格区域，操作中尽量不要直接输入，而是用这种鼠标拾取单元格的方式来完成单元格的引用。

③ 输入"+"，然后选取 F2 单元格，如此公式的内容便输入完成了。

④ 最后按下数据编辑列上的输入按钮"✔"或按下"回车"键，公式计算的结果马上显示在 G2 单元格中。具体操作过程如图 5-38 所示。

提示：公式输入完成后，单元格内显示的是公式的结果，如果想显示公式的原形，可以通过"Ctrl+～"快捷键来进行切换。

（三）公式自动更新结果

公式的计算结果会随着单元格内容的变动而自动更新。以上例来说，假设当公式建好以后，才发现"刘楠"的基本工资打错了，应该是"3562"元，将单元格 E2 的值改成"3562"后，G2 单元格中的计算结果立即从"4554"更新为"4584"，如图 5-39 所示。

（四）复制公式

如果有多个单元格用的是同一种运算公式，可使用复制公式的方法来简化操作。操作方法：选中被复制的公式，先"复制"然后在目标单元格"粘贴"；或者使用公式单元格右下角的填充柄拖动复制（也可以直接双击填充柄实现快速公式自动复制）。

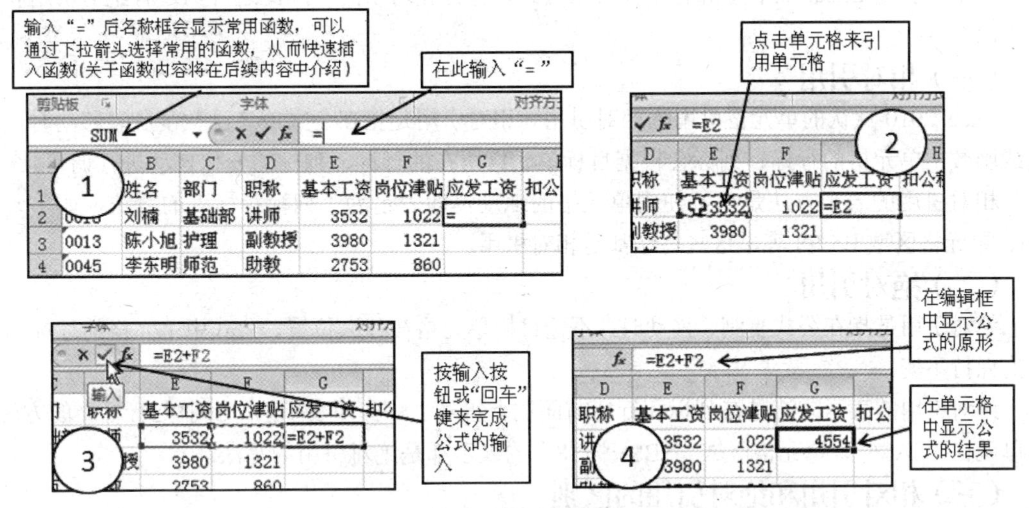

图 5-38 输入简单的公式

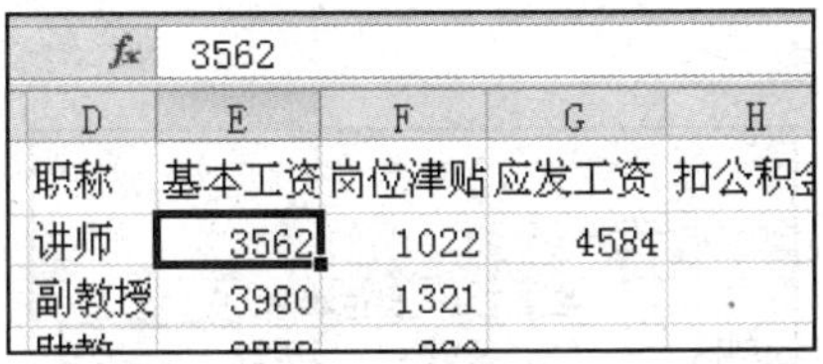

fx 3562

D	E	F	G	H
职称	基本工资	岗位津贴	应发工资	扣公积金
讲师	3562	1022	4584	
副教授	3980	1321		

图 5-39 公式自动更新结果

例如在上例中继续求出其他人员的应发工资就可以使用这个方法。

具体操作过程如图 5-40 所示。

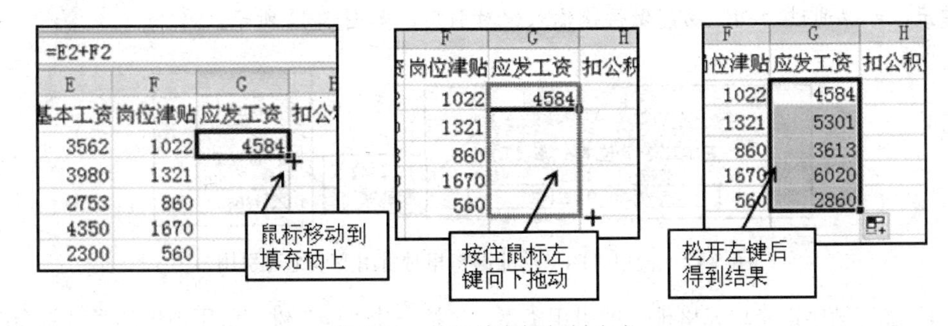

图 5-40 使用填充柄复制公式

三、单元格引用

在前面的例子中，进行公式复制时，Excel 并不是简单地将公式复制下来，而是根据公式原来位置和目标位置计算出单元格地址的变化。

原来在 G2 单元格插入的公式是“=E2+F2”，当复制到 G3 单元格时，由于目标单元格的行标发生了变化，这样，复制的函数中引用的单元格的行标也相应地发生变化，复制到 G3 单元格后的函数变成了“=E3+F3”。从而才使 G3 单元格的值变成“E3+F3”的值，也就是“陈小旭”的应发工资。

这实际上是 Excel 中单元格的一种引用方式，称为相对引用，除此之外，还有绝对引用和混合引用。

（一）相对引用

Excel 2010 默认的单元格引用为相对引用。相对引用是指在公式或者函数复制、移动时，公式或函数中单元格的行标、列标会根据目标单元格所在的行标、列标的变化自动进行调整。

相对引用的表示方法是直接使用单元格的地址，即表示为“列标行标”的方法，如单元格 A6、单元格区域 B5:E8 等，这些写法都是相对引用。

（二）绝对引用

绝对引用是指在公式复制、移动时，不论目标单元格在什么位置，公式中单元格的行标和列标均保持不变。

绝对引用的表示方法是在列标和行标前面加上符号“$”，即表示为“$列标$行标”的方法，如单元格“$A$6”、单元格区域“$B$5:$E$8”的表示都是绝对引用的写法。

（三）相对引用和绝对引用的区别

下面以实例说明相对引用地址与绝对引用地址的区别。

如图 5-41 所示，先选取 D2 单元格，在其中输入公式“=B2＋C2”并计算出结果，根据前面的说明，这是相对引用地址。

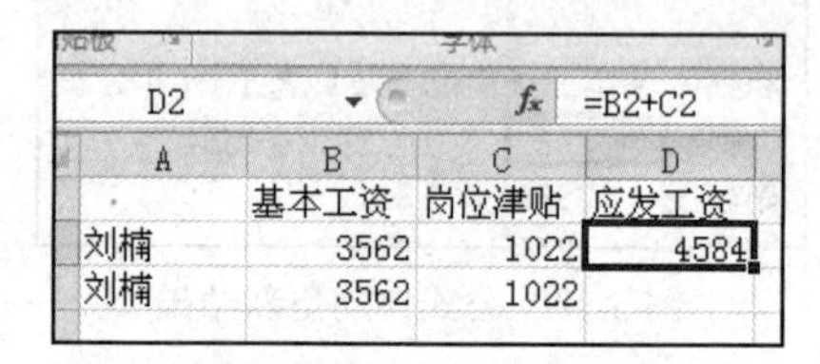

图 5-41　相对引用

接下来在 D3 单元格输入绝对参照地址的公式“=$B$3+$C$2”。

提示：可以通过“F4”功能键快速输入绝对引用，如图 5-42 所示。

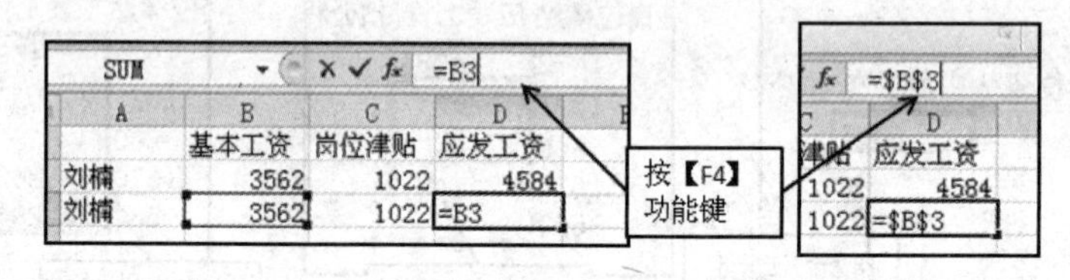

图 5-42　使用“F4”功能键将相对引用变成绝对引用

“F4”键可循序切换单元格地址的引用类型，每按一次“F4”键，引用地址的类型就会改变，具体情况如表 5-1 所示（以 B3 单元格为例）。

表 5-1　“F4”引用方式变化

F4	单元格结果	引用方式
第一次	=$B$3	绝对引用
第二次	=B$3	只有行编号为绝对地址（这是混合引用）
第三次	=$B3	只有列编号为绝对地址
第四次	=B3	恢复成相对引用

公式输入好后选择 D2:D3，并向后填充。如图 5-43 所示。

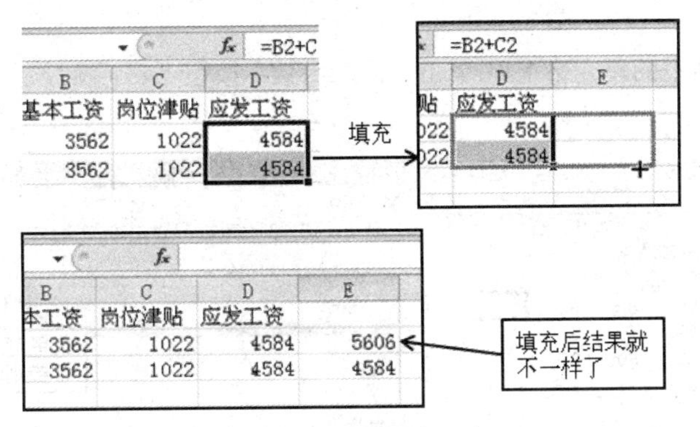

图 5-43　向后填充示意

按下“Ctrl+～”键显示下公式的原形，就不难找到答案了。

相对引用与绝对引用的区别如图 5-44 所示。

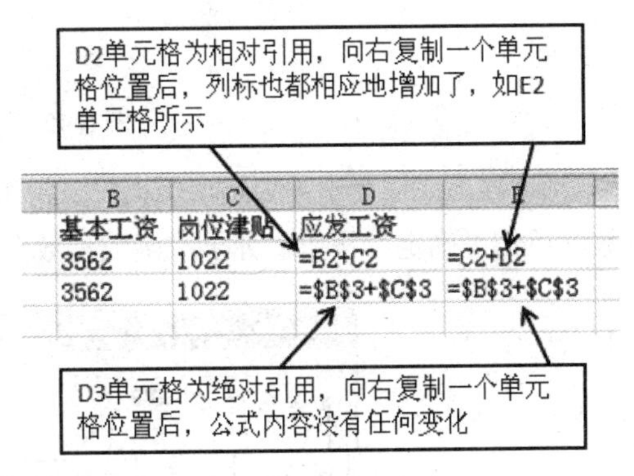

图 5-44　相对引用与绝对引用的区别

（四）混合引用

如果在公式复制、移动时，公式中单元格的行标或列标只有一个要进行自动调整，而另一个保持不变，这种引用方式称为混合引用。

混合引用的表示方法是在行标或列标其中的一个前面加上符号“$”，即表示为“列标$行标”或“$列标行标”的方法，如 A$1、B$5:E$8、$A1、$B5:$E8 等都是混合引用的方法。

四、使 用 函 数

使用公式计算虽然很方便，但公式只能完成简单的数据计算，对于复杂的运算就需要使用函数来完成。函数是预先设置好的公式，Excel 提供了几百个内部函数。如常用函数、财务函数、日期与时间函数以及统计类函数等，可以对特定区域的数据实施一系列操作。利用函数进行复杂的运算，比利用等效的公式计算更快、更灵活、效率更高。

（一）函数的组成

函数是公式的特殊形式，其格式为函数名（参数 1，参数 2，参数 3…）。

其中函数名是系统保留的名称，圆括号中可以有一个或多个参数，参数之间用逗号隔开，也可以没有参数，当没有参数时，函数名后的圆括号是不能省略的。

参数是用来执行操作或计算的数据，可以是数值或含有数值的单元格引用。

例如函数 SUM(A1，B1，D2)表示对 A1、B1、D2 三个单元格的数值求和，其中 SUM 是函数名，A1、B1、D2 为三个单元格引用，它们是函数的参数。

函数 SUM(A1，B1:B3，C4)中有三个参数，分别是单元格 A1、区域 B1:B3 和单元格 C4。

而函数 PI( )则没有参数，它的作用是返回圆周率 π 的值。

（二）输入函数的方法

1. 利用“插入函数”功能按钮“f_x”插入函数

下面通过例题说明如何使用该方法插入函数。

【例 5-2】在成绩表中计算出每个学生的总成绩，如图 5-45 所示。

操作步骤如下。

① 单击要存放结果的单元格 F3，单击“插入函数”按钮“fx”后，会弹出“插入函数”对话框，如图 5-45 所示。

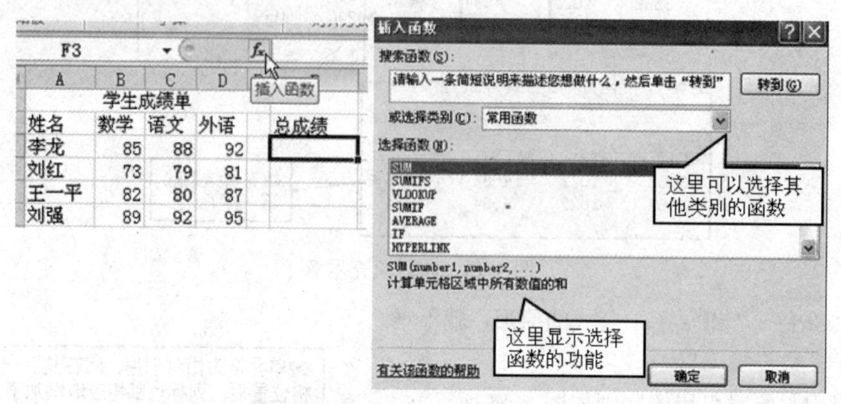

图 5-45 “插入函数”对话框

② 在“选择类别”列表框中选择“常用函数”选项，在“选择函数”列表框中选择 SUM 函数，单击“确定”按钮，弹出“函数参数”对话框，如图 5-46 所示。

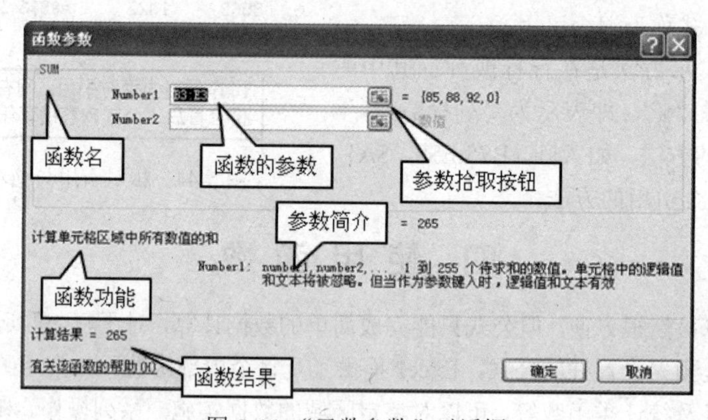

图 5-46 “函数参数”对话框

③ 确定函数的参数是函数操作中最重要的一步，可以直接在“函数参数”对话框中输入函数的参数，如果函数的参数是表中的某个单元格或某块区域，可以按参数右侧的参数拾取按钮“”，然后直接在工作表中选择相应区域来完成参数的输入，以 B3:D3 为例，详见图 5-47。

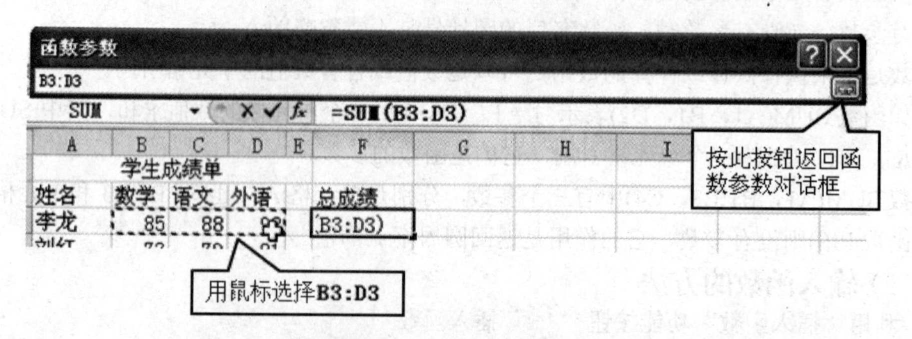

图 5-47 拾取参数的方法

提示：不点拾取按钮，直接在表中选择也是可以的，这样操作会便捷一些。

④ 参数选择完成后，再按一下参数拾取按钮会返回到函数参数对话框，此时按确定按钮就完成了函数的插入。如图 5-48 所示。

然后再通过填充柄来得到其他同学的总成绩。

2. 利用名称框中的函数选项板插入函数

选定要存放结果的单元格 F3，然后输入“=”，单击“名称框”右边的下三角按钮，弹出下拉函数列表选项，选择相应的函数，其后面的操作同利用功能按钮插入函数的方式完全相同，如图 5-49 所示。

F3　=SUM(B3:D3)

A	B	C	D	E	F
	学生成绩单				
姓名	数学	语文	外语		总成绩
李龙	85	88	92		265
刘红	73	79	81		
王一平	82	80	87		
刘强	89	92	95		

图 5-48　公式的结果

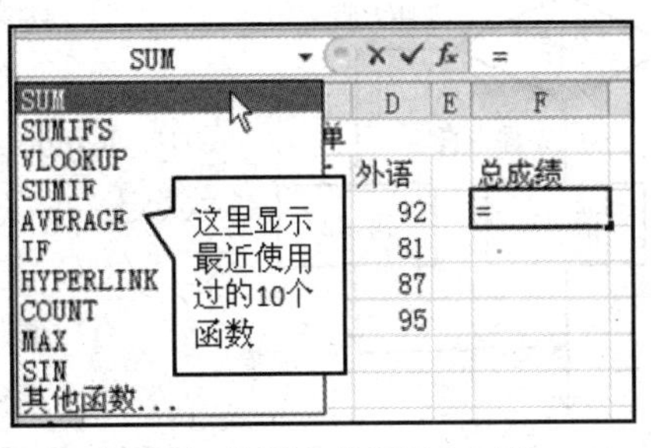

图 5-49　使用名称框插入函数

3. 使用“自动求和”按钮插入函数

通过“开始”选项卡的“编辑”区中的“自动求和”按钮也可以插入一些常用的函数。

4. 手动输入函数

对函数有了一定的了解之后，就可以直接在编辑框里手动输入各种各样的复杂的函数了，比如要在 E3 中求总成绩，可以直接在编辑栏内输入“=sum(”后用鼠标选择 B3:D3 范围，再输入“)”，最后按“回车”键即可完成函数的录入，如图 5-50 所示。

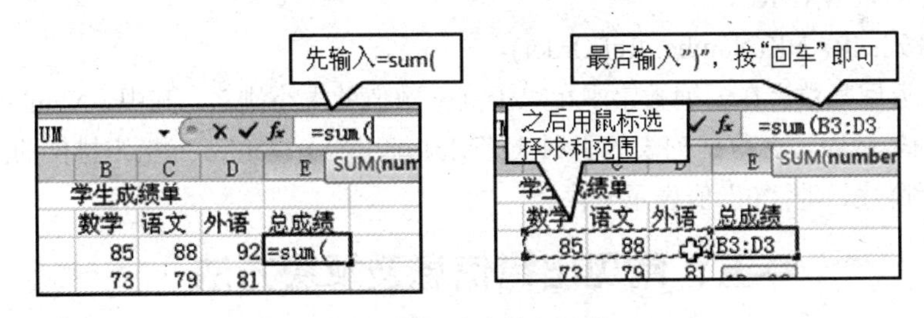

图 5-50　手动输入函数

（三）常用的函数介绍

Excel 提供的函数有很多，下面介绍几个较为常用的函数。

（1）求和函数 SUM( )　该函数计算各参数的和，参数可以是数值或含有数值的单元格引用。

（2）求平均值函数 AVERAGE( )　该函数计算各参数的平均值，参数可以是数值或含有数值的单元格引用。

（3）求最大值函数 MAX( )　该函数计算各参数中的最大值。

（4）求最小值函数 MIN( )　该函数计算各参数中的最小值。

（5）计数函数 COUNT( )　该函数统计各参数中数值型数值的个数。如果要统计非数值型数据的个数可以使用 COUNTA( )函数。

以上五个函数的功能不同，但这五个函数的使用方法基本相同，只要稍加练习就能熟练掌握，下面的函数可能会有些难度，尤其当函数的参数较多时，必须要弄明白每的参数的具体功能才行。

（6）条件函数 IF( ) 该函数的格式是 IF（Logical_test，Value_if_true，Value_if_false）。

IF 函数也叫条件函数，函数有三个参数，第 1 个 Logical_test 是可以产生逻辑值的表达式，如果 Logical_test 的值为真，则函数的值为表达式 Value_if_true 的值，如果 Logical_test 的值为假，则函数的值为表达式 Value_if_false 的值。具体执行流程图如图 5-51 所示。

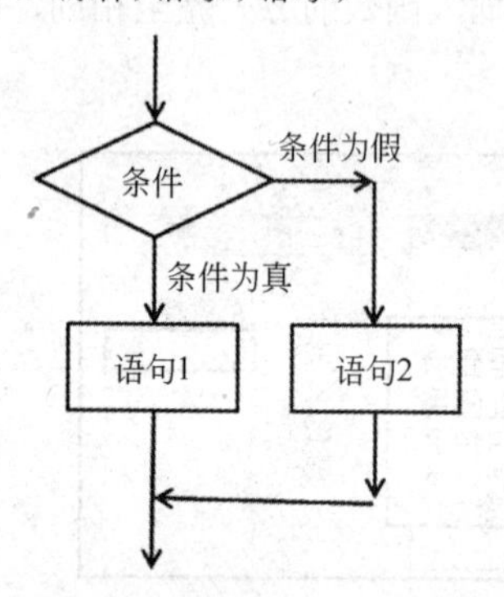

图 5-51 IF 语句执行流程图

例如，IF（5>4，“A”，“B”）的结果为“A”。

IF 函数可以嵌套使用，最多可以嵌套 7 层。

（7）条件计数函数 COUNTIF( )

① 函数格式：COUNTIF（Range，Criteria）。

② 功能：计算某个区域中满足给定条件的单元格个数。其中，Range 为要统计的区域；Criteria 为以数字、表达式或文本形式定义的条件。

（8）条件求和函数 SUMIF( )

① 函数格式：SUMIF(Range,Criteria,[Sum_range])。

② 功能：根据指定条件对若干单元格求和。其中，Range 为用于条件判断的单元格区域；Criteria 为以数字、表达式或文本形式定义的条件；Sum_range 为需要求和的实际单元格，另外 Sum_range 单元格可以省略，若 Sum_range 省略，则使用 Range 中单元格求和。

（9）条件求平均函数 AVERAGEIF( )

① 函数格式：AVERAGEIF(Range,Criteria,[Sum_range])。

② 功能：根据指定条件对若干单元格求平均。此函数各参数的功能与 SUMIF 函数各参数的功能相同，只是此函数用于求平均。

（10）排名函数 RANK( )

① 函数格式：RANK(Number,Ref,Order)。

② 功能：返回某数字在一列数字中相对于其他数值的大小排名。其中，Number 为指定的数字；Ref 为一组数或对一个数据列表的引用（绝对地址引用）；Order 为指定排位的方式，“0”值（或忽略）表示降序，非“0”值表示升序。

五、常见出错信息及解决方法

在使用 Excel 公式计算时，有时不能正确地计算出结果，并且在单元格内会显示出各种错误信息。下面介绍几种常见的错误信息及处理的方法。

1. ####错误

这种错误常见于列宽不够。

解决方法：调整列宽。

2. #DIV/0! 错误

这种错误表示除数为“0”。常见于公式中除数为 0 或在公式中除数使用了空单元格。

解决方法：修改单元格的引用，用非零数字填充。如果必须使用“0”或引用空单元格，那么也可以用 IF 函数使该错误信息不再显示。例如，该单元格的公式原本是“=A5/B5”，若 B5 可能为零或空单元格，那么可将该公式修改为“=IF（B5=0，“ ”，A5/B5）”，这样，当 B5 为零或为空时，就不显示任何内容，否则显示 A5/B5 的结果。

3. #N/A 错误

这种错误通常出现在数值或公式不可用时。例如，想在 F2 单元格使用函数“=RANK（E2，$E$2:$E$96）”，求 E2 单元格数据在 E2:E96 单元格区域中的名次，但 E2 单元格中却没有输入数据时，则会出现此类错误信息。

解决方法：在单元格 E2 中输入新的数值。

4．#REF！错误

这种错误出现在移动或删除单元格导致了无效的单元格引用，或者是函数返回了引用错误信息。例如，在 Sheet2 工作表的 C 列单元格引用了 Sheet1 工作表的 C 列单元格数据，后来删除了 Sheet1 工作表中的 C 列，那么就会出现此类错误。

解决方法：重新更改公式，恢复被引用的单元格范围或重新设定引用范围。

5. #！错误

这种错误常表现为公式的参数类型错误。例如，要使用公式“=A7+A8”以计算 A7 与 A8 两个单元格的数字之和，但是 A7 或 A8 单元格中存放的数据是姓名不是数字，这时就会出现此类错误。

解决方法：确认所用的公式参数没有错误，并且公式引用的单元格中包含有效的数据。

6. #NUM！错误

这种错误出现在当公式或函数中使用无效的参数。公式计算的结果过大或过小，超出了 Excel 的范围（正负 10 的 307 次方之间）。例如，在单元格中输入公式“=10^300*100^50”，按“Enter”键后，即会出现此错误。

解决方法：确认函数中使用正确的参数。

7. #NULL！错误

这种错误出现在试图为两个并不相交的区域指定交叉点。例如，使用 SUM 函数对 A1:A5 和 B1:B5 两个区域求和，使用公式“=SUM（A1:A5 B1:B5）”（注意：A5 与 B1 之间有空格），会因为对并不相交的两个区域使用交叉运算符（空格）而出现此错误。

解决方法：取消两个范围之间的空格，用逗号来分隔不相交的区域。

8. #NAME? 错误

这种错误表现为公式中出现了 Excel 不能识别的文本。例如，函数拼写错误、公式中引用某区域时没有使用冒号、在公式中的文本没有用双引号等。

解决方法：尽量使用 Excel 所提供的各种向导完成某些输入。比如使用插入函数的方法来插入各种函数、用鼠标拖动的方法来完成各种数据区域的输入等。

另外，在某些情况下不可避免地会产生错误。如果为了打印时不打印那些错误信息，可以单击“文件”选项卡，在打开的新页面中单击“打印”命令，再单击“页面设置”命令，弹出“页面设置”对话框，选择“工作表”选项卡，在“错误单元格打印为”右侧的下拉列表框中选择“空白”选项，确定后将不会打印出这些错误信息。

任务四　Excel 2010 的图表

【任务描述】

Excel 2010 能通过图表来表示数据信息吗？通过此次任务的学习，读者将学会用图表来表示数据的方法。

【技能目标】

了解 Excel 2010 图表的概念，掌握制作图表的方法。

【知识结构】

在 Microsoft Excel 中图表是指将工作表中的数据用图形表示出来。图表可以使数据更加有趣、吸引人、易于阅读和评价。它们也可以帮助用户分析和比较数据。

Excel 内建了多达 70 余种的图表样式，用户只要选择适合的样式，马上就能制作出一张具专业水平的图表。

一、图表的构成

在用 Excel 作图表之前，先了解一下图表的各种构成元素。

一个图表大致由图表标题、图例区和绘图区构成，绘图区又包括数据系列、数据标签、坐标轴、网格线等元素。如图 5-52 所示。

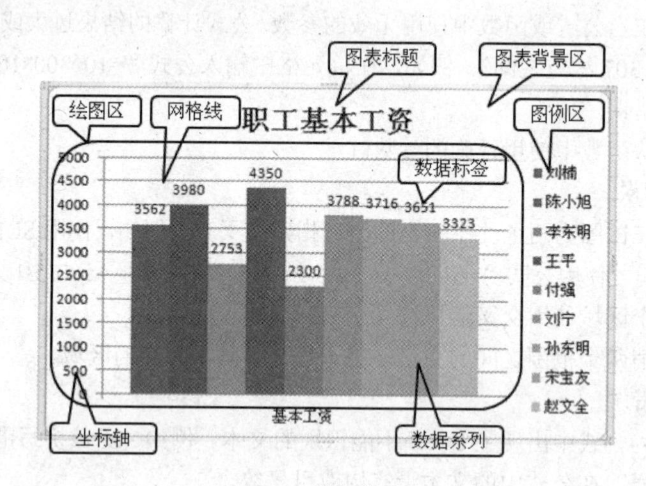

图 5-52　图表的构成

图表区中主要分为图表标题、图例区、绘图区三个大的组成部分。

图表标题是显示在绘图区上方的文本框且只有一个。图表标题的作用就是简明扼要地概述图表的作用。

图例区是显示各个系列代表的内容。由图例项和图例项标示组成，默认显示在绘图区的右侧。

绘图区是指图表区内的图形表示的范围，即以坐标轴为边的长方形区域。对于绘图区的格式，可以改变绘图区边框的样式和内部区域的填充颜色及效果。绘图区中包含以下五个项目：数据系列、数据标签、坐标轴、网格线、其他内容。

① 数据系列：数据系列对应工作表中的一行或者一列数据。

② 坐标轴：按位置不同可分为主坐标轴和次坐标轴，默认显示的是绘图区左边的主 Y 轴和下边的主 X 轴。

③ 网格线：网格线用于显示各数据点的具体位置，同样有主次之分。

在生成的图表上鼠标移动到哪里都会显示要素的名称，熟识这些名称能让用户更好更快地对图表进行设置。

二、创建图表的基本方法

要建立 Excel 图表，首先需要对待建立图表的 Excel 工作表进行认真分析，一要考虑选取工作表中的哪些数据，即创建图表的可用数据；二要考虑用什么类型的图表；三要考虑对图表的内部元素，如何进行编辑和格式设置。只有这样，才能使创建的图表形象、直观，具有专业化和可视化效果。

创建一个专业化的 Excel 图表一般采用如下步骤。

① 选择数据源：从工作表中选择创建图表的可用数据。

② 选择合适的图表类型及其子类型：单击“插入”选项卡，在“图表”功能组中选择一个合适的主图表和子图表，就可以轻松创建一个没有经过编辑和格式设置的初始化图表。

③ 对第②步创建的初始化图表进行编辑和格式化设置以满足自己的需要。

对于第②步，也可以打开插入图表对话框来创建初始化图表，点击“图表”功能区的右下角的按钮就可以打开“插入图表”对话框，如图 5-53 所示，“插入图表”对话框如图 5-54 所示。

图 5-53 “图表”功能区

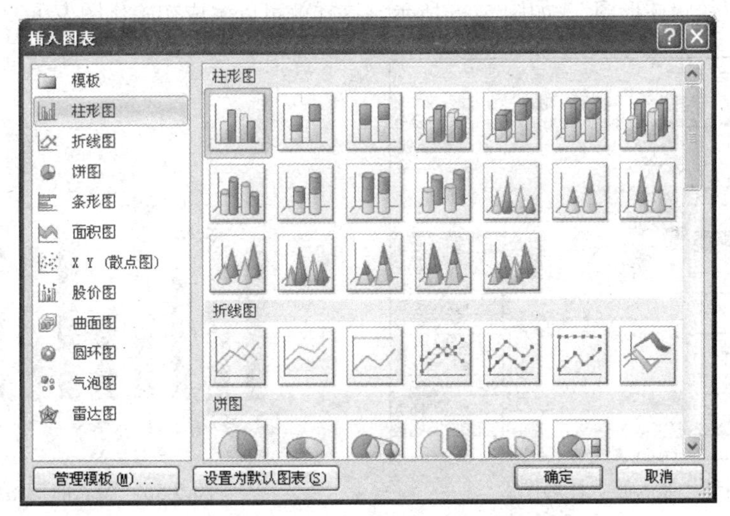

图 5-54 “插入图表”对话框

从图 5-54 中可以看出，Excel 2010 中提供了 11 种图表类型，每一种图表类型中又包含了少到几种多到十几种不等的若干子图表类型，用户在创建图表时需要针对不同的应用场合和不同的使用范围，选择不同的图表类型及其子类型。为了便于大家创建不同类型的图表，以满足不同场合的需要，下面对 11 种图表类型及其用途作简要说明。

柱形图：用于比较一段时间中两个或多个项目的相对大小。

折线图：按类别显示一段时间内数据的变化趋势。

饼图：在单组中描述部分与整体的关系。

条形图：在水平方向上比较不同类型的数据。

面积图：强调一段时间内数值的相对重要性。

XY（散点图）：描述两种相关数据的关系。

股价图：综合了柱形图的折线图，专门设计用来跟踪股票价格。

曲面图：当第三个变量变化时，跟踪另外两个变量的变化，是一个三维图。

圆环图：以一个或多个数据类别来对比部分与整体的关系，在中间有一个更灵活的饼状图。

气泡图：突出显示值的聚合，类似于散点图。

雷达图：表明数据或数据频率相对于中心点的变化。

三、图表的编辑和格式化设置

初始化图表建立以后，往往还不能满足要求，因此常常还需要使用“图表工具”功能区的相应工具按钮，或者在图表区右键单击出现的快捷菜单中，选择相应的命令，从而对初始化图表进行编辑和格式化设置。

下面就通过一个实例来简单介绍一下如何编辑和格式化图表。

【例 5-3】根据职工工资表创建各位职工的应发工资与实发工资的簇状柱形图表。

首先要创建初始化图表，步骤如下。

① 选择姓名列、应发工资列和实发工资列（使用“Ctrl”键选择不连续的区域，选择合适的数据区域是图表操作中最重要的一步，不能有丝毫差错）。

② 单击“插入”选项卡，在“图表”功能区中单击“柱形图”按钮，在打开的子图表选择功能区中选择“簇状柱形图”，如图 5-55 所示，这样就可以生成初始化图表了，如图 5-56 所示。

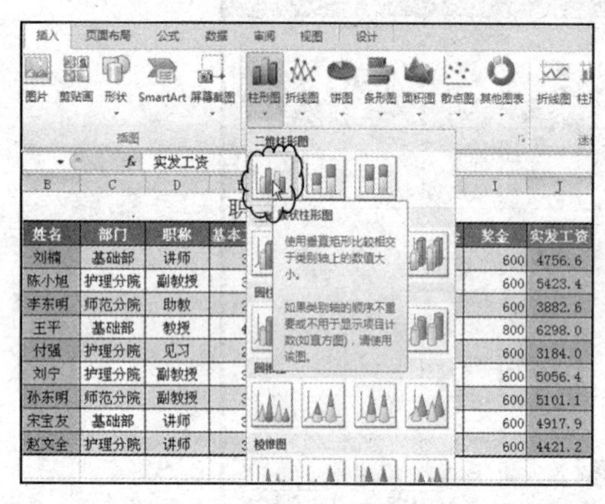

图 5-55　插入簇状柱形图

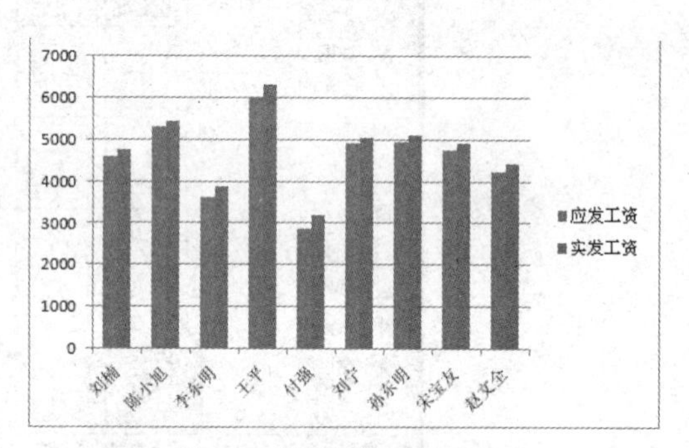

图 5-56　图表的初始结果

接下来进行图表的编辑与修饰。

对图表进行编辑和格式化设置，主要通过“图表工具”下面的三张选项卡，下面首先介绍“图表工具”各功能区如何打开以及“图表工具”各功能区中常用工具按钮的作用。

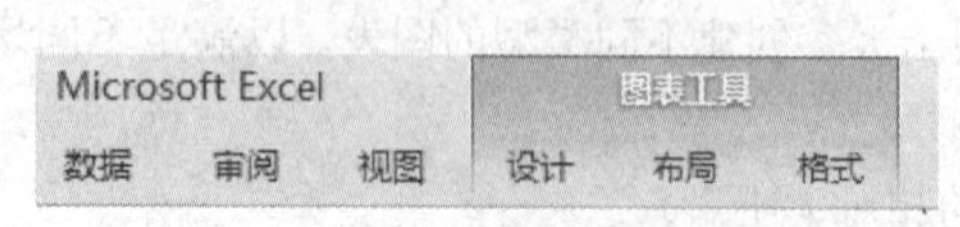

图 5-57 “图表工具”选项卡组

只要单击选中图表或图表区的任何位置，就会在窗口上面原有常规选项卡的后面显示“图表工具”选项卡组，如图 5-57 所示，图表工具组一共包括三个选项卡，分别为“设计”“布局”和“格式”。

① 单击“图表工具”→“设计”选项卡，则打开“图表设计”功能区，如图 5-58 所示。“图表设计”功能区包括“类型”“数据”“图表布局”“图表样式”和“位置”，共 5 个功

能组。

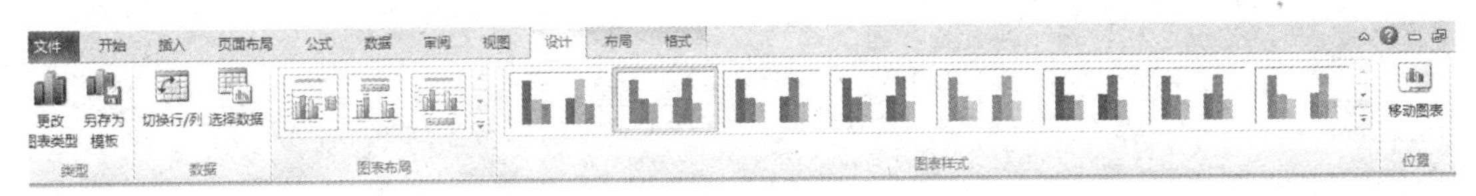

图 5-58 “图表设计”功能区

“类型”组用于重新选择图表类型和另存为模板。

“数据”组用于按行或者是按列产生图表以及重新选择数据源。本例中如果单击“切换行/列”按钮，将“图例”即工资类型转换成了“横坐标”，将“横坐标”即姓名转换成了“纵坐标”，在此为“图例”，转换后的图表如图 5-59 所示。

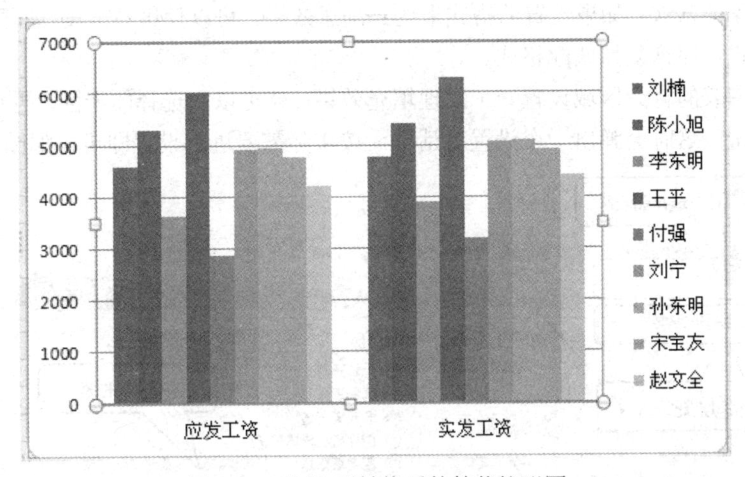

图 5-59 按行/列转换后的簇状柱形图

“图表布局”功能组用于图表中各元素的相对位置调整，适当地调整图表布局有时能够得到意想不到的效果。比如选择布局 4，则上面的图表会变成如图 5-60 所示的布局格式。

“图表样式”功能组用于图表样式的选择，图表样式主要是指图表颜色和图表区背景色的配搭。

“位置”功能组用于设置“嵌入式图表”或者是“独立式图表”，对于建立的初始化图表都属于“嵌入式图表”，如果想将图表成为一张独立的工作表，就可以通过“移动图表”按钮来完成。

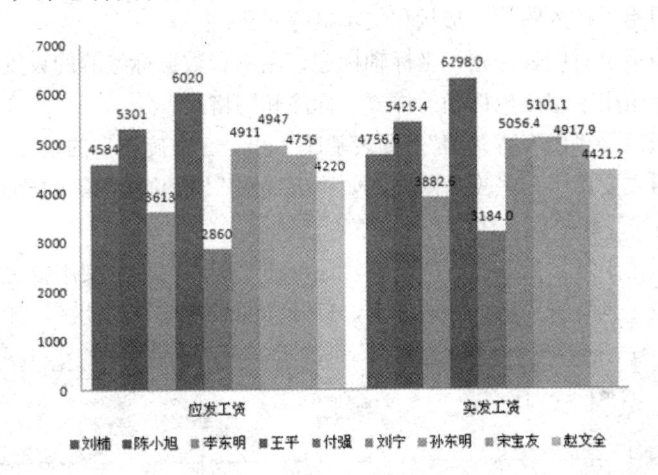

图 5-60 布局 4 的簇状柱形图

② 单击“图表工具”→“布局”选项卡，则打开“图表布局”功能区，如图 5-61 所示。

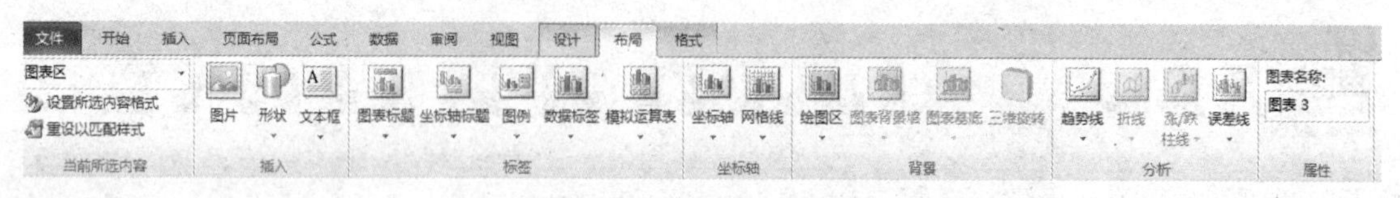

图 5-61 “图表布局”功能区

“图表布局”功能区包括“当前所选内容”“插入”“标签”“坐标轴”“背景”“分析”和“属性”，共 7 个功能组。

“当前所选内容”功能组包括一个下拉列表框和两个选项，下拉列表框用于选择某个对象（也可以直接在图表中选择），选择好图表中的某一个对象后，可以通过“设置所选内容格式”按钮来设置选定对象的格式；如果设置的格式未达到满意效果，可以使用“重设以匹配样式”按钮清除自定义的格式，而恢复原匹配格式。

比如要给图表的背景区域设置一个纹理填充效果，就可以先选择图表区，再点击“设置所选内容格式”按钮，这时会弹出一个设置对话框，按实际需要进行设置即可，如图 5-62 所示。

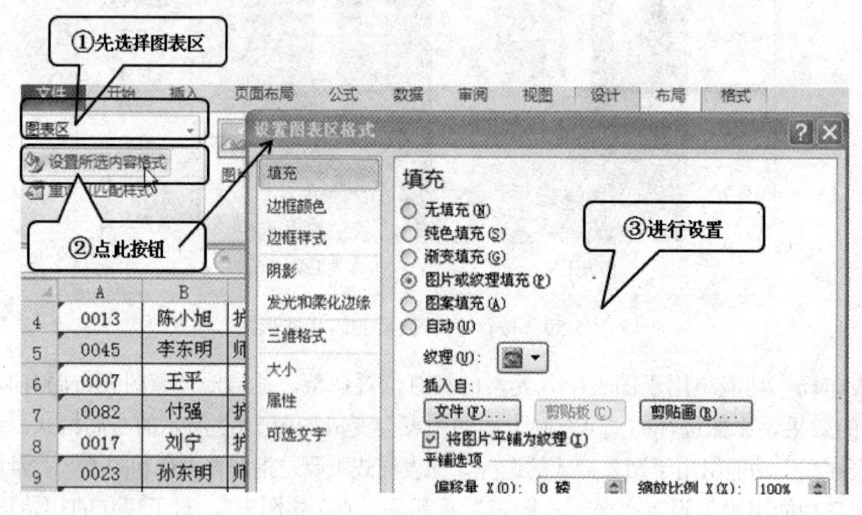

图 5-62 修改图表背景区的填充效果

“插入”功能组用于插入图片、形状和文本框等对象。

“标签”功能组用于对图表标题、坐标轴标题、图例和数据标签等的设置。

“坐标轴”功能组用于修改坐标轴的样式、标注和网格线。

“背景”功能组用于“图表背景墙”“图表基底”和“三维旋转”的设计。

“分析”功能组主要用于一些复杂图表，如“折线图”“股价图”等的分析，包括“趋势线”“折线”“涨/跌→柱线”和“误差线”等选项。

“属性”功能组用于显示当前图表的名称，还可在“图表名称”文本框更改图表名称。

③ 单击“图表工具”→“格式”选项卡，打开“图表格式”功能区，如图 5-63 所示。

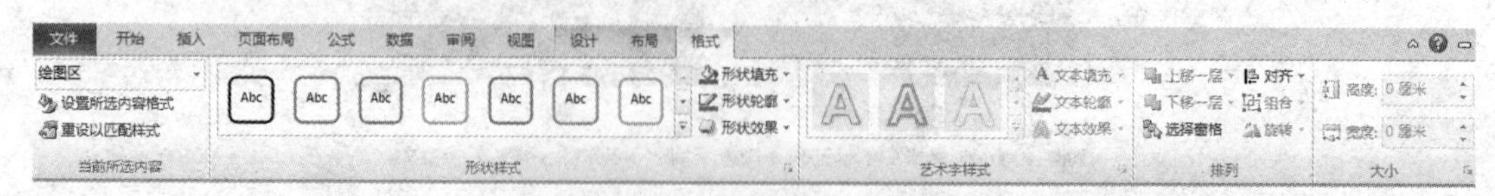

图 5-63 “图表格式”功能区

“图表格式”功能区包括“当前所选内容”“形状样式”“艺术字样式”“排列”和“大小”，共 5 个功能组，其中“当前所选内容”功能组与“图表布局”中的“当前所选内容”功能相同。

“形状样式”功能组用于设置图表边框及内部填充的样式和颜色。

“艺术字样式”功能组可以将图表中的文字变成艺术字体。

“排列”功能组可以对当前工作表中的多张图表进行位置的设置。

“大小”功能组用于精确设置图表的总体大小。

任务五　Excel 2010 的数据处理

【任务描述】

Excel 2010 还有一个非常重要的功能就是统计汇总功能，本次任务读者将学习如何通过 Excel 2010 分析、统计及汇总现有数据。

【技能目标】

掌握数据排序、筛选、分类汇总、数据透视等数据处理方法。

【知识结构】

Excel 数据处理内容包括排序、筛选、分类汇总、数据透视表等。

一、了解数据表

Excel 数据处理采用数据表的方式，因此用户首先要了解一下有关数据表的相关内容。

如图 5-64 所示，其实一张数据表就是一张二维表，由若干行和若干列组成，数据表的第一行是每一列的标题，这里我们叫作标题行，如“学号”“姓名”等，各数据列也可称之为字段，则各字段的标题名就可称为字段名，各列的标题在进行数据处理时是非常重要的参数，从第二行开始是具体的数据，也可以叫作记录。一般情况下，整个数据表都有一个表名（本表表名为“期末成绩表”），在进行数据处理时，表名一般都不参加数据处理，因此在选择数据的时候千万不要选择表名。

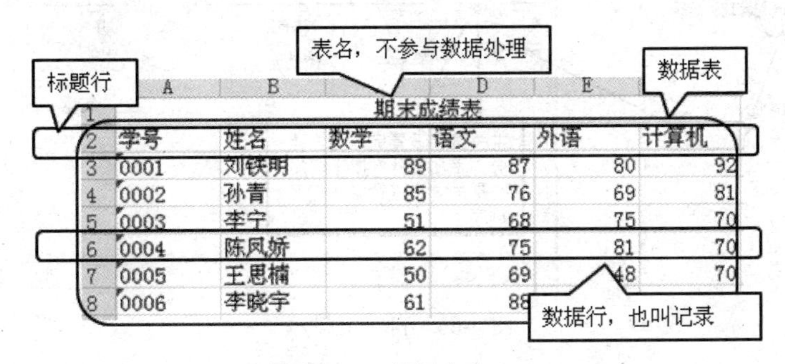

期末成绩表

学号	姓名	数学	语文	外语	计算机
0001	刘铁明	89	87	80	92
0002	孙青	85	76	69	81
0003	李宁	51	68	75	70
0004	陈凤娇	62	75	81	70
0005	王思楠	50	69	48	70
0006	李晓宇	61	88		

图 5-64　数据表简介

二、数 据 排 序

数据排序是指按一定规则对数据进行整理、排列。用户可对数据表中一列或多列数据按升序（数字 1→9，字母 A→Z）或降序（数字 9→1，字母 Z→A）排序。数据排序分为简单排序和多重排序。

（一）简单排序

简单排序也叫单关键字排序，可以使用“开始”选项卡中的“编辑”功能组中的“排序和筛选”功能项来实现。

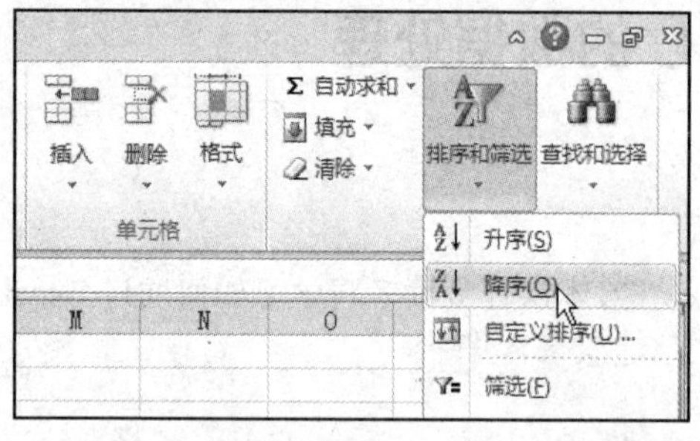

图 5-65　简单排序

【例 5-4】对上面的期末成绩表，按语文成绩由高分到低分进行降序排序。

操作方法如下。

① 首先单击期末成绩表中“语文”所在列的任一个单元格。

② 然后单击“开始”选项卡中的“编辑”功能组中的“排序和筛选”功能项，在弹出的菜单中选择“降序”，简单排序就完成了，如图 5-65 所示。

（二）多重排序

简单排序只能按某一列进行排序。有时候排序的字段会出现相同数据项，这个时候就必须要按多个字段进行排序，即多重排序。多重排序就一定要使用对话框来完成。在 Excel 2010 中，为用户提供了多级排序：主要关键字、次要关键字、次次要关键字等，每个关键字就是一个字段，每一个字段均可按“升序”即递增方式，或“降序”即递减方式进行排序。

【例 5-5】在期末成绩表中，要求先按计算机成绩由低分到高分进行排序，若计算机成绩相同时再按学号由小到大进行排序。

操作步骤如下。

① 选定期末成绩表中的任一单元格。

② 然后单击“开始”选项卡中的“编辑”功能组中的“排序和筛选”功能项，在弹出的菜单中选择“自定义排序”，打开“排序”对话框，进行相应的设置即可，如图 5-66 所示。

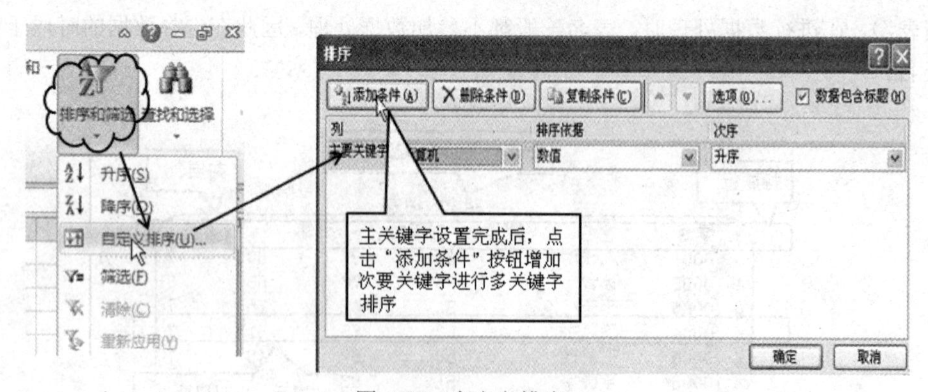

图 5-66　自定义排序

三、数据的分类汇总

数据的分类汇总是指对数据清单中的某个字段中的数据进行分类，并对各类数据快速进行统计计算。Excel 提供了 11 种汇总类型，包括求和、计数、统计、最大、最小、平均值等，默认的汇总方式为求和。

需要特别指出的是，在分类汇总之前，必须先对需要分类的数据项进行排序，然后再按该字段进行分类，并分别为各类数据的数据项进行统计汇总。

【例 5-6】对图 5-67 所示的期末成绩表分别计算各班语文、数学的平均值。

期末成绩表

学号	姓名	班级	数学	语文	外语	计算机
0001	刘铁明	1班	89	87	80	92
0002	孙青	2班	85	76	69	81
0003	李宁	1班	51	68	75	70
0004	陈凤娇	1班	62	75	81	70
0005	王思楠	2班	50	69	48	70
0006	李晓宇	2班	61	88	79	80

图 5-67　原始数据表

操作步骤如下。

① 首先对需要分类汇总的字段进行排序。在本例中需要对“班级”字段进行排序。即选择班级列任意一个单元格，然后在“排序和筛选”功能组中进行升序或降序排序。

② 单击“数据”选项卡下面的“分级显示”功能组中的“分类汇总”功能项，打开“分类汇总”对话框，如图 5-68 所示。

③ 在“分类字段”下拉列表框中选择“班级”选项。

④ 在“汇总方式”下拉列表框中有求和、计数、平均值、最大、最小等，这里选择“平均值”选项。

⑤ 在“选定汇总项”列表框中选中“语文”“数学”复选框，并同时取消其余默认的汇总项，本例中是“计算机”。

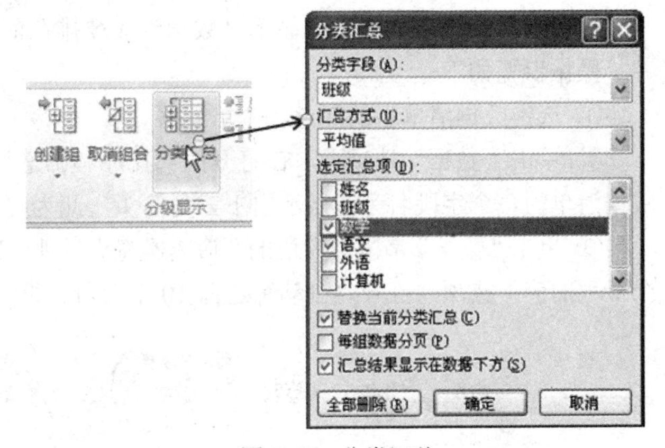

图 5-68　分类汇总

⑥ 单击“确定”按钮，完成分类汇总。结果显示如图 5-69 所示。

分级显示按钮组

	A	B	C	D	E	F	G
1			期末成绩表				
2	学号	姓名	班级	数学	语文	外语	计算机
3	0001	刘铁明	1班	89	87	80	92
4	0003	李宁	1班	51	68	75	70
5	0004	陈凤娇	1班	62	75	81	70
6			**1班 平均值**	67.3333	76.667		
7	0002	孙青	2班	85	76	69	81
8	0005	王思楠	2班	50	69	48	70
9	0006	李晓宇	2班	61	88	79	80
10			**2班 平均值**	65.3333	77.667		
11			**总计平均值**	66.3333	77.167		

图 5-69　分类汇总结果

分类汇总的结果通常按三级显示，可以通过单击分级显示区上方的三个按钮进行控制，单击“1”按钮只显示列表中的列标题和总的汇总结果；单击“2”按钮显示各个分类汇总的结果和各分类的汇总结果；单击“3”按钮显示全部数据和所有的汇总结果。

在分级显示区中还有“+”“-”等分级显示符号，其中“+”号按钮表示将高一级展开为低一级数据，“-”号按钮表示将低一级折叠为高一级的数据。

如果要取消分类汇总，可以在“分级显示”功能组中再次单击“分类汇总”按钮，在打开的“分类汇总”对话框中单击“全部删除”按钮即可。

四、数据的筛选

筛选是指从数据清单中找出符合特定条件的数据记录。也就是把符合条件的记录显示出来，而把其他不符合条件的记录暂时隐藏起来。在 Excel 2010 中，提供了两种筛选方法：自动筛选和高级筛选。一般情况下，自动筛选就能够满足大部分的需要。但是，当需要利用复杂的条件来筛选数据时，就必须使用高级筛选才能达到目的。

（一）自动筛选

自动筛选给用户提供了快速访问大数据清单的方法。

【例 5-7】在期末成绩表中显示“数学”成绩排在前三位的记录。

操作步骤如下。

① 选定数据清单中的任意一个单元格。

② 单击“数据”选项卡，在打开的“排序和筛选”功能组中，单击“筛选”按钮，这时在数据清单的每个字段名旁边显示出下三角箭头，此为筛选器箭头。

③ 单击“数学”字段名旁边的“筛选器箭头”，弹出其下拉列表，再单击“数字筛选”→“10 个最大的值”选项，打开“自动筛选前 10 个”对话框，如图 5-70 所示。

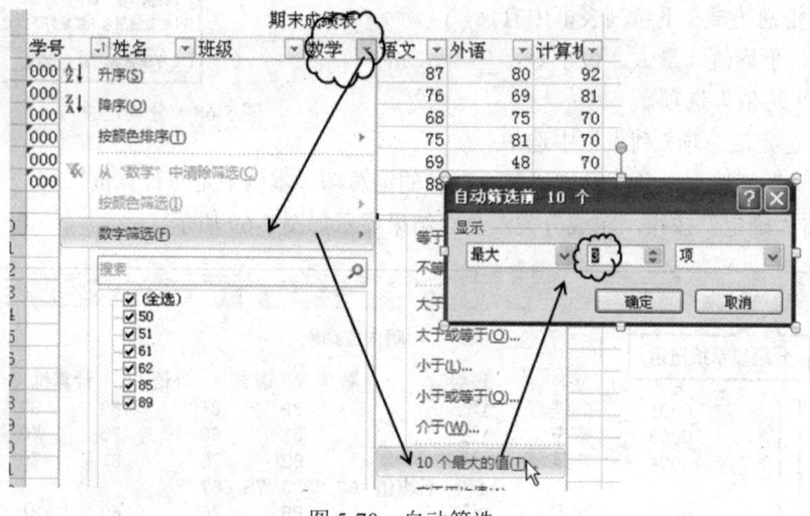

图 5-70　自动筛选

④ 在“自动筛选前 10 个”对话框中，指定“显示”的条件为“最大”“3”“项”。

⑤ 最后单击“确定”按钮，在数据清单中显示出数学成绩最高的三条记录，其他记录被暂时隐藏起来。被筛选出来的记录行号显示为蓝色，该列的列号右边的筛选器箭头也发生了变化，筛选结果如图 5-71 所示。

	A	B	C	D	E	F	G
1				期末成绩表			
2	学号	姓名	班级	数学	语文	外语	计算机
3	0001	刘铁明	1班	89	87	80	92
4	0002	孙青	2班	85	76	69	81
6	0004	陈凤娇	1班	62	75	81	70

图 5-71 自动筛选结果

对于某个字段来说，可进行筛选的条件是非常多的，这里就不一一列举了，当然也可以对多列进行筛选，当多列都有筛选条件时，各列的条件是并且的关系，也就是交集。

（二）高级筛选

和自动筛选相比，高级筛选的操作要复杂得多，对于有些无法用自动筛选完成的功能可以通过高级筛选来完成，如多列之间的或关系。

下面通过例 5-8 来具体说明如何进行高级筛选。

【例 5-8】在期末成绩表中筛选出语文和数学成绩均大于 80 分的记录。

分析：要将符合两个及两个以上条件的数据筛选出来，倘若使用自动筛选来完成，需要对“语文”和“数学”两个字段分别进行筛选，即双重筛选来完成。双重筛选的方法与上两例相似，在此不再阐述。

如果使用“高级筛选”的方法来完成，则必须在工作表的一个区域设置“条件”，即“条件区域”。条件区域中各条件之间的逻辑关系有“与”和“或”的关系，在条件区域“与”和“或”的关系表达式是不同的，其表达方式如下。

“与”条件：将两个条件放在同一行，表示的是语文和数学成绩均大于 80 分的学生。如图 5-72 所示。

“或”条件：将两个条件放在不同行，表示的是语文成绩大于 80 分或者数学成绩大于 80 分。如图 5-73 所示。

数学	语文
>80	>80

图 5-72 “与”条件排列图

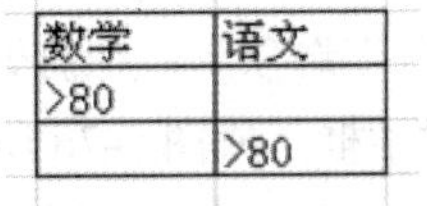

数学	语文
>80	
	>80

图 5-73 “或”条件排列图

例 5-8 的具体操作步骤如下。

① 输入条件区域：在 D10 单元格输入“数学”，在 E10 单元格输入“语文”，在下一行的 D11 和 E11 单元格均输入“>80”。

② 在工作表中，选中 A2:G8 单元格区域或其中的任意一个单元格。

③ 单击“数据”选项卡，在打开的“排序和筛选”功能组中单击“高级”按钮，打开“高级筛选”对话框。

④ 在对话框中选中“将筛选结果复制到其他位置”单选按钮。

⑤ 如果列表区为空白，可单击“列表区域”右边的“拾取”按钮，用鼠标从列表区域的 A2 单元格拖动到 G8 单元格，输入框中出现“$A$2:$G$8”。

⑥ 再单击“条件区域”右边的“拾取”按钮，用鼠标从条件区域的 D10 拖动到 E11。

⑦ 再单击“复制到”右边的“拾取”按钮，选择筛选结果显示区域的第一个单元格 A13。

⑧ 单击“确定”按钮，即可完成高级筛选。

操作过程如图 5-74 所示。

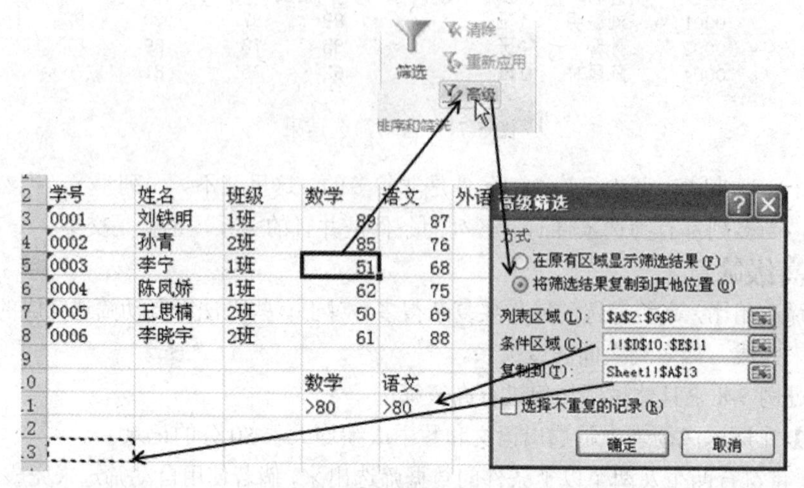

图 5-74　高级筛选过程

五、数据透视表

数据透视表是比“分类汇总”更为灵活的一种数据统计和分析方法。它可以同时灵活变换多个需要统计的字段，统计可以是求和、计数、最大值、最小值、平均值、数值计数、标准偏差、方差等。利用数据透视表报告可以从不同方面对数据进行分类汇总。

（一）建立数据透视表

下面通过实例来说明如何创建数据透视表。

【例 5-9】在图 5-75 所示的商品销售表中，对商品数量按照商品名和产地建立数据透视表。

操作步骤如下。

① 首先选定销售表 A1:F9 区域中的任意一个单元格。

② 单击“插入”选项卡，在打开的“表格”功能组中单击“数据透视表”按钮，打开“创建数据透视表”对话框，如图 5-76 所示。

	A	B	C	D	E	F
1	产地	商品名	型号	单价	数量	金额
2	重庆	微波炉	WD800B	2900	400	1160000
3	天津	洗衣机	XQB30-3	4500	250	1125000
4	南京	空调机	KF-50LW	5600	200	1120000
5	杭州	微波炉	WD900B	2400	700	1680000
6	重庆	洗衣机	XQB80-9	3200	350	1120000
7	重庆	空调机	KFR-62LW	6000	400	2400000
8	南京	空调机	KF-50LE	4500	500	2250000
9	天津	微波炉	WD800B	2800	600	1680000

图 5-75　商品销售表

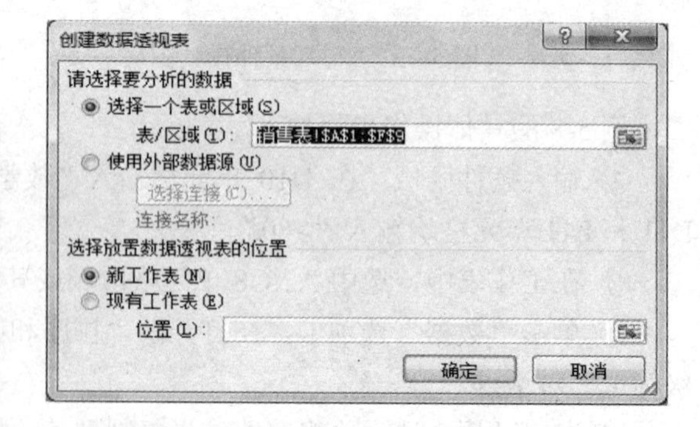

图 5-76　“创建数据透视表”对话框

③ 对要分析的数据，可以是当前工作簿中的一个数据表，或者是一个数据表中的部分数据区域；甚至还可以是外部数据源。数据透视表的存放位置可以是现有工作表，也可以用新建一个工作表来单独存放。本例中将单独存放数据透视表，按图示设置后，单击“确定”按钮，打开图

5-77 所示的布局窗口。

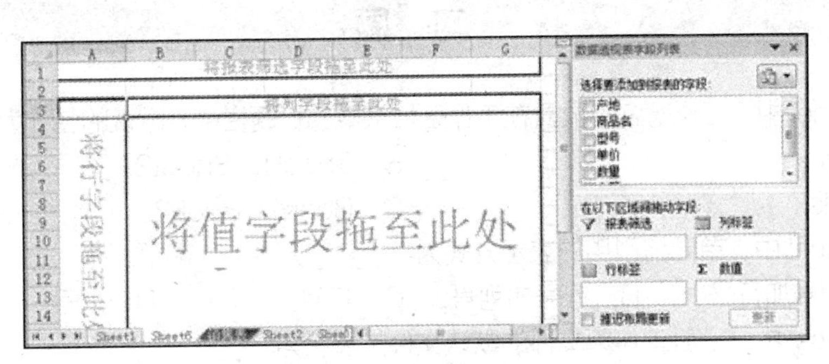

图 5-77　数据透视表布局窗口

④ 拖动右侧“选择要添加到报表的字段”栏中的按钮到“行”字段区上侧、“列”字段区上侧以及“数值区”上侧。本例将“商品名”拖动到“行”字段区，“产地”拖动到“列”字段区，“数量”拖动到“数值区”，结果示例如图 5-78 所示。

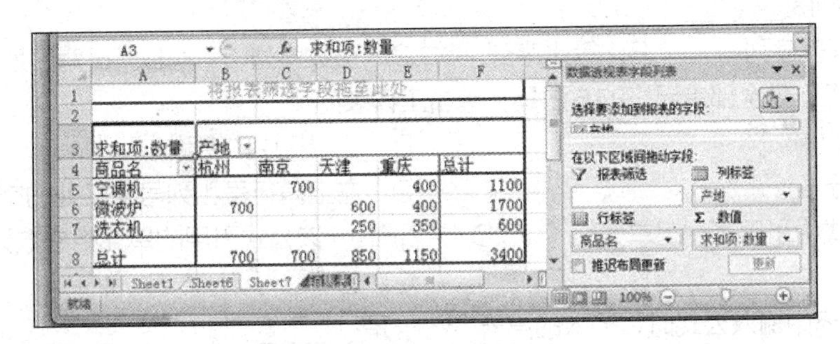

图 5-78　数据透视表操作结果

(二) 数据透视表的编辑和格式化

单击选中数据透视表，则随即弹出“数据透视表工具”选项卡，它包含“选项”和“设计”两个选项卡。

单击“数据透视表工具”→“选项”选项卡，则打开如图 5-79 所示的“选项”功能区。

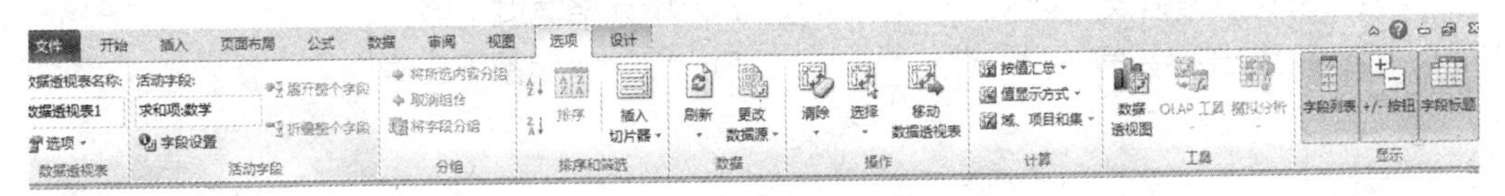

图 5-79　“选项”功能区

单击“数据透视表工具”→“设计”选项卡，则打开如图 5-80 所示的“设计”功能区。

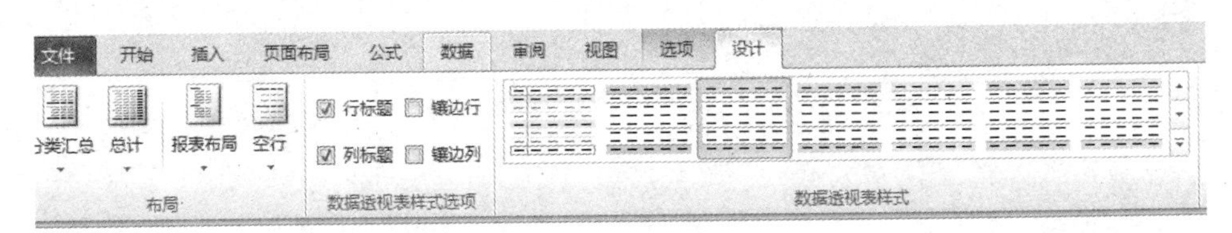

图 5-80　“设计”功能区

数据透视表的编辑和格式设置，主要是通过这两个功能区的相应功能按钮进行设置，当然通过快捷菜单也可以完成相应的一些操作。

习　题

1．在 Excel 中，工作簿名称放置在工作区域顶端的标题栏中，默认的名称为“________”。

A．xlcx　　B．Sheet1．Sheet2．…

C．xlsx　　D．Book1．Book2．…

2．在 Excel 中，单元格引用的表示方式为________。

A．列号加行号　　B．行号加列号　　C．行号　　D．列号

3．在 Excel 中，一般工作簿文件的默认文件扩展名为“________”。

A．.docx　　B．.mdbx　　C．.xlsx　　D．.pptx

4．下列 Excel 的表示中，属于绝对地址引用的是________。

A．$A2　　B．C$　　C．E8　　D．$G$9

5．在 A2 单元格内输入 3，在 A3 单元格内输入 5，然后选中 A2：A3 后，拖动填充柄，得到的数字序列是________。

A．等差序列　　B．等比序列　　C．整数序列　　D．日期序列

6．选定工作表全部单元格的方法是：单击工作表的________。

A．列标　　B．编辑栏中的名称

C．行号　　D．左上角行号和列号交叉处的空白方块

7．某公式中引用了一组单元格（C3:D7,A2,F1），该公式引用的单元格总数为________。

A．4　　B．8　　C．12　　D．16

8.在单元格中输入公式时，输入的第一个符号是________。

A．=　　B．+　　C．–　　D．$

9．Excel 中活动单元格是指________。

A．可以随意移动的单元格　　B．随其他单元格的变化而变化的单元格

C．已经改动了的单元格　　D．正在操作的单元格

10．在对数字格式进行修改时，如出现“#######”，其原因为________。

A．格式语法错误　　B．单元格宽度不够

C．系统出现错误　　D．以上答案都不正确

模块六　演示文稿 PowerPoint 2010

Microsoft Office PowerPoint 2010 是微软公司 Office 2010 系列软件之一，是一款优秀的演示文稿制作软件。它能将文本与图形、图表、影片、声音、动画等多媒体信息有机结合，将演说者的思想意图生动明快地展现出来。PowerPoint 2010 不仅功能强大而且易学易用、兼容性好、应用面广，是多媒体教学、演说答辩、会议报告、广告宣传、商务演说最有力的辅助工具。

本模块主要介绍利用 PowerPoint 2010 制作演示文稿的方法和过程，通过本模块的学习，读者可以了解 PowerPoint 2010 的基本概念和功能，掌握制作幻灯片演示文稿的方法，并学会幻灯片放映的设置方法。

任务一　了解 PowerPoint 2010

【任务描述】

学习 PowerPoint 2010 的功能范围，窗口的布局以及软件的启动与退出。

【技能目标】

1．了解 PowerPoint 2010 的基本功能。
2．熟悉 PowerPoint 2010 的窗口组成。
3．掌握 PowerPoint 2010 的启动与退出。

【知识结构】

PowerPoint 简称 PPT。用户不仅在投影仪或者计算机上进行演示，也可以将演示文稿打印出来，制作成胶片，以便应用到更广泛的领域中。利用 PowerPoint 不仅可以创建演示文稿，还可以在互联网上召开面对面会议，远程会议或在网上给观众展示演示文稿。利用 PowerPoint 做出来的东西叫演示文稿，它是一个文件，其格式为“.pptx”格式。演示文稿中的每一页叫幻灯片，每张幻灯片都是演示文稿中既相互独立又相互联系的内容。

一、PowerPoint 的基本功能和特点

1．方便快捷的文本编辑功能

在幻灯片的占位符中输入的文本，PowerPoint 会自动添加各级项目符号，层次关系分明，逻辑性强。

2．多媒体信息集成

PowerPoint 2010 支持文本、图形、艺术字、表格、影片、声音等多种媒体信息，而且排版灵活。

3. 强大的模板、母版功能

使用模板和母版能快速生成风格统一，独具特色的演示文稿。模板提供了样式文稿的格式、配色方案、母版样式及产生特效的字体样式等，PowerPoint 2010 提供了多种美观大方的模板，也允许用户创建和使用自己的模板。使用母版可以设置演示文稿中各张幻灯片的共有信息，如日期、文本格式等。

4. 灵活的放映形式

制作演示文稿的目标是展示放映，PowerPoint 提供了多样的放映形式。既可以由演说者一边演说一边操控放映，又可以应用于自动服务终端由观众操控放映流程，也可以按事先“排练”的模式在无人看守的展台放映。PowerPoint 2010 还可以录制旁白，在放映幻灯片时播放。

5. 动态演绎信息

动画是 PowerPoint 演示文稿的一大亮点，PowerPoint 2010 可以设置幻灯片的切换动画、幻灯片内各对象的动画，还可以为动画编排顺序设置动画路径等。生动形象的动画可以起到强调、吸引观众注意力的效果。

6. 多种形式的共享方式

PowerPoint 2010 提供多种演示文稿共享方式，如“使用电子邮件发送”“以 PDF/XPS 形式发送”“创建为讲义”“广播幻灯片”“打包到 CD”等功能。

7. 良好的兼容性

PowerPoint 2010 向下兼容 PowerPoint 97-2003 版本的 ppt、pps、pot 文件，可以打开多种格式的 Office 文档、网页文件等，保存的格式也更加丰富。

二、PowerPoint 2010 的工作界面

（一）PowerPoint 2010 的启动与退出

1. 启动 PowerPoint 2010

启动 PowerPoint 2010 常用以下几种方法。

① 单击任务栏的“开始”菜单按钮，选择“所有程序”→“Microsoft Office”→“Microsoft Office PowerPoint 2010”命令。

② 若桌面上有 PowerPoint 2010 的快捷方式，则双击该快捷图标可以启动 PowerPoint 2010。

③ 双击某 PowerPoint 文件，则启动 PowerPoint 2010 之后打开该文件。

2. PowerPoint 2010 的退出

退出 PowerPoint 2010 有以下几种方法。

① 单击 PowerPoint 2010 窗口右上角的“关闭”按钮。

② 单击功能区左上角的“文件”→“退出”命令。

③ 单击 PowerPoint 2010 窗口左上角的“控制”图标，在弹出的控制菜单中选择“关闭”命令，或者直接双击该控制图标。

④ 按快捷键“Alt+F4”。

（二）PowerPoint 2010 的窗口组成

PowerPoint 2010 的窗口如图 6-1 所示，它与 Word 有一些相似之处，这里介绍一些常用的或者 PowerPoint 特有的窗口组成单元。

1. 标题栏

标题栏位于窗口上方正中间，用于显示正在编辑的文档的名字和软件名，如果打开了一个已

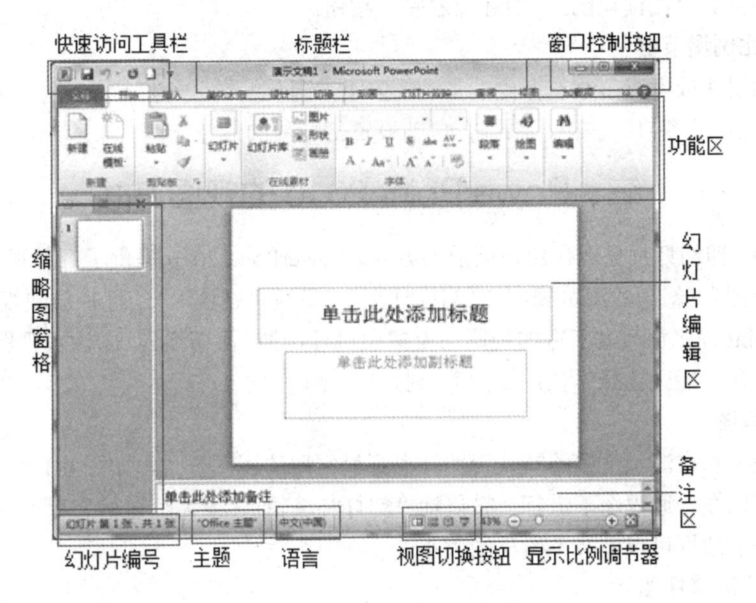

图 6-1　PowerPoint 2010 窗口构成

有的文件，该文件的名字就会出现在标题栏上。

2. 窗口控制按钮

与普通文件窗口类似，最右端有“最小化”“最大化/还原”和“关闭”三个按钮。

3. 快速访问工具栏

与 Word 类似，“快速访问工具栏”一般位于窗口的左上角，通常放一些做常用的命令按钮如“保存”“撤消”，单击右边的下三角按钮，打开下拉菜单，可以根据需要添加或者删除常用命令按钮。最左边红色图标为窗口控制按钮。

4. 功能区与选项卡

与 Word 类似，功能区上方是“文件”“开始”“插入”等选项卡，单击不同选项卡功能区将展示不同命令。有时为了扩大幻灯片的编辑区域，可使用功能区右上方的上/下箭头标志的按钮（帮助按钮左侧），展开或关闭功能区。

5. 幻灯片编辑区

幻灯片编辑区又名“工作区”，是 PowerPoint 的主要工作区域，在此区域可以对幻灯片进行各种操作，如添加文字、图形、影片、声音，创建超链接、设置动画效果等。工作区只能同时显示一张幻灯片的内容。

6. 缩略图窗格

缩略图窗格也叫“大纲空格”，显示了幻灯片的排列结构，每张幻灯片前会显示对应编号，常在此区域编排幻灯片顺序。单击此区域中不同幻灯片，可以实现工作区内幻灯片的切换。

7. 备注窗格

备注窗格也叫作备注区，可以添加演说者与观众共享的信息或者供以后查询的其他信息。若需要向备注中加入图形，必须切换到备注页视图下操作。

8. 视图切换按钮

通过单击视图切换按钮能方便快捷地实现不同视图方式的切换，从左至右依次是“普通视图”

"幻灯片浏览视图""阅读视图""幻灯片放映"按钮。

9. 显示比例调节器

通过拉动滑块或者点击左右两侧的加、减按钮来调节编辑区幻灯片的大小。建议单击右边的"使幻灯片适应当前窗口"按钮，系统会自动设置幻灯片的最佳比例。

三、PowerPoint 2010 的视图方式

所谓视图，即幻灯片呈现在用户面前的方式。PowerPoint 2010 提供了五种视图方式，其中常用的"普通视图""幻灯片浏览视图""阅读视图""备注页视图""幻灯片放映视图"，可以通过单击 PowerPoint 程序窗口右下方的视图切换按钮进行切换，而切换到"备注页视图"需要单击"视图"选项卡，在功能区选择"备注视图"来打开。

1. 普通视图

普通视图是制作演示文稿的默认视图，也是最常用的视图方式，如图 6-1 所示，几乎所有的编辑操作都可以在普通视图下进行。它包括"幻灯片编辑区""大纲窗格"和"备注窗格"，拖动各窗格间的分隔边框可以调节各窗格的大小。

2. 幻灯片浏览视图

幻灯片浏览视图占据整个 PowerPoint 文档窗口，如图 6-2 所示，演示文稿的所有幻灯片以缩略图方式显示。可以方便地完成以整张幻灯片为单位的操作，如复制、删除、移动、隐藏幻灯片、设置幻灯片切换效果等，这些操作只需要选中要编辑的幻灯片后右击，在弹出的快捷菜单中选择相应命令即可。幻灯片浏览视图不能针对幻灯片内部的具体对象进行操作，例如不能插入或编辑文字、图形、自定义动画。

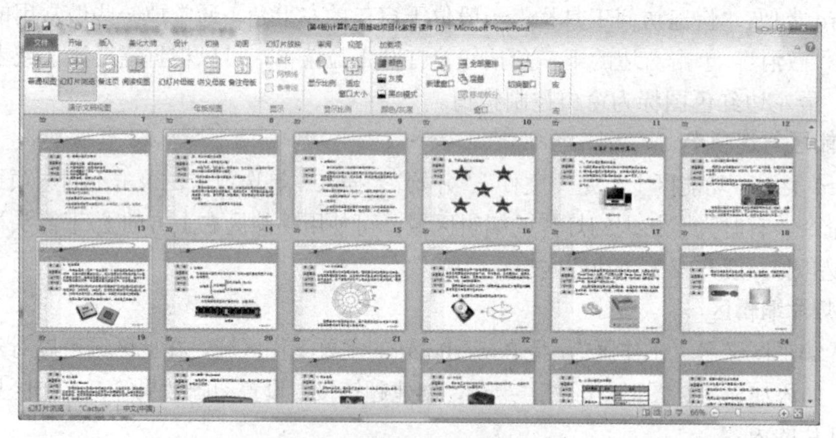

图 6-2　幻灯片浏览视图

3. 阅读视图

阅读视图向用户展示演示文稿所包含的全部幻灯片，放映时幻灯片布满整个 PowerPoint 窗口，幻灯片的内容、动画效果灯都将体现出来，放映过程中按"Esc"键可以立刻退出视图，如图 6-3 所示。

4. 备注页视图

备注页视图用于显示和编辑备注页内容，程序窗口没有对应的视图切换按钮，需要通过单击"视图"→"备注页"命令实现。备注页视图如图 6-4 所示，上方显示幻灯片，下方显示该幻灯片的备注信息。

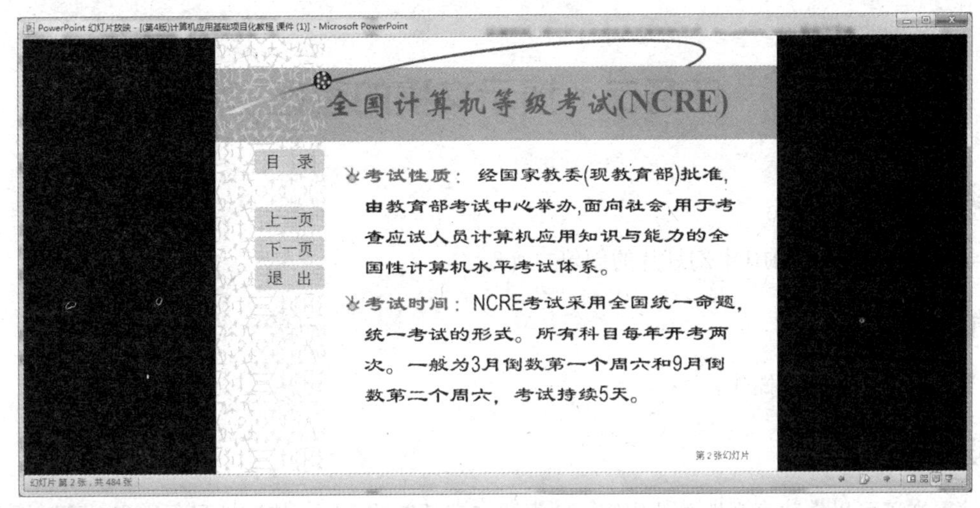

图 6-3 阅读视图

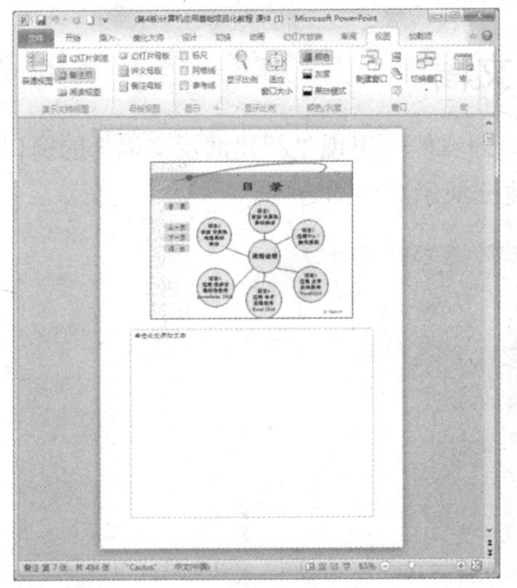

图 6-4 备注页视图

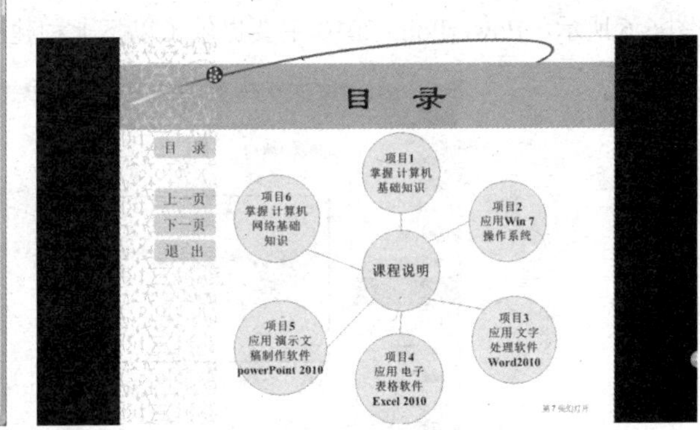

图 6-5 幻灯片放映视图

5. 幻灯片放映视图

幻灯片放映视图向观众展示演示文稿的各张幻灯片，放映时幻灯片布满整个计算机屏幕，幻灯片的内容、动画效果等都将体现出来，但是不能修改幻灯片的内容。放映过程中按“Esc”键可立刻退出放映视图，如图 6-5 所示。

在放映视图下右击鼠标，在快捷菜单中选择“指针选项”→“笔”命令，指针形状改变，切换成“绘画笔”形式，这时按住鼠标左键可以在屏幕上写字、做标记（此项功能对演说者非常有用）。在快捷菜单中还可以设置墨迹颜色，也可以用“橡皮擦”命令擦除标记。退出放映视图时，系统会弹出对话框，询问“是否保留墨迹注释”。

★ 探索

分别在计算机磁盘上建立 PowerPoint 2003 与 PowerPoint 2010 两个版本的演示文稿文件，观察其窗口布局有哪些不同，文件名称有什么不同。找出两个版本文件视图的区别。

任务二　演示文稿的管理

【任务描述】

学习 PowerPoint 2010 中幻灯片的创建与管理。

【技能目标】

学会幻灯片的基本操作。

【知识结构】

演示文稿可以生动直观地表达内容，图表和文字都能够清晰、快速地呈现出来，可以插入图画、动画、备注和讲义等丰富的内容。目前常用的电子文档幻灯片的制作软件有微软公司的 Office 软件和金山公司的 WPS 软件。

一、创建演示文稿

创建演示文稿，可以单击“文件”→“新建”，窗口的右侧会出现“新建演示文稿”的窗口，如图 6-6 所示，PowerPoint 2010 主要提供了以下七种建立演示文稿的方式。

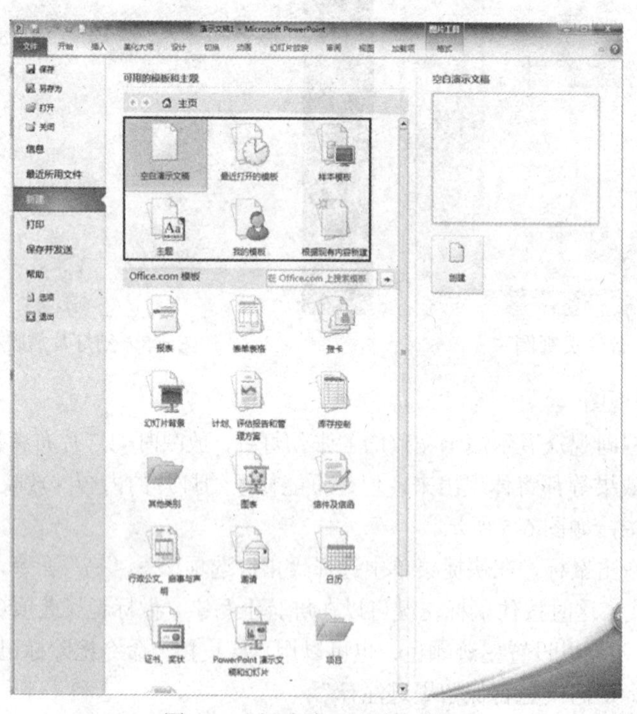

图 6-6 “新建演示文稿”窗口

① 空演示文稿方式。

② 最近打开的模板方式。

③ 样本模板方式。

④ 主题方式。

⑤ 我的模板方式。

⑥ 根据现有内容新建方式。

⑦ Office.com 模板方式。

常用的建立方式有空白演示文稿、样本模板两种方式。

1. 空白演示文稿方式

选择“空白演示文稿”方式，PowerPoint 2010 将新建一页版式为“标题幻灯片”的空白幻灯片，用户可以根据自己的需要更改幻灯片的版式，并根据所选择的版式输入相应的信息。PowerPoint 2010 提供了“标题幻灯片”版式、“标题和内容”版式、“节标题”版式、“两栏内容”版式、“比较”版式、“仅标题”版式、“空白”版式、“内容和标题”版式、“图片与标题”版式、“标题和竖排文字”版式及“垂直排列标题与文本”版式十一种类型。

2. 样本模板方式

PowerPoint 2010 为用户提供了设计好的模板，来帮助用户美化幻灯片的整体效果。选择“根据设计模板”方式，用户可以在窗口右侧的“幻灯片设计”窗格中，选择中意的模板。

二、添加幻灯片

用户的演示文稿一般都是由多张幻灯片构成，当需要添加新幻灯片时，用户可以单击“开始”功能区中“新建幻灯片”下拉按钮，如图 6-7 所示，在弹出的下拉列表中根据内容的需要选择相应的幻灯片版式。

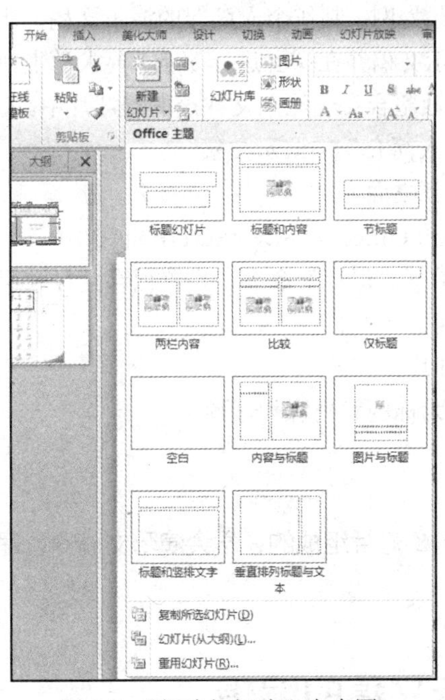

图 6-7 “新建幻灯片”命令图

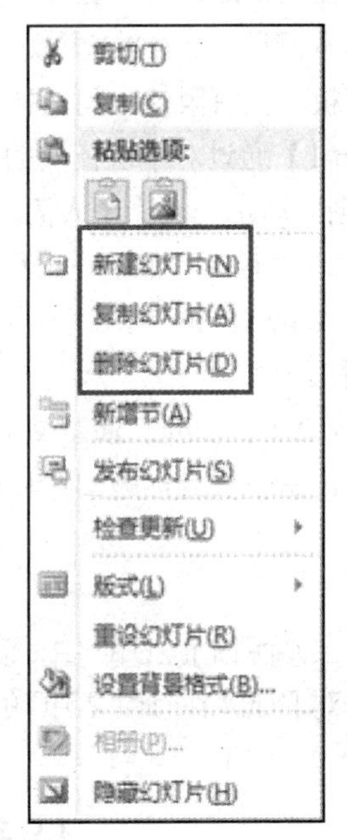

图 6-8 “幻灯片”快捷菜单

三、复制和删除幻灯片

（一）复制幻灯片

对内容相同的幻灯片，在制作时可以进行复制操作，以便节省时间，具体方法如下。

① 选中需要复制的幻灯片，如果要选择多张幻灯片，可以按“Ctrl”键进行选择。

② 对选择的幻灯片进行复制操作，在选定的幻灯片上单击鼠标右键，弹出快捷菜单中选择“复制幻灯片”命令，如图 6-8 所示。

（二）移动幻灯片

移动幻灯片，会改变幻灯片的位置，影响放映的先后顺序。移动幻灯片的方法有两种。

1. 移动命令

选择要移动的幻灯片，可以是一张，也可以是多张（注意：选中的应该是大纲窗格或者幻灯片浏览视图下的幻灯片缩略图）。

在选中的对象上右击，弹出快捷菜单，选择“剪切”命令或“Ctrl+X”。

到目标位置上右击，弹出快捷菜单，选择“粘贴”命令或“Ctrl+V”。

2. 直接拖动法

用鼠标直接拖动最快捷，选中幻灯片后，直接拖动到目标位置。

（三）删除幻灯片

删除幻灯片一般有以下几种方式。

① 在删除的幻灯片上单击鼠标右键，选择快捷菜单中“删除幻灯片”命令。

② 选择要删除的幻灯片，按“Delete”键进行删除。

四、建立“自我简介”演示文稿

在日常工作中，经常需要使用幻灯片制作各种各样的演示文稿及产品介绍等。

如就业面试时，应该要做自我介绍，下面以此为例，制作个人简介的演示文稿，让同学们把自己的基本信息、个人兴趣爱好等信息制作成演示文稿并在课上进行演示。要求学生使用统一的幻灯片模板，在有限的时间内把自己的信息有机地整合在一组图文并茂的幻灯片中。

【例 6-1】通过对本次模块的学习，制作“个人简介”的演示文稿。

① 创建演示文稿“个人简介.pptx”，并保存到桌面上。

a. 单击“开始”菜单→“程序”→“Microsoft Office”，启动 PowerPoint 2010；

b. 在 PowerPoint 2010 中，单击“文件”菜单→“保存”命令，设置保存路径、保存名称及保存类型。

② 为“个人简介”演示文稿插入五页新幻灯片。

其中，第一页为标题幻灯片，第二～第五页为标题和内容幻灯片。

★ 探索

在 PowerPoint 2010 中，演示文稿是由各种幻灯片组成的，学会演示文稿的管理，有助于读者增强对 PowerPoint 2010 的使用能力。

任务三　演示文稿的编辑

【任务描述】

学习 PowerPoint 2010 演示文稿中对象的编辑。

【技能目标】

学会演示文稿中幻灯片的编辑。

【知识结构】

通过对演示文稿的编辑可以使演示文稿的内容更加丰富、生动、美观，使观赏者加深印象，使演示文稿更具感染力。

一、文本的输入

在演示文稿中，所要表达的内容需要通过文字进行说明。要掌握文字的输入方法，需要了解占位符的概念。

占位符是指幻灯片中带有虚线边框的部分，用来确定所要编辑的文字、图片、表格等对象的位置。占位符将幻灯片分成若干个区域，使之形成不同的幻灯片版式。

占位符一般分为标题占位符、副标题占位符和项目占位符，并分别含有“单击此处添加标题”“单击此处添加副标题”和“单击此处添加文本”的提示性文字，如图 6-9 所示，单击选定的占位符后，提示性文字会自动消失，此时便可以输入文本。

文本框指用文字工具划出来的，用来编辑文字的框。如果要在占位符之外的区域输入文字，可以使用文本框来实现。

① 单击“插入”选项卡→“文本”功能区中“文本框”，根据需要选择“横排文本框”或者“垂直文本框”，如图 6-10 所示。

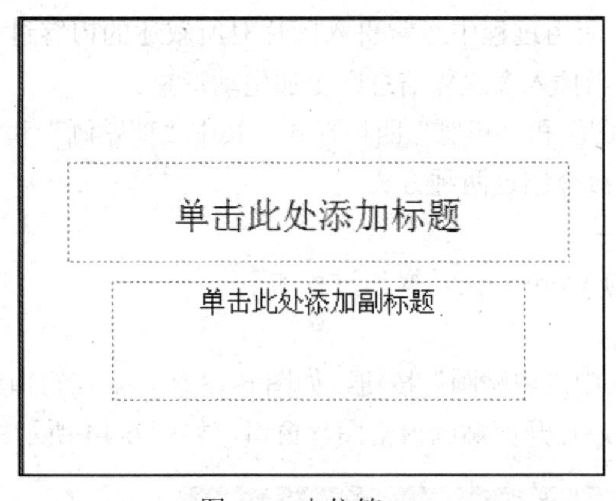

图 6-9　占位符

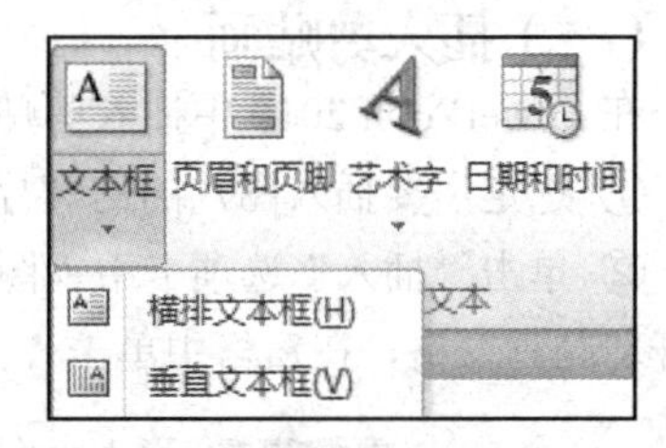

图 6-10　插入文本框菜单

② 单击要放入文本框的区域，出现文本框和光标后，便可以输入文本。

③ 设置文本的格式，操作方法与 Word 相同。

二、插入艺术字

插入艺术字的方法与在 Word 中操作类似，单击“插入”选项卡，在功能区中可以找到相应按钮，如图 6-10 所示，弹出艺术字样式列表，如图 6-11 所示。

在幻灯片中插入艺术字后，在功能区选项卡中增加了“绘图工具格式”选项卡，在该选项卡下可以对艺术字格式进行设置，如图 6-12 所示。在 Office 2010 中艺术字的大小是通过设置字体大小来进行调整的。

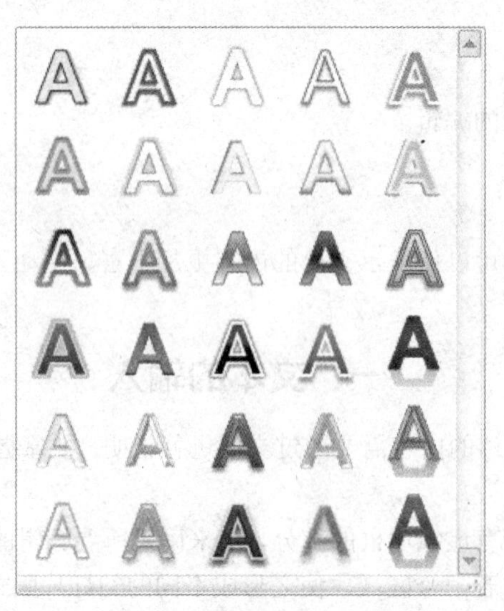

图 6-11　艺术字样式

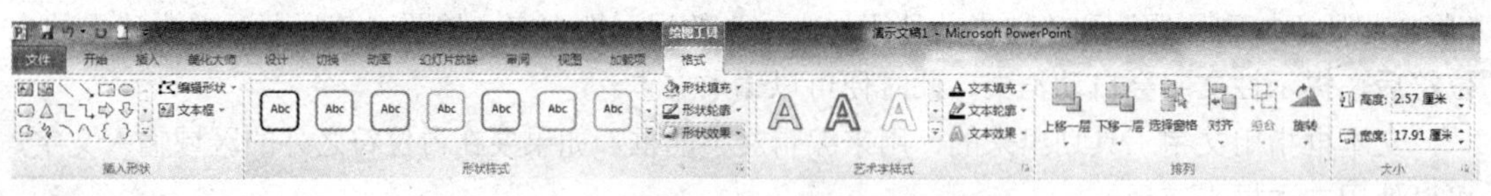

图 6-12　绘图工具格式功能区按钮

三、插 入 图 片

为了使演示文稿更具感染力和说服力，在应用过程中经常引入图片对所叙述的内容进行说明。只有文本内容的幻灯片难免枯燥乏味，适当插入多媒体信息则更加生动形象。

图片的来源有“剪贴画”“图片”“屏幕截图”和“相册”四种形式，其中“剪贴画”和“图片”是日常工作中最常见的形式，在这里将重点介绍这两种方式。

（一）插入剪贴画

在 PowerPoint 2010 中插入剪贴画的方法与 Word 相同，操作过程如下。

① 选定需要插入图片的幻灯片位置。

② 单击“插入”选项卡中“图像”功能区中“剪贴画”按钮，如图 6-13 所示，在窗口右侧打开剪贴画窗格，在窗格中单击“搜索”按钮，打开剪贴画窗格图片窗口，如图 6-14 所示。

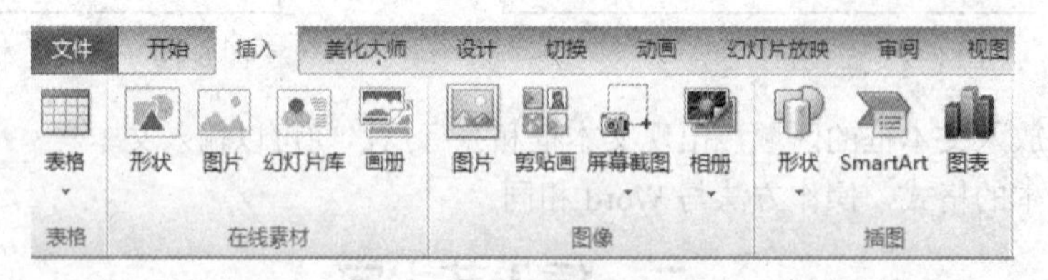

图 6-13　插入图像子功能区

③ 单击剪贴画窗格中的剪贴画，就将选择的剪贴画插入到选择的幻灯片中。

（二）插入来自文件的图片

在实际应用当中，剪贴画往往无法满足用户的需求，用户需要将外部的图片插入到幻灯片中。操作过程为：选择需要插入图片的位置，单击“插入”选项卡“图像”功能区中“图片”按钮，在弹出“插入图片”的对话框中，选择指定的图片即可，如图 6-15 所示。

图 6-14　剪贴画窗格

图 6-15　“插入图片”对话框

四、插入表格及 SmartArt 图形

（一）插入表格

单击“插入”选项卡，在功能区选择“表格”命令，弹出下拉列表框，可能选择不同的方式插入表格，方法同 Word 中操作一样。

（二）插入 SmartArt 图形

SmartArt 图形是信息和观点的视觉表示形式，它能将信息以“专业设计师”水准的插图形式展示出来，能更加快速、轻松、有效地传达信息。

插入 SmartArt 图形的步骤如下。

① 单击“插入”选项卡，在“插入”功能区的“插图”组选择“SmartArt”命令按钮，弹出对话框，如图 6-16 所示。

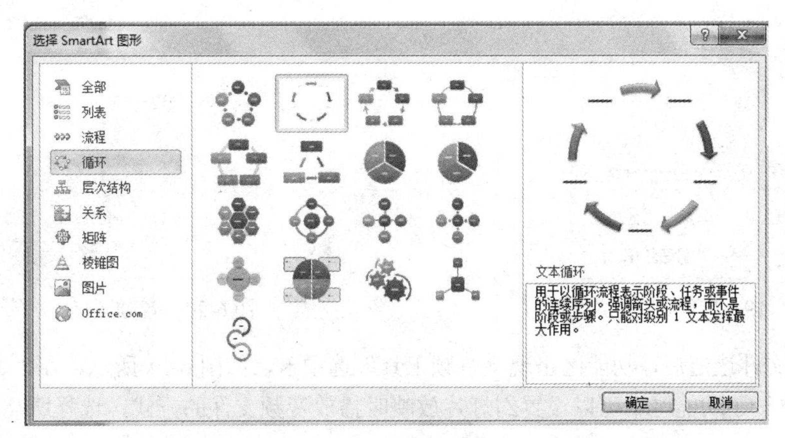

图 6-16　“选择 SmartArt 图形”对话框

② 根据要表达的信息内容，选择合适的布局，例如要表达一个循环的食物链，则可以选择“循环”选项面板中的“文本循环”样式，再单击“确定”按钮，如图 6-17 所示，单击文本占位符，输入文字，最终效果如图 6-18 所示。

当 SmartArt 图形处于编辑状态时，窗口上方会出现“SmartArt 工具”选项卡，单击其下的“设计”或“格式”命令，在功能区可以进一步编辑美化图形。

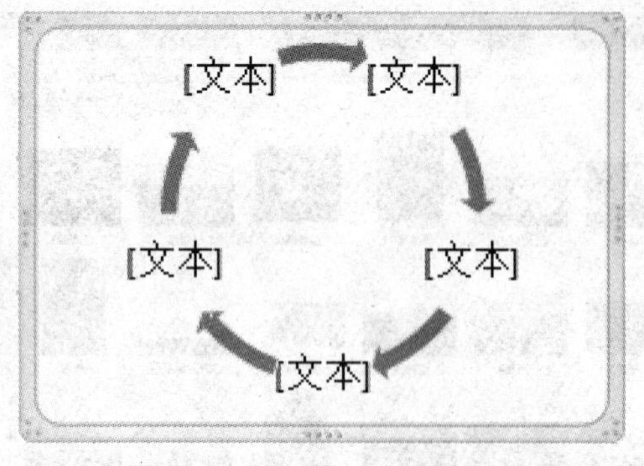

图 6-17　插入的 SmartArt 图形

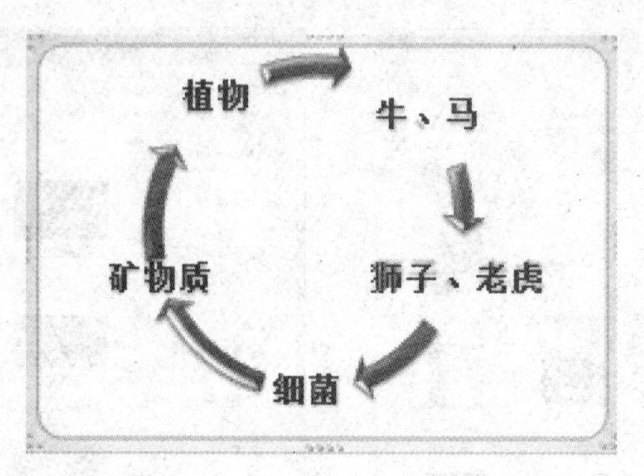

图 6-18　SmartArt 图形的效果

五、插入声音和影片

在幻灯片中，除了插入图片，还可以插入声音和影片，使幻灯片增加动态效果。

1. 插入声音

在编辑幻灯片时，可以插入音频文件作为背景音乐，或者作为幻灯片的旁白。在 PowerPoint 2010 中，支持 wav、wma、mp3、mid 等音频文件。音频文件的来源共用三种方式。

① 文件中的音频。

② 剪贴画音频。

③ 录制音频。

其中，最常用的方式是文件中的声音，操作过程如下。

① 单击“插入”选项卡中“媒体”功能区“音频”下拉列表中“文件中的音频”，如图 6-19 所示；

② 在弹出的“插入音频”对话框中找到指定的音频文件，单击“确定”按钮，在幻灯片中添加了音频图标，如图 6-20 所示；

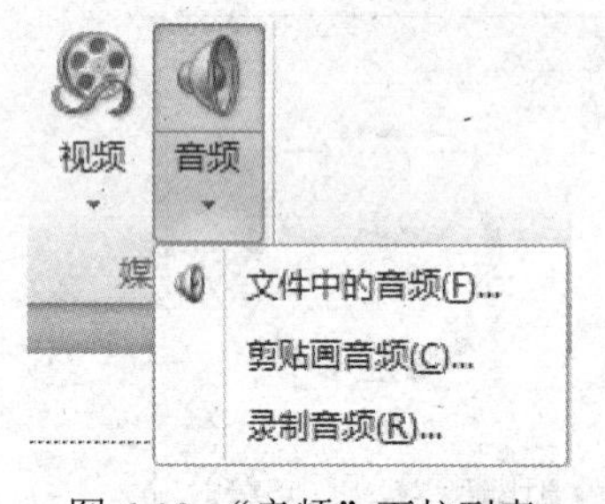

图 6-19 “音频”下拉列表

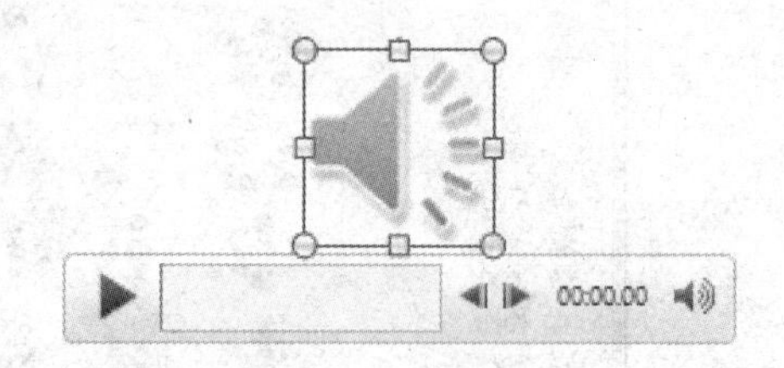

图 6-20　音频图标

③ 音频文件选定后，功能区出现“音频工具”选项卡，如图 6-21 所示，在“音频工具”选项卡下“播放”子功能区下可以设置幻灯片放映时播放音频文件的方式，选择所需形式即可。

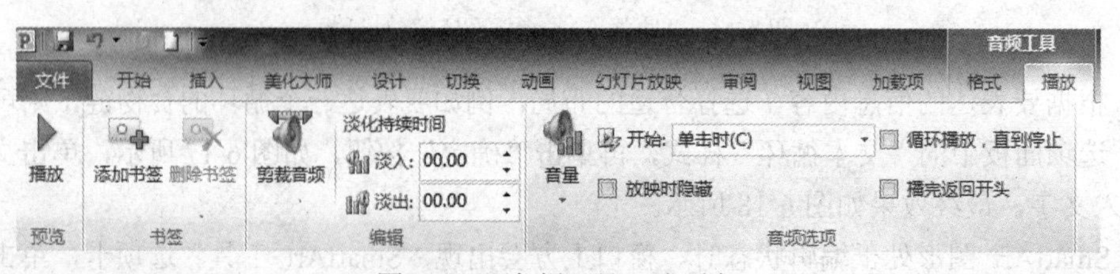

图 6-21 “音频工具”选项卡

在“音频工具”选项卡中可以对插入幻灯片中的音频设置如下效果。

a. 放映时隐藏图标。

b. 音频播放的触发（单击时/自动/跨幻灯片播放）。

c. 音频循环播放，直到幻灯片播放停止。

d. 音频播放的音量。

2. 插入影片

PowerPoint 2010 支持 asf、mpeg、avi、mp4 等视频类型。其操作与插入声音过程相同。插入影片后，幻灯片指定位置上会出现视频文件的截图。

六、编辑“自我简介”演示文稿

对已经创建的“自我简介”的演示文稿进行编辑。

1. 编辑第一页幻灯片

第一页幻灯片的版式为标题幻灯片，在标题占位符中输入：个人简介。

在副标题占位符中输入：李伟。

效果如图 6-22 所示。

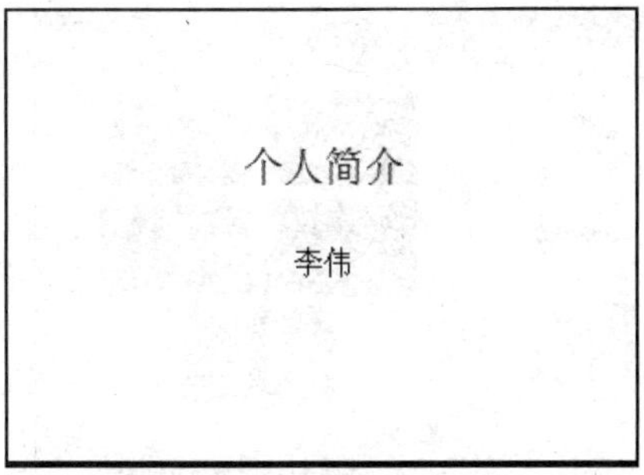

个人简介

李伟

图 6-22　第一页幻灯片

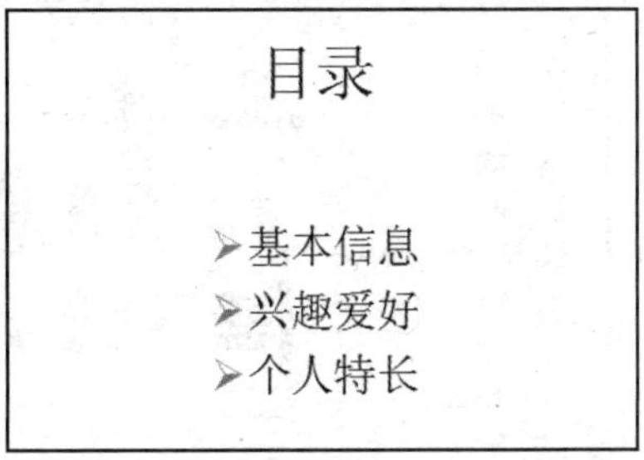

目录

➢基本信息
➢兴趣爱好
➢个人特长

图 6-23　第二页幻灯片

2. 编辑第二页幻灯片

第二页幻灯片的版式为标题和文本，在标题占位符中输入：目录。

在文本占位符中输入以下文字：基本信息、兴趣爱好、个人特长，如图 6-23 所示，并添加项目符号。

3. 编辑第三页幻灯片

输入标题：基本信息。

输入文本，并添加项目符号，如图 6-24 所示。

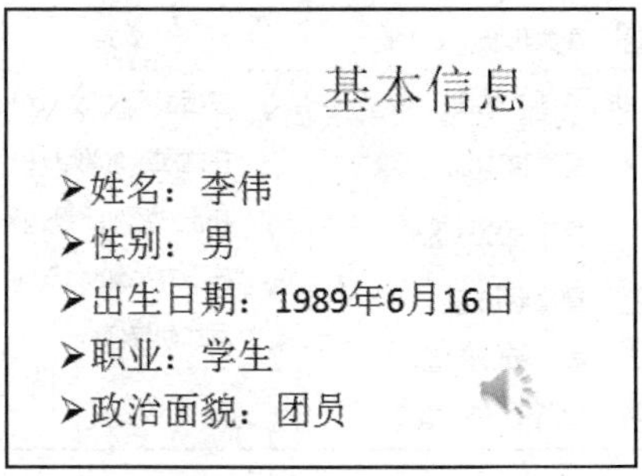

基本信息

➢姓名：李伟
➢性别：男
➢出生日期：1989年6月16日
➢职业：学生
➢政治面貌：团员

图 6-24　第三页幻灯片

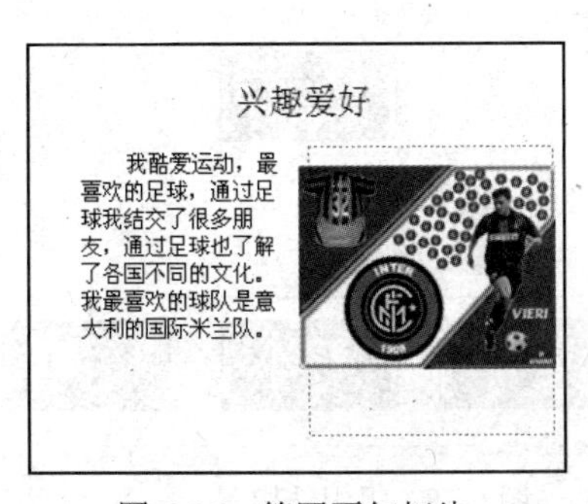

图 6-25　第四页幻灯片

在幻灯片中插入声音，作为背景音乐，播放方式为：自动播放。

4. 编辑第四页幻灯片

输入标题：兴趣爱好。

输入文本，并插入影片，如图 6-25 所示，影片播放方式为：跨幻灯片播放。

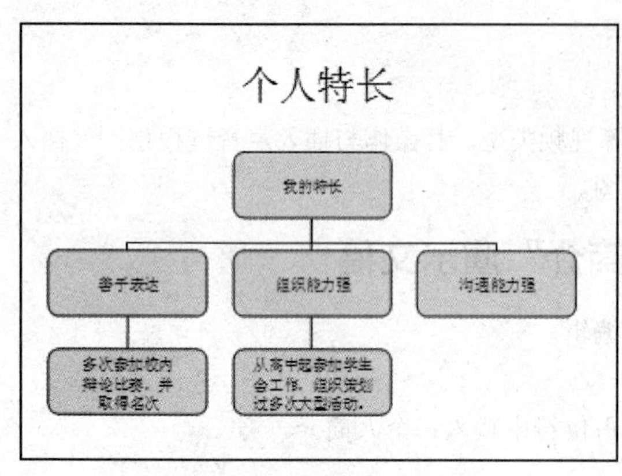

图 6-26 第五页幻灯片

5. 编辑第五页幻灯片

该幻灯片的内容为 SmartArt 图形，用于阐述个人特长。效果如图 6-26 所示。

第五页幻灯片的版式为标题和内容版式幻灯片，操作过程如下。

① 为幻灯片添加标题：个人特长。

② 单击“插入”选项卡中 SmartArt 按钮，打开“选择 SmartArt 图形”对话框，在“层次结构”类别中选择“组织结构图”，如图 6-27 所示，弹出图形编辑对话框，如图 6-28 所示。

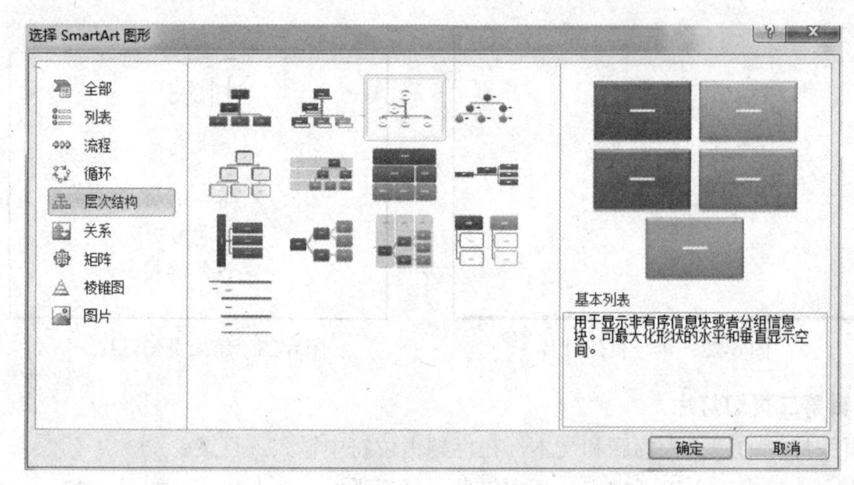

图 6-27 “选择 SmartArt 图形”对话框

通过单击文本框，可以为组织结构图添加文本。在组织结构图上单击右键，弹出快捷菜单，如图 6-29 所示，选择快捷菜单中“添加形状”子菜单中“添加助理”或者“……添加形状”，可以添加组织结构图的文本框。

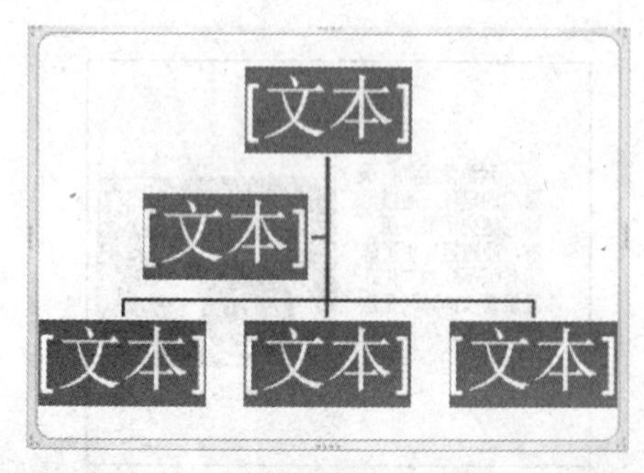

图 6-28 组织结构图

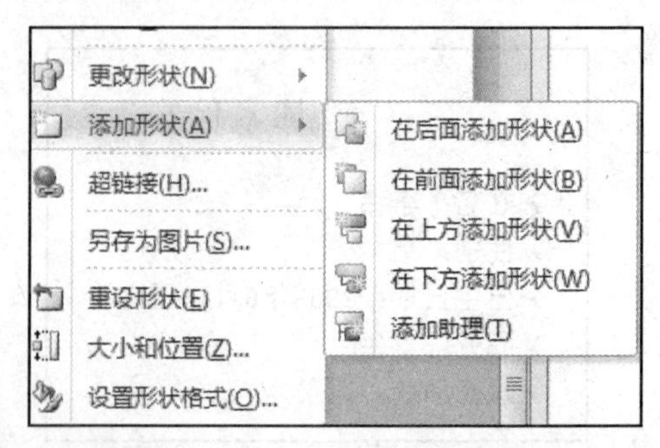

图 6-29 SmartArt 图形快捷菜单

★ 探索

在 PowerPoint 2010 中，编辑操作可以提高演示文稿的美化程度及对观看者的吸引力，有助于提高演示文稿的宣传力，使之更具个性及内容的独特性。

任务四 演示文稿的修饰

【任务描述】

学习 PowerPoint 2010 演示文稿的设计。

【技能目标】

了解演示文稿的设计及修饰。

【知识结构】

在幻灯片中添加了文字、图片、声音等对象后，可以对其进行进一步的修饰和美化来增强艺术效果，使其更加生动，更具可视性。

一、设置幻灯片的背景

幻灯片的背景可以理解为底纹，功能与 Word 的底纹相同。在设置背景时，应考虑到幻灯片的放映环境、光线等因素，选择适合的颜色与之搭配。其操作过程如下。

① 选择需要设置背景的幻灯片，单击鼠标右键，弹出快捷菜单选择“设置背景格式”命令，在弹出的“设置背景格式”对话框中，选择“纯色填充”单选按钮，再设置底部“填充颜色”的下拉列表框，如图 6-30 所示。

② 在颜色列表中，可以选择一种颜色作为背景，也可以单击其他颜色，从中选择满意的颜色，如图 6-30 所示。

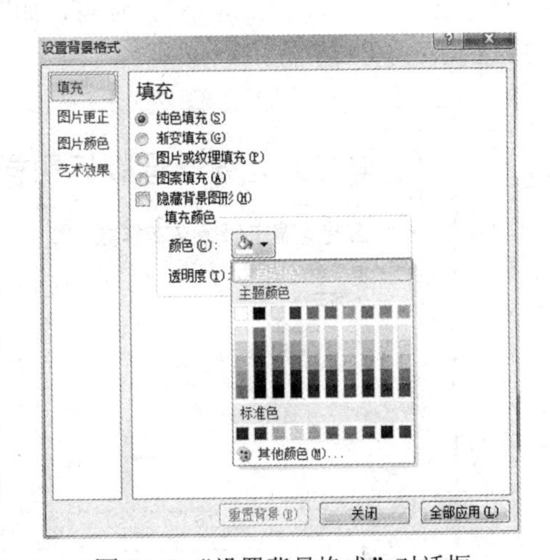

图 6-30 “设置背景格式”对话框

③ 用户也可以选择其他填充选项，对幻灯片的背景进行填充设置。设置方法与 Word 图片的填充效果设置相同。

二、幻灯片设计

使用 PowerPoint 2010 的主题、母版和模板功能可以使演示文稿内各幻灯片格调一致、独具特色。

通过设置幻灯片的主题，可以快速更改整个演示文稿的外观，而不会影响内容，就像 QQ 空间的“换肤”功能一样。

打开演示文稿，选择“设计”选项卡，在“主题”组的列表框中选择需要的样式，如图 6-31

所示，还可以在列表框右侧另选“颜色”“字体”“效果”。

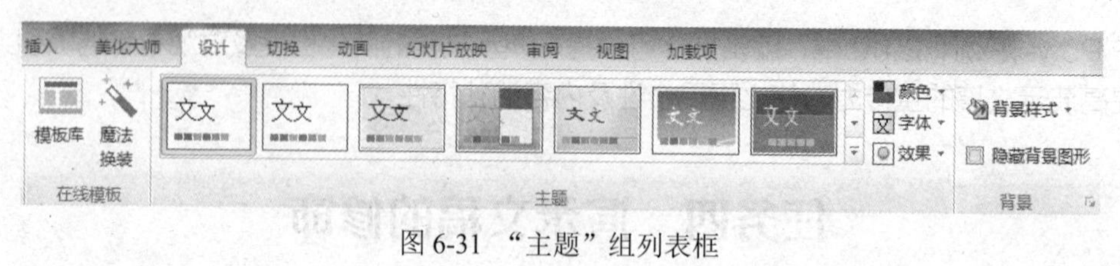

图 6-31　“主题”组列表框

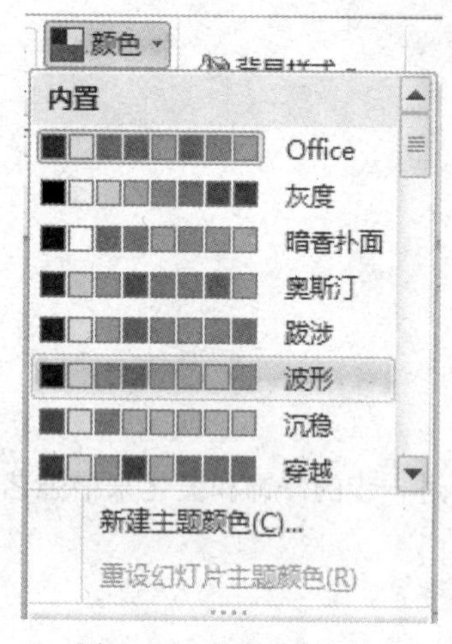

图 6-32　选择主题颜色

单击“设计”选项卡，选择“主题”组的“颜色”按钮，出现下拉菜单如图 6-32 所示，在列表框中选择一种喜欢的配色方案。

如果对系统提供的方案不满意，可以自己配置，单击“颜色”下拉列表选项，弹出对话框，如图 6-32 所示。

三、设计、使用幻灯片母版

母版用于设置演示文稿中幻灯片的默认格式，包括每张幻灯片的标题、正文的字体格式和位置、项目符号的样式、背景设计等。母版有“幻灯片母版”“讲义母版”“备注母版”，本书只介绍常用的“幻灯片母版”。单击“视图”功能区选项卡，选择“母版版式”组的“幻灯片母版”命令，就可以进入幻灯片母版编辑环境，如图 6-33 所示，母版视图不会显示幻灯片的具体内容，只显示版式及占位符。

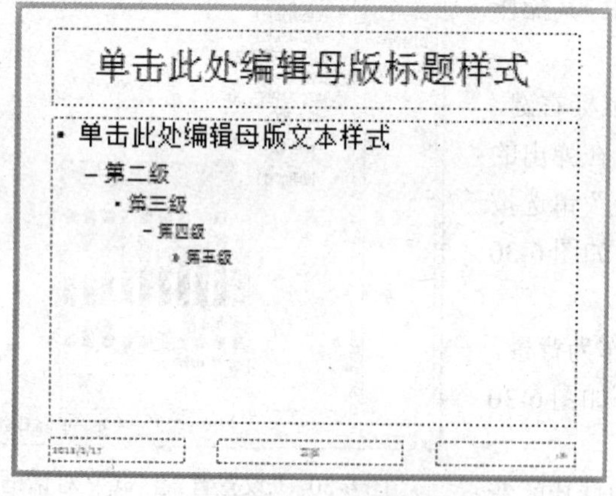

图 6-33　幻灯片母版

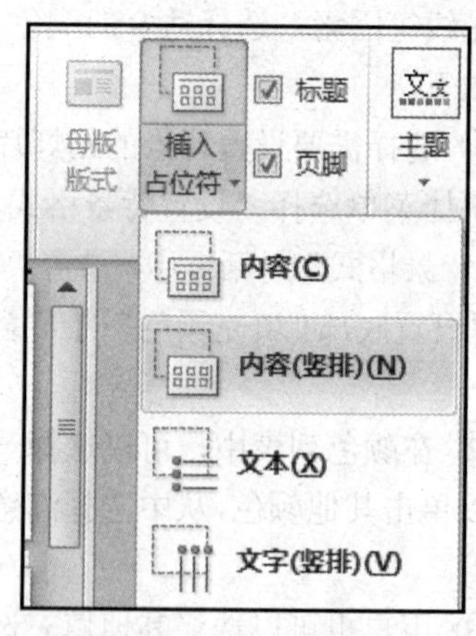

图 6-34　插入占位符

通常使用幻灯片母版的以下功能。

① 预设各级项目符号和字体：按照母版上的提示文本单击标题或正文各级项目所在位置，配置字体格式和项目符号。设置的格式将成为本演示文稿每张幻灯片上文本的默认格式。注意：占位符标题和文本只用于设置样式，内容则需要在普通视图下另行输入。

② 调整或插入占位符：单击选中占位符边框，鼠标移到边框线上变成“✥”形状时拖动可以改变占位符的位置；单击功能区“母版版式”组的“插入占位符”命令，如图 6-34 所示，在下拉列表框中选择需要的占位符样式（此时鼠标变成细十字形），然后拖动鼠标在母版幻灯片

上绘制占位符。

③ 插入标志性图案或文字（例如插入某公司的标志）：在母版上插入的对象（如图片、文本框）将会在每张幻灯片上相同位置显示出来。在普通视图下，这些插入的对象不能删除、移动、修改。

④ 设置背景：设置的母版背景会在每张幻灯片上生效。设置的方法和普通视图下设置幻灯片背景的方法相同。

⑤ 设置页脚、日期、幻灯片编号：幻灯片母版下面有三个区域，分别是“日期区”“页脚区”“数字区”，单击它们可以设置对应项的格式，也可以拖动它们改变位置。

要退出母版编辑状态可以单击功能区的“关闭母版视图”按钮。

四、修饰“自我简介”演示文稿

设置“自我简介”演示文稿，设置幻灯片主题为“凤舞九天”。操作过程如下。

① 打开“自我简介”演示文稿。

② 单击“设计”功能区，主题组选择“凤舞九天”模板。

★ 探索

颜色的搭配使用，使演示文稿更加美观、合理的使用，有助于提高演示文稿的整体层次感及内容的感染力。

任务五　演示文稿的放映

【任务描述】

学习 PowerPoint 2010 演示文稿的放映设置。

【技能目标】

掌握演示文稿的播放效果设置。

【知识结构】

演示文稿的放映，包括幻灯片的切换、幻灯片中播放对象的动画效果及幻灯片的放映方式。

一、超 级 链 接

超级链接简称“超链接”。应用超链接可以为两个位置不相邻的对象建立连接关系。超链接必须选定某一对象作为“链接点”，当该对象满足指定条件时触发超链接，从而引出作为“链接目标”的另一对象。触发条件一般为鼠标单击链接点或鼠标移过链接点。

适当采用超链接会使演示文稿的控制流程更具逻辑性、功能更加丰富。PowerPoint 可以选定幻灯片上的任意对象做链接点，链接目标可以是本文档中的某张幻灯片，也可以是其他文件，还可以是电子邮箱或者某个网页。

设置了超链接的文本会出现下划线标志，并且变成系统指定的颜色。

PowerPoint 2010 可以采用两种方法创建超链接：使用超链接命令，使用动作设置。

（一）使用超链接命令

打开“插入”选项卡，选择超链接对象后，单击“链接”组中的“超链接”按钮，如图 6-35 所示，弹出“插入超链接”对话框，如图 6-36 所示，在该对话框中可以链接到“现有文件或网页”“本文档中的位置”“新建文档”及“电子邮件地址”四种链接内容。

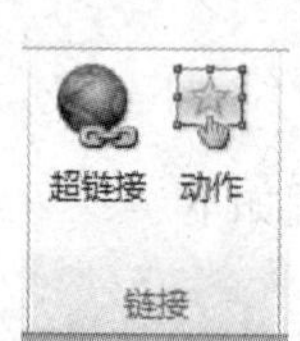

图 6-35 “链接”组按钮

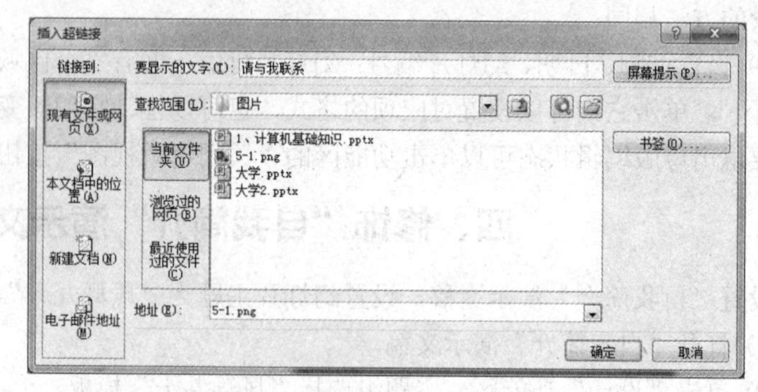

图 6-36 “插入超链接”对话框

① 现有文件：指计算机磁盘中存放的文件（.txt、.docx、.doc、.exe 等），链接后，当幻灯片播放时，用鼠标单击链接按钮，即打开链接的文件；

② 网页：指 Internet 网络中 ISP 提供商的服务器地址，在“地址”栏内输入网址 URL 地址，链接后，当幻灯片播放时，用鼠标单击链接按钮，即打开链接的网页；

③ 本文档中的位置：指当前编辑 PPT 文档中的幻灯片，在“插入超链接”对话框中“本文档中的位置”选项下，可以设置链接到本文档中的第 *X* 页上，如图 6-37 所示；

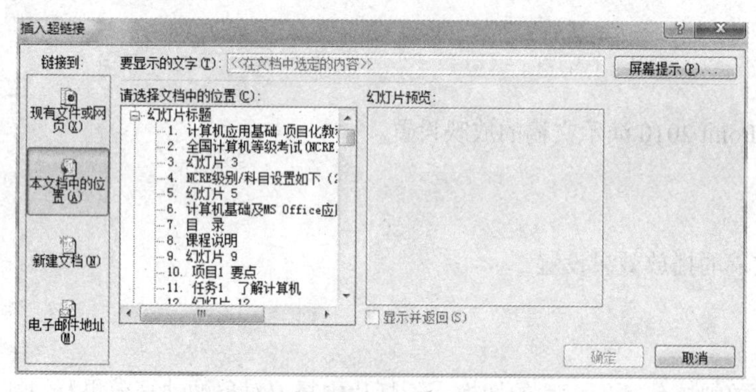

图 6-37 “本文档中的位置”选项

④ 新建文档：指从当前 PPT 文稿链接到新的演示文稿，并对新建文档进行编辑，实现当前文档到新建文档的链接；

⑤ 电子邮件地址：指链接内容为 E-Mail 邮箱，当链接设置后，会从链接按钮启动收发邮件软件 MicroSoft OutLook，如图 6-38 所示。

（二）使用动作设置

“动作设置”是一个与超链接十分相似的功能设置，在“动作设置”中可以实现超链接能够完成的各种链接操作，另外在“动作设置”对话框内还可以设定选定对象启动系统应用程序、演示文稿中编辑的宏及播放声音设置等，如图 6-39 所示。

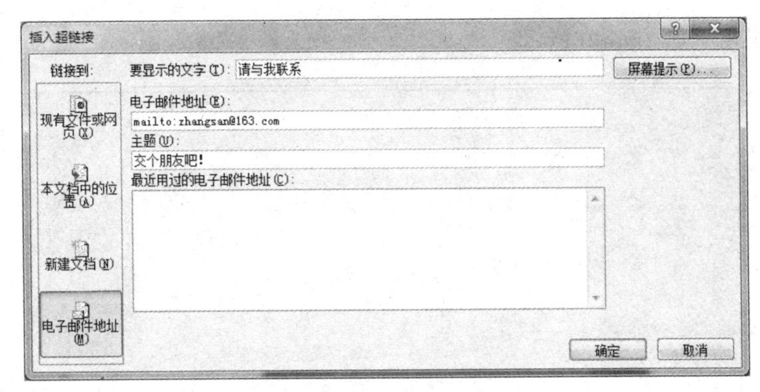

图 6-38　链接到邮箱

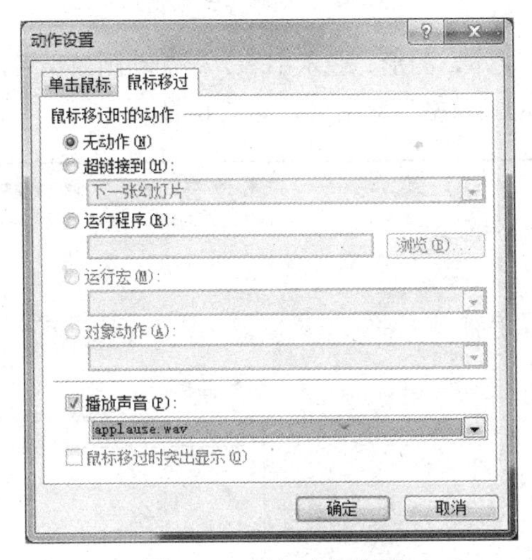

图 6-39　添加动作按钮

二、设置动画效果

一张幻灯片上可以包含文本、图片等多个对象，可以为它们添加动画效果，包括进入动画、退出动画、强调动画，还可以设置动画的动作路径，编排各对象动画的顺序。

设置动画效果一般在“普通视图”下进行，动画效果只有在幻灯片放映视图或阅览视图下有效。

（一）添加动画效果

为对象设置动画效果应先选择对象，然后单击“动画”选项卡，在功能区进行各种设置。可以设置的动画效果有如下几类。

（1）“进入”效果　设置对象以怎样的动画效果出现在屏幕上，当幻灯片播放时，设置进入动画的对象不显示在窗口中，当动画播放时，对象按进入动画设置进入幻灯片。

（2）“强调”效果　对象将在屏幕上展示一次设置的动画效果，当幻灯片播放时，设置强调动画的对象显示在窗口中，当动画播放时，对象在窗口中按强调效果播放。

（3）“退出”效果　对象将以设置的动画效果退出屏幕，幻灯片播放时，设置退出动画的对象显示在窗口中，当动画播放时，对象从窗口中按退出效果退出幻灯片。

（4）“动作路径”　放映时对象将按设置好的路径运动，路径可以采用系统提供的，也可以自己绘制，当幻灯片播放时，设置动作路径的对象显示在窗口中，当动画播放时，对象在窗口中按设置路径播放。

“动画”效果窗格如图 6-40 所示。

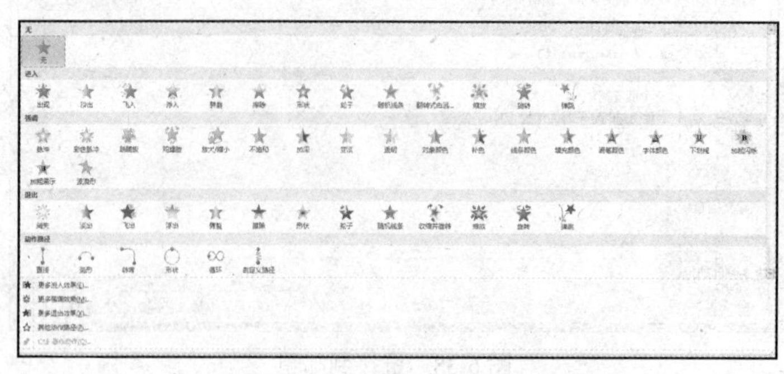

图 6-40 “动画”效果窗格

当为幻灯片中的对象（文本、图形、艺术字等）添加动画效果后，单击“动画”选项卡中的“动画窗格”按钮，打开“动画窗格”对话框，如图 6-41 所示。

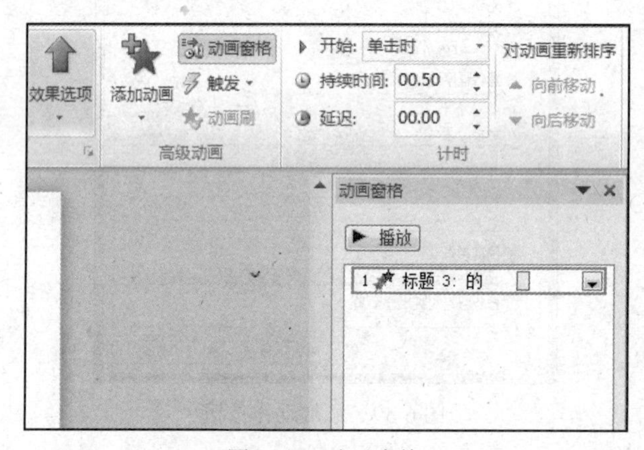

图 6-41 动画窗格

①“效果选项”下拉列表可以对选中对象的当前动画设置动画播放的效果。

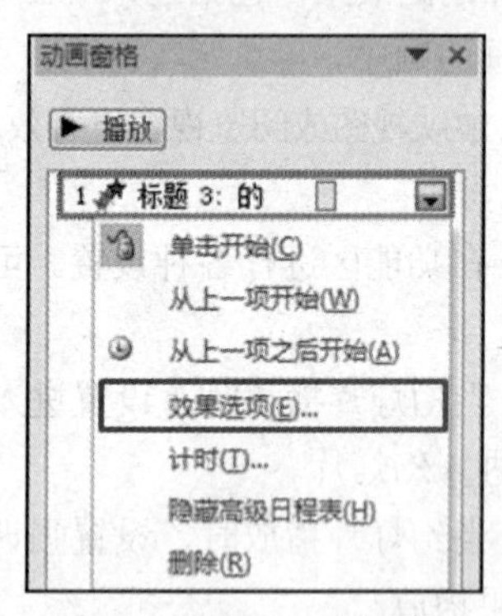

图 6-42 动画下拉菜单

②“添加动画”下拉列表可以对选中对象添加多个动画效果。

③“计时”组中选项可以设置动画播放的开关，例如单击鼠标播放、动画自动播放等，持续时间的单位为秒，时间越长，动画播放的速度会越慢。延迟时间指在上一动画播放后延迟时间后播放。

④“触发”下拉列表可以设置动画播放的开关位置，例如文本框、图片、艺术字等。

通常情况下对动画效果的设置，在“动画窗格”的“动画效果”单击下拉按钮，弹出下拉菜单，如图 6-42 所示，选择“效果选项”命令按钮，弹出“缩放”对话框，如图 6-43 所示，在“缩放”对话框中可以进行上述内容的具体设置操作。

（二）编辑动画

对动画效果不满意，还可以重新编辑。

（1）调整动画的播放顺序　设有动画效果的对象前面具有动画顺序标志，如“0、1、2、3”这样的数字，它表示该动画出现的顺序，选中某动画对象，单击“计时”组的“向前移动”或“向后移动”按钮，就可以改变它的动画播放顺序。另一个方法是，单击在“高级动画”组的“动画窗格”，窗口右侧出现任务窗格，在其中进行相应设置。

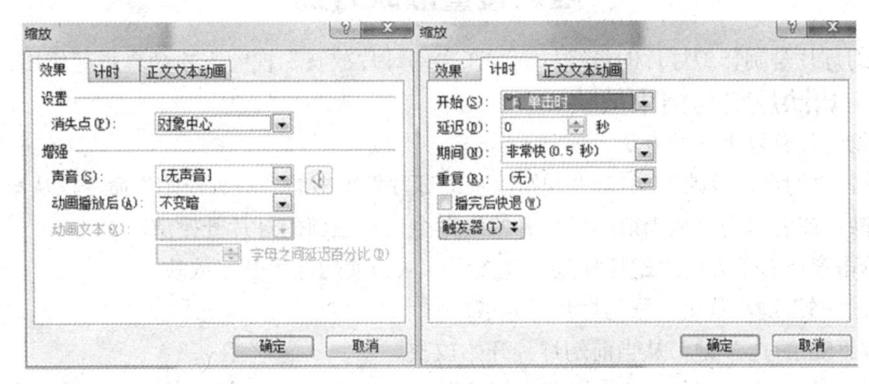

图 6-43 “缩放”对话框

（2）更改动画效果　对已有动画效果做出变更，选中动画对象，在“动画”组的列表框中另选一种动画效果即可（注意：不要选成了“高级动画”组的“添加动画”）。

（3）删除动画效果　选中对象的动画顺序标志，在动画列表框选择“无”，或者按“Delete”键。

三、设置切换效果

幻灯片的切换效果是指放映演示文稿时从上一张幻灯片切换到下一张幻灯片的过渡效果。为幻灯片间的切换加上动画效果会使放映更加生动自然。

在添加幻灯片切换效果之前，建议先将演示文稿以默认的“演讲者放映”方式放映一次，以便体会添加了切换效果之后的不同之处。

设置幻灯片的切换效果，首先选中要设置切换效果的幻灯片，然后单击“切换”功能区选项卡，功能区出现设置幻灯片切换效果的各项命令，如图 6-44 所示。具体操作如下。

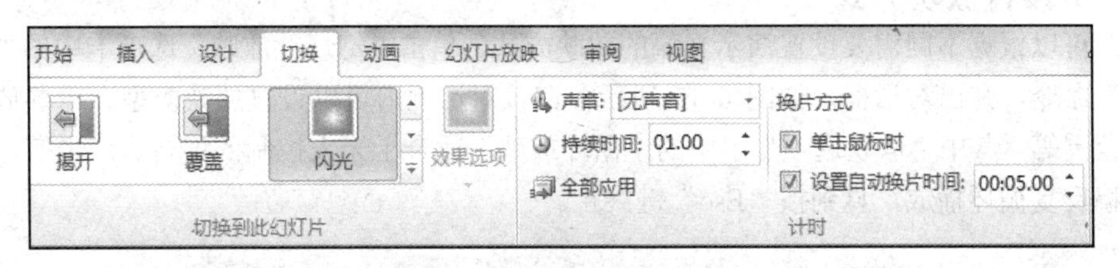

图 6-44　设置幻灯片切换效果

① 选择切换动画：例如需要“覆盖”效果，则在“切换到此幻灯片”组的列表内单击“覆盖”命令，列表框右侧有向上、向下的三角按钮，单击它们可以看见更多的效果选项。这里设置的切换效果只针对当前幻灯片。

② 在“计时”组设置切换“持续时间”“声音”等效果：持续时间影响动画播放的速度，单击“声音”下拉列表框可以选择幻灯片切换时出现的声音。

③ 在“计时”组设置“换片方式”：默认为“单击鼠标时”，即单击鼠标时才会切换到下一张幻灯片，这里按题目要求，选中“设置自动换片时间”前面的复选框，如图 6-44 所示，单击数字框的向上按钮，调整时间为 5 秒。

④ 选择应用范围：本例需要单击“全部应用”按钮，使自动换片方式应用于演示文稿中的所有幻灯片；若不单击该按钮则仅应用于当前幻灯片。

除了切换方式，用户还可以设置切换效果的速度及切换时的声音。

四、设置放映方式

放映幻灯片是制作幻灯片的最终目标，在“幻灯片放映”视图下才会真正起作用。

（一）启动放映与结束放映

放映幻灯片有以下几种方法。

① 单击“幻灯片放映”，单击“开始放映幻灯片”组中的“从头开始”命令，从第一张幻灯片开始放映；或者单击“从当前幻灯片开始”命令，从当前幻灯片开始放映。

② 单击窗口右下方的“幻灯片放映”按钮，从当前幻灯片开始放映。

③ 按“F5”键，从第一张幻灯片开始放映。

④ 按“Shift+F5”键，从当前幻灯片开始放映。

放映时幻灯片占满整个计算机屏幕，在屏幕上右击，弹出的快捷菜单上有一系列命令实现幻灯片翻页、定位、结束放映等功能，单击屏幕左下方有四个透明按钮也能实现对应功能。为了不影响放映效果，建议演说者使用以下常用功能的快捷键。

① 切换到下一张（触发下一对象）：单击鼠标左键，或者使用“↓”“→”“PageDown”“Enter”“Space”键之一，或者鼠标滚轮向后拨。

② 切换到上一张（回到上一步）：“↑”“←”“PageUp”“Backspace”键皆可，或者鼠标滚轮向前拨。

③ 鼠标功能转换：“Ctrl+P”键转换成“绘画笔”，此时可按住鼠标左键在屏幕上勾画做标记；“Ctrl+A”键还原成普通指针状态。

④ 结束放映：“Esc”键。

在默认状态，放映演示文稿时，幻灯片将按序号顺序播放直到最后一张，然后电脑黑屏，退出放映状态。

（二）设置放映方式

用户可以根据不同需要设置演示文稿的放映方式，单击“幻灯片放映”选项卡中的“设置放映方式”命令，弹出对话框，如图 6-45 所示。在该对话框内可以设置放映类型、需要放映的幻灯片的范围等。其中“放映选项”组中的“循环放映”适合于无人控制的展台、广告等，能实现演示文稿反复循环播放，直到按“Esc”键终止。

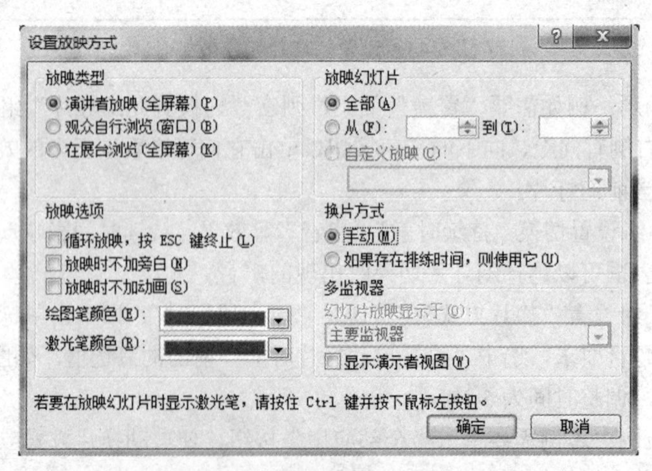

图 6-45 “设置放映方式”对话框

PowerPoint 2010 有三种放映类型可供选择。

1. 演讲者放映

“演讲者放映”是默认的放映类型，是一种灵活的放映方式，以全屏幕的形式显示。演说者可以控制整个放映过程，也可用“绘画笔”勾画，适用于演说者一边讲解一边放映，如会议、课堂等场合。

2. 观众自行浏览

以窗口的形式显示，观众可以利用菜单自行浏览、打印。适用于终端服务设备且同时被少数人使用的场合。

3. 在展台浏览

以全屏幕的形式显示。放映时键盘和鼠标的功能失效，只保留了鼠标指针最基本的指示功能，因而不能现场控制放映过程，需要预先将换片方式设为自动方式或者通过“幻灯片放映”→“排练计时”命令设置时间和次序。该方式适用于无人看守的展台。

（三）自定义幻灯片放映

自定义幻灯片放映，是用户可以在已经编辑好的幻灯片中，选择需要给观众展示的幻灯片页进行播放，选择对象可以是幻灯片中的部分或全部。具体操作如下。

① 打开“幻灯片放映”选项卡，在功能区中“开始放映幻灯片”组中，单击“自定义幻灯片放映”按钮，如图 6-46 所示。

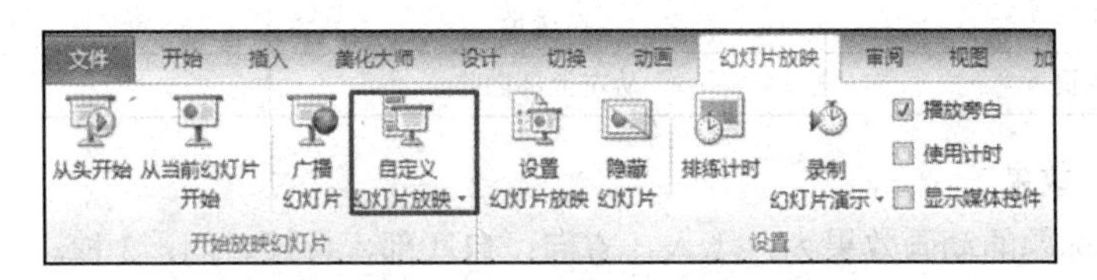

图 6-46 “幻灯片放映”功能区

② 在弹出的“自定义放映”对话框中，选择“新建”命令按钮，弹出“定义自定义放映”对话框，如图 6-47 所示。

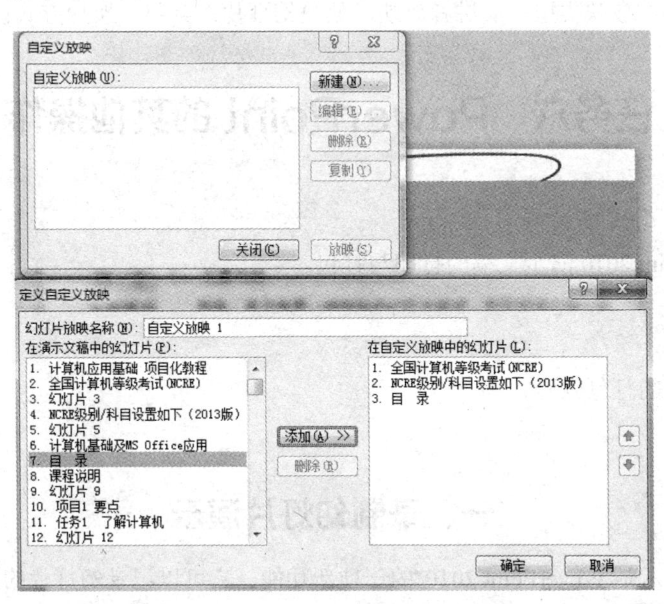

图 6-47 “定义自定义放映”对话框

③ 从“定义自定义放映”对话框左侧窗格将需要播放的幻灯片添加到右侧窗格中，单击“确定”按钮。

④ 通过幻灯片播放，会将选中的幻灯片放映。

(四)隐藏幻灯片

如果希望某些幻灯片在放映时不显示出来却又不想删除它，可以将它们“隐藏”起来。

隐藏幻灯片的方法是：选中需要隐藏的幻灯片缩略图，右击鼠标，在快捷菜单中选择“隐藏幻灯片”命令；或者选择“幻灯片放映”选项卡中的“隐藏幻灯片”命令。

若要取消幻灯片的隐藏属性，按照上述操作步骤再做一次即可。

五、放映“自我简介”演示文稿

1. 设置幻灯片切换

要求如表 6-1 所示。

表 6-1　幻灯片设置要求

幻灯片名称	幻灯片切换	时间/秒
第一页	门	2
第二页	立方体	1
第三页	水平百叶窗	1.5
第四页	传送带	2
第五页	从左上部擦除	5

2. 设置动画效果

设置第一页标题的动画效果为：飞入，方向：自底部，持续时间：2 秒。

设置第四页图片的动画效果为：轮子、四辐轮，持续时间：2.5 秒。

其他幻灯片页的动画效果根据个人喜好，自行设置。

3. 设置放映方式

设置演示文稿的放映类型：演讲者放映，放映幻灯片：全部，换片方式：手动。

任务六　PowerPoint 的其他操作

【任务描述】

学习 PowerPoint 2010 演示文稿的打印与打包。

【技能目标】

了解演示文稿的打包应用。

【知识结构】

一、录制幻灯片演示

录制幻灯片演示是 PowerPoint 2010 的一项新功能，它可以记录幻灯片的放映效果，包括用户使用鼠标、绘画笔、麦克风的痕迹。录好的幻灯片完全可以脱离演讲者来放映。

单击“幻灯片放映”选项卡，在“设置”组选择“录制幻灯片演示”命令，在弹出的对话框中做好相应设置就可以开始录制了。

二、将演示文稿创建为讲义

演示文稿可以被创建为讲义，保存为 Word 文档格式。创建方法如下。

① 单击“文件”→“保存并发送”命令，在“文件类型”组选择“创建讲义”选项，如图 6-48 所示。

② 单击右侧的“创建讲义”命令按钮。

在图 6-49 所示对话框中选择创建讲义的版式，单击“确定”按钮。

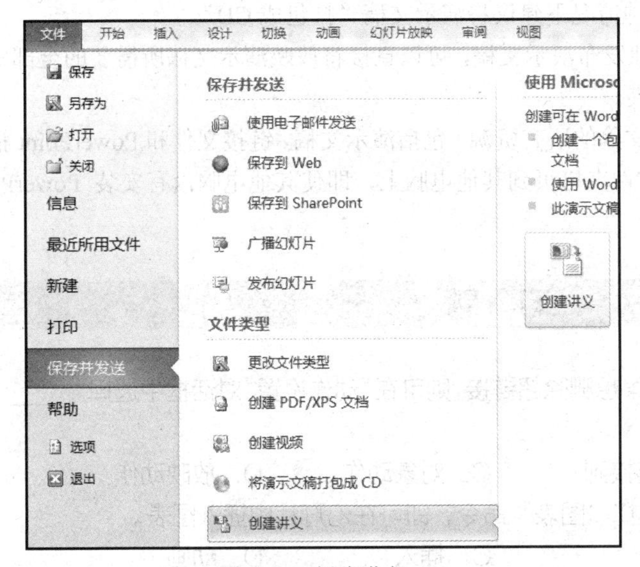

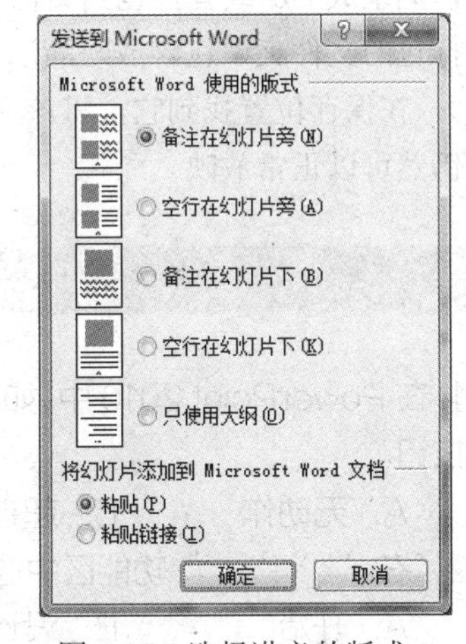

图 6-48　创建讲义　　图 6-49　选择讲义的版式

③ 系统自动打开 Word 程序，并将演示文稿内容转换至其中，用户可以直接保存该 Word 文档，或者再做适当编辑。

从图 6-48 所示选项面板可以看出 PowerPoint2010 还提供了多种共享演示文稿的方式，如“广播幻灯片”“创建 PDF/XPS 文档”等。

三、打印演示文稿

将演示文稿打印出来不仅方便演说者，也可以发给听众以供交流。

单击“文件”→“打印”命令，如图 6-50 所示，在选项面板中设置好打印信息，例如打印份数、打印机、要打印的幻灯片范围、每页纸打印的幻灯片张数等。

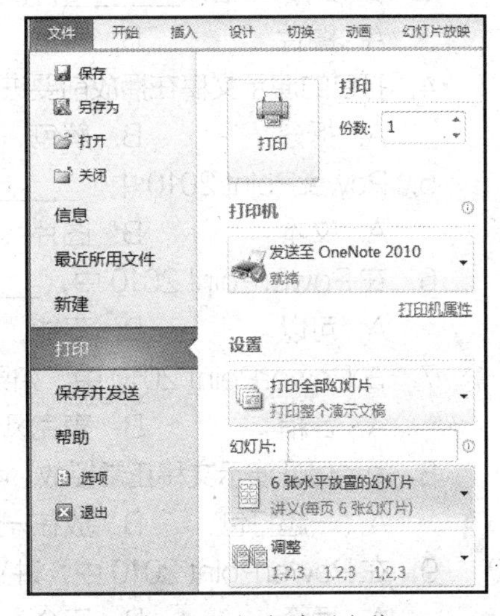

图 6-50　打印演示文稿

四、将演示文稿打包

用户制作完成的演示文稿如果要在其他电脑上放映有三种途径。

（一）PPTX 形式

通常演示文稿是以“.pptx”类型保存的，将它拷贝到其他电脑上，双击打开后，人工控制进入放映视图。这种方式的好处是可以随时修改演示文稿。

（二）PPSX 形式

将演示文稿另存为 PowerPoint 放映类型（扩展名“.ppsx”），再将该 PPSX 文件拷贝到其他电脑，双击该文件则立即放映演示文稿。

（三）打包成 CD 或文件夹

前两种形式要求放映演示文稿的电脑安装 Microsoft Office PowerPoint 软件，如果演示文稿中包含指向其他文件（如声音、影片、图片）的链接，还应该将这些资源文件同时拷贝到电脑对应目录下，操作起来比较麻烦。在这种情况下建议将演示文稿“打包成 CD”。

“打包成 CD”功能，能更有效地发布演示文稿，可以直接将放映演示文稿所需要的全部资源打包，刻录成 CD 或者打包到文件夹。

打包的文件夹中包含放映演示文稿的所有资源（包括演示文稿、链接文件和 PowerPoint 播放器等），在保存位置找到它，将该文件夹拷贝到其他电脑上，即使其他电脑没有安装 PowerPoint 软件仍然可以正常放映。

习　题

1. 在 PowerPoint 2010 中，如果想删除超链接，则可在“动作设置”对话框中选择“________”单选按钮。

   A. 无动作　　B. 超链接到　　C. 对象动作　　D. 放映动作

2. 在“________”功能区中选择“图表”命令，即可在幻灯片中插入图表。

   A. 开始　　B. 设计　　C. 插入　　D. 动画

3. 在幻灯片中插入________，在播放幻灯片时使用它可以执行不同的操作。

   A. 图片　　B. 声音　　C. 自定义动画　　D. 动作按钮

4. 打包的演示文稿在播放前要进行________。

   A. 拆分　　B. 解包　　C. 拆包　　D. 分解

5. PowerPoint 2010 中，________不能作为建立超链接的对象。

   A. 文本　　B. 图片　　C. 表格　　D. 线条

6. 在 PowerPoint 2010 中，________设置自动保存间隔时间。

   A. 可以　　B. 不能　　C. 必须　　D. 可以任意

7. 在 PowerPoint 2010 中，如果要录制声音，计算机需要安装声卡和________。

   A. 音箱　　B. 麦克风　　C. 耳机　　D. 网卡

8. 为了保证演示文稿正常播放，可以把演示文稿与该演示文稿所涉及的有关文件________。

   A. 一起打包　　B. 放在一起　　C. 一起复制　　D. 一起移动

9. 在 PowerPoint 2010 中，讲义母版视图中可以调整________占位符。

   A. 两个　　B. 三个　　C. 四个　　D. 五个

10. 在 PowerPoint 2010 中，备注母版包含________占位符。

    A. 四个　　B. 五个　　C. 六个　　D. 七个

模块七　常用工具软件及信息安全

当今社会，不同年龄、职业、生活环境的人们，几乎都会随时随地接触到计算机网络并使用各种软件，涉及系统工具、文件工具、网络工具、图像工具、多媒体工具等软件，它为人们的学习、工作和生活带来了极大的便利。通过计算机网络软件，学生轻松地学习知识，股民方便地买卖股票；银行职员迅捷地操作业务，办公室人员大大提高了工作效率；还有更多的人通过它了解新闻、搜索查询、通信联络、聊天游戏……计算机网络和各种软件使人们的生活变得更加丰富多彩了。

可是，如果不能正确使用计算机网络及各种软件，人们将面临计算机病毒、黑客攻击、网络诈骗、文档丢失、个人信息泄露等危险和危害。本章通过通俗易懂的文字和直观的图像，向读者讲述常用软件的使用方法，针对常见的网络安全问题，提供了一些简便实用的措施和方法，帮助大家提升网络安全防范意识、提高网络安全防护技能、遵守国家网络安全法律和法规，共同维护、营造和谐的网络环境。

任务一　系统维护及常用软件

【任务描述】

计算机操作系统经常出现运行速度慢、弹网页、无法启动等现象，如何运用系统维护软件解决上述问题？

【技能目标】

1．能够使用 Ghost 软件完成操作系统的备份还原。

2．能够运用安全卫士等软件进行操作系统维护。

3．熟练应用通信软件、下载软件等。

【知识结构】

一、克隆软件 Ghost

Ghost（幽灵）软件是美国赛门铁克公司推出的一款出色的硬盘备份还原工具，可以实现 FAT16、FAT32、NTFS、OS2 等多种硬盘分区格式的分区及硬盘的备份还原，俗称克隆软件。既然称之为克隆软件，说明其备份还原是以硬盘的扇区为单位进行的，也就是说可以将一个硬盘上的物理信息完整复制，而不仅仅是数据的简单复制；Ghost 能克隆系统中所有的东西，包括声音动画图像，甚至连磁盘碎片都可以帮用户复制。Ghost 支持将分区或硬盘直接备份到一个扩展名为“.gho”的文件里（镜像文件），也支持直接备份到另一个分区或硬盘里。现在的电脑公司在为计算机安装软件系统时大多都是应用 Ghost 软件来进行操作的，而笔记本电脑的备份还原功能也是应用了其原理。

（一）Ghost 主要操作

启动 Ghost：用户通常把 Ghost 文件复制到启动软盘或 U 盘里，也可将其刻录进启动光盘，用启动盘进入 DOS 环境后，在提示符下输入“Ghost”，回车即可运行 Ghost，首先出现的是关于界面，如图 7-1 所示。

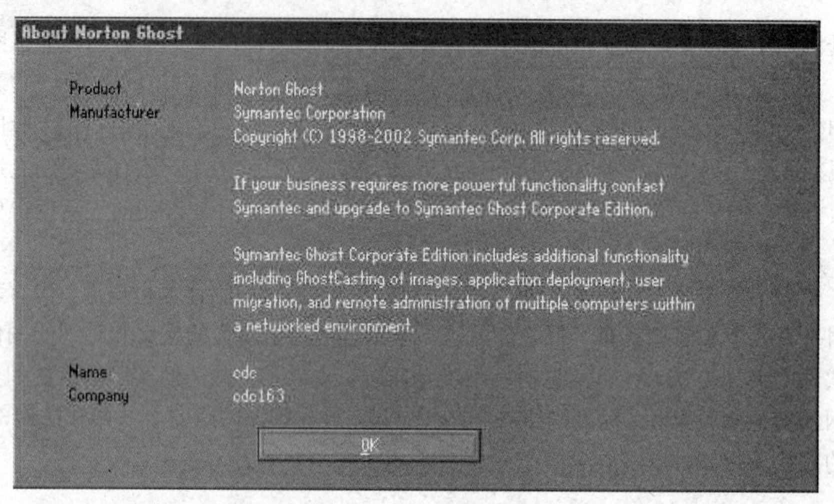

图 7-1　Ghost 主界面

按任意键进入 Ghost 操作界面，出现 Ghost 菜单，主菜单共有四项，从下至上分别为“Quit”（退出）、“Options”（选项）、“Peer to Peer”（点对点，主要用于网络中）、“Local”（本地）。一般情况下用户只用到“Local”菜单项，其下有三个子项：“Disk”（硬盘备份与还原）、“Partition”（磁盘分区备份与还原）、“Check”（硬盘检测），前两项功能是用户用得最多的，下面着重介绍这两项。

主要单词简介如下。

Disk：磁盘的意思；

Partition：即分区，在操作系统里，每个硬盘盘符（C 盘以后）对应着一个分区；

Image：镜像，镜像是 Ghost 的一种存放硬盘或分区内容的文件格式，扩展名为“.gho”；

To：到，在 Ghost 里，简单理解 To 即为“备份到”的意思；

From：从，在 Ghost 里，简单理解 From 即为“从……还原”的意思。

Partition 菜单下有如下三个子菜单。

To Partition：将一个分区（称源分区）直接复制到另一个分区（目标分区），注意操作时，目标分区空间不能小于源分区；

To Image：将一个分区备份为一个镜像文件，注意存放镜像文件的分区不能比源分区小；

From Image：从镜像文件中恢复分区（将备份的分区还原）。

（二）分区镜像文件的制作

运行 Ghost 后，用光标方向键将光标从“Local”经“Disk”“Partition”移动到“To Image”菜单项上，如图 7-2 所示，然后按“回车”。

Local
Options
Quit
Symantec
Disk
Partition
Check
Action
To Partition
To Image
From Image
Partition

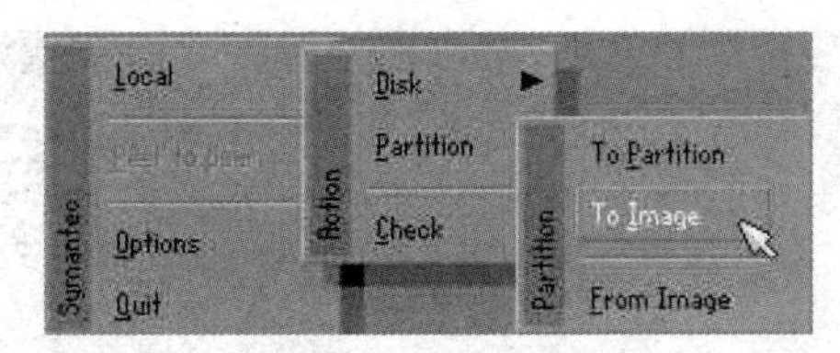

图 7-2　菜单选择

出现选择本地硬盘窗口，如图 7-3 所示，再按“回车”键。

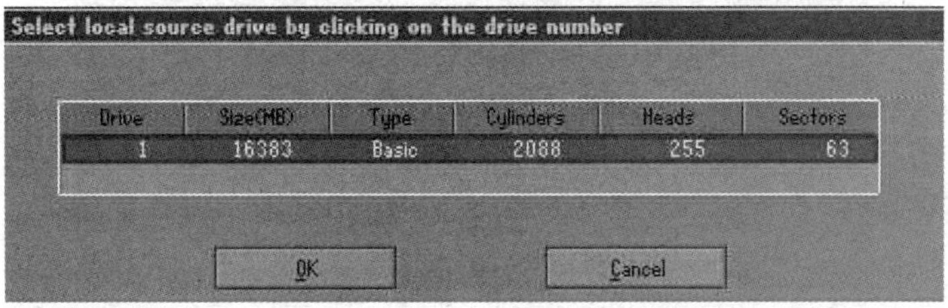

Select local source drive by clicking on the drive number
Drive　Size(MB)　Type　Cylinders　Heads　Sectors
1　16383　Basic　2088　255　63
OK
Cancel

图 7-3　磁盘选择

出现选择源分区窗口（源分区就是用户要把它制作成镜像文件的那个分区），如图 7-4 所示。

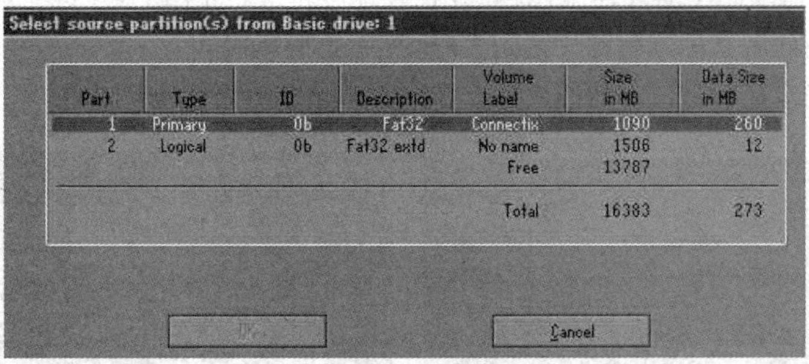

Select source partition(s) from Basic drive: 1
Part　Type　ID　Description　Volume Label　Size in MB　Data Size in MB
1　Primary　0b　Fat32　Connectix　1090　260
2　Logical　0b　Fat32 extd　No name　1506　12
Free　13787
Total　16383　273
OK
Cancel

图 7-4　源分区

用上下光标键将蓝色光条定位到我们要制作镜像文件的分区上，按“回车”键确认要选择的源分区，再按一下“Tab”键将光标定位到“OK”键上（此时“OK”键变为白色），如图 7-5 所示，再按“回车”键。

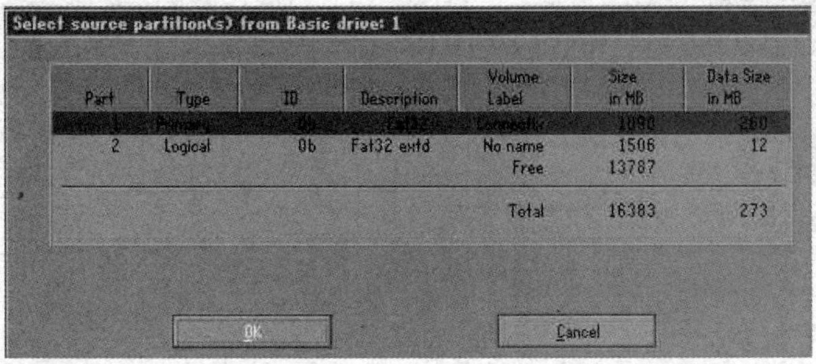

Select source partition(s) from Basic drive: 1
Part　Type　ID　Description　Volume Label　Size in MB　Data Size in MB
1　Primary　0b　Fat32　Connectix　1090　260
2　Logical　0b　Fat32 extd　No name　1506　12
Free　13787
Total　16383　273
OK
Cancel

图 7-5　选择分区

进入镜像文件存储目录，默认存储目录是 Ghost 文件所在的目录，在“File name”处输入镜像文件的文件名，也可带路径输入文件名（此时要保证输入的路径是存在的，否则会提示非法路径），如输入“D:\sysbak\cwin98”，表示将镜像文件“cwin98.gho”保存到“D:\sysbak”目录下，如图 7-6 所示，输好文件名后，再回车。

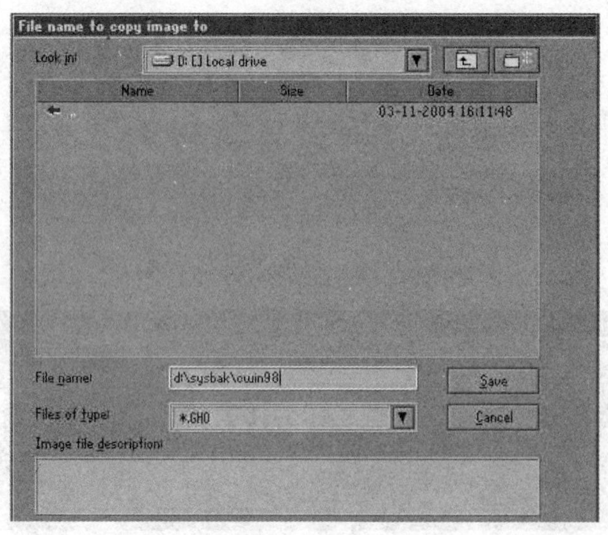

图 7-6　保存目录

接着出现“是否要压缩镜像文件”窗口，如图 7-7 所示，有“No”（不压缩）、“Fast”（快速压缩）、“High”（高压缩比压缩），压缩比越低，保存速度越快。如果磁盘空间足够大，一般选“Fast”即可快速备份，用向右光标方向键移动到“Fast”上，回车确定。

接着又出现确定提示窗口，如图 7-8 所示，用光标方向键移动到“Yes”上，回车确定。

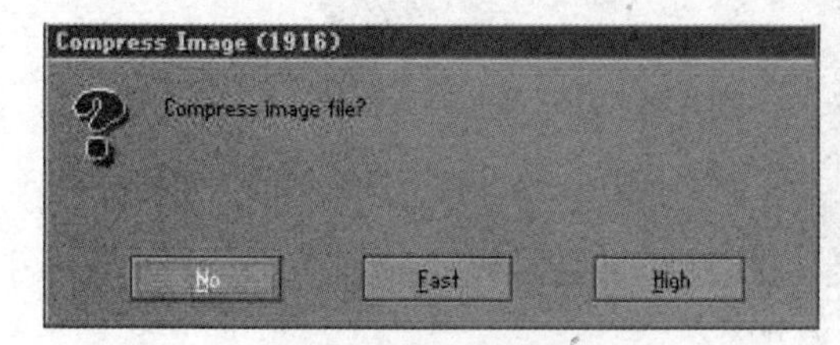

图 7-7　压缩方式选择

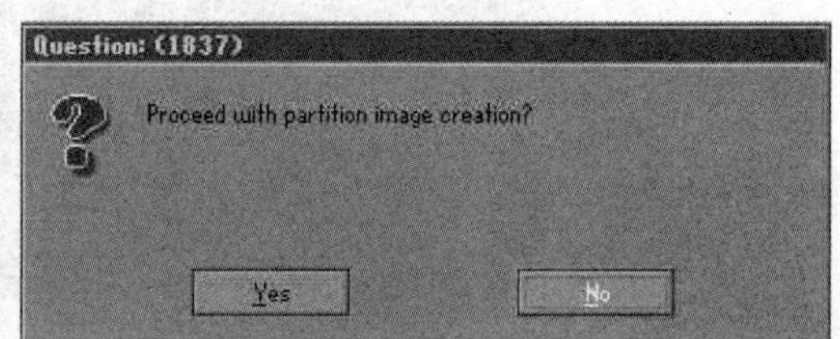

图 7-8　确认操作界面

Ghost 开始制作镜像文件，如图 7-9 所示。

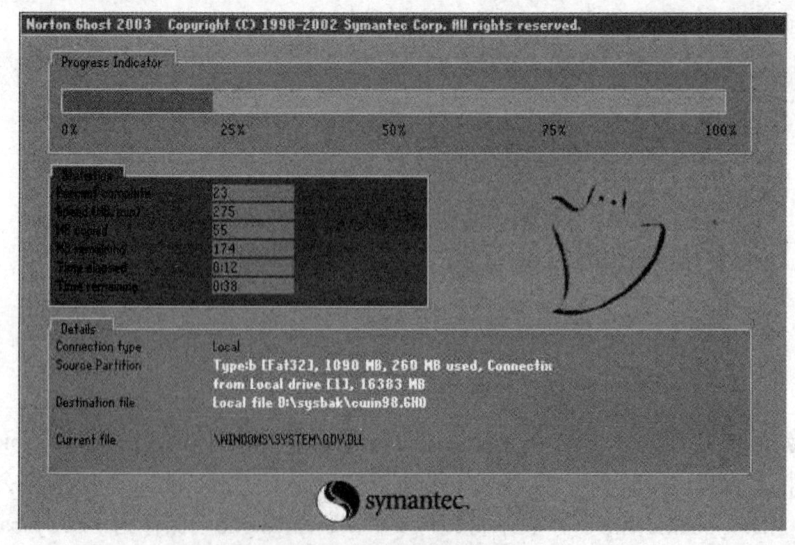

图 7-9　复制进度界面

建立镜像文件成功后，会出现提示创建成功窗口，如图7-10所示。

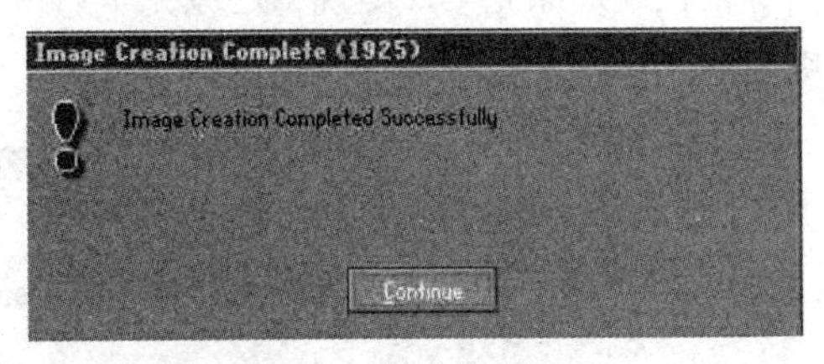

图7-10　建立镜像成功

回车即可回到Ghost主界面；再按“Q”键，回车后即可退出Ghost。至此，分区镜像文件制作完毕。

（三）从镜像文件还原分区

制作好镜像文件，用户就可以在系统崩溃后进行还原，这样又能恢复到制作镜像文件时的系统状态。下面介绍镜像文件的还原。

启动Ghost。出现Ghost主菜单后，用光标方向键移动到菜单“Local”→“Partition”→“From Image”，如图7-11所示，然后回车。

出现“镜像文件还原位置”窗口，如图7-12所示，在“File name”处输入镜像文件的完整路径及文件名（也可以用光标方向键配合“Tab”键分别选择镜像文件所在路径、输入文件名），如“d:\sysbak\cwin98.gho”，再回车。

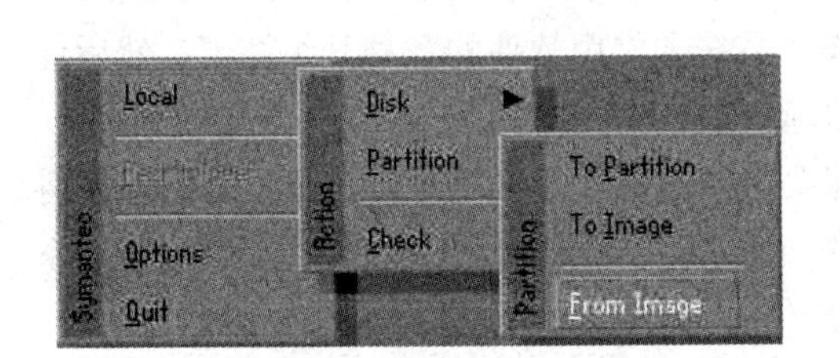

图7-11　还原镜像菜单选择

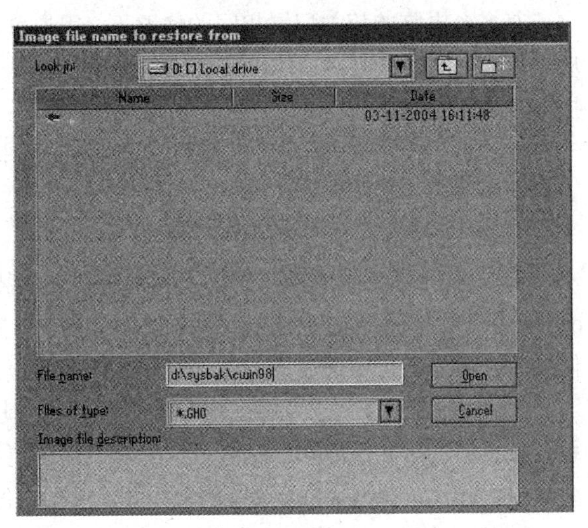

图7-12　选择镜像文件

出现从镜像文件中“选择源分区”窗口，直接回车。

又出现“选择本地硬盘”窗口，如图7-13所示，再回车。

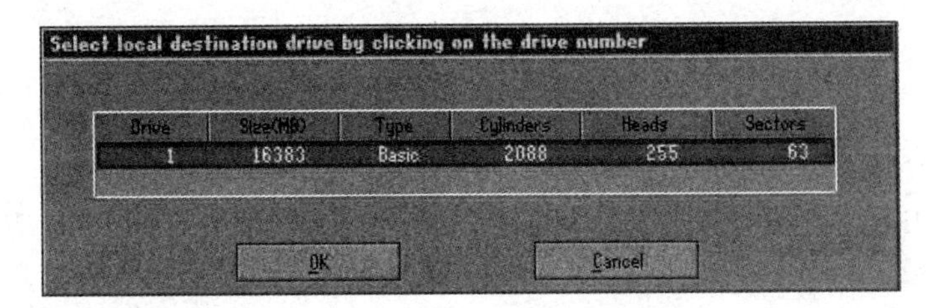

图7-13　本地磁盘目录

出现“选择从硬盘选择目标分区”窗口，用光标键选择目标分区（即要还原到哪个分区），回车。

出现“提问”窗口，如图7-14所示，确认是否真的还原分区，还原后不可恢复，选定“Yes”打“回车”确定，Ghost开始还原分区。

很快就还原完毕，出现“还原完毕”窗口，如图 7-15 所示，选“Reset Computer”回车重启电脑。

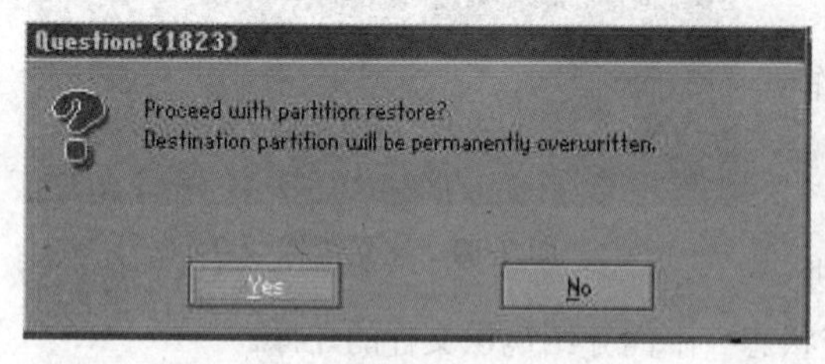

图 7-14　还原提示窗口

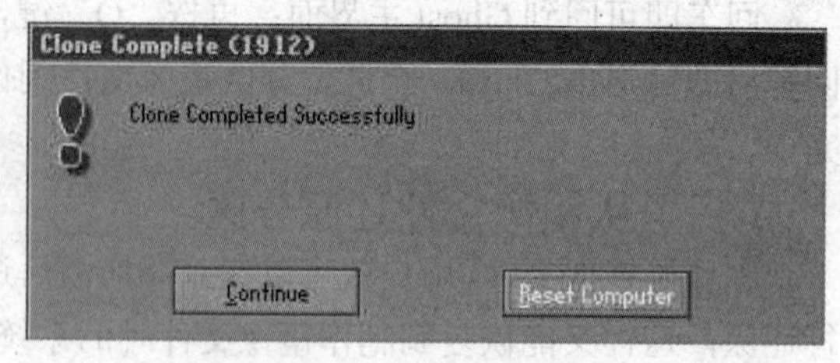

图 7-15　还原成功

注意：选择目标分区时一定要注意选对，否则，后果是目标分区原来的数据将全部消失。

（四）硬盘的备份及还原

Ghost 的“Disk”菜单下的子菜单项可以实现硬盘到硬盘的直接对拷（Disk-To Disk）、硬盘到镜像文件（Disk-To Image）、从镜像文件还原硬盘内容（Disk-From Image）的操作。

在多台电脑的相关配置相同的情况下，用户可以先在一台电脑上安装好操作系统及软件，然后用 Ghost 的硬盘对拷功能将系统完整地“复制”一份到其他电脑，这样装操作系统的效率将会提高几十倍甚至上百倍。

Ghost 的“Disk”菜单各项使用与 Partition 大同小异，而且使用也不是很多，在此就不再一一赘述。

Ghost 的使用方案如下。

① 最佳方案：完成操作系统及各种驱动的安装后，将常用的软件（如杀毒、媒体播放软件、office 办公软件等）安装到系统所在盘，接着安装操作系统和常用软件的各种升级补丁，然后优化系统，最后就可以用启动 Ghost 做好系统盘的镜像备用。

② 如果因疏忽，在装好系统一段时间后才想起要克隆备份，那也没关系，备份前最好先将系统盘里的垃圾文件清除，注册表里的垃圾信息清除（推荐用 Windows 优化大师），然后整理系统盘磁盘碎片，整理完成后到 DOS 下进行克隆备份。

③ 什么情况下该恢复克隆备份？当感觉系统运行缓慢时、残留或误删了一些文件导致系统紊乱时或系统崩溃时、中了比较难杀除的病毒时，就要进行克隆还原了！

④ 最后强调：在备份还原时一定要注意选对目标硬盘或分区。否则目标盘（分区）的数据就会丢失。

二、360 安全卫士

现在网络病毒几乎无处不在，只要稍稍上上网在无形之中就已经中招了，一些恶意流氓软件很容易地就挟持了 IE，现在查杀恶意软件的工具很多，比如 360 安全卫士、瑞星卡卡，还有超级兔子，都不错。在查杀不同病毒的时候都有各自的长处，这里主要介绍一下 360 安全卫士的用法。

360 安全卫士下载的官方网站是：http://www.360.cn，安装非常简单，双击“setup.exe”，按安装向导的默认设置安装即可。安装成功后，用户可以通过双击桌面的图标进入 360 安全卫士软件主界面。在打开 360 安全卫士后，用户可以看见一个基本状态，360 安全卫士会自动检测当前系统的状态和安全措施，对于有安全漏洞的位置进行提示。

（一）清理恶意软件

点最上面的菜单“常用”→然后点下面的标签“清理恶评插件”→最后“开始扫描”，如图7-16所示，这样会扫描出系统当前的恶评插件，查出后可以全选删除。

当然，病毒有灵活性和不确定性，有的时候可以彻底地查杀，但是有的时候杀得不彻底，这个时候可以借助其他的软件配合杀毒，或是到网络上下载些某种病毒的专杀，杀不干净或是存在杀不了的问题，是任何杀毒软件都不可避免的。

图7-16　清理插件界面

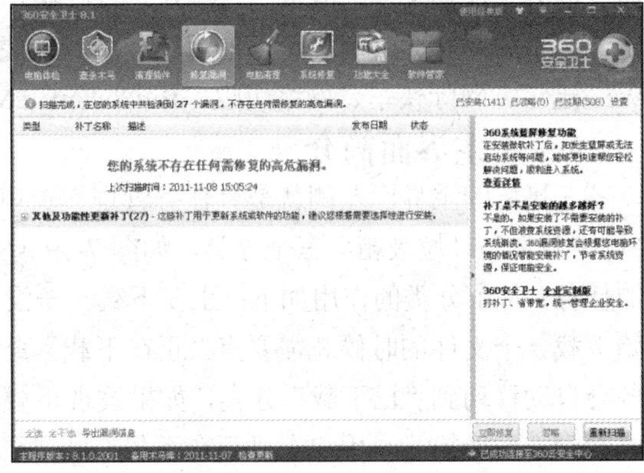

图7-17　修复系统漏洞界面

（二）更新系统补丁

360安全卫士还有一个好处就是可以下载Windows的一些补丁，如果系统存在漏洞再怎么杀毒也是治标不治本的。点最上面的菜单“常用”→然后点下面的标签“待修复漏洞”，如图7-17所示，扫描一下就会看到当前系统有哪些补丁没有打，全选后，下载并修复即可。

（三）清理临时文件和使用痕迹

我们在上网的时候，电脑会记录很多信息，存在电脑的临时文件夹里，还有会保存很多的Cookie，还有很多其他信息，这些有的时候就是病毒的发源地，所以，我们在杀毒的时候先清空一下，可以保证杀毒的效果。点最上面的菜单“常用”，会看到下面的“清理使用痕迹”，如图7-18所示，选中需要清理的选项后，也可以全选，点击“立即清理”即可。

图7-18　清理使用痕迹

三、下载软件——迅雷

网络的资源非常丰富，比如说学习资料、经验技巧、软件、音乐、影视等。只要户通过搜索引擎就能够找到很多的资源。但如何能够快速有效地把想要得到的资源放到自己的机器里呢？这是需要一定的技巧的。

办公过程中需要下载一些文档资料等，用户可以通过直接在快捷菜单中单击“目标另存为”命令的方式保存文件。但是“另存为”的下载方式对于一些规格比较大的软件，下载的速度及稳定性都十分差，此时用户可以使用下载工具完成其下载工作。常用的下载工具有很多，如迅雷、Web 迅雷、网际快车、网络蚂蚁、BitComet、eMule 等。

（一）主界面简介

在迅雷的主界面左侧就是“任务管理”窗口，该窗口中包含一个目录树，分为“正在下载”“已下载”和“垃圾箱”三个分类，如图 7-19 所示，鼠标左键点击一个分类就会看到这个分类里的任务，每个分类的作用如下：正在下载——没有下载完成或者错误的任务都在这个分类，当开始下载一个文件的时候就需要点“正在下载”查看该文件的下载状态。已下载——下载完成后任务会自动移动到“已下载”分类，如果发现下载完成后文件不见了，点一下“已下载”分类就可以看到。垃圾箱——用户在“正在下载”和“已下载”中删除的任务都存放在迅雷的垃圾箱中，“垃圾箱”的作用就是防止用户误删，在“垃圾箱”中删除任务时，会提示是否把存放于硬盘上的文件一起删除。

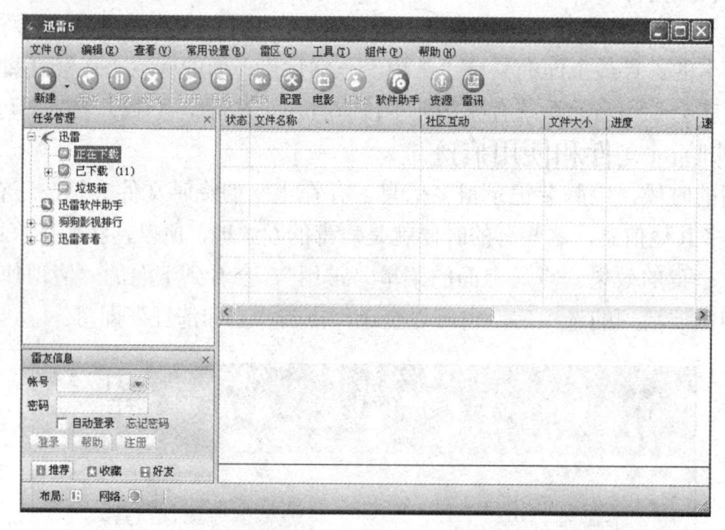

图 7-19　迅雷主界面

（二）更改默认文件的存放目录

迅雷安装完成后，会自动在 C 盘建立一个“C:download”目录，如果用户希望把文件的存放目录改成“D:下载”，那么就需要右键点任务分类中的“已下载”，选择“属性”，使用“浏览”更改目录为“D:下载”，然后确定，看到原来的“C:download”变成“D:下载”。

（三）子分类的作用

在“已下载”分类中迅雷自动创建了“软件”“游戏”“音乐”和“影视”等子分类，了解这些分类的作用可以帮助用户更好地使用迅雷，下面是这些分类的功能介绍。

① 每个分类对应的目录。大家都习惯把不同的文件放在不同的目录，例如把下载的音乐文

件放在“D:音乐”目录，迅雷可以在下载完成后自动把不同类别的文件保存在指定的目录，例如用户保存音乐文件的目录是“D:音乐”，现在想下载一首叫“东风破”的 mp3，先右键点击迅雷“已下载”分类中的“mp3”分类，选择“属性”，更改目录为“D:音乐”，然后点击“配置”按钮，在“默认配置”中的分类那里选择“mp3”，会看到对应的目录已经变成了“D:音乐”，这时右键点“东风破”的下载地址，选择“使用迅雷下载”，在新建任务面板中把文件类别选择为“mp3”，点“确定”就好了，下载完成后，文件会保存在“D:音乐”，而下载任务则在“mp3”分类中，以后下载音乐文件时，只要在新建任务的时候指定文件分类为“mp3”，那么这些文件都会保存到“D:音乐”目录下。

② 新建一个分类。用户想下载一些学习资料，放在“D:学习资料”目录下，但是迅雷中默认的五个分类没有这个分类，这时可以通过新建一个分类来解决问题，右键点“已下载”分类，选择“新建类别”，然后指定类别名称为“学习资料”，目录为“D:学习资料”后点“确定”，这时可以看到“学习资料”这个分类了，以后要下载学习资料，在新建任务时选择“学习资料”分类就好了。

③ 删除一个分类。如果不想使用迅雷默认建立某些分类，可以删除，例如用户想删除“软件”这个分类，右键点“软件”分类，选择“删除”，迅雷会提示是否真的删除该分类，点“确定”就可以了。

④ 任务的拖拽。把一个已经完成的任务从“已下载”分类拖拽（鼠标左键点住一个任务不放并拖动该任务）到“正在下载”分类和“重新下载”的功能是一样的，迅雷会提示是否重新下载该文件。如何从迅雷的“垃圾箱”中恢复任务呢？把迅雷“垃圾箱”中的一个任务拖拽到“正在下载”分类，如果该任务已经下载了一部分，那么会继续下载，如果是已经完成的任务，则会重新下载；在“已下载”分类中，可以把任务拖动到子分类，例如用户设定了 mp3 分类对应的目录是“D:音乐”，现在下载了歌曲“东风破.mp3”，在新建任务时没有指定分类，现在该任务在“已下载”，文件在“C:download”，现在把这个歌曲拖拽到“mp3”分类，则迅雷会提示是否移动已经下载的文件，如果选择“是”，则“东风破.mp3”这个文件就会移动到“D:音乐”。

（四）“任务管理”窗口的隐藏/显示

“任务管理”窗口可以折叠起来，方便用户查看任务列表中的信息，具体操作为点击折叠按钮，则任务管理窗口就看不到了，需要的时候点恢复按钮就好了。如何将迅雷界面缩小到系统托盘？点击右上角的叉，或者双击悬浮窗进行迅雷界面的打开和关闭。

（五）代理服务器

设置代理服务器配置分为两个区域，上面的部分是对代理服务器类型的配置，用户可以对 http、ftp 和 socks5 代理进行配置；而下面的区域指的是在下载中使用哪种代理，在上面配置好代理后才可以在下面使用。例如用户使用的是 http 代理，先点击“工具”→“设置代理”然后在“代理服务器类型的配置”中选择“http 代理”，如图 7-20 所示，这时会看到需要填写的内容，填写完“服务器”和“端口”后点测试，提示成功，然后在下面的区域，把“http 连接”和“ftp 连接”都选择为“使用 http 代理”就可以了。

（六）FTP 探测器

点击“工具”→“探测器”按钮，弹出窗口。如图 7-21 所示，“地址栏”输入所知道的 FTP 服务器的地址，格式为如下。

服务器地址是 FTP://10.105.0.200，端口号是 8080。

图 7-20　下载代理设置

需要在地址里填写： FTP://10.105.0.200:8080。

“用户名”填写进入服务器的用户名，“密码”填写相对应的密码。注意：一般的 FTP 站点会经常更改用户名和密码，所以要注意跟踪动向。一旦两者中的任一项被修改就无法登录该服务器。其中有些服务器是不用用户名和密码就可直接连接的。左边任务栏中显示总目录，右边上栏是具体的文件，下栏是连接服务器时的一些运行信息。双击想要的文件就可以自动加载到迅雷下载任务中。目前还不能下载文件包。

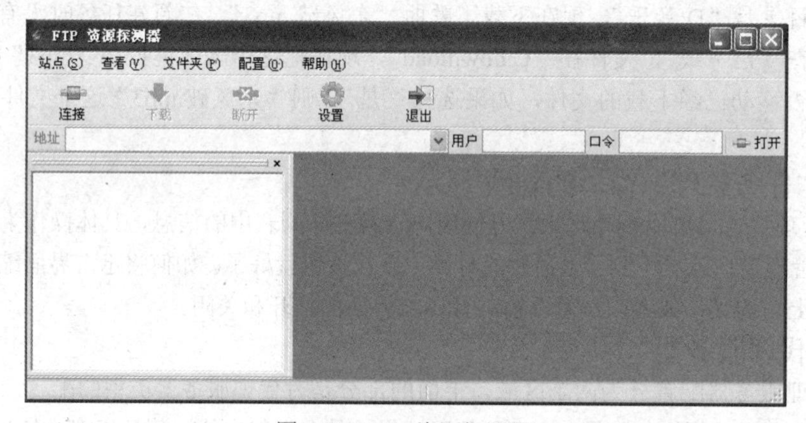

图 7-21　FTP 资源探测器

（七）雷区和雷友

目前的迅雷 5 推出了注册雷友功能，在下载了最新的版本安装之后在左边会出现“登录或注册”提示，如果已注册直接输入用户名和密码就可以登录，登录之后就称为进入雷区成为雷友。如果还没有注册那么请先注册，按照提示依次输入项目就可以，即使没有注册不成为雷友依旧可以下载文件。如图 7-22 左下角所示。

（八）重启未完成任务

在“正在下载”栏双击或者右键开始就可以，在“已下载”和“垃圾箱”中右键重新开始或者直接拖住任务到“正在下载”也可以；如果想启动以前未完成的任务，先到文件保存目录查看有没有“.td”和“.td.cfg”两个文件，如果存在，在迅雷界面的“文件”→“导入未完成的下载”中启动“*.td”文件即可。

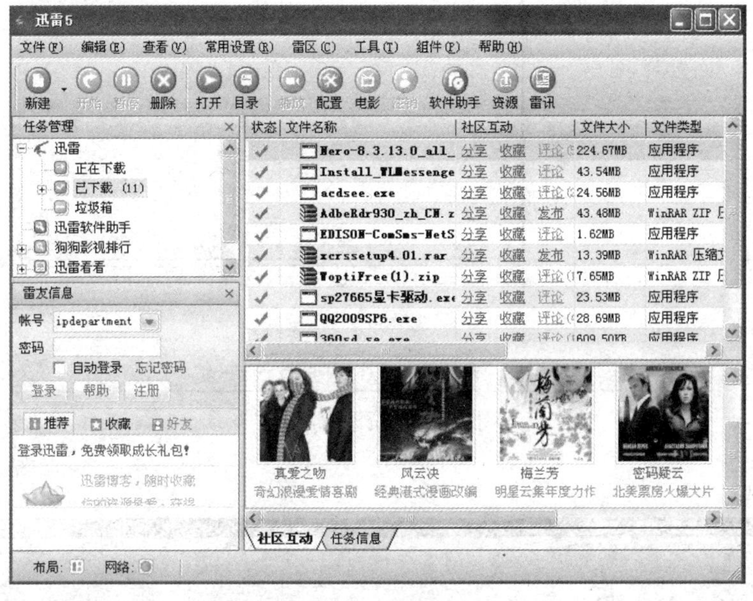

图 7-22 雷区下载

（九）批量下载任务

有时在网上会发现很多有规律的下载地址，如遇到成批的 mp3、图片、动画等，比如某个有很多集的动画片，如果按照常规的方法用户需要一集一集地添加下载地址，非常麻烦，其实这时可以利用迅雷的批量下载功能，只添加一次下载任务，就能让迅雷批量将它们下载回来。

假设要下载文件的路径为“http://**.com/001.html”到“http://**.com/100.html”中的 100 张图片，首先单击“文件”→“新建批量任务”，然后在弹出对话框中的地址栏中填入：http://**.html，选择：从 1 到 100，通配符的长度为：2，如图 7-23 所示。

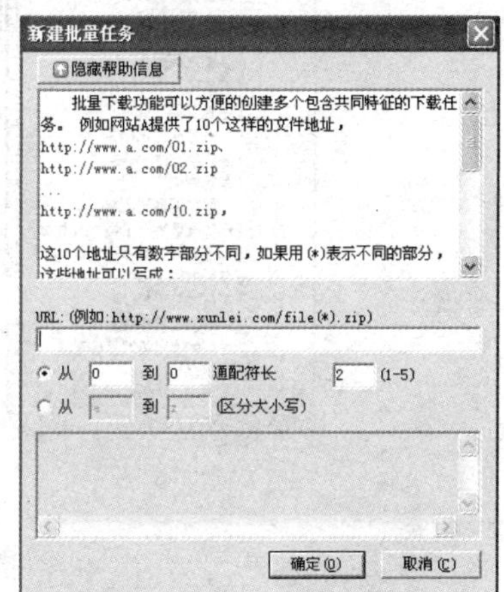

图 7-23 批量任务管理器

（十）用迅雷来高速下载 FTP 上的资源

新版的迅雷中提供了一个相当好用的“资源探测器”功能，它可以将 FTP 站点中的文件用树状目录的方式呈现给用户。利用它可以更方便、形象地为用户下载网上资料。

第一步：打开“资源探测器”。

在迅雷窗口中单击“工具”→“资源探测器”即可打开如图 7-24 所示的“资源探测器”窗口。

第二步：登录 FTP。

在“地址”中输入 FTP 的域名或地址，前面要带上 ftp://协议，同时在后面输入用户名和密码，回车后即可登录。如图 7-25 所示。

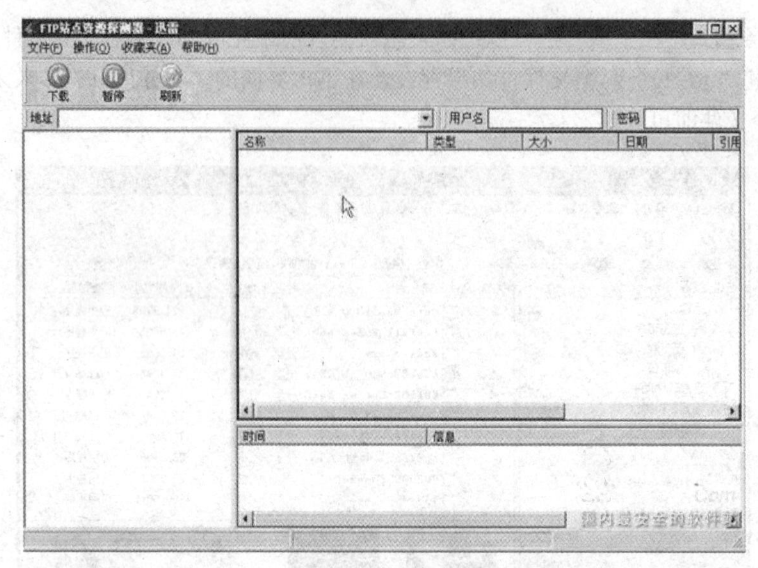

图 7-24　资源探测器

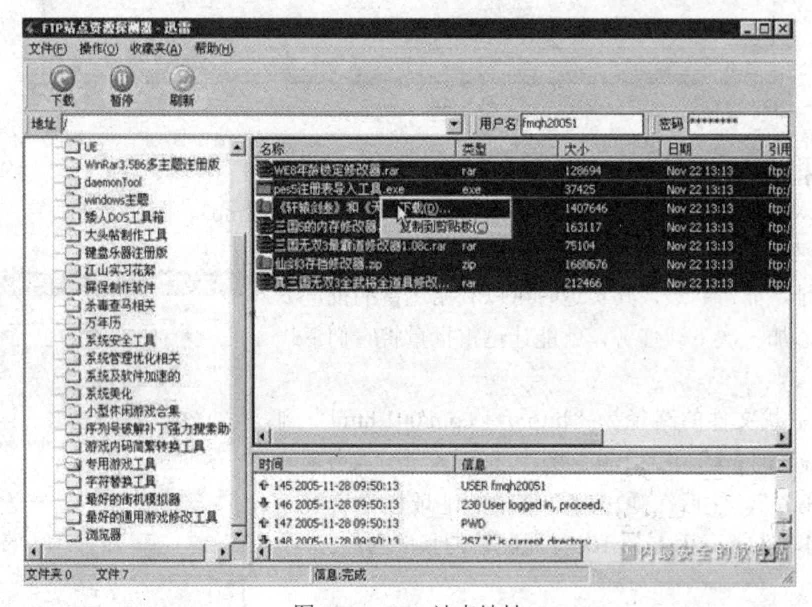

图 7-25　FTP 站点地址

第三步：添加下载列表。

看到相应的文件，配合“Shift”和“Ctrl”键选中，右击，选择“下载”，即可弹出如图 7-26 所示的窗口确认下载列表。

第四步：手工下载。

在打开图 7-27 所示的窗口中选中下载文件夹，同时选择“开始”方式为“手工”。接着重复第三步和第四步，添加更多的下载内容。

第五步：批量下载。

返回到迅雷主窗口，可以看到下载列表，右击选择“全部开始”完成操作。

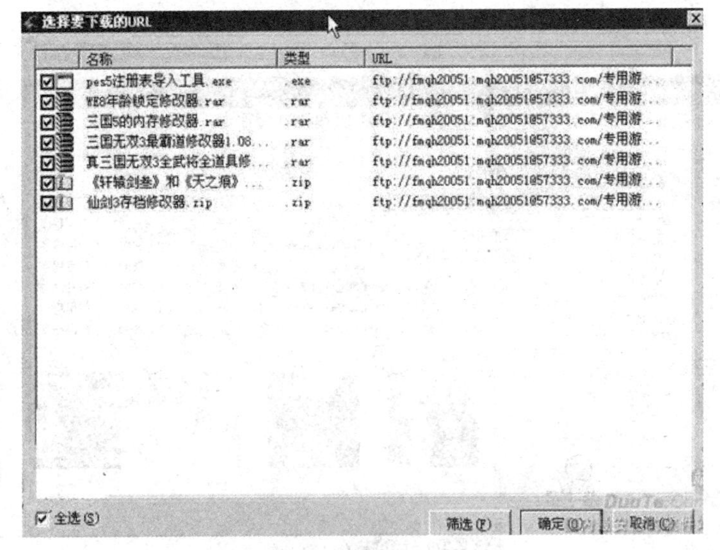

图 7-26　选择下载

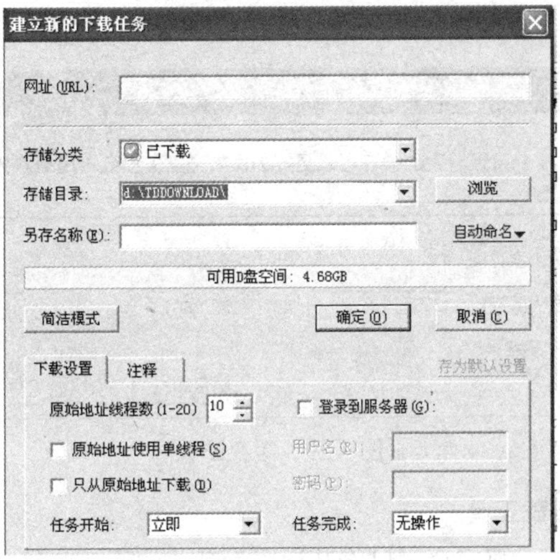

图 7-27　下载目录

（十一）其他操作

1. 更改默认下载目录

默认情况下，迅雷安装后会在 C 盘创建一个 tddownload 目录，并将所有下载的文件都保存在这里，一般 Windows 都会安装在 C 盘，但由于使用中系统会不断增加自身占用的磁盘空间，如果再加上不断下载的文件占用的大量空间，很容易造成 C 盘空间不足，引起系统磁盘空间不足和不稳定，另外，Windows 系统一旦崩溃，格式化 C 盘重装系统，这样就要造成下载文件丢失，因此建议最好改变迅雷默认的下载目录。单击迅雷主窗口中的“常用设置”→“存储目录”命令，在打开的窗口中设置默认文件夹。

2. 减小硬盘伤害

现在下载速度很快，因此如果缓存设置得较小的话，极有可能会对硬盘频繁进行写操作，时间长了，会对硬盘不利。事实上，只要单击“常用设置”→“配置硬盘保护”→“自定义”，然后在打开的窗口中设置相应的缓存值。如果网速较快，设置得大些；反之，则设置得小些。建议值为 2048kb。如图 7-28、图 7-29 所示。

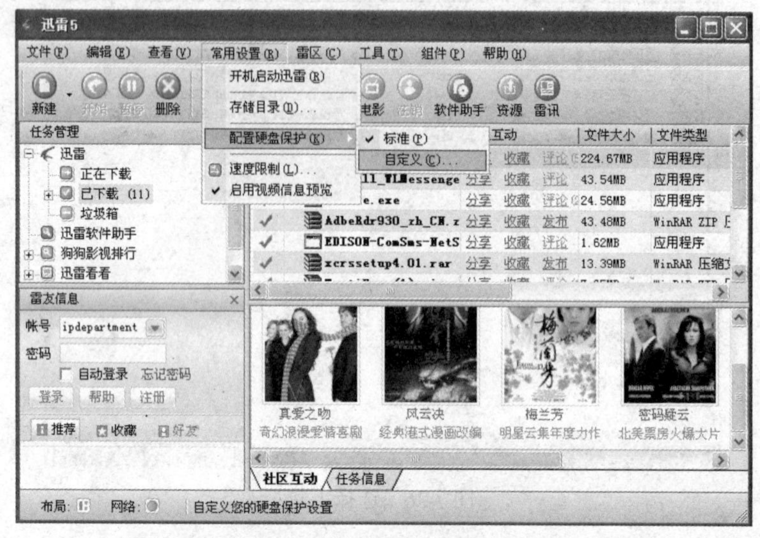

图 7-28 常用设置选择

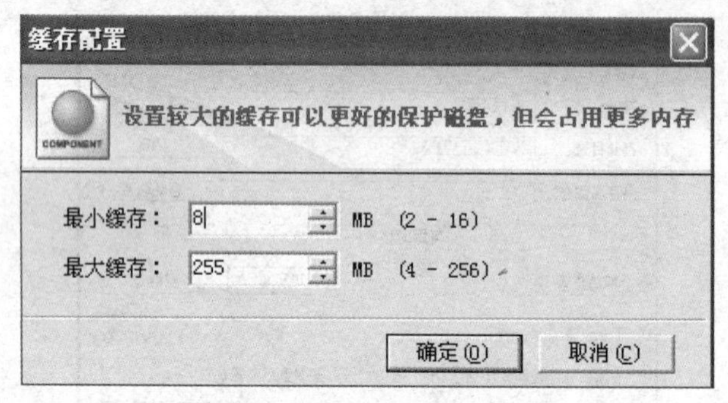

图 7-29 缓存配置

3. 将迅雷作为默认下载工具

如果用户觉得迅雷很好，那完全可以将其设置为默认的下载工具，这样在浏览器中单击相应的链接，将会用迅雷下载：选择“工具”→“迅雷作为默认下载工具”命令，即可弹出相应的提示窗口提示成功。

4. 资料下载完后自动关机

如果用迅雷下载大量的资料，下载完成后可以让迅雷自动关机，特别是晚上下载东西时用处更大。在迅雷主窗口中选中“工具”→“完成后关机”项，这样一旦迅雷检测到所有内容下载完毕就会自动关机，既不用担心电脑会“空转”，又可以省电。

四、聊天通信软件——QQ

腾讯 QQ 是深圳市腾讯计算机系统有限公司开发的一款基于 Internet 的即时通信（IM）软件。腾讯 QQ 支持在线聊天、视频电话、点对点断点续传文件、共享文件、网络硬盘、自定义面板、QQ 邮箱等多种功能，并可与移动通信终端等多种通信方式相连。用户可以使用 QQ 方便、实用、高效地和朋友联系，而这一切都是免费的。QQ 已成为国内最为流行、功能最强的即时通信（IM）软件。

随着时间的推移，根据 QQ 所开发的附加产品越来越多，如 QQ 宠物、QQ 音乐、QQ 空间、QQ 微信等，受到 QQ 用户的青睐。QQ 软件应用广泛，一般的用户已经掌握基本的操作技巧，本节主要介绍 QQ 软件的基本应用。

（一）视频聊天

如果计算机具有摄像头、麦克风，用户可以通过在对话视窗中单击“视频聊天”图标按钮，发出视频聊天申请。此时对方将接收到视频聊天申请，单击“接受”按钮，如果需要可以选中“开启语音”复选框，双方开始视频聊天，如图 7-30 所示。

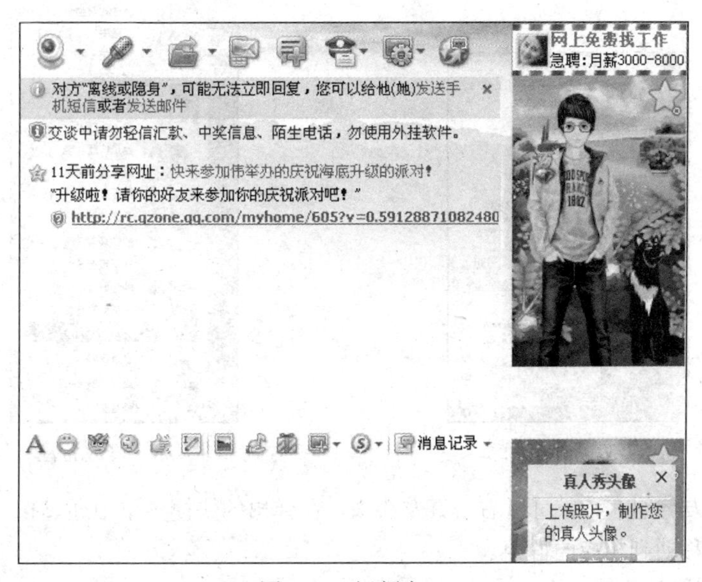

图 7-30　视频窗口

用户可以单击摄像头图标旁边下拉按钮展开菜单，选择“设置”选项进行视频聊天属性的设置。用户可以通过单击“给对方播放影音文件”按钮，与好友共同欣赏音视频文件。

（二）音频聊天

如果计算机中仅有麦克风没有摄像头，或不希望进行视频聊天，可以通过单击“超级语音”命令，发出语音聊天申请。此时对方将接收到音频聊天申请，单击“接收”按钮，双方即可开始音频聊天。

如果希望进行多人语音聊天，可以单击“多人超级语音”命令，添加多方联系人同时发出多人语音聊天申请。如果接受方同意，那么即可进行多人语音聊天。

通过单击“设置”命令即可进入语音聊天设置，包括声音输入、声音输出、音量自动调节、放大麦克风声音等设置。

（三）多人聊天

QQ 可以设置用户与几个好友之间进行多人共同聊天，用户可以单击“邀请好友进行多人会话”图标按钮来实现，如图 7-31 所示。

图 7-31　多人聊天选项

将需要参加聊天的好友依次添加，单击“确定”按钮，进入到多人聊天模式，可以实现多个好友间的聊天。

（四）QQ 分组

如果用户好友过多的话，管理起来会比较乱，QQ 提供了分组功能可以将好友分类管理，用户首先右击 QQ 窗体空白处，弹出如图 7-32 所示的快捷菜单，单击“添加组”命令。

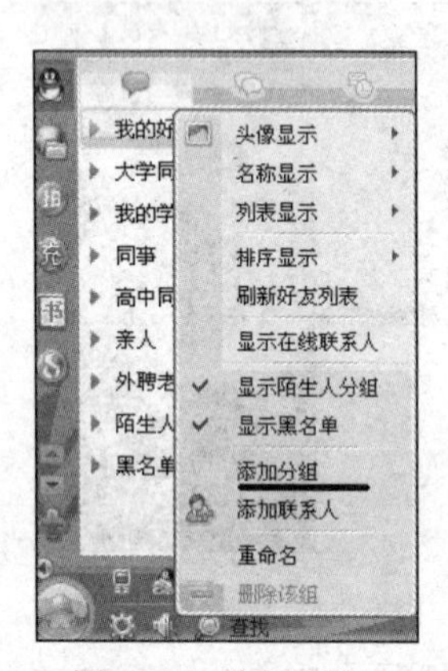

图 7-32　分组列表

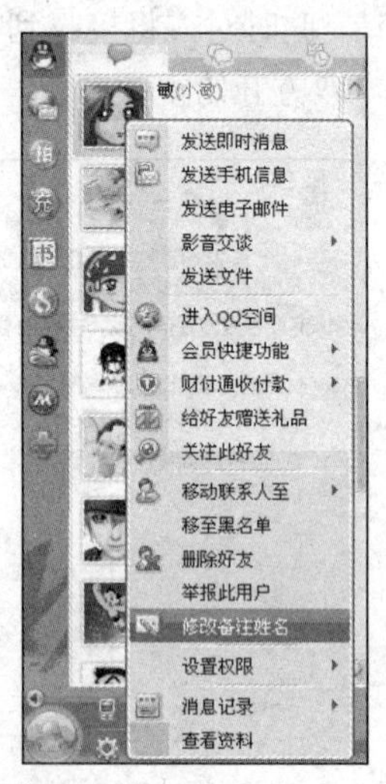

图 7-33　修改备注

填写当前好友分组名称，可以右击好友头像，在弹出的快捷菜单中通过把“好友移动到”功能，可以将好友移动到相应的群组。

（五）QQ 备注

随着 QQ 好友逐渐增多，一些好友的名称、信息可能会出现混淆，通过“修改备注姓名”功能，可以给好友添加备注信息。用户可以右击好友头像，在快捷菜单中选择“修改备注姓名”功能，如图 7-33 所示。

在打开的对话框中，写入新备注名称，单击“确定”按钮，完成备注名称的更改。

（六）QQ 群

QQ 群是腾讯公司推出的多人交流的服务。群主在创建群以后，可以邀请朋友或者有共同兴趣爱好的人到一个群里面聊天。在群内除了聊天，腾讯还提供了群空间服务，在群空间中，用户可以使用论坛、相册、共享文件等多种交流方式。

QQ 群有高级群和普通群之分。普通群最多可以有 200 个成员，高级群最多可以有 1000 个成员。可以设置一些群内的成员为管理员来帮助管理，一个群中除了群主，最多可以设置 5 个管理员协助进行管理。目前只有会员和等级在一个太阳以上用户才可以创建群，会员最多可以创建 14 个群。

① 查找添加群在菜单中单击“查找”命令进入“群用户查找”窗口，输入群号码进行查找，找到用户想加入的群单击“加入该群”按钮，若通过验证，即可成功添加此群。

② 群名片设置。为自己设置一个群名片，就可以清楚地标明自己的身份，并方便联系。在“群资料/设置”对话框中单击“群名片”项即可进行群名片的设置。

③ 避免群内信息骚扰。用户可以通过单击聊天对话框“屏蔽消息”图标按钮，设置对当前群消息的接受设置。用户可以设置阻止图片消息，接收但不显示消息，阻止一切消息等。

（七）文件传输

用户在如图 7-34 所示在聊天窗口中，单击“直接发送”或“发送离线文件”命令，在打开的对话框中选择好需要传输的文件即可。

接收用户根本需要单击“接收”“另存为”“拒绝”命令接收或者拒收该文件。

图 7-34 文件传输

（八）网络硬盘

QQ 网络硬盘是腾讯公司推出的在线存储服务。服务面向所有 QQ 用户，提供文件的存储、访问、共享（QQ 会员或者 QQ 网络硬盘用户才有共享功能）、备份等功能。网络硬盘中包括：“我的网络硬盘”“共享网络硬盘”“其他好友的网络硬盘信息”。

（九）远程协助

腾讯的 QQ 除了具备聊天功能之外，还新开发了许多的方便实用的功能，QQ 远程协助就是其中一项。应用该功能可以登录对方计算机，协助对方完成系统设置、系统调试等操作。

首先打开与好友聊天的对话框，在“应用”标签页，单击“远程协助”图标按钮，如图 7-35 所示。QQ 的“远程协助”功能设计似乎是比较小心的，要与好友使用“远程协助”功能，必须由需要帮助的一方单击“远程协助”按钮进行申请。提交申请之后，就会在对方的聊天窗口出现提示。接受请求方单击“接受”命令。这时又会在申请的一方的对话框出现一个“对方已同意你的远程协助邀请，‘接受’或‘谢绝’”的提示，只有申请方单击“接受”命令之后，远程协助申请才正式完成。

图 7-35 远程协助

成功建立连接后，在接受方就会出现对方的桌面了，并且是实时刷新的。右边的窗口就是申请方的桌面了，这时对方的每一步动作都尽收眼底，要叫对方做什么就随便接受方了。不过现在接受方还不能直接控制申请方的计算机，只能看，要想控制对方计算机还得申请方单击“申请控制”，在双方又再次单击“接受”命令之后，才能控制对方的计算机。

（十）发送抓图

用户可以通过 QQ 软件的发送抓图功能，发送屏幕上一些即时图片信息给好友。用户首先在聊天对话窗口中单击“屏幕截图”图标按钮，或者用快捷键“Ctrl+Alt+A”，推荐使用快捷键。如图 7-36 所示。

图 7-36 “屏幕截图”图标按钮

在聊天窗口中应用“Ctrl+V”快捷键或“粘贴”将图片添加到待发送区域，发送即可。

五、WinRAR

WinRAR 是一个 RAR 压缩文件管理器，是目前最为流行的压缩类软件。主要负责创建、管理和控制压缩文件。除了完整的支持 rar 和 zip 之外，WinRAR 提供了一些其他压缩工具所创建的 cab、arj、lzh、tar、gz、ace、uue、bz2、jar 和 iso（CD 映像）压缩文件的基本功能：查看内容、解压文件、显示注释和压缩文件信息，不需要有任何的外部程序来管理这些格式。

WinRAR 采用独创的压缩算法。这使得该软件比其他同类 PC 压缩工具拥有更高的压缩率，尤其是可执行文件、对象链接库、大型文本文件等。经过多次试验证明，WinRAR 的 rar 格式一般要比 WinZIP 的 zip 格式高出 10%～30% 的压缩率，尤其是它还提供了可选择的、针对多媒体数据的压缩算法。WinRAR 针对多媒体数据，提供了经过高度优化后的可选压缩算法。WinRAR 对 wav、bmp 声音及图像文件可以用独特的多媒体压缩算法大大提高压缩率，虽然用户可以将 wav、bmp 文件转为 mp3、jpg 等格式节省存储空间，但不要忘记 WinRAR 的压缩可是标准的无损压缩。

单击“开始”菜单，鼠标指向“所有程序”子菜单，单击“WinRAR”命令即可。和其他 Windows 程序一样，WinRAR 窗口中包含 6 个菜单选项的菜单栏，一个含 9 个带有文字标签的图标按钮的工具栏，一个地址栏，一个当前文件夹下的文件及和一个压缩文件内部的显示区域，也就是所说的文件列表区。窗口如图 7-37 所示。

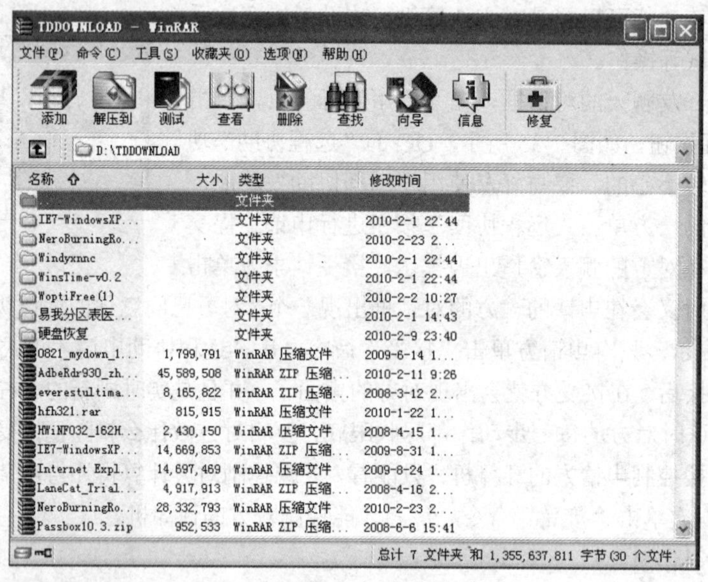

图 7-37　压缩界面

（一）压缩文件的建立

当完成了选择一个或是多个的文件之后，用户可采取多种方式进行文件压缩。

① 在 WinRAR 窗口中单击工具栏上的“添加”按钮，或是在“命令”菜单中单击“添加文件到压缩文件”命令，打开一个如图 7-38 所示的对话框。

在对话框输入目标压缩文件名或是直接接受默认名，选择新建压缩文件的格式（rar 或 zip）。压缩方式有 6 种，默认是“标准”型。如果压缩文件生成是在硬盘，则不用选择“压缩分卷大小，字节”下拉列表中的内容。“更新方式”下拉列表提供了：“添加并替换文件”“添加并更新文件”“仅更新已经存在的文件”和“同步压缩文件内容”等选项。“压缩选项”列表中，共有 7 个复选框。一般创建压缩文件时，在输入压缩文件名后，单击“确定”按钮即可。

图 7-38　压缩文件

压缩期间，有个窗口将会出现显示操作的状况。如果希望中断压缩，在命令窗口中单击“取消”按钮即可。也可以单击“后台运行”按钮将 WinRAR 最小化放到任务区。当压缩完成，命令窗口将会出现并且以新创建的压缩文件作为当前选定的文件。

② 用鼠标拖动方式向已存在的 rar 压缩文件中添加文件。在 WinRAR 窗口双击打开想要加入文件的压缩文件，WinRAR 将会读取压缩文件并显示它的内容。用资源管理器或“我的电脑”打开另外一个窗口，显示要压缩的文件，然后选择要压缩的文件，鼠标拖动所选文件到 WinRAR 窗口中，就可以把文件添加到压缩文件中。

③ 如果在安装 WinRAR 时，没有关闭“把 WinRAR 集成到资源管理中”选项，用户便可以使用 Windows 界面直接压缩文件。在资源管理器或桌面上选择要压缩的文件，在选定的文件上右击，在打开的快捷菜单选择“添加文件到压缩文件中”选项。在打开的对话框中输入目标名或直接接受默认的名称。当准备好创建压缩文件时，单击“确定”按钮。压缩文件将会在同一个文件夹创建并生成选定的文件。

④ 在“我的电脑”或“资源管理器”中，直接用鼠标左键拖动要压缩的文件到已存在的压缩文件图标上，也可完成压缩文件并放到已存在的压缩文件中。

（二）压缩文件的释放

为了使用 WinRAR 解压文件，首先必须在 WinRAR 中打开压缩文件。打开压缩文件有很多方法。

① 在 Windows 界面（“资源管理器”或是桌面）的压缩文件名上双击，如果在安装时已经将压缩文件关联到 WinRAR（默认的安装选项），压缩文件将会在 WinRAR 程序中打开。在安装之后，用户也可以使用综合设置对话框压缩文件关联到 WinRAR。

② 在 WinRAR 窗口中的压缩文件名上双击。

③ 拖动压缩文件到 WinRAR 图标或窗口。

④ 在“资源管理器”中用鼠标右键拖动一个或数个压缩文件，并将它们放到目标文件夹，然后在打开的快捷菜单单击“解压到当前文件夹”命令。

⑤ 在压缩文件图标上右击，从弹出的快捷菜单中选择“解压到指定文件夹”选项，在打开的对话框中输入目标文件夹并单击“确定”按钮。

（三）自解压文件的建立

自解压文件是压缩文件的一种，通常称为 SFX（SelF-eXtracting）文件，它结合了可执行文件模块。当它运行时，将自动从文件中释放被压缩的文件。这样的压缩文件不需要外部程序来解压文件的内容，它自己便可以运行该项操作。如果用户不愿意运行所收到的子解压文件（比如说，它可能含有病毒时），WinRAR 仍然可将自解压文件当成是任何其他的压缩文件处理。

使用子解压文件是很方便的，当用户想要将文件压缩给某一个人，却不知道他是否有该压缩程序可以解压文件时，用户可以建立自解压文件，然后再把软件发给别人，实际上用户在网上下载的很多软件都是自解压软件，例如 WinRAR 的安装程序便是自解压文件。自解压文件通常与其他的可执行文件一样都有“.exe”的扩展名。

建立自解压文件和建立一般的压缩文件没有太大的区别，只是在如图 7-39 所示的“压缩文件名和参数”对话框中，在“压缩选项”列表中选中“创建自解压格式压缩文件”复选框，同时“压缩文件名”也会自动变成“.exe”，其他操作和压缩一般的“.rar”文件没有区别。

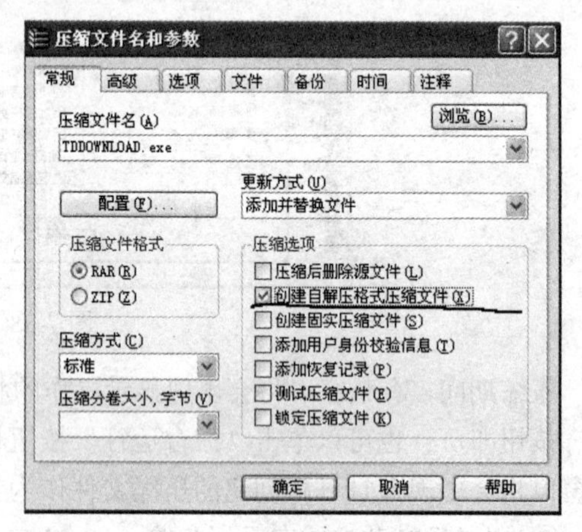

图 7-39　创建自解压文件

（四）分卷压缩文件（拆分压缩文件）

分卷压缩通常是在将大型的压缩文件保存到数个磁盘或是可移动磁盘时使用。分卷压缩仅支持 RAR 压缩文件格式，卷组中第一分卷文件的扩展名是“.rar”，以后卷具有像“.r00”“.r01”“.r02”…顺序的扩展名。

要解压分卷时，必须从第一个分卷开始解压（有“.rar”扩展名）。如果分卷存在硬盘时，在解压之前将全部的分卷放在同一个文件内。

（五）恢复卷

恢复卷“.rev”文件是由 WinRAR 创建的允许重建卷中丢失的和损坏的文件的特殊文件，它们只能和多卷压缩文件一起使用。

通常用户利用这个功能来做备份，例如，当用户传递一个多卷压缩文件到一个新组，并且部分接收者没有收到其中的一些文件，重新发送恢复卷代替普通卷，可以减少传送文件的数目。

当点击“.rev”文件或在解压缩时如果不能定位下一卷的位置并且发现可用数量的“.rev”文件时，WinRAR 会重建丢失的和损坏的卷。

损坏的分卷的副本在被重建前被重命名为“*.bad”。例如“volname.part03.rar”将被重命名为“volname.part03.rar.bad.”

创建恢复卷过程如下：在选定分卷压缩文件后，单击工具栏中的“添加”按钮。在“压缩文件名和参数”对话框中选择好分卷压缩各项后，单击“高级”选项卡，在“分卷”选项区域中输入恢复卷的数目，单击“确定”按钮即可。

（六）加密

加密是为了压缩的文件保密，可以在压缩时对文件加密。RAR 和 ZIP 两种格式均支持加密功能。若要加密文件，在压缩之前用户必须先指定密码。通常在“压缩文件名和参数”对话框里打开“高级”选项卡，在如图 7-40 所示，对话框中按下“设置密码”按钮，打开“带密码压缩”对话框。输入密码和确认密码，单击“确认”按钮即可。

当解压加密的文件时，可在 WinRAR 图形界面中，按下“Ctrl+P”组合键输入密码，或者是在“文件”菜单中选择“密码”选项，或是单击 WinRAR 窗口底部左下角的钥匙图标为文件输入密码，然后开始解压操作。

如果解压操作之前没有实现输入密码，当 WinRAR 遇到加密的文件，它也会提示用户输入密码。

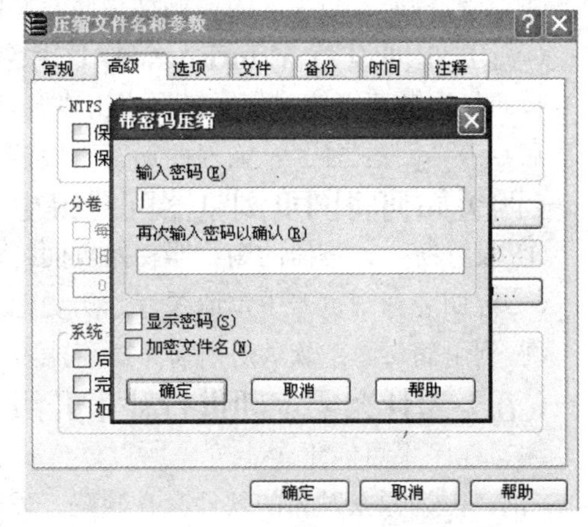

图 7-40　设置解压密码

任务二　网络信息安全与操作规范

【任务描述】

随着互联网渗透进国民经济的各行各业，互联网设备“接入点”范围的不断扩大，传统的边界防护概念已经被改变；以及随着移动互联的推动，智能终端正在改变着人们生活的一切，所有的企业都面临着向互联网企业的转型和升级，用户隐私安全更加受到威胁，信息安全将是未来所有普通人最为关心的问题。

【技能目标】

1. 能够有较高的信息安全意识。
2. 能够掌握较高的安全策略措施。
3. 能够了解信息安全法律法规，做到知法、懂法、守法。

【知识结构】

一、计算机安全策略

（一）在使用电脑过程中应该采取哪些网络安全防范措施

① 安装防火墙和防病毒软件，并经常升级；

② 注意经常给系统打补丁，堵塞软件漏洞；

③ 不要上一些不太了解的网站，不要执行从网上下载后未经杀毒处理的软件，不要打开 QQ 上传送过来的不明文件等。

（二）如何防范 U 盘、移动硬盘泄密

① 及时查杀木马与病毒；

② 从正规商家购买可移动存储介质；

③ 定期备份并加密重要数据；

④ 不要将办公与个人的可移动存储介质混用。

（三）如何设置 Windows 操作系统开机密码

按照先后顺序，依次使用鼠标点击“开始”菜单中的“控制面板”下的“用户账户”，选择账户后点击“创建密码”，输入两遍密码后按“创建密码”按钮即可。

（四）如何将网页浏览器配置得更安全

① 设置统一、可信的浏览器初始页面；

② 定期清理浏览器中本地缓存、历史记录以及临时文件内容；

③ 利用病毒防护软件对所有下载资源及时进行恶意代码扫描。

（五）为什么要定期进行补丁升级

编写程序不可能十全十美，所以软件也免不了会出现 BUG，而补丁是专门用于修复这些 BUG 的。因为原来发布的软件存在缺陷，发现之后另外编制一个小程序使其完善，这种小程序俗称补丁。定期进行补丁升级，升级到最新的安全补丁，可以有效地防止非法入侵。360 安全卫士、电脑管家等工具软件都具有系统打补丁功能。

（六）计算机病毒及中毒症状

计算机病毒是一种计算机程序，它不仅能破坏计算机系统，而且还能够传染到其他系统。计算机病毒通常隐藏在其他正常程序中，能生成自身的拷贝并将其插入其他的程序中，对计算机系统进行恶意的破坏。其中毒症状如下。

① 经常死机；

② 文件打不开；

③ 经常报告内存不够；

④ 提示硬盘空间不够；

⑤ 出现大量来历不明的文件；

⑥ 数据丢失；

⑦ 系统运行速度变慢；

⑧ 操作系统自动执行操作。

（七）不要打开来历不明的网页、电子邮件链接或附件

互联网上充斥着各种钓鱼网站、病毒、木马程序。不明来历的网页、电子邮件链接、附件中，很可能隐藏着大量的病毒、木马，一旦打开，这些病毒、木马会自动进入电脑并隐藏在电脑中，会造成文件丢失损坏甚至导致系统瘫痪。

（八）使用移动存储设备（如U盘）前要进行病毒扫描

外接存储设备也是信息存储介质，所存的信息很容易带有各种病毒，如果将带有病毒的外接存储介质接入电脑，很容易将病毒传播到电脑中。

（九）计算机日常使用中遇到的异常情况有哪些

计算机出现故障可能是由计算机自身硬件故障、软件故障、误操作或病毒引起的，主要包括系统无法启动、系统运行变慢、可执行程序文件大小改变等异常现象。

（十）Cookies 会导致怎样的安全隐患

当用户访问一个网站时，Cookies 将自动储存于用户 IE 内，其中包含用户访问该网站的种种活动、个人资料、浏览习惯、消费习惯，甚至信用记录等。这些信息用户无法看到，当浏览器向此网址的其他主页发出 GET 请求时，此 Cookies 信息也会随之发送过去，这些信息可能被不法分子获得。为保障个人隐私安全，可以在 IE 设置中对 Cookies 的使用作出限制。

二、上网安全与防范

（一）如何防范病毒或木马的攻击

① 为电脑安装杀毒软件，定期扫描系统、查杀病毒，及时更新病毒库、更新系统补丁。

② 下载软件时尽量到官方网站或大型软件下载网站，在安装或打开来历不明的软件或文件前先杀毒。

③ 不随意打开不明网页链接，尤其是不良网站的链接，陌生人通过 QQ 给自己传链接时，尽量不要打开。

④ 使用网络通信工具时不随意接收陌生人的文件，若接收可取消“隐藏已知文件类型扩展名”功能来查看文件类型。

⑤ 对公共磁盘空间加强权限管理，定期查杀病毒。

⑥ 打开移动存储器前先用杀毒软件进行检查，可在移动存储器中建立名为“autorun.inf”的文件夹（可防 U 盘病毒启动）。

⑦ 需要从互联网等公共网络上下载资料转入内网计算机时，用刻录光盘的方式实现转存。

⑧ 对计算机系统的各个账号要设置口令，及时删除或禁用过期账号。

⑨ 定期备份，当遭到病毒严重破坏后能迅速修复。

（二）如何防范 QQ、微博等账号被盗

① 账户和密码尽量不要相同，定期修改密码，增加密码的复杂度，不要直接用生日、电话号码、证件号码等有关个人信息的数字作为密码。

② 密码尽量由大小写字母、数字和其他字符混合组成，适当增加密码的长度并经常更换。

③ 不同用途的网络应用，应该设置不同的用户名和密码。

④ 在网吧使用电脑前重启机器，警惕输入账号密码时被人偷看；为防账号被侦听，可先输入部分账户名、部分密码，然后再输入剩下的账户名、密码。

⑤ 涉及网络交易时，要注意通过电话与交易对象本人确认。

（三）如何安全使用电子邮件

① 不要随意点击不明邮件中的链接、图片、文件。

② 使用电子邮件地址作为网站注册的用户名时，应设置与原邮件密码不相同的网站密码。

③ 适当设置找回密码的提示问题。

④ 当收到与个人信息和金钱相关（如中奖、集资等）的邮件时要提高警惕。

（四）如何防范钓鱼网站

① 通过查询网站备案信息等方式核实网站资质的真伪。

② 安装安全防护软件。

③ 警惕中奖、修改网银密码的通知邮件、短信，不轻易点击未经核实的陌生链接。

④ 不在多人共用的电脑上进行金融业务操作，如网吧等。

（五）如何保证网络游戏安全

① 输入密码时尽量使用软键盘，并防止他人偷窥。

② 为电脑安装安全防护软件，从正规网站上下载网游插件。

③ 注意核实网游地址。

④ 如发现账号异常，应立即与游戏运营商联系。

（六）如何防范网络虚假、有害信息

① 及时举报疑似谣言信息。

② 不造谣、不信谣、不传谣。

③ 注意辨别信息的来源和可靠度，通过经第三方可信网站认证的网站获取信息。

④ 注意打着“发财致富”“普及科学”“传授新技术”等幌子的信息。

⑤ 在获得相关信息后，应先去函或去电与当地工商、质检等部门联系，核实情况。

（七）如何预防当前网络诈骗

网络诈骗类型有如下四种：一是利用 QQ 盗号和网络游戏交易进行诈骗，冒充好友借钱；二是网络购物诈骗，收取订金骗钱；三是网上中奖诈骗，指犯罪分子利用传播软件随意向互联网 QQ 用户、邮箱用户、网络游戏用户、淘宝用户等发布中奖提示信息；四是“网络钓鱼”诈骗，利用欺骗性的电子邮件和伪造的互联网站进行诈骗活动，获得受骗者财务信息进而窃取资金。

预防网络诈骗的措施如下。

① 不贪便宜。

② 使用比较安全的支付工具。

③ 仔细甄别，严加防范。

④ 不在网上购买非正当产品，如手机监听器、毕业证书、考题答案等。

⑤ 不要轻信以各种名义要求自己先付款的信息，不要轻易把自己的银行卡借给他人。

⑥ 提高自我保护意识，注意妥善保管自己的私人信息，不向他人透露本人证件号码、账号、密码等，尽量避免在网吧等公共场所使用网上电子商务服务。

（八）如何防范社交网站信息泄露

① 利用社交网站的安全与隐私设置保护敏感信息。

② 不要轻易点击未经核实的链接。

③ 在社交网站谨慎发布个人信息。

④ 根据自己对网站的需求选择注册。

（九）如何保护网银安全

网上支付的安全威胁主要表现在以下三个方面：一是密码被破解，很多用户或企业使用的密码都是“弱密码”，且在所有网站上使用相同密码或者有限的几个密码，易遭受攻击者暴力破解；二是病毒、木马攻击，木马会监视浏览器正在访问的网页，获取用户账户、密码信息或者弹出伪造的登录对话框，诱骗用户输入相关密码，然后将窃取的信息发送出去；三是钓鱼平台，攻击者利用欺骗性的电子邮件和伪造的 Web 站点来进行诈骗，如将自己伪装成知名银行或信用卡公司等可信的品牌，获取用户的银行卡号、口令等信息。

保护网银安全的防范措施如下。

① 尽量不要在多人共用的计算机（如网吧等）上进行银行业务，发现账号有异常情况，应及时修改交易密码并向银行求助。

② 核实银行的正确网址，安全登录网上银行，不要随意点击未经核实的陌生链接。

③ 在登录时不选择“记住密码”选项，登录交易系统时尽量使用软键盘输入交易账号及密码，并使用该银行提供的数字证书增强安全性，核对交易信息。

④ 交易完成后要完整保存交易记录。

⑤ 网上银行交易完成后，应点击“退出”按钮，使用 U 盾购物时，交易完成后要立即拔下 U 盾。

⑥ 对网络单笔消费和网上转账进行金额限制，并为网银开通短信提醒功能，在发生交易异常时及时联系相关客服。

⑦ 通过正规渠道申请办理银行卡及信用卡。

⑧ 不要使用存储额较大的储蓄卡或信用额度较大的信用卡开通网上银行。

⑨ 支付密码最好不要使用姓名、生日、电话号码，也不要使用“12345”等默认密码或与用户名相同的密码。

⑩ 应注意保护自己的银行卡信息资料，不要把相关资料随便留给不熟悉的公司或个人。

（十）如何保护网上炒股安全

网上炒股面临的安全风险主要体现在以下两个方面：一是网络钓鱼，不法分子制作仿冒证券公司网站，诱导人们登录后窃取用户账号和密码；二是盗买盗卖，攻击者利用电脑“木马病毒”窃取他人的证券交易账号和密码后，低价抛售他人股票，自己低价买入后再高价卖出，赚取差价。

保护网上炒股安全，应采取如下措施。

① 保护交易密码和通信密码。

② 尽量不要在多人共用的计算机（如网吧等）上进行股票交易，并注意在离开电脑时锁屏。

③ 注意核实证券公司的网站地址，下载官方提供的证券交易软件，不轻信小广告。

④ 及时修改个人账户的初始密码，设置安全密码，发现交易有异常情况时，要及时修改密码，并通过截图、拍照等保留证据，第一时间向专业机构或证券公司求助。

（十一）如何保护网上购物安全

网上购物面临的安全风险主要有如下方面：一是通过网络进行诈骗，部分商家恶意在网络上销售自己没有的商品，因为绝大多数网络销售是先付款后发货，等收到款项后便销声匿迹；二是钓鱼欺诈网站，以不良网址导航网站、不良下载网站、钓鱼欺诈网站为代表的“流氓网站”群体正在形成一个庞大的灰色利益链，使消费者面临网购风险；三是支付风险，一些诈骗网站盗取消费者的银行账号、密码、口令卡等，同时，消费者购买前的支付程序烦琐以及退货流程复杂、时间长，货款只退到网站账号不退到银行账号等，也使网购出现安全风险。

保护网上购物安全的主要措施如下。

① 核实网站资质及网站联系方式的真伪，尽量到知名、权威的网上商城购物。

② 尽量通过网上第三方支付平台交易，切忌直接与卖家私下交易。

③ 在购物时要注意商家的信誉、评价和联系方式。

④ 在交易完成后要完整保存交易订单等信息。

⑤ 在填写支付信息时，一定要检查支付网站的真实性。

⑥ 注意保护个人隐私，直接使用个人的银行账号、密码和证件号码等敏感信息时要慎重。

⑦ 不要轻信网上低价推销广告，也不要随意点击未经核实的陌生链接。

三、移动终端安全策略

（一）如何安全地使用 Wi-Fi

目前 Wi-Fi 陷阱有两种：一是“设套”，主要是在宾馆、饭店、咖啡厅等公共场所搭建免费 Wi-Fi，骗取用户使用，并记录其在网上进行的所有操作记录；二是“进攻”，主要针对一些在家里组建 Wi-Fi 的用户，即使用户设置了 Wi-Fi 密码，如果密码强度不高的话，黑客也可通过暴力破解的方式破解家庭 Wi-Fi，进而可能对用户机器进行远程控制。

安全地使用 Wi-Fi，要做到以下几方面。

① 勿见到免费 Wi-Fi 就用，要用可靠的 Wi-Fi 接入点，关闭手机和平板电脑等设备的无线网络自动连接功能，仅在需要时开启。

② 警惕公共场所免费的无线信号为不法分子设置的钓鱼陷阱，尤其是一些和公共场所内已开放的 Wi-Fi 同名的信号。在公共场所使用陌生的无线网络时，尽量不要进行与资金有关的银行转账与支付。

③ 修改无线路由器默认的管理员用户名和密码，将家中无线路由器的密码设置得复杂一些，并采用强密码，最好是字母和数字的组合。

④ 启用 WPA/WEP 加密方式。

⑤ 修改默认 SSID 号，关闭 SSID 广播。

⑥ 启用 MAC 地址过滤。

⑦ 无人使用时，关闭无线路由器电源。

（二）如何安全地使用智能手机

① 为手机设置访问密码是保护手机安全的第一道防线，以防智能手机丢失时，犯罪分子可能会获得通讯录、文件等重要信息并加以利用。

② 不要轻易打开陌生人通过手机发送的链接和文件。

③ 为手机设置锁屏密码，并将手机随身携带。

④ 在 QQ、微信等应用程序中关闭地理定位功能，并仅在需要时开启蓝牙。

⑤ 经常为手机数据做备份。

⑥ 安装安全防护软件，并经常对手机系统进行扫描。

⑦ 到权威网站下载手机应用软件，并在安装时谨慎选择相关权限。

⑧ 不要试图破解自己的手机，以保证应用程序的安全性。

（三）如何防范病毒和木马对手机的攻击

① 为手机安装安全防护软件，开启实时监控功能，并定期升级病毒库。

② 警惕收到的陌生图片、文件和链接，不要轻易打开在 QQ、微信、短信、邮件中的链接。

③ 到权威网站下载手机应用。

（四）如何防范“伪基站”的危害

近几年来出现了一种利用“伪基站”设备作案的新型违法犯罪活动。“伪基站”设备是一种主要由主机和笔记本电脑组成的高科技仪器，能够搜取以其为中心、一定半径范围内的手机卡信息，并任意冒用他人手机号码强行向用户手机发送诈骗、广告推销等短信息。犯罪嫌疑人通常将“伪基站”放在车内，在路上缓慢行驶或将车停放在特定区域，从事短信诈骗、广告推销等违法犯罪活动。“伪基站”短信诈骗主要有两种形式：一是“广种薄收式”，嫌疑人在银行、商场等人流密集地以各种汇款名目向一定半径范围内的群众手机发送诈骗短信；二是“定向选择式”，嫌疑人筛选出手机号后，以该号码的名义向其亲朋好友、同事等熟人发送短信，实施定向诈骗。

用户防范“伪基站”诈骗短信可从如下方面着手。

① 当用户发现手机无信号或信号极弱时仍然能收到推销、中奖、银行相关短信，则用户所在区域很可能被“伪基站”覆盖，不要相信短信的任何内容，不要轻信收到的中奖、推销信息，不轻信意外之财。

② 不要轻信任何号码发来的涉及银行转账及个人财产的短信，不向任何陌生账号转账。

③ 安装手机安全防护软件，以便对收到的垃圾短信进行精准拦截。

（五）如何防范骚扰电话、电话诈骗、垃圾短信

用户使用手机时遭遇的垃圾短信、骚扰电话、电信诈骗主要有以下四种形式：一是冒充国家机关工作人员实施诈骗；二是冒充电信等有关职能部门工作人员，以电信欠费、送话费等为由实施诈骗；三是冒充被害人的亲属、朋友，编造生急病、发生车祸等意外急需用钱，从而实施诈骗；四是冒充银行工作人员，假称被害人银联卡在某地刷卡消费，诱使被害人转账实施诈骗。

在使用手机时，防范骚扰电话、电话诈骗、垃圾短信的主要措施如下。

① 克服“贪利”思想，不要轻信，谨防上当。

② 不要轻易将自己或家人的身份证号码、通信信息等家庭、个人资料泄露给他人，对涉及亲人和朋友求助、借钱等内容的短信和电话，要仔细核对。

③ 接到培训通知、以银行信用卡中心名义声称银行卡升级、招工、婚介类等信息时，要多作调查。

④ 不要轻信涉及加害、举报、反洗钱等内容的陌生短信或电话，既不要理睬，更不要为“消灾”将钱款汇入犯罪分子指定的账户。

⑤ 对于广告“推销”特殊器材、违禁品的短信和电话，应不予理睬并及时清除，不要汇款购买。

⑥ 到银行自动取款机（ATM 机）存取遇到银行卡被堵、被吞等意外情况，应认真识别自动取款机“提示”的真伪，不要轻信，可拨打 95516 银联中心客服电话的人工服务台了解查问。

⑦ 遇见诈骗类电话或信息，应及时记下诈骗犯罪分子的电话号码、电子邮件地址、QQ 号及银行卡账号，并记住犯罪分子的口音、语言特征和诈骗的手段和经过，及时到公安机关报案，积极配合公安机关开展侦查破案和追缴被骗款等工作。

（六）出差在外，如何确保移动终端的隐私安全

① 出差之前备份好宝贵数据。

② 不要登录不安全的无线网络。

③ 在上网浏览时不要选择“记住用户名和密码”。

④ 使用互联网浏览器后，应清空历史记录和缓存内容。

⑤ 使用公用电脑时，当心击键记录程序和跟踪软件。

（七）如何防范智能手机信息泄露

① 利用手机中的各种安全保护功能，为手机、SIM 卡设置密码并安装安全软件，减少手机中的本地分享，对程序执行权限加以限制。

② 谨慎下载应用，尽量从正规网站下载手机应用程序和升级包，对手机中的 Web 站点提高警惕。

③ 禁用 Wi-Fi 自动连接到网络功能，使用公共 Wi-Fi 有可能被盗用资料。

④ 下载软件或游戏时，应详细阅读授权内容，防止将木马带到手机中。

⑤ 经常为手机做数据同步备份。

⑥ 不要见二维码就刷。

（八）如何保护手机支付安全

目前移动支付上存在的信息安全问题主要集中在以下两个方面：一是手机丢失或被盗，即不法分子盗取受害者手机后，利用手机的移动支付功能，窃取受害者的财物；二是用户信息安全意识不足，轻信钓鱼网站，当不法分子要求自己告知对方敏感信息时无警惕之心，从而导致财物被盗。手机支付毕竟是一个新事物，尤其是通过移动互联网进行交易，安全防范工作一定要做足，

不然智能手机也会“引狼入室”。

保护智能手机支付安全的措施如下。

① 保证手机随身携带，建议手机支付客户端与手机绑定，使用数字证书，开启实名认证。

② 最好从官方网站下载手机支付客户端和网上商城应用。

③ 使用手机支付服务前，按要求在手机上安装专门用于安全防范的插件。

④ 登录手机支付应用、网上商城时，勿选择“记住密码”选项。

⑤ 经常查看手机任务管理器，检查是否有恶意程序在后台运行，并定期使用手机安全软件扫描手机系统。

四、个人信息安全

（一）容易被忽视的个人信息有哪些

个人信息是指与特定自然人相关、能够单独或通过与其他信息结合识别该特定自然人的数据。一般包括姓名、职业、职务、年龄、血型、婚姻状况、宗教信仰、学历、专业资格、工作经历、家庭住址、电话号码（手机用户的手机号码）、身份证号码、信用卡号码、指纹、病史、电子邮件、网上登录账号和密码等。覆盖了自然人的心理、生理、智力，以及个体、社会、经济、文化、家庭等各个方面。

个人信息可以分为个人一般信息和个人敏感信息。

个人一般信息是指正常公开的普通信息，例如姓名、性别、年龄、爱好等。

个人敏感信息是指一旦遭泄露或修改，会对标识的个人信息主体造成不良影响的个人信息。各行业个人敏感信息的具体内容根据接受服务的个人信息主体意愿和各自业务特点确定。例如个人敏感信息可以包括身份证号码、手机号码、种族、政治观点、宗教信仰、基因、指纹等。

（二）个人信息泄露的途径

目前，个人信息的泄露主要有以下途径。

① 利用互联网搜索引擎搜索个人信息，汇集成册，并按照一定的价格出售给需要购买的人。

② 旅馆住宿、保险公司投保、租赁公司、银行办证、电信、移动、联通、房地产、邮政部门等需要身份证件实名登记的部门、场所，个别人员利用登记的便利条件，泄露客户个人信息。

③ 个别违规打字店、复印店利用复印、打字之便，将个人信息资料存档留底，装订成册，对外出售。

④ 借各种“问卷调查”之名，窃取群众个人信息，他们宣称只要在“调查问卷表”上填写详细联系方式、收入情况、信用卡情况等内容，以及简单的“勾挑式”调查，就能获得不等奖次的奖品，以此诱使群众填写个人信息。

⑤ 在抽奖券的正副页上填写姓名、家庭住址、联系方式等可能会导致个人信息泄露。

⑥ 在购买电子产品、车辆等物品时，在一些非正规的商家填写非正规的“售后服务单”，从而被人利用了个人信息。

⑦ 超市、商场通过向群众邮寄免费资料、申办会员卡时掌握到的群众信息，通过个别人向外泄露。

（三）个人信息泄露的后果

目前，针对个人信息的犯罪已经形成了一条灰色的产业链，在这个链条中，有专门从事个人信息收集的泄密源团体，他们之中包括一些有合法权限的内部用户主动通过QQ、互联网、邮件、移动存储等各类渠道泄露信息；还包括一些黑客，通过攻击行为获得企业或个人的数据库信息；

有专门向泄密源团体购买数据的个人信息中间商团体，他们根据各种非法需求向泄密源购买数据，作为中间商向有需求者推销数据，作为中间商买卖、共享和传播各种数据库；还有专门从中间商团体购买个人信息，并实施各种犯罪的使用人团体，他们是实际利用个人信息侵害个人利益的群体。据不完全统计，这些人在获得个人信息后，会利用个人信息从事如下五类违法犯罪活动。

① 电信诈骗、网络诈骗等新型、非接触式犯罪。

② 直接实施抢劫、敲诈勒索等严重暴力犯罪活动。

③ 实施非法商业竞争。不法分子以信息咨询、商务咨询为掩护，利用非法获取的公民个人信息，收买客户、打压竞争对手。

④ 非法干扰民事诉讼。不法分子利用购买的公民个人信息，介入婚姻纠纷、财产继承、债务纠纷等民事诉讼，对群众正常生活造成极大困扰。

⑤ 滋扰民众。不法分子获得公民个人信息后，通过网络人肉搜索、信息曝光等行为滋扰民众生活。

（四）如何防范个人信息泄露

① 在安全级别较高的物理或逻辑区域内处理个人敏感信息。

② 敏感个人信息需加密保存。

③ 不使用U盘存储交互个人敏感信息。

④ 尽量不要在可访问互联网的设备上保存或处理个人敏感信息。

⑤ 只将个人信息转移给合法的接收者。

⑥ 个人敏感信息需带出公司时要防止被盗、丢失。

⑦ 电子邮件发送时要加密，并注意不要错发。

⑧ 邮包寄送时选择可信赖的邮寄公司，并要求回执。

⑨ 避免传真错误发送。

⑩ 纸质资料要用碎纸机销毁。

⑪ 废弃的光盘、U盘、电脑等要消磁或彻底破坏。

五、网络信息法律知识

（一）违反《全国人民代表大会常务委员会关于加强网络信息保护的决定》的单位或者个人会被给予什么处罚

对有违反本决定行为的，依法给予警告、罚款、没收违法所得、吊销许可证或者取消备案、关闭网站、禁止有关责任人员从事网络服务业务等处罚，记入社会信用档案并予以公布。构成违反治安管理行为的，依法给予治安管理处罚。构成犯罪的，依法追究刑事责任。侵害他人民事权益的，依法承担民事责任。

（二）网上的哪些行为会被认定为《刑法》第二百四十六条第一款规定的“捏造事实诽谤他人”

① 捏造损害他人名誉的事实，在信息网络上散布，或者组织、指使人员在信息网络上散布的。

② 将信息网络上涉及他人的原始信息内容篡改为损害他人名誉的事实，在信息网络上散布，或者组织、指使人员在信息网络上散布的。

③ 明知是捏造的损害他人名誉的事实，在信息网络上散布，情节恶劣的，以“捏造事实诽谤他人”论。

（三）利用信息网络诽谤他人，在什么情形下，应当认定为《刑法》第二百四十六条第一款规定的“情节严重”

① 同一诽谤信息实际被点击、浏览次数达到五千次以上，或者被转发次数达到五百次以上的。

② 造成被害人或者其近亲属精神失常、自残、自杀等严重后果的。

③ 两年内曾因诽谤受过行政处罚，又诽谤他人的。

④ 其他情节严重的情形。

（四）利用信息网络诽谤他人，在什么情形下，应当认定为《刑法》第二百四十六条第二款规定的“严重危害社会秩序和国家利益”

① 引发群体性事件的。

② 引发公共秩序混乱的。

③ 引发民族、宗教冲突的。

④ 诽谤多人，造成恶劣社会影响的。

⑤ 损害国家形象，严重危害国家利益的。

⑥ 造成恶劣国际影响的。

⑦ 其他严重危害社会秩序和国家利益的情形。

（五）网上何种行为会被认定为寻衅滋事罪

利用信息网络辱骂、恐吓他人，情节恶劣、破坏社会秩序的，依照刑法第二百九十三条第一款第（二）项的规定，以寻衅滋事罪定罪处罚。编造虚假信息，或者明知是编造的虚假信息，在信息网络上散布，或者组织、指使人员在信息网络上散布，起哄闹事，造成公共秩序严重混乱的，依照刑法第二百九十三条第一款第（四）项的规定，以寻衅滋事罪定罪处罚。

（六）网上何种行为会被认定为敲诈勒索罪

以在信息网络上发布、删除等方式处理网络信息为由，威胁、要挟他人，索取公私财物，数额较大，或者多次实施上述行为的，依照刑法第二百七十四条的规定，以敲诈勒索罪定罪处罚。

（七）网上何种行为会被认定为非法经营罪

违反国家规定，以营利为目的，通过信息网络有偿提供删除信息服务，或者明知是虚假信息，通过信息网络有偿提供发布信息等服务，扰乱市场秩序，属于非法经营行为“情节严重”，依照刑法第二百二十五条第（四）项的规定，以非法经营罪定罪处罚。

（八）现行《刑法》中，专门规定了哪两个关于计算机犯罪的罪名

第二百八十五条【非法侵入计算机信息系统罪】 违反国家规定，侵入国家事务、国防建设、尖端科学技术领域的计算机信息系统的，处三年以下有期徒刑或者拘役。

第二百八十六条【破坏计算机信息系统罪】 违反国家规定，对计算机信息系统功能进行删除、修改、增加、干扰，造成计算机信息系统不能正常运行，后果严重的，处五年以下有期徒刑或者拘役；后果特别严重的，处五年以上有期徒刑。

（九）利用计算机或计算机网络实施的犯罪行为在《刑法》中如何定罪

利用计算机实施金融诈骗、盗窃、贪污、挪用公款、窃取国家秘密或者其他犯罪的，依照本法有关规定定罪处罚。该条规定的犯罪侵害客体比较广泛，包括公司财产或国家秘密的拥有权等。

（十）禁止从事哪些危害计算机信息网络安全的活动

《计算机信息网络国际联网安全保护管理办法》第六条规定，任何单位和个人不得从事下列危害计算机信息网络安全的活动。

① 未经允许，进入计算机信息网络或者使用计算机信息网络资源的。

② 未经允许，对计算机信息网络功能进行删除、修改或者增加的。

③ 未经允许，对计算机信息网络中存储、处理或者传输的数据和应用程序进行删除、修改或者增加的。

④ 故意制作、传播计算机病毒等破坏性程序的。

⑤ 其他危害计算机信息网络安全的。

习题答案

模块一：

1～10　BBBDC　BCCCD　11～20　CACAB　CCCBD

模块二：

1～10　DBCDD　BABCD　11～20　DCCAC　DBCAC

模块三：

1～10　ABCCB　CAABD

模块四：

1～10　DCAAB　ACABD

模块五：

1～10　BACDA　DDADB

模块六：

1～10　ACDBC　ABACC

参 考 文 献

[1] 张赵管，李应勇.计算机应用基础教程[M]. 天津：南开大学出版社，2014.

[2] 陈建莉，等. 计算机应用基础——Win7+Office2010[M]. 成都：西南交通大学出版社，2014.

[3] 蒋宇航. 计算机应用基础（Win7+Office2010）[M]. 广州：中山大学出版社，2013.

[4] 郑纬民. 计算机应用基础（Excel 2010 电子表格系统）[M]. 北京：中央广播电视大学出版社，2012.

[5] 尹建新. 大学计算机基础案例教程——Win7+Office2010[M]. 北京：电子工业出版社，2014.